Evolutionstheorie im Wandel

Axel Lange

Evolutionstheorie im Wandel

Ist Darwin überholt?

2., aktualisierte Auflage

 Springer

Axel Lange
Taufkirchen bei München, Deutschland

ISBN 978-3-662-68961-5   ISBN 978-3-662-68962-2   (eBook)
https://doi.org/10.1007/978-3-662-68962-2

Die Deutsche Nationalbibliothek verzeichnet diese Publikation in der Deutschen Nationalbibliografie; detaillierte bibliografische Daten sind im Internet über https://portal.dnb.de abrufbar.

© QOLORLY.com/Generated with AI/Stock.adobe.com

Planung/Lektorat: Stefanie Wolf
Springer ist ein Imprint der eingetragenen Gesellschaft Springer-Verlag GmbH, DE und ist ein Teil von Springer Nature.
Die Anschrift der Gesellschaft ist: Heidelberger Platz 3, 14197 Berlin, Germany

Das Papier dieses Produkts ist recycelbar.

Es wäre wirklich sehr seltsam zu glauben, dass alles in der lebenden Welt ein Produkt der Evolution sei mit Ausnahme einer Sache – dem Prozess der Erzeugung neuer Variation

Eva Jablonka und Marion J. Lamb

Wir müssen uns daran erinnern, dass das, was wir beobachten, nicht die Natur selbst ist, sondern Natur, die unserer Art der Fragestellung ausgesetzt ist

Werner Heisenberg

Ein Insekt ist komplexer als ein Stern

Martin Rees

Für Yano, meinen Enkel.
Wir haben vergessen, dass wir Teil der Natur sind und nur mit ihr leben kön-
nen. Jedes Wesen, auch das Kleinste, ist mit Dir verwandt. Deine Generation
kann es besser machen als wir. Achte darauf, allem Leben seine Würde zu geben.
Mach es Dir zur Aufgabe. Jeden Tag. Dein Leben lang. Taufkirchen/Wien, am
Tag Deiner Geburt, 22. Mai 2024

Einführung zur 2. aktualisierten Ausgabe

Vier Jahre nach der ersten Ausgabe ist dieses Buch noch immer das einzige in deutscher Sprache, das eine Gesamtschau neuer wissenschaftlicher Sichten auf die Evolutionstheorie bereitstellt: die Erweiterte Synthese der Evolutionstheorie. Alle Kapitel wurden für diese Ausgabe auf den neuesten Stand gebraucht. Leider vermitteln Abiturkurse, Universitätsvorlesungen zur Evolutionsbiologie und viele Wikipedia-Artikel die Evolutionstheorie im deutschsprachigen Raum nach wie vor so, als sei seit Jahrzehnten nichts geschehen. Natürlich gibt es auch in unserem Land Weitblickende in der Evolutionsbiologie, doch kaum jemanden in der Theorie. Tatsächlich ist hier im angloamerikanischen Raum in den vergangenen 40 Jahren Erstaunliches geschehen, das ich vorstelle. Verpassen wir womöglich gerade den Anschluss?

Noch deutlicher als die erste Auflage vermitteln die aktualisierten Inhalte in diesem Band das starke Um- und Neudenken in der Evolutionstheorie. Als Leser dieser Ausgabe erhalten Sie eine historische Einführung in die Evolutionstheorie, und werden mit den offenen Fragen der Standardtheorie, also der Synthetischen Theorie, konfrontiert. Schritt für Schritt schaffen Sie sich dann ihr eigenes Bild davon, was das Neue, die Erweiterte Synthese, im Kern ausmacht. Sie sieht kritisch auf die Grundannahmen der Standardtheorie. Dazu gehören die zentrale Ausrichtung der Synthetischen Theorie an der Genetik mit zufälliger Mutation als *dem* Grund phänotypischer Variation oder die Einengung von Evolution auf sich addierende, kleinste Änderungen. Wenn Sie zudem der Meinung sind, Gene seien die alleinigen Träger der Vererbung, wird ihr Weltbild in allen diesen Punkten gehörig ins Wanken kommen.

Sie erfahren, wie die evolutionäre Entwicklungsbiologie (Evo-Devo) herausfindet, welche konstruktiven Mechanismen die embryonale Entwicklung für Veränderungen in der Evolution bereitstellt, und zwar auf allen biologischen Ebenen. Evolutionäres Geschehen bekommt ein neues Gesicht, das Gesicht innerer Fähigkeiten des Embryos, der seine eigene Gestalt formt und auch neue Variationen findet. Was bedeutet es für die Theorie, dass Arten ihre Umwelt selbst konstruieren, etwa Biber mit ihren Bauten, aber auch Vögel mit kunstvollen Nestern, in denen ihre Jungen heranwachsen? Allen voran verändern wir Menschen kulturell die Welt. Der Umbau der Natur durch uns selbst bestimmt unsere eigene Evolution. Mehr noch: Wir bestimmen unsere Evolution durch kulturelle Nischen in Medizin und Hightech, künstlicher Intelligenz und Robotik. Alles was wir tun wirkt evolutionär wieder auf uns und auf zahllose andere Arten zurück. Diese Sicht, die Nischenkonstruktionstheorie hat Umwälzendes zur Evolutionstheorie im Gepäck, nicht zuletzt für unsere eigene evolutionäre Zukunft.

Dieses Buch habe ich für Biologen oder Nichtbiologen geschrieben, für Schüler und Erwachsene, Lehrende und Neugierige. Wenn Sie interessiert daran sind, über den Tellerrand hinauszuschauen, offen sind für Neues, dann lade ich Sie ein, in die moderne Wissenschaft der Evolution einzutauchen. Ich stelle Ihnen manche kniffligen Zusammenhänge (hoffentlich) verständlich dar und erkläre unvermeidbare Fachbegriffe. Alle wichtigen Begriffe werden zudem am Beginn jedes Kapitels aufgelistet; so können Sie sich, wenn Sie das möchten, vorab im Glossar ein wenig mit ihnen vertraut machen. Natürlich kommt in einigen Abschnitten das genetische Zusammenspiel vor. Lassen Sie sich dadurch nicht vom Weiterlesen abbringen – ganz im Gegenteil, Sie dürfen auch gern einmal etwas überspringen. Ich habe mit Absicht auch an manchen Stellen die sachliche Schilderung aufgebrochen und bringe meine Erfahrungen ins Spiel oder spreche Sie als Leser im Text an. Für Sie sind es Atempausen beim Lesen.

Ich lasse Evolutionsbiologen der ganzen Welt zu Ihnen sprechen. Am Ende können Sie sich Ihre eigene Meinung darüber bilden, wie Evolution aus Sicht des 21. Jahrhunderts funktioniert. Aber ich hoffe natürlich, Sie mit meiner Begeisterung für das Studium neu entdeckter Mechanismen der Evolution anstecken zu können! Ich erlebte das Entstehen der Erweiterten Synthese mit, traf führende Forscher der Welt, diskutierte mit ihnen und schrieb eine Dissertation über ein atemberaubendes Evo-Devo-Thema. Oder wussten Sie etwa schon, wie zusätzliche Finger entstehen können? Darwin wusste es jedenfalls noch nicht und hatte seine Mühen damit. Hier erfahren Sie es. Sie werden die Evolution neu betrachten, mit den Augen von Menschen des 21. Jahrhunderts.

Wen immer ich als „Leser" anspreche, als Biologe meine ich natürlich Sie als Mann oder Frau oder Leser jedes anderen Genders. Das ist selbstverständlich. Zitierte Übersetzungen sind, soweit in den Quellen nicht anders vermerkt, vom Autor. Das Motto von Eva Jablonka ist aus ihrem Buch *Evolution in vier Dimensionen,* Hirzel 2017. Das Motto von Werner Heisenberg entstammt dem Band *Physik und Philosophie,* Hirzel 2000. Das Motto des Astronomen Martin Rees findet man auf wisefamousquotes.com, übersetzt vom Autor.

Viel Vergnügen!

Axel Lange
axel-lange@web.de
Taufkirchen bei München im Mai 2024

Inhaltsverzeichnis

Über den Autor

Axel Lange machte Abitur am Jesuitenkolleg St. Blasien im Schwarzwald. Danach studierte er Wirtschaftswissenschaften und Philosophie an der Universität Freiburg. Beruflich arbeitete er im Vertriebs- und Marketingmanagement in der IT, bevor sein tiefes Interesse an der Evolutionstheorie ihn veranlasste, sich in der Biologie völlig neu zu orientieren. Langes 2012 erschienenes erstes Buch über Evo-Devo und die Erweiterung der Synthetischen Evolutionstheorie lieferte die Grundlage dafür, dass die Universität Wien einen Dissertationsvertrag mit ihm abschloss. Am dortigen Department für Theoretische Biologie studierte Lange Biologie und forschte über die evolutionäre Extremitätenentwicklung der Wirbeltiere und – der evolutionäre Gesichtspunkt – über Polydaktylie, das ist die Ausbildung überzähliger Finger und Zehen bei Neugeborenen. Ein neuer Finger hat tausende Knochen-, Nerven-, Muskel, Haut- und Blutgefäßzellen; dennoch erscheinen mehrere solcher Finger und Zehen funktionsfähig nicht selten in einer einzigen

Generation im Embryo neu und vererben sich sogar in unterschiedlicher Zahl weiter. Die Standard-Evolutionstheorie kann die Mechanismen hierfür nicht erklären. Wie entsteht dieser Phänotyp also? Diese Frage beschäftigte Lange. Seine Veröffentlichung mit Gerd. B. Müller über das Wissen der Menschheit zu Polydaktylie in Entwicklung, Vererbung und Evolution, vom Altertum bis heute, erschien im März 2017 im traditionsreichen amerikanischen Journal *The Quarterly Review of Biology*. Weitere Publikationen befassen sich mit der Selbstorganisationsfähigkeit der Extremität bei gleichzeitiger Variation der Fingerzahlen im Modell.

Der 2018 mit Auszeichnung zum PhD promovierte Biologe hält Vorträge über komplexe, epigenetische Evo-Devo-Prozesse im In- und Ausland. Auch die (nicht-)biologische Zukunft menschlicher Evolution ist ein bevorzugtes Vortragsthema von ihm. Im Rahmen des Studiums der Erweiterten Synthese der Evolutionsbiologie lernte Lange international angesehene Forscher persönlich kennen. Er liebt die Berge, spielt leidenschaftlich gern romantische Klaviermusik und lebt als Autor und Wissenschaftspublizist im Süden von München. Lange hat drei erwachsene Kinder und einen Enkel.

1

Darwins Jahrtausendidee und Batesons Gegenmodell

Charles Darwin (1809–1882) war nicht der Erste, der den Gedanken hatte, dass das Leben auf der Erde Wandlungsprozesse durchmacht. Aber er war der Erste, der einen Mechanismus für evolutionäre Veränderungen vorstellte, den Selektionsmechanismus. Auch war er der erste, der zahlreiche empirische Beispiele heranzog, besonders auch solche von Zuchttieren. Für sein Werk wurde er zuerst verspottet und schließlich gerühmt. Heute gilt Darwin zu Recht als einer der leuchtenden Sterne menschlichen Denkens. – Seit der Vorstellung seiner epochalen Theorie der Evolution allen Lebens sind 160 Jahre vergangen. Doch während man in den Medien heute über die Astronomie, Genetik oder Quantenphysik ständig Neues liest oder hört, gewinnt man in der Evolutionstheorie eher das Gefühl, seit der Zusammenführung von Darwin, Mendel und der Genetik, der Synthese, hätte sich nichts mehr getan. Meist werden in der Öffentlichkeit nur Darwins Grundideen von zufälliger Mutation und natürlicher Selektion wiedergegeben, ganz so, als hätte sich seine Theorie nicht wesentlich weiterentwickelt. Dem ist jedoch nicht so, und genau das soll in diesem Buch aufgeblättert werden.

Wichtige Fachbegriffe in diesem Kapitel (s. Glossar): Anpassung, Fitness, Gen, Gradualismus kontinuierliche und diskontinuierliche Variation, natürliche Selektion, Phänotyp, Saltationismus, *Survival of the Fittest,* Weismann-Barriere.

A. Lange, *Evolutionstheorie im Wandel,* https://doi.org/10.1007/978-3-662-68962-2_1

1.1 Charles Darwins Theorie und ihre Bedeutung

Darwins berühmtes Buch *On the Origin of Species by Means of Natural Selection* (deutsch *Die Entstehung der Arten*) war bekanntlich 1859 nur einen Tag nach seinem Erscheinen ausverkauft. Sein zwölf Jahre später erschienenes Buch *The Descent of Man, and Selection in Relation to Sex* (deutsch *Die Abstammung des Menschen und die geschlechtliche Zuchtwahl*, (Darwin 1871)) erregte schon kaum mehr großes Aufsehen. Man spottete über ihn und machte den Mann, der unsere Abstammung von der gemeinsamen Lebensursprüngen mit den Menschenaffen herleitete, zum Affen.

Darwins *Opus magnum* ist ein dicker Brocken (Darwin 1859). Die Wenigsten, die über Evolutionstheorie schreiben, haben wohl das Buch vollständig gelesen. Man spürt bei der Lektüre förmlich das Bemühen des Autors, seine Hypothese der natürlichen Selektion auf stabile Beine zu stellen. Dazu zieht er Zuchttiere heran, Tauben, Hunde, Katzen, Enten. An ihrem Beispiel zeigt er eindrucksvoll, wie es dem Menschen durch künstliche Selektion gelingt, Arten zu variieren. Nachdem er das Prinzip der künstlichen Zuchtwahl durch den Menschen veranschaulicht hat, schlägt Darwin den Bogen zur natürlichen Zuchtwahl oder natürlichen Selektion, wie wir heute sagen. Die Natur selektiert ohne das Zutun des Menschen oder einer anderen Instanz. Die Entdeckung der natürlichen Selektion ist somit der zentrale Mechanismus der Evolution und kann als Mittelpunkt der Evolutionstheorie Darwins betrachtet werden. Wir sprechen auch von der Selektionstheorie. Um ihre Wirkweise und kritische Sicht auf sie geht es in diesem Buch.

Aber Darwin hat noch mehr herausgefunden. Betrachten wir daher in aller Kürze und der Reihe nach die zentralen Thesen, aus denen seine Theorie besteht. Wir verdichten die 490 Seiten der ersten Ausgabe von 1859 dabei auf eine einzige Seite. Sie sollen als Leser ja hier nicht ein Buch lesen, das Darwin umfassend schildert (davon gibt es schon so einige), um dann am Ende ein paar Zusätze und offen gebliebene Fragen zu diskutieren. Es geht hier vielmehr darum, wie Darwins Theorie und vor allem die Theorie seiner Nachfolger, die heutige Standardtheorie, um wichtige Argumente erweitert und in Grundannahmen auch überwunden werden können.

Mindestens drei Theorien in einer

Fassen wir also zusammen: Darwin beobachtete (oder übernahm von früheren Forschern), dass bei vielen Arten große Fruchtbarkeit, gleichzeitig aber ein begrenztes Nahrungsangebot existiert, während die Größe der Population von Arten stabil bleibt und nicht „explodiert". Seine erste theoretische Schlussfolgerung daraus ist: Es muss zu Auseinandersetzungen der Individuen einer Population um die Lebensgrundlagen kommen. Von Auseinandersetzungen hatte man zwar schon vor Darwin gesprochen, aber nur zwischen unterschiedlichen Arten, nicht jedoch zwischen den Individuen innerhalb einer Art. Darwins Freund, der Geologe Charles Lyell, stellte sich beispielsweise vor, dass Arten nicht nur aussterben, sondern einander verdrängen. Eine Art könnte demnach nur auf Kosten einer anderen Art Raum gewinnen. Gleichgewichte in der Natur variierten auf diese Art labil.

Darwin analysierte weiter scharf: Es gibt unzählige individuelle Unterschiede in einer Population. Keine zwei Individuen sind sich in allen Merkmalen gleich. Solche individuellen Unterschiede – Variationen, wie er sie nannte – sind erstens erblich und zweitens klein. Sie summieren sich oder kumulieren langsam in diesen kleinen Schritten über viele Generationen hinweg zu größeren, sichtbaren Variationen. So entstanden etwa die höchst unterschiedlichen Extremitätenformen der Wirbeltiere. Heute spricht man in diesem Zusammenhang von Gradualismus; ein wichtiger Begriff, den wir später oft aufgreifen werden und der die moderne Kritik an der Evolutionstheorie maßgeblich mitbestimmt. Die zweite, zentrale theoretische Folgerung Darwins aus dem Beobachteten: Für alle Arten existiert wegen ihrer hohen Fruchtbarkeit ein natürlicher Selektionsprozess. Das Überleben der Individuen einer Art in diesem Prozess der natürlichen Selektion ist davon abhängig, welche Variationen vererbt werden.

Darwins dritte theoretische Kernaussage schließlich lautete: Die natürliche Selektion führt zur erhöhten Nachkommenschaft der am besten Angepassten einer Art. Das ist das berühmte *Survival of the Fittest,* wie er es später nannte. Wenn die These der Auseinandersetzungen der Individuen einer Art gilt, dann gilt auch, dass günstige Abänderungen dazu neigen, erhalten zu bleiben und ungünstige dazu, wieder zu verschwinden. Die Fitness ist dann die Fähigkeit zur Weitergabe eigener, vorteilhafter Merkmale in der Population, und zwar unter den bestimmten Lebensbedingungen einer Population, nicht absolut. So viel zu Darwins Entdeckungen. Es gibt noch weitere.

Der komplexe Aufbau und die Funktionalität der Lebewesen sind nach dieser Theorie allein eine Folge natürlicher Vorgänge. Allein die natürliche Selektion ist der Hebel, der Mechanismus oder Prozess, der das evolutionäre Geschehen auf der Erde bestimmt. Das war die „Bombe", die Darwin zündete. Später nahm er die sexuelle Selektion als ergänzenden Faktor oder Unterform der natürlichen Selektion hinzu. Ein bestechend faszinierendes

Abb. 1.1 Angeberfisch. Darwin orientierte sich stark an Züchtungen, als er seine Theorie entwickelte. Aus künstlicher Selektion leitete er die Wirkung der natürlichen Selektion ab. Hier ein Prachtexemplar eines Mollys *(Poecilica sphenops)*. Die außergewöhnlich vergrößerte Schwanz- und Rückenflosse entstehen in heutigen Zuchtbetrieben durch natürliche Spontanmutationen und menschliches Auskreuzen. Bei den wildlebenden Populationen hat der Schwanz eine konstante, angepasste Größe und Form, da auf ihn als Hauptantriebsflosse starke natürliche Selektionskräfte wirken. Eine Ausnahme sind die Männchen des verwandten Schwertträgers *(Xiphophorus hellerii)*, den Darwin bereits beschrieb. Im Aquarium, in dem die natürliche Selektion ausbleibt, kann die sexuelle Selektion stärker wirken. So können – wie im Bild – bei einem Männchen schon einmal auffällige, sekundäre Sexualmerkmale entstehen, die bei den Weibchen gut ankommen

Thema, wenn wir uns etwa die prachtvollen Paradiesvögel vorstellen; für unsere Betrachtungen aber steht es nicht im Vordergrund (Abb. 1.1).

Ein paar Antworten auf essenzielle Fragen bleibt uns Darwin freilich schuldig. Man darf sagen, dass sein Buch zwei große Lücken enthält, auf die schon sehr früh aufmerksam wurde. Wir vermissen das *Wie* der Vererbung und das *Woher* der Variation. Natürlich hatte sich Darwin zur Vererbung viele Gedanken gemacht. Seine Theorie dazu war allerdings widersprüchlich und stellte sich als falsch heraus. Die Mechanismen der Vererbung nahmen schließlich Gregor Mendel und die frühen Genetiker in Angriff. Darwin gibt allerdings keinen Grund dafür an, warum und wie Variationen überhaupt entstehen. Eine Lücke. Diese Fragen und die Antworten darauf werden sich wie ein roter Faden durch dieses Buch ziehen.

Die Verwandtschaft allen Lebens

Aus Darwins epochaler neuer Sicht geht unmissverständlich hervor, dass die Arten aufgrund ihrer „Deszendenz mit Abänderung" miteinander verwandt sind. Alle Arten haben eine Abstammungsgeschichte. Diese Abstammungsgeschichten lassen eine zeitliche Abfolge der Aufspaltung der Ahnenreihen und der dabei aufgetretenen Modifikationen zu. Heute wissen wir: Der Mensch und alle Säugetiere stammen von mäuseähnlichen Arten ab, die vor mehr als 150 Mio. Jahren auf der Erde lebten und unauffällige Zeitgenossen der Dinosaurier waren. Säugetiere, Vögel, Reptilien, Amphibien, Fische, sie alle gehen auf kleine wurmähnliche Tiere zurück, die vor 600 Mio. Jahren im Meer lebten. Und alle Tiere und Pflanzen gehen zurück auf bakterienartige Einzeller, die vor drei Milliarden Jahren, das sind 3000 Mio. Jahre, lebten. Dass Darwin bereits eine gemeinsame Abstammung aller Lebensformen aus einfachen Organismen vermutete, war zur damaligen Zeit eine wirklich mutige These. Sie erwies sich erst viel später als richtig. Im Grunde erst, seit es mit Beginn dieses Jahrtausends möglich wurde, genetische Stammbäume zu erstellen, die zum Beispiel identische menschliche und Mausgene erkennen lassen und damit die Verwandtschaft dieser Organismen offenlegen. So sind sogar Genvergleiche zwischen dem Menschen und der in der evolutionsgeschichtlich viel älteren Fruchtfliege möglich. Und nicht zuletzt verweist die Tatsache, dass der genetische Code – das Bauprinzip für die Aminosäuren und Proteine – bei allen Lebewesen annähernd identisch ist, nachdrücklich auf eine gemeinsame Abstammung aller Lebensformen.

Die Evolutionstheorie lässt dieses spektakuläre Szenario vor uns entstehen. Die Theorie kann die ungeheure Anzahl verschiedener Arten, Gattungen und Familien auf unserer Erde wissenschaftlich begründen. Und sie kann erklären, wie alle miteinander verwandt sind. Sie kann erklären, warum Menschen, Katzen, Elefanten, Pferde, Fledermäuse und Wale, ja und alle Dinosaurier dieselbe Skelettgrundform, dieselbe Konstruktion der Extremitäten, aufweisen. Warum sie alle zwei Augen, eine Nase, ein Maul, eine Lunge, ein Herz haben. Der Fachmann spricht von homologen Strukturen. Dasselbe Konstruktionsprinzip unserer Hand gilt für gänzlich unterschiedliche Größen und Funktionen wie Laufen, Schwimmen, Fliegen oder Schreiben. Es muss zwangsläufig für alle diese homologen Hände einen gemeinsamen Vorfahren gegeben haben (Abb. 1.2).

Das alles ist in der Tat eine grandiose Schau des Lebens auf der Erde, gebaut auf den Säulen von Darwins Theorie. Ob diese Säulen noch ganz so dastehen, wie Darwin sie aufstellte, insbesondere mit der Selektion als dem alleinigen Motor der Evolution, das werden wir uns in diesem Buch Schritt für Schritt kritisch erschließen.

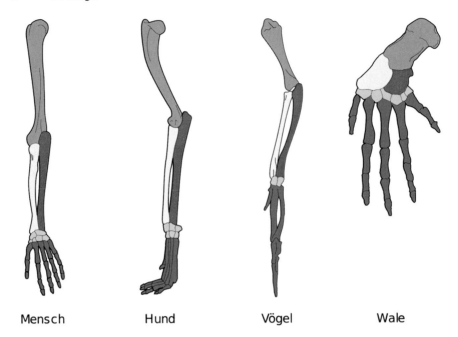

| Mensch | Hund | Vögel | Wale |

Abb. 1.2 Homologe Wirbeltierextremitäten. Die Extremitäten der Wirbeltiere sind mit allen Knochen homolog, das heißt, sie haben einen gemeinsamen Vorfahren mit denselben Knochenelementen. Sie können allerdings unterschiedliche Funktionen haben. Bemerkenswert ist die Variationsbreite in Größe und Form. Hingegen entstanden die Flügel von Vögeln und Insekten nicht homolog, sondern analog, also unabhängig voneinander

Darwins Offenheit als Wissenschaftler

Was mich vor Darwin den Hut ziehen lässt, ist seine Offenheit im Umgang mit den eigenen Hypothesen. Verschiedenste mögliche Einwände, die gegen seine Theorie der natürlichen Selektion vorgebracht werden könnten, diskutiert er bereits selbst. Alternativen schließt er nicht kategorisch aus. Er betrachtet also manches aus unterschiedlichen Blickwinkeln. Berühmt geworden und unzählige Male angeführt ist das Beispiel, dass Darwin Schwierigkeiten darin sah, die Evolution komplexer Strukturen wie etwa die des menschlichen Auges mit seiner Theorie zu erklären. Nein, noch deutlicher: Er gestand sogar, es erscheine ihm „im höchsten Grad absurd", dass das Auge durch natürliche Selektion entstanden sein könne (Darwin 1859). Selbst Darwin kam das Auge wie ein System unabhängiger Einzelteile vor: die Netzhaut mit ihren Fotorezeptoren, um Bilder zu empfangen, Nerven, um Signale von der Netzhaut an bestimmte Hirnareale weiterzuleiten, die

Linse, um zu fokussieren. Für sich allein hat offensichtlich nichts davon einen Nutzen. Wie kann die Linse „wissen", dass sie eine Netzhaut zur Weiterverarbeitung der Lichtsignale benötigt? Darwin räumte ein, dass es vielleicht so aussähe, als könne das Auge nur in unserer perfekt erscheinenden Form funktionieren, wenn alle Teile ideal zusammenspielen. Welchen Entstehungsweg mochte es also genommen haben?

Aber Darwin wäre eben nicht Darwin, wenn er nicht im selben Atemzug die Überzeugung formuliert hätte, dass nachfolgende Generationen von Forschern gewiss aufdecken könnten, wie das Auge aus „einem unvollkommenen und einfachen" Sehorgan evolviert ist und in der anfänglichen Form eben dennoch funktioniert hat, zwar weniger gut, aber durchaus nützlich für seinen Besitzer. Und dass es sich auf keinem anderen Weg als dem der natürlichen Selektion zu dem „vollkommenen und zusammengesetzten Auge" entwickelt hat, wie wir es bei uns kennen. Für eine Schnecke ist es nun einmal ausreichend, wenn sie hell und dunkel unterscheiden kann. Mehr braucht sie bei ihrem Tempo für die Erkundung der Welt nicht.

Darwin macht auch schon mal eine Einschränkung, etwa wenn er – ebenfalls viel zitiert – schreibt: *Natura non facit saltum* (Darwin 1859), die Natur macht keinen Sprung. Dann aber heißt es sogleich dazu, dies sei eine „etwas übertriebene naturgeschichtliche Regel" (Darwin 1872/2008). Bedenken wir: Das gesamte Theoriegebäude Darwins basiert auf kumulierten, kleinen Variationen. Sie werden in der Reihenfolge ihres Auftretens allesamt in der Population selektiert. Sprünge passen da nicht hinein; Darwin kann diese mit seiner Theorie gar nicht erklären. Wie sollen Sprünge entstehen? (Dazu später mehr.) Heutzutage schränkt kein Wissenschaftler mehr die eigenen Hypothesen in dieser Weise ein – das wäre viel zu gefährlich. Wer will schon andeuten, er habe auch nur ein Jota Zweifel an der eigenen Arbeit? Zweifel und Kritik sollen höchstens die Leser haben, am besten aber niemand.

Alfred Russel Wallace der Mitentdecker

Am Ende dieses Abschnitts sei erwähnt, dass sich auch Darwin auf das Wissen anderer Wissenschaftler bezog. Der wichtigste, der erwähnt werden muss, ist Robert Malthus. Malthus (1766–1834) war Nationalökonom, ein Begründer dieser Disziplin. Von ihm stammt die Theorie, dass sich die Nahrungsressourcen bzw. die Bodenerträge auf der Erde linear vermehren lassen, während sich Lebewesen, auch der Mensch, stärker, nämlich progressiv vermehren. Eine Überbevölkerung würde zum Beispiel unweigerlich nach vielen Generationen auftreten, wenn jede Familie vier Kinder hat,

Abb. 1.3   Charles Darwin, Alfred Russel Wallace und William Bateson. Drei große britische Evolutionstheoretiker und -biologen des 19. Jahrhunderts

die wiederum vier Kinder haben und so weiter, wenn nicht die Begrenzung durch die Nahrungsmittel gegenüberstünde. Darwin sah diese Lehre als grundlegend dafür an, dass es zu Auseinandersetzungen um die begrenzten Ressourcen kommen muss. Die für diesen Kampf vorteilhafter ausgestatteten Individuen innerhalb einer Art haben selektive Vorteile.

Ich möchte aber noch mehr einen Zeitgenosse Darwins würdigen, das ist Alfred Russel Wallace (1823–1913; Abb. 1.3), wie Darwin Engländer und etwas später als dieser auf einer Reise auf die andere Seite der Erde. Wallace entwarf ebenfalls die Idee der natürlichen Selektion. Er geriet jedoch ziemlich in Vergessenheit. In einem Brief an Darwin stellte Wallace Darwin seine Theorie dar. Sie glich der Darwins, als wäre sie dessen eigene Handschrift. Darwin geriet in nicht geringe Aufregung deswegen. In einem Gentlemen's Agreement konnten schließlich die Ideen beider Forscher 1858 der Linnean Society in London vorgestellt werden, bevor Darwin 1859 sein lange vorbereitetes Hauptwerk veröffentlichte. Wallace ließ – großzügig wie er war – Darwin den Vortritt. Die Weitsicht Darwins hatte er vielleicht nicht, ein großartiger Naturforscher war er aber allemal. Wenn über den Mechanismus der natürlichen Selektion gesprochen wird, sollte dieser korrekterweise als Darwin-Wallace-Mechanismus bezeichnet werden (Kutschera 2004).

Evolution ist eine Tatsache

Evolution ist eine Tatsache. Wenn wir einmal von komplizierten, wenig gebräuchlichen, philosophischen Verrenkungen absehen, ist Evolution eine Theorie im Sinne eines Systems wissenschaftlich begründeter Aussagen, die durch Beobachtung bestätigt werden. Diese Theorie kann Ausschnitte der

Realität mit zugrunde liegenden Gesetzmäßigkeiten erklären und daraus Vorhersagen ableiten. Eine solche Vorhersage der Evolutionstheorie ist zum Beispiel, dass die Artenvielfalt auf der Erde in den nächsten Jahrzehnten weiter abnehmen wird, wenn die globale Temperaturerhöhung anhält. Wir werden zahlreiche andere Vorhersagen kennen lernen (Kap. 4–6). Gleichzeitig ist Evolution aber auch eine Tatsache im Sinne eines wirklichen, nachweisbaren, bestehenden und anerkannten Sachverhalts. Sie ist, so der berühmte Paläoanthropologe Donald Johanson, ein Fakt, genau wie die Gravitation (Leakey und Johanson 2011, YouTube). Beweise bedarf sie schon lange keiner mehr. Heute, 160 Jahre nach Darwin, sind viele Lücken in der Abfolge der Arten und zwischen den Arten und Familien geklärt. Missing Links sind kein wirkliches Thema mehr, seit die Molekularbiologie ins Detail gehen kann. Wir wissen heute, warum der menschliche Embryo im Mutterleib einen Schwanz entwickelt und ihn dann wieder zurückbildet, lange bevor das Baby auf die Welt kommt. (Manchmal geht das jedoch schief, und das Neugeborene hat einen knöchernen Schwanz als Verlängerung der Wirbelsäule.) Und wir wissen molekulargenetisch ziemlich exakt, wie nah wir mit dem Schimpansen oder dem Bonobo verwandt sind (Abb. 1.4) und wie entfernt mit Mäusen, Taufliegen oder Ringelwürmern.

Manches wissen wir gewiss heute noch nicht. So geht es uns wie Darwin mit dem Auge, und es ist uns wirklich nur schwer vorstellbar, wie der genetische Code evolutionär entstehen konnte. Er ist das für alle Lebewesen fast

Abb. 1.4 Verwandter. Ein junger Bonobo. Die genetische Verwandtschaft von Schimpansen, Bonobos und Gorillas mit dem Menschen ist sehr hoch. Aber bei rund 2 % Abweichung gibt es immerhin ca. 60 Mio. genetische Unterschiede. Dazu kommen noch mehr Unterschiede in der Genregulierung und Entwicklung

identische Schema, nach dem die kleinsten Bausteine hergestellt werden, die sich zu den Proteinen zusammensetzen, jenen komplizierten Stoffen des Lebens in allen Zellen. Noch vor wenigen Jahren konnte ich mir eine gute Antwort auf die Frage, wie die Säugetiere entstanden, nur schwerlich vorstellen. Die entwicklungsgeschichtlich älteren Amphibien und Echsen legen Eier, die ein ausreichendes Depot an Nährstoffen enthalten. Der Übergang zu einer embryonalen Entwicklung im Mutterleib sieht da schon nach einem gewaltigen evolutionären Sprung aus, musste doch dafür zuerst die Plazenta, also die Schnittstelle, die die Mutter mit dem Embryo verbindet, entstehen. Sie versorgt das junge Leben mit Nährstoffen und Sauerstoff aus dem mütterlichen Blutkreislauf. Eine solche Plazenta kann – sollte man denken – entweder vorhanden sein oder nicht. Wie aber soll ein schrittweiser, kumulativer Prozess für ihre Evolution aussehen? Hundert oder mehr Einzelschritte, bevor sie funktionsfähig ist? Tatsächlich existieren heute mehrere Theorien, wie die Plazenta bei den Säugetieren entstanden sein könnte, etwa durch eine virale Invasion (Retroviren) der Keimzellen (Onoa et al. 2001). Allzu kompliziert kann es wiederum nicht gewesen sein, gibt es doch zahlreiche Fische, unter ihnen Haie, die lebend, und andere, die nicht lebend gebären. Mussten aber bei den Säugetieren nicht gleichzeitig mit der Plazenta auch die mütterlichen Milchdrüsen entstehen? Diese können wir uns doch ebenso nur als vorhanden oder nicht vorhanden vorstellen. Die Milch fließt oder sie fließt nicht. In der Tat eine ziemlich verzwickte Koordinationsaufgabe für eine Evolution, die kein Ziel kennt und in kleinen Schritten voranschreitet. Über den Sprung von einem Herz mit drei getrennten Kammern (Amphibien und Reptilien) zu einem Herz mit vier Kammern (Vögel und Säugetiere) will ich mich gar nicht erst auslassen: drei oder vier? Dreieinhalb oder gar 3,6 Kammern mit den passenden Zu- und Ableitungen des Bluts? Das kann es doch nicht geben, oder etwa doch? Das erinnert sehr an „ein bisschen schwanger".

Wie auch immer: Niemand zweifelt mehr ernsthaft daran, dass der „geniale" genetische Code ebenso wie das Fürsorgeverhalten der Säugetiermutter und andere knifflige genannte und nicht genannte Merkmale hundertprozentige Produkte der Evolution sind. Antworten, die noch fehlen, wird es irgendwann geben. Das Fazit ist: Die Evolution ist zu einem großartigen Wissensgebäude geworden. Zweifel an ihr haben nur noch die Ewiggestrigen.

1.2   William Batesons Gegenmodell

William Bateson (1861–1926) war Brite wie Darwin und 42 Jahre jünger als dieser. In Fachkreisen war er zu Lebzeiten berühmt, in Europa ebenso wie in den USA. Er wurde mit höchsten Ehrungen ausgezeichnet. Bateson

(Abb. 1.3) schuf den Begriff der Genetik und führte diesen Term auf einer Tagung in London 1906 offiziell in den Wissenschaftszirkel ein. Er war einer der Wiederentdecker der Schrift Gregor Mendels und trug maßgeblich zur Verbreitung der neuen Vererbungslehre bei. Neben alldem aber war Bateson das, was man einen Saltationisten (lat. *saltare,* springen) nannte. Weiter oben habe ich ja bereits zitiert, dass die Natur angeblich keine Sprünge macht, die Evolution laut Darwin folglich gradualistisch verläuft. Darwin äußerste sogar, seine Theorie würde vollständig zusammenbrechen, wenn auch nur an einem einzigen komplexen Organ gezeigt würde, das es nicht durch zahlreiche aufeinanderfolgende, kleine Modifizierungen zustande gekommen sein kann (Darwin 1872/2008). Genau hier setzte Bateson kritisch an, und genau das interessiert uns hier.

Diskontinuierliche Variation

Besser lässt sich mit dem Begriffspaar kontinuierliche und diskontinuierliche Variation arbeiten. Kontinuierliche Merkmale sind etwa die Körpergröße oder das Gewicht. Sie nehmen verschiedene Werte in einem Kontinuum an. Bateson hingegen war ein vehementer Vertreter diskontinuierlicher Variation. Bei diesem Variationstyp treten zwei oder mehrere deutlich unterscheidbare diskrete Merkmale auf, zum Beispiel vier oder fünf Zehen. Bateson leugnete keineswegs rundweg Darwins Lehre, der zufolge Variationen kontinuierlich sind und sich in wiederholten Selektionsprozessen im Organismus anhäufen können. Doch er lehnte es rundweg ab, die natürliche Selektion zu einer Doktrin für die Evolution zu erheben und ihr einen Alleinanspruch zuzusprechen. Bateson sah in Abstammungslinien sowohl kontinuierliche als auch diskontinuierliche Veränderungen. Er stellte jedoch eine fundamentale Schwierigkeit fest, die aus Darwins Sicht hervorgeht: Wie kann es zu den klar abgegrenzten, also diskontinuierlichen Arten kommen, wenn die Unterschiede in den Umweltbedingungen, die die darwinschen Selektionsbedingungen darstellen, im Zeitverlauf fließend sind? Bateson spricht von einer spezifischen Diversität der Form der Lebewesen auf der einen Seite und einer Diversität der Umgebungen auf der anderen Seite. Die Veränderungen der letzteren gehen jedoch unmerklich in eine kontinuierliche Serie über (Bateson 1894). So steigen oder fallen etwa die Temperatur oder der Salzgehalt des Meerwassers nicht sprunghaft. Vulkanausbrüche, die eine abrupte Umweltänderung darstellen würden, sind selten und betreffen meist nicht eine ganze Population. Es besteht also überall Kontinuität, und dennoch haben wir klar unterschiedliche Arten. Wie kann das möglich sein?

Für Bateson war das ein Kardinalproblem, auf das die Evolutionstheorie eine Antwort liefern musste. Wenn demnach – so seine Logik – die Diversität der Umwelt der ultimate Bestimmungsgrund für die Diversität der spezifischen Form der Arten ist, dann gibt es einen großen Bereich von Umwelt- und Strukturunterschieden, innerhalb dessen kein erkennbares Resultat entsteht. Alles bleibt, wie es ist, mit anderen Worten: „Die Beziehung zwischen Umwelt und Struktur ist nicht fein justiert". In diesem Fall könne, so Bateson, die Selektion nicht die lenkende oder begrenzende Alleinursache spezifischer Unterschiede bei den Arten sein. Dann aber wäre es problematisch, die natürliche Selektion als Doktrin anzuerkennen (Bateson 1894). Um diese Ungereimtheit besser zu verstehen, plädierte er dafür, die Variation genauer unter die Lupe zu nehmen. „Variation ist das essenzielle Phänomen der Evolution. Variation ist in der Tat Evolution" (Bateson 1894).

Um seiner Idee der Diskontinuität auf den Grund zu gehen, scheute Bateson keine Mühen. Sein 1894 erschienenes Hauptwerk *Materials For the Study Of Variation: Treated With Especial Regard To Discontinuity In The Origin Of Species* ist 600 Seiten dick. Die Kernaussage darin ist unmissverständlich: „Die Diskontinuität der Arten hängt von der Diskontinuität der Variation ab". Bateson liefert unzählige Beispiele für diskontinuierliche Variationen in der Tierwelt, etwa Bienen mit Beinen anstelle von Antennen oder Krebse mit zusätzlichen Eileitern. Beim Menschen widmete er sich überzähligen Fingern (Polydaktylie), Extrarippen und Männern mit zusätzlichen Brustwarzen. Überall stellte er Diskontinuitäten fest (natürlich auch bei Farben), denen er eine Rolle bei der Entstehung von Arten zuschrieb. Bestärkt wurde er in dieser Ansicht dadurch, dass die Merkmale bei Kreuzungsversuchen nicht verschwinden, indem sie etwa in kontinuierlichen Mischformen aufgehen. Das war in Experimenten definitiv nicht der Fall. Die Varietät blieb stets bestehen.

Bateson berichtete 1897 über eine Reihe von Zuchtversuchen, die mit einem zierlichen Blütenpflänzchen, dem Glatten Brillenschötchen *(Biscutella laevigata)*, in den botanischen Gärten von Cambridge durchgeführt wurden (Bateson 1897). In der Wildnis sind behaarte und glatte Formen von ansonsten identischen Pflanzen bekannt. Man kreuzte nun die Formen experimentell. Wie nicht anders erwartet, zeigten die gut gezüchteten Mischlingspflanzen im Aussehen noch immer entweder die eine oder die andere Ausprägung der Wildpflanze, keine Verschmelzung oder Regression des Merkmals auf eine mittlere Form. Es blieb bei einem Dimorphismus, also bei zwei klar unterscheidbaren Formen.

Hundert Jahre Streit

Die Zündschnur für einen Streit darüber, wie relevant diskontinuierliche Merkmale in der Evolution sind, war gelegt. Dieser Streit hielt im 20. Jahrhundert lange an und wurde zeitweise sehr kompromisslos und bissig geführt. Bateson selbst stellte 1894 klar, dass seine Überlegungen zu diskontinuierlicher Variation nicht prinzipiell unverträglich mit dem Selektionsmechanismus seien. Allerdings verwahrte er sich, wie gesagt, entschieden gegen doktrinäre Lehren mit Alleingeltungsanspruch für die natürliche Selektion. Klar ist aber: Wenn Selektion in feinem Maßstab wirkt, hat sie einen anderen theoretischen Stellenwert als in einer Umgebung mit diskontinuierlicher Variation. Und intuitiv werden Sie als aufmerksamer Leser richtig vermuten, dass Umfang und Komplexität einer Diskontinuität darüber mitbestimmen, wie leicht oder schwierig sie in der gesamten Population durchsetzbar ist. *Hopeful monsters,* das sind plötzlich auftretende Mutanten, wie sie der deutsche Genetiker Richard Goldschmidt (1878–1958) später ins Spiel brachte, haben es da sicher nicht leicht. Darwins Perspektive scheint unvereinbar mit solchen, für die Evolution relevanten *Hopeful monsters* zu sein, während sie nach Batesons Ansicht der Schlüssel zu schnellen Übergängen, etwa von einem Drei- zu einem Vierkammerherz, sein könnten.

Um den negativen Ruf, den Richard Goldschmidt zu Lebzeiten genoss und der ihm nach seinem Tod nachhallte, muss man ihn nicht beneiden. Goldschmidt ist so etwas wie ein Vorzeige-Bösewicht in der Evolutionsbiologie und muss für die harten Vertreter der Synthetischen Evolutionstheorie dafür herhalten, wie die Sache *nicht* funktioniert. Allenfalls ließ man ihm durchgehen, dass artübergreifender Saltationismus sehr unwahrscheinlich ist; es lohne daher nicht, sich damit zu beschäftigen. Erst viel später, nach der Jahrtausendwende, konnte ein deutscher Genetiker, Günter Theißen von der Universität Jena, das falsche Bild über Goldschmidt korrigieren und ein neues Bild von Saltation mit zahlreichen Beispielen zeichnen konnte. Die Evolution der Blütenpflanzen (Angiospermen) ist dabei einer der bemerkenswertesten Fälle, für die keine graduelle Evolutionslinie erkennbar ist. Daneben gibt es zahlreiche andere Szenarien, für die gradualistische Pfade mit kontinuierlichen Veränderungen nicht plausibel erscheinen.

Wie Theißen deutlich macht, war sich Goldschmidt sehr wohl bewusst, dass Makromutationen in den allermeisten Fällen für einen Organismus nicht gut ausgehen, mit anderen Worten: letal sind. Die Ablehnung der Theorie Goldschmidts machte sich genau an diesem Punkt fest: Es sei unwahrscheinlich, dass springende Phänotypvariationen einen positiven Effekt auf die Fitness haben, weil die Betroffenen keine guten Überlebenschancen hätten. Also spielte man sie immer wieder herunter. Ihre Unwahrscheinlichkeit oder vermutete Seltenheit sagt jedoch logisch nichts darüber aus, ob sie möglich sind und tatsächlich vorkommen. Genau hierauf richtet Theißen seine Aufmerksamkeit (Theißen 2009). Er macht in seinem Artikel (wie schon andere vor ihm) klar, dass viele paläobiologische Befunde keine gradualistischen Übergänge zwischen Arten, sondern vielmehr abrupte Wechsel aufzeigen. Auch wenn sie selten sind, könnten sogenannte makroevolutionäre Änderungen, eben auch durch Innovationen entstehen. Vielleicht geschieht so etwas mit der Veränderung eines Bauplans nur einmal in einer Million Jahren. Also genau an den Stellen, an denen wir aus dem Fossilbild keine Hinweise auf gradualistische, fließende Evolutionsverläufe haben, würden solche Ereignisse plausibel erscheinen – vorausgesetzt, man kann erklären, *wie* sie zustande kommen können.

Von Interesse ist an dieser Stelle somit der Hinweis auf die Mechanismen, die Goldschmidt für größere phänotypische Variation anführt. Schon vor ihm haben neben Bateson immer wieder auch andere, teils berühmte Biologen auf die Möglichkeit von Evolutionssprüngen hingewiesen, unter ihnen etwa der Botaniker Hugo de Vries (1884–1935), einer der Wiederentdecker der Schrift Mendels. Aber etwas zu behaupten und etwas zu erklären, sind zwei unterschiedliche Dinge. Tatsächlich nannte Goldschmidt zwei mögliche Mechanismen für Makromutation. Den ersten darf man gleich wieder vergessen; er bezieht sich auf systematische Neuanordnungen von Chromosomen. Der zweite Mechanismus jedoch deutet laut Theißen in eine moderne Richtung, nämlich die der embryonalen Entwicklung. Goldschmidt glaubte, dass wichtige Gene (Kontrollgene) den frühen Entwicklungsverlauf ändern und auf diese Weise große Effekte im erwachsenen Phänotyp nach sich ziehen können (Theißen 2009). Im Licht dessen, was wir heute über evolutionäre Entwicklungsprozesse wissen und hier noch ausführlich kennen lernen, waren das weitsichtige Gedanken. Goldschmidt hat es verdient, erst genommen zu werden. Wenn Sie, lieber Leser, die Kap. 3 und 4 in diesem Buch gelesen haben, werden Sie wahrscheinlich ähnlich urteilen.

Heute erscheinen Diskontinuitäten in der Evolutionstheorie in einem völlig neuen Licht. Vor diesem Hintergrund werde ich darauf eingehen, was im Embryo geschieht, und wie die embryonale Entwicklung Diskontinuität zustande bringt. William Bateson waren tiefere Einblicke in das faszinierende Geschehen im Embryo noch versagt. Wohl deswegen schätzte er die Möglichkeiten der Embryologie für neue Erkenntnisse zur Evolution nicht hoch ein. Dennoch legte dieser unermüdliche Forscher mit seinem Fokus auf diskontinuierliche Variation einen markanten Grundstein für die heutige

Forschungsdisziplin Evo-Devo, die evolutionäre Entwicklungsbiologie oder kurz Evo-Devo (evolutionary developmental biology).

1.3 Die Zeit nach Darwin

Um 1900 war es ruhiger geworden um Darwin; man könnte auch sagen, seine Theorie war so gut wie tot. Alternative Sichtweisen auf die Evolution waren verstärkt im Umlauf. Auch die These des Franzosen Jean-Baptiste Lamarck (1744–1829), wonach Eigenschaften, die einmal im Verlauf des Lebens erworben werden, vererbbar sind – schon von Darwin nicht gänzlich abgelehnt – erhob sich damals wie ein Phönix aus der Asche. Erst die Entdeckung, dass die Vererbungslehre Gregor Mendels mit Darwin zusammengeführt, dass daraus also eine Synthese gebildet werden kann, brachte frischen Wind in die erlahmte Diskussion. Dazu musste aber die Schrift von Mendel wie erwähnt 1900 zunächst wiederentdeckt werden.

August Weismann – eine hartnäckige Doktrin

Die steile Hypothese des Freiburger Zoologen August Weismann aus dem Jahr 1883 erwies sich als ein Fels in der Brandung. Weismann (1834–1914) argumentierte, die Übernahme von Informationen erworbener Eigenschaften in die Keimzellen (also Samen- und Eizellen) sei unmöglich. Mit anderen Worten sagt Weismann: Veränderungen durch Umwelteinflüsse auf den Körper eines Individuums können keinerlei Auswirkungen auf den Phänotyp, also die Gesamtheit der erkennbaren Merkmale, der nachfolgenden Generation haben. Die Umwelteinflüsse müssten dafür irgendwie auf die Keimzellen einwirken können. Genau das aber schloss er aus. Körper- und Keimzellen entwickeln sich getrennt. Von einer einmal ausdifferenzierten Körperzelle gibt es keinen Weg zurück in die Keimbahn. Dieses Sicht setzte für hundert Jahre das Denken über Evolution auf ein festes Gleis, und es sollte eine große Schwierigkeit darstellen, die sogenannte Weismann-Barriere zu überwinden. Mit Weismanns Keimbahntheorie war das Ende des Lamarckismus eigentlich eingeläutet. Aber die Idee Lamarcks blieb hartnäckig und wird uns wieder beschäftigen, wenn ich die epigenetische und kulturelle Vererbung vorstelle (Abschn. 3.6).

Nicht übersehen werden darf ein anderer Beitrag Weismanns, der bis heute uneingeschränkt Gültigkeit hat. Er entdeckte die Bedeutung der Sexualität für die Evolution. Sexualität schafft eine signifikante

Variationsverbreiterung bei der Vererbung. Das geschieht mit heutigen Worten dadurch, dass das Kind von jedem Elternteil nur einen haploiden, also nur einen von ursprünglich zwei DNA-Strängen erbt. Erst auf dem vom Kind neu erstellten diploiden (kompletten) DNA-Strang wird dann für jedes Gen festgelegt, welches aktiv ist, das vom Vater oder das von der Mutter. Durch diesen Mechanismus entsteht „eine unerschöpfliche Fülle immer neuer Combinationen individueller Variationen, wie sie für die Selectionsprocesse unerlässlich ist" (Weismann 1892). Eine irreversible Vermischung der väterlichen und mütterlichen Anteile findet nicht statt. Sie bleiben als Einheiten bestehen, werden aber neu kombiniert. Mit diesen Einsichten in das Wirken der sexuellen Fortpflanzung eröffnete Weismann fundamentalen Einblick in die Antriebskräfte des Artenwandels.

Wie sind die Gene definiert? – Wo sind sie zu finden?

Die klassische Genetik nahm derweil Fahrt auf. Sie erklärte, wie Mutationen vererbt und unter dem Einfluss der Selektion oder anderer evolutionärer Prozesse in bestimmte Richtungen gebracht oder in einem Gleichgewicht gehalten werden. Die klassische Genetik lieferte zahlreiche grundlegende, neue Erkenntnisse zur Vererbung. Lange war überhaupt nicht klar, welches die Erbsubstanz genau ist und wo man sie suchen müsse. Wer waren die „Täter"? Proteine, Aminosäuren, Nukleinsäuren oder deren Komponenten, die Nukleotide? Ein mühsamer Prozess. Der Streit darüber zog sich über die gesamte erste Hälfte des 20. Jahrhunderts hin. Erst Watson und Crick stellten schließlich die DNA ins Zentrum und läuteten damit ein neues Zeitalter ein, die Ära der Molekulargenetik. Die beiden Forscher entdeckten 1953 nicht ohne wesentliche Vorarbeit anderer, von denen kaum mehr jemand spricht, die herrliche Struktur der Doppelhelix der DNA mit ihren nur vier Bausteinen, den Nukleotiden. Ganz beiläufig machten Watson und Crick am Ende ihres kurzen Artikels in der Zeitschrift *Nature* die knappe, berühmt gewordene Anmerkung: „Es ist unserer Aufmerksamkeit nicht entgangen, dass die spezifische Paarbildung die wir hier voraussetzen, sogleich an einen möglichen Kopiermechanismus für das genetische Material denken lässt" (Watson 2005/1968). Mehr britisches Understatement für eine solche Entdeckung geht nicht.

Schon zeitlich vor der Genetik und der hitzigen Suche nach der Vererbungssubstanz entwickelte sich eine neue Forschungsdisziplin, die Populationsgenetik, ohne die man Darwin und Evolution nicht verstehen kann. Tatsächlich wird Darwins Theorie am Beispiel von Individuen und ihren

Merkmalen, bzw. ihrem Verhalten besprochen. Zumindest gewinnt man immer wieder mal diesen Eindruck. Das ist aber irreführend. Die traditionelle Evolutionsbiologie ist eine Populationswissenschaft. Es geht um Populationen – etwa die der Amurleoparden im Nordosten Chinas oder um eine Bakterienpopulation im Labor. Darwins Denken (und das von Wallace) sollten nicht anders verstanden werden als ein Denken über Populationen von Pflanzen oder Tieren. Es sind nicht Individuen, die sich anpassen, sondern vielmehr Populationen von Individuen. Variationen vollziehen sich in Individuen, die diese dann vererben können. Der Anpassungsprozess solcher Variationen jedoch erfolgt in der Population. Er vollzieht sich über lange Zeiträume unter wechselnden Umweltbedingungen. Die Prinzipien dafür sind, so Darwin, die natürliche Selektion und das *Survival of the Fittest*. Dass es auch eine andere Herangehensweise an evolutionäre Veränderung gibt als über den Weg der adaptierten Population, werde ich später unter anderem mit der evolutionären Entwicklungsbiologie ausführlich erläutern (Kap. 3).

Erst langsam entwickelte sich nach 1900 ein mathematisch-methodisches Bewusstsein dafür, wie Vererbungs- und Evolutionsprozesse in der Natur am besten auf der Ebene von Populationen beschrieben werden können, eben nicht auf der Ebene von Individuen. Die mathematischen Modelle der Populationsgenetik und -statistik waren und sind kompliziert. Ihre Erfinder tragen große Namen. Erst ihre Modelle mit vielen Differenzialgleichungen über abstrakte Genfrequenzen schufen die Grundlage für den großen Wurf der Synthetischen Evolutionstheorie, der nun folgte.

Die Vorstellung darüber, was ein Gen genau ist, hat mehrfache Wandlungen durchlaufen – und sie ist heute unklarer denn je. Zuerst war es ein hypothetischer Vererbungsfaktor, dann eine Einheit der Rekombination, der Mutation oder biologischen Funktion. Wieder später verstand man unter einem Gen einen proteinbestimmenden Code in Form eines zusammenhängenden, dann auch unterbrochenen Abschnitts auf der DNA (Abb. 1.5). Dieses Verständnis wurde zunehmend unklarer, als man DNA-Abschnitte fand, die Teile mehrere Gene sind. In keinem Fall kann heute ein Gen oder das Genom als die Einheit gesehen werden, die allein zuständig ist, durch Reproduktion Vererbbares von einer Generation zur nächsten zu transformieren. Gene „als kausal privilegierte Determinanten einer phänotypischen Erscheinung" (Nowotny und Testa 2009) geraten immer mehr ins Kreuzfeuer. Die DNA transformiert im Gegenteil gar nichts. Sie ist kein aktives Element, nur eine Vorlage. Sie bedarf für die Regulierung ihrer Gene der komplexen Maschinerie der Zelle, insbesondere der Aktivität von Enzymen. Erst im Zusammenspiel von Genen, Zellen, Enzymen und Umwelt läuft ein Prozess in vielen Schritten ab. Davon handelt dieses Buch.

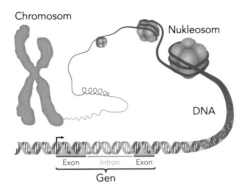

Abb. 1.5 Gen – Chromosom – DNA. Ein Gen schematisch vereinfacht und verkürzt als Abschnitt des Chromosoms. Ein eukaryotisches Gen enthält Exons (codierende Abschnitte), unterbrochen durch Introns (nicht-codierend). Der DNA-Doppelstrang ist um einen Satz von acht Histonen gewickelt (etwa zwei Windungen) und bildet ein Nukleosom – die grundlegende DNA-Verpackungseinheit. Schließlich kondensiert er zu mehreren Chromosomen, von denen eines hier schematisch wiedergegeben ist. Das Material, aus dem die Chromosomen bestehen, also die DNA und die sie umgebenden Proteine, heißt Chromatin

Eher lässt sich die Frage umgekehrt betrachten und sagen, dass es kein Protein gibt, das nicht-genetisch auf dem Weg über Transkription und RNA erzeugt wird. Nach heute gebräuchlicher Definition ist ein Gen eine funktionelle DNA-Sequenz. Die Übertragung von Genen an Nachkommen ist eine, aber nicht die einzige Grundlage für die Vererbung einer phänotypischen Eigenschaft. Ich will aber hier nicht schon zu weit vorgreifen; wir kommen auf das knifflige Thema in Abschn. 3.7 zurück, wenn das Gen in einem modernen, systembiologischen Zusammenhang vorgestellt wird.

1.4 Zusammenfassung

Darwins Idee einer Theorie der natürlichen Selektion für die biologische Evolution und die Idee des *Survival of the Fittest* waren epochal. Aus seiner Idee der biologischen Evolution wurde eine Tatsache. William Bateson stellte gegenüber Darwin die diskontinuierliche Variation in den Vordergrund. Er schuf damit die Grundlage für eine langanhaltende Auseinandersetzung über beide Sichtweisen. Die Suche nach den Trägern des Vererbungsmaterials, den Genen, dominierte die erste Hälfte des 20. Jahrhunderts. August Weismanns frühe Hypothese, dass es keine Möglichkeit zur Änderung der Keimbahn von außen gäbe, bestimmte lange Zeit die

Evolutionstheorie. Wo Gene genau zu verorten sind, blieb lange unklar bis zur Auffindung der DNA-Struktur durch Watson und Crick.

Literatur

Bateson W (1894) Materials for the study of variations treated with especial regard to discontinuity in the origin of species. MacMillan, London

Bateson W (1897) On progress in the study of variation. Sci Prog 6(5):554–568

Darwin C (1859) On the origin of species by means of natural selection, or the preservation of favoured races in the struggle for life. John Murray, London. Alle Auflagen online. http://test.darwin-online.org.uk/contents.html#origin

Darwin C (1871) Die Abstammung des Menschen und die geschlechtliche Zuchtwahl, 2 Bände. Aus dem Englischen übersetzt von J. Victor Carus. E. Schweizerbart'sche Verlagshandlung (E. Koch), Stuttgart (Engl. (1871) The descent of man, and selection in relation to sex. John Murray, London)

Darwin C (1872/2008) Die Entstehung der Arten. Nikol, Hamburg (Übers. Carus JV. Nikol, 2008 nach d. 6. Aufl.)

Kutschera U (2004) The modern theory of biological evolution: an expanded synthesis. Naturwissenschaften 19:225–276

Leakey R, Johanson D (2011) Human evolution and why it matters: a conversation with Leakey and Johanson. YouTube. https://www.youtube.com/watch?v=pBZ8o-lmAsg

Nowotny H, Testa G (2009) Die gläsernen Gene. Die Erfindung des Individuums im molekularen Zeitalter. Suhrkamp, Berlin

Onoa R, Shin Kobayashi S, Wagatsuma H, Aisaka K, Kohda T, Kaneko-Ishino T, Ishino F (2001) A Retrotransposon-derived gene, Peg 10, is a novel imprinted gene located on human chromosome 7q21. Genomics 73:232–237

Theißen G (2009) Saltational evolution: hopeful monsters are here to stay. Theory Biosci 128:43–51

Watson JD (2005) Die Doppelhelix. Ein persönlicher Bericht über die Entdeckung der DNS-Struktur. Rowohlt, Hamburg (19. Aufl. Übers. der englischen Originalausgabe The double Helix, 1968)

Weismann A (1892) Aufsätze über Vererbung und verwandte biologische Fragen. Gustav von Fischer, Jena

Tipps zum Weiterlesen und Weiterklicken

Ich erspare Ihnen die Empfehlung, *Die Entstehung der Arten* zu lesen. Die Sprache ist in der deutschen Übersetzung sperrig, und auch im Englischen erschließt sich Darwin im Original eher dem historisch Interessierten. Heute gibt es zahlreiche hervorragende Zusammenfassungen von Darwins Werk, von denen ich zwei nenne, die auch den zeitgeschichtlichen Hintergrund beleuchten:

Browne J (2007) Charles Darwin – die Entstehung der Arten. DTV, München

Hoßfeld U, Olsson L (2008) Charles Darwin. Zur Evolution der Arten und zur Entwicklung der Erde. Frühe Schriften der Evolutionstheorie. Kommentar von Das Lesebuch. Julia Voss, Suhrkamp

Zum Verständnis der Evolution des Auges, die Darwin selbst bekanntlich kritisch diskutierte, sei der Wikipedia-Artikel „Augenevolution" empfohlen (Artikel des Autors, Version 28. 12. 2023). https://de.wikipedia.org/wiki/Augenevolution

2

Die Modern Synthesis – das Standardmodell der Evolution

Die Synthetische Evolutionstheorie, englisch Modern Synthesis oder kurz Synthese ist das gegenwärtige Standardmodell der Evolution. Sie geht von kleinsten Variationen bei der Vererbung aus (Gradualismus), die durch genetische Mutationen bestimmt werden, und betrachtet gemäß Darwin und Wallace die natürliche Selektion als den Hauptmechanismus der Evolution. Die an ihre Umwelt Bestangepassten einer Art überleben statistisch öfter, und sie haben dadurch eine höhere Anzahl fortpflanzungsfähiger Nachkommen. Ihre Fähigkeit zur Weitergabe der eigenen Gene an die Nachfolgegeneration ist somit besser als jene ihrer Konkurrenten. Soweit die verkürzte Wiedergabe, wie Evolution aus Sicht der Synthese funktioniert. Sehen wir uns im Folgenden an, mit welchen Mühen sie entstand und wie sie sich weiterentwickelte.

Wichtige Fachbegriffe in diesem Kapitel (s. Glossar): Adaptation, Chromosom, DNA, *Drosophila,* Gen, Gendrift, Genpool, Gradualismus, Mikro- und Makroevolution, natürliche Selektion, neutrale Mutation, Populationsgenetik, Punktualismus, Rekombination, Soziobiologie.

2.1 Entstehen und Kernaussagen

Um 1930 waren die Voraussetzungen für eine einheitliche Evolutionstheorie zunächst denkbar schlecht. Man war sich gleich in mehreren Punkten uneins, sogar noch darin, ob man es bei den von Mendel beschriebenen

A. Lange, *Evolutionstheorie im Wandel,* https://doi.org/10.1007/978-3-662-68962-2_2

Merkmalen mit einer physikalischen oder theoretischen Einheit zu tun hatte. Man hatte sie 1909 erstmals Gene genannt. In den 1930er-Jahren entstand im englischsprachigen Raum das große Gebäude der Modern Synthesis. Die Synthese, auch Neodarwinismus genannt, ist die heute anerkannte Evolutionstheorie der Lehrbücher. Sie vereint Vererbung und Evolution, aber auch die Erkenntnisse der Genetik mit der Lehre von Darwin, Wallace und Mendel. Evolution geschieht in Populationen, nicht in Individuen. Das greift die Populationsgenetik mit komplizierten statistisch-mathematischen Berechnungen auf. Der Begriff Neodarwinismus stand ursprünglich mit August Weismanns Theorie in Verbindung. Er erfuhr mehrere Wandlungen und wird vor allem im englischsprachigen Raum seit langem mit der Synthetischen Evolutionstheorie gleichgesetzt.

Die schon erwähnte Lehre August Weismanns ging in der Synthese auf, und zwar sowohl die Weismann-Barriere als auch die sexuelle Rekombination. Wichtige frühe Arbeiten zur Genetik leistete der amerikanische Arzt und spätere Nobelpreisträger (1933) Thomas Hunt Morgan (1866–1945; Abb. 2.1). Er studierte die Taufliege wie kein anderer vor ihm und nach ihm. *Drosophila melanogaster,* wie sie in der Zoologie heißt, wurde mit ihm zusammen berühmt. Sie entwickelte sich zu einem der bis heute wichtigsten Modellorganismen in der Biologie.

Thomas Hunt Morgan und Tausende Fliegen

Um 1910 züchtete Morgan aus sonst rotäugigen Fliegen einen weißäugigen männlichen Mutanten. Die Nachkommen aus Kreuzungen unter weißäugigen Fliegen folgten den mendelschen Vererbungsregeln. Morgan konnte herausfinden, dass die Anlage für die Augenfarbe auf dem Y-Chromosom, also

Abb. 2.1   Thomas Hunt Morgan, Julian, Huxley Sewall Wright und Ronald A. Fisher. Julian Huxley vor dem Porträt seines Großvaters Thomas Huxley, dem Freund und Förderer Darwins

dem männlichen Geschlechtschromosom liegt. Ein Volltreffer! Unzählige Taufliegen-Kreuzungen bestimmten nach diesem ersten Erfolg Morgans tägliche Laborarbeit. Wahrscheinlich entstanden Tausende Mutanten in seinem Labor. Viele (wie solche mit vier Flügeln oder zwei Beinen am Kopf) waren unter Naturbedingungen schlicht nicht überlebensfähig. Was hatten also solche monströsen Ergebnisse mit der Evolution zu tun? Zweifel kamen auf.

Morgan ließ sich nicht beirren. Er konnte durch Färbungen in den Zellkernen die Struktur von Chromosomen aufzeigen und belegen, wie Gene auf Chromosomen angeordnet sind. Was die Gene genau sind, wusste er damals noch nicht. Nicht genug: Morgan entdeckte über Weismann hinaus 1916, dass es bei der sexuellen Reproduktion zu einem Austausch ganzer Abschnitte von Chromosomen kommt. Die väterlichen und mütterlichen (homologen) Chromosomen tauschen größere Teile am Stück aus, sodass anschließend im ursprünglich väterlichen Chromosom ein mütterlicher Abschnitt steckt und umgekehrt. Dieses *Crossing-over*, wie es heute heißt (Abb. 2.2), eröffnete einen enorm erweiterten Blick auf Rekombinationsmöglichkeiten bei der sexuell induzierten Zellteilung, der Meiose. Die Rekombination wurde somit neben Mutationen zu einem zweiten Zufallselement in der Synthese. Der Genpool der Population bleibt dabei gleich. Die Rekombination der DNA führt dazu, dass ein DNA-Strang nicht mehr

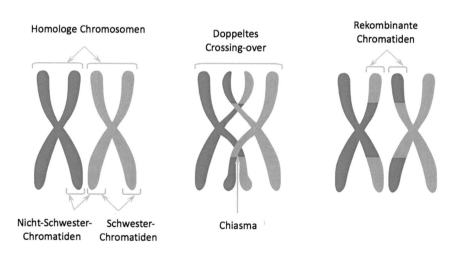

Abb. 2.2 Doppeltes *Crossing-over*. Homologe sexuelle Rekombination zwischen zwei Chromosomen. Rekombination ist ein wichtiger Evolutionsfaktor und sorgt für Neudurchmischung des vorhandenen Allelmaterials. Die Trennung und neue Zusammenfügung der Chromatiden mithilfe eines Enzyms muss am Chiasma absolut präzise verlaufen, sodass kein einziges Nukleotid verloren geht oder hinzukommt. Das *Crossing-over* ist ein höchst beeindruckender, komplizierter genetischer Prozess

vollständig von einem Elternteil ist, sondern dass Teile untereinander ausgetauscht werden. Bei 23 Chromosomenpaaren des Menschen existieren Billionen theoretisch möglicher Neukombinationen und damit eine enorme genetische Vielfalt. Identische Nachkommen sind auf diese Weise mit Ausnahme eineiiger Mehrlinge praktisch unmöglich. Wer sich schon einmal gefragt hat, weshalb wir uns durch Sex fortpflanzen, sollte damit eine tragfähige Antwort haben.

Eine eminent wichtige Frage war die nach der Stabilität von Genen und genetischer Variation. Was, wenn eine Variation nach wenigen Generationen wieder verschwinden würde? Die Genetik würde dann als ein Fundament für die Evolution wie ein Kartenhaus zusammenbrechen. Da kam 1908 die unabhängige Entdeckung zweier gewitzter Forscher genau richtig. Das Hardy–Weinberg-Gleichgewicht, eine einfache Formel und garantierter Prüfungsstoff für jeden Studenten der Evolutionsbiologie, belegt mathematisch, dass die genetische Variation in einer Population stabil sein kann und nicht durch Vermischung immer wieder verschwindet. Man glaubte sich nah an der Exaktheit physikalischer Gesetze. Die Stabilität der Gene selbst wurde ebenfalls verteidigt. Man erkannte Gene bald als grundsätzlich stabil, freilich nach wie vor ohne zu wissen, wodurch sie physikalisch/chemisch eigentlich repräsentiert werden. Gelegentliche Mutationen sind eine Ausnahme. Von selbst verschwinden also weder Gene noch Mutationen. Für den Fortbestand von Mutationen sind jedoch Einflüsse von außen notwendig, die Selektion oder die genetische Drift; zu beiden gleich mehr.

Statistiker, Zoologen und andere an einem Tisch

Aber nun zu den wahren Architekten der Synthese: Der britische Zoologe Julian Huxley (1887–1975), Enkel des Darwin-Promotors Thomas Huxley (beide Abb. 2.1) und Bruder des nicht weniger bekannten Schriftstellers Aldous Huxley, gab der neuen Forschungsrichtung und damit einer ganzen Wissenschaftsepoche ihren Stempel. *Evolution – The Modern Synthesis* (Huxley 2010) heißt sein berühmtes Buch, das bis heute viermal aufgelegt wurde. Es zählt zu den erfolgreichsten Büchern in der Geschichte der Biologie. Noch heute beeindruckt bei der Lektüre der thematische Weitblick des Autors, wenn er etwa die genetischen Effekte auf die Individualentwicklung (Ontogenese) im Zusammenhang mit der Evolution anspricht. Es mussten freilich noch Jahrzehnte verstreichen, bis aus dieser speziellen Idee ein ernsthaftes Forschungsprogramm erwuchs. Huxley zeigte die Verbindung aus der Außenschau von Darwin und Wallace, basierend auf der natürlichen Selektion, der Populationsgenetik und einer gewissen, aber noch sehr rudimentären, genetischen Innenschau. Er begründete zudem das Fachgebiet Evolutionsbiologie.

Der britische Mathematiker und Statistiker Ronald Aylmer Fisher (1890–1962; Abb. 2.1) war eine Kernfigur der Synthese. Seit 1918 fiel er mit Publikationen auf, die 1930 in sein Buch *The Genetical Theory of Natural Selection* gipfelten (Fisher 1930). Mendelsche Genetik und natürliche Selektion waren nach seiner Lehre miteinander vereinbar. Alle Populationen weisen, wie Darwin schon sagte, eine große Bandbreite ungerichteter Variationen auf. Ungerichtet oder zufällig meint, dass eine Variation zunächst nichts mit einem potenziellen, adaptiven Vorteil zu tun hat. Genetische Mutationen sind der Ursprung für ihre Adaptation in der Population. Fishers genetische Theorie der natürlichen Selektion war gewissermaßen die erste ausgereifte Synthese zwischen der Selektionstheorie von Darwin und Wallace und der genetischen Vererbungslehre Mendels. Fisher brachte statistische Verfahren in die Populationsgenetik ein. Er analysierte Merkmale, die nicht nur durch ein Gen, sondern durch viele Genloci bestimmt sind. Gene werden dabei zu abstrahierten, mathematischen Häufigkeiten (Genfrequenzen) in einer ebenfalls abstrahierten Population. Es wird mit Mutationsraten, Selektionsfaktoren und Genpools operiert. Populationen evolvieren in mathematischen Formeln.

Respekt, dem, der das verstehen kann. Aber die Evolutionsbiologie braucht natürlich Methode, und Mathematik ist Methode. Dafür war Fisher der Richtige. Er war zudem ein Kämpfer. Mit dem Amerikaner Sewall Wright (1889–1988; Abb. 2.1) lag Fisher in heißem Streit darüber, ob die genetische Drift oder die natürliche Selektion den größeren Einfluss auf die Veränderung der Arten hat. Wright brachte die genetische Drift als Zufallseffekt ins Spiel und hielt sie in Evolutionsprozessen für wichtiger als die Selektion. Nach dieser Lehre kann es zu einem zufälligen Aussterben von Teilen einer Population kommen. Die Zusammensetzung aller Gene einer Population (der Genpool) kann sich statistisch verändern, wenn ein plötzliches Naturereignis wie etwa ein Erdbeben, eine Gebirgsbildung oder eine Überschwemmung auftritt. Fisher gewann, Wright verlor. Die Selektion trug den Sieg davon. Fisher hatte den Darwinismus vor dem Niedergang bewahrt.

Dobzhanksy und Mayr – die Praktiker

Parallel zu Fisher wandte J.B.S. Haldane (1892–1964) in den 1920er-Jahren mathematische Analysen auf reale Beispiele der natürlichen Selektion an. Haldane schloss, dass natürliche Selektion noch schneller wirken kann als

Fischer annahm. Der Russe Ivan Schmalhausen (1884–1963) entwickelte 1941 und 1945 das Konzept der stabilisierenden Selektion, also die Vorstellung, dass die Selektion eine bestimmte Merkmalsausprägung stabilisieren kann. An anderer Stelle wird dazu von Kanalisierung gesprochen (vgl. Abschn. 3.1).

Die jüngeren, aber nicht minder kreativen Köpfe der Synthese hießen Theodosius Dobzhansky und Ernst Mayr (Abb. 2.3). Der aus Russland ausgewanderte Amerikaner Dobzhansky (1900–1975) brachte 1937 zeitlich vor Huxleys Buch den ersten Klassiker der Synthese heraus, *Genetics and the Origin of Species* (Dobzhansky 1937). Es war dieses Werk, das die Kluft zwischen den bis dahin als unvereinbar geltenden Lehren der Naturforscher und Genetiker schließen konnte. Es machte den Autor zum Urvater der Synthetischen Evolutionstheorie, nicht zuletzt mit dem Satz, den kein Evolutionsbuch wegzulassen wagt: „In der Biologie ergibt nichts Sinn, es sei denn, es wird im Licht der Evolution gesehen."

Der zweite der jüngeren ist der Deutsch-Amerikaner Ernst Mayr (1904–2005). Er trug wesentlich dazu bei, dass wir heute verstehen, unter welchen Bedingungen neue Arten bevorzugt entstehen. Diese Speziation erfolgt durch die Isolation kleiner Populationen. Mayr nennt den Vorgang allopatrische Artentstehung (Mayr 1942). Ein neuer Wasserlauf oder eine Gebirgsbildung können Ursachen für eine solche Isolation sein. Eines der meistgenannten Beispiele ist der Grand Canyon, dessen geologisches Entstehen die Population der Eichhörnchen als Barriere trennte. Deren Evolution verlief dort seither isoliert voneinander. Der Genaustausch oder uneingeschränkte

Abb. 2.3 Ernst Mayr, 1994. Einer der maßgebenden Evolutionsbiologen und Naturforscher des 20. Jahrhunderts. Er war Mitbegründer und bis zu seinem Tod ein Hauptvertreter und passionierter Anwalt der Synthetischen Evolutionstheorie

Genfluss, so der Fachbegriff, war nun nicht mehr in der gesamten Population möglich. Am Nordrim des Canyons entstanden daher die Kaibabhörnchen, am Südrim die Aberthörnchen (Abb. 2.4). Beide waren nicht mehr miteinander in Kontakt und evolvierten auf der Grundlage unterschiedlicher Mutationen, so die Darstellung in vielen Büchern.

Neuerdings wird jedoch den Kaibabhörnchen nur noch ein Unterartstatus eingeräumt. Die Unterschiede sind nach molekulargenetischen Untersuchungen wohl doch nicht ausreichend für den Status einer Art. Farbunterschiede wie etwa der schneeweiße, buschige Schwanz der Kaibabhörnchen allein genügen dafür nicht. Die Neudefinition tut aber Mayrs großartiger Entdeckung und der bei den Hörnchen vorliegenden Allopatrie keinerlei Abbruch. Allopatrische Artbildung existiert tatsächlich vielerorts, so auch beiderseits des Isthmus von Panama, der vor 3,5 Mio. Jahren den heutigen Golf von Mexiko vom Pazifik trennte. Die Speziation von Schimpansen nördlich des Kongos und der Bonobos am südlichen Ufer gehört ebenfalls dazu. Die Population ihres gemeinsamen Vorfahren wurde durch den Fluss vor ca. 1,5 Mio. Jahren dauerhaft getrennt. Auch diese beiden Arten sind äußerlich nicht ohne weiteres unterscheidbar, zeigen aber signifikante Unterschiede im Sozialverhalten. Ein gutes Beispiel sind auch Inselbildungen, bei denen endemische Arten entstehen, die nur auf einer Insel leben (Mayr 1942). Bekannte Beispiele für endemische Arten auf Inseln sind Darwinfinken auf den Galapagos-Inseln und Kiwis in Neuseeland.

„Eine Art ist eine Gruppe natürlicher Populationen, die sich untereinander kreuzen können und von anderen Gruppen reproduktiv isoliert sind" (Mayr 2005). Eine Art ist also eine Fortpflanzungsgemeinschaft. Darwin

Abb. 2.4 Kaibab- und Aberthörnchen. Die beiden Hörnchenarten Kaibab- (links) und Aberthörnchen (rechts) entstanden bei der Bildung des Grand Canyon durch allopatrische Artbildung. Man sieht deutlich die Farbunterschiede auf der dorsalen, also rückseitigen Schwanzseite. Die Artentrennung gilt jedoch heute als nicht vollständig

erklärt die spezifische Artbildung noch nicht so konkret wie Mayr. Man kann aus der Darwin-Wallace-Lehre nicht so scharf herauslesen, wie sich klar abgegrenzte Arten ausbilden; dort wird eher deren anhaltende graduelle Veränderung betont. Daran hatte ja schon Bateson Anstoß genommen. Ernst Mayr war sozusagen der Darwin des 20. Jahrhunderts – kein Evolutionsbuch, in dem er nicht genannt ist. Mehr als 850 Publikationen veröffentlichte er in seinem über hundertjährigen Leben. Dobzhansky und Mayr verkörpern in der Synthese neben der Dominanz der Populationsgenetiker das Gegengewicht der Naturalisten, der Naturforscher. Bevor die natürliche Selektion letztlich einen vorläufigen mathematisch-fundierten Sieg davontrug, betonte Dobzhansky durchaus noch, dass keineswegs von vornherein Einigkeit darin herrscht, ob Evolution kontinuierlich oder in größeren Sprüngen verläuft. Auch war für ihn noch nicht entschieden, ob die Mechanismen von Mikro- und Makroevolution dieselben sind, also die molekulare Evolution im kleinen und die artbildende Evolution.

Die Rolle der Dinosaurier und Pflanzen in der Synthetischen Theorie

Eine weitere zentrale Figur ist der amerikanische Paläontologe George Gaylord Simpson (1902–1984). Er war es, der aufzeigte, dass die Synthese mit der Paläontologie, der Lehre über ausgestorbene Arten, harmoniert. Viele Paläontologen hatten die neuen Ideen und in der Hauptsache die Selektion zunächst entschieden abgelehnt. Doch Simpsons Werk von 1944, *Tempo and Mode in Evolution*, machte klar: Die Fossilienfunde zeigen sich konsistent mit den irregulären, sich verzweigenden, ungerichteten Mustern, wie sie die Synthese propagierte (Simpson 1942). Auf dem Gebiet der Botanik muss hier der Amerikaner George Ledyard Stebbins (1906–2000) genannt werden. Er trug mit dem Buch *Variation and Evolution in Plants* (1950) zum Brückenschlag zwischen Genetik und Botanik bei.

Die Synthetische Evolutionstheorie entstand also in Zusammenarbeit von Vertretern mehrerer Disziplinen. Sie ist eine Integrationsleistung der Populationsgenetik, Zoologie, Systematik, Botanik, Paläontologie und anderer Forschungsbereiche der Biologie. Wenn man so will, ist sie ein früher, interdisziplinärer Forschungsansatz, um einen modernen Begriff zu bemühen. Namhafte Forscher fanden eine gemeinsame Erklärung evolutionärer Vorgänge, vor allem auf dem Fundament des primären, von Darwin und Wallace vorgezeichneten, evolutionären Mechanismus der natürlichen Selektion. Die neue Biologie trat einen Siegeszug an und konkurrierte jetzt mit

Aspekten wie Vorhersagbarkeit, Messbarkeit und Beweisbarkeit mit der exakten Wissenschaft der Physik. Fisher träumte sogar davon, dass sein Theorem mit dem zweiten Hauptsatz der Thermodynamik verglichen werden dürfte. Wahre Forscher brauchen Visionen!

Im historischen Verlauf war die Entwicklung der Synthese ein außerordentlich komplexer Prozess. Weitere Biologen als die hier in der Kürze genannten, leisteten Beiträge, an denen sich die Theorie und die Praxis der Evolutionsforschung bis heute ausrichten. Parallel entstanden mit der neuen Sichtweise und mit dem Werk ihrer Fürsprecher neue Wissenschaftsdisziplinen. Die Vereinigung dieser Fächer in der neu entstandenen Evolutionsbiologie war ein Ergebnis der Synthese. Außerhalb enger Wissenschaftskreise wurde die Synthetische Evolutionstheorie vor allem durch die populärwissenschaftlichen Bücher des Briten Richard Dawkins seit den 1970er-Jahren für ein breiteres Publikum international bekannt. Es war auch Dawkins, der mich mit seinem fesselnd geschriebenen Buch *Gipfel des Unwahrscheinlichen* (1999) in seinen Bann zog und erstmals für die Evolutionstheorie begeistern konnte. Allerdings blieben am Ende der Lektüre auch mehr neue Fragen offen als alte beantwortet waren. Diesen Fragen bin ich seither nachgegangen.

2.2 Variation – Selektion – Anpassung: die Praxis

Im Folgenden beschreibe ich eine Reihe von Experimenten und Beispielen, die ganz entscheidend dazu beitragen konnten, den Mechanismus der Synthese mit der natürlichen Selektion in ihrem Mittelpunkt zu untermauern. Neben dem Theoriegebäude der Populationsgenetiker war das Studium von Arten und Subspezies in der Natur eine nicht weniger wichtige Säule, um das damals neue Denken zu etablieren. Regional unterschiedliche Springmäuse wurden ebenso untersucht wie Unterarten bestimmter Schmetterlinge mit unterschiedlichen Raupenmustern. Bei den Mäusen fand man heraus, dass spezielle Rassenmerkmale konstant bleiben, wenn man die Rassen kreuzt. Die Merkmale wurden also vererbt. Das war vorher alles andere als sicher. Bei den Raupenmustern konnte auf unterschiedlich starke Genwirkung (modern: Genexpression) für die Ausprägung alternierender Muster geschlossen werden. Lokale Anpassungen von Arten bekamen durch diese Versuche eine genetische Grundlage; es gelang sogar, die geografischen Unterschiede von Unterarten auf den Chromosomen zu kartieren. Eine Geografie der Gene entstand.

Ein geniales Experiment bestätigt die Synthese

Wofür Darwin und Wallace lange Zeitstrecken veranschlagt haben, genügen vielleicht auch kürzere Abschnitte. So lässt sich die Evolution von Bakterien schon lange im Labor, etwa durch Bestrahlungsstress, beschleunigen. Die hohe Variationsrate und Multiresistenzfähigkeit von Bakterien, derer mit Antibiotika nicht mehr Herr zu werden ist, ist heute weltweit zu einem brennenden Thema geworden. Auch am HI-Virus sieht man heute, dass es in nur wenigen Jahren an veränderte äußere Bedingungen angepasst ist und in stets neu mutierter Form überlebt. Wir können der Evolution sozusagen bei der Arbeit zusehen. Das geniale Laborexperiment des Mikrobiologen Salvadore Luria (1912–1991) und des Genetikers Max Delbrück (1906–1981) beweist im Jahr 1943 in den USA an Bakterienkolonien von *E. coli,* dass zuerst spontane Mutationen bei der Vererbung der Bakterien vorliegen müssen, bevor Populationen von *E. coli* unter dem Stress eines Virenbefalls und damit unter veränderten Selektionsbedingungen adaptiv reagieren, nämlich resistent gegen die Phagen werden. Es ist also nicht so, dass die Mutationen der Bakterien eine Anpassung darstellen. Man führe das richtige Experiment durch, und der Nobelpreis, in diesem Fall für beide Forscher, ist sicher (1969).

Guppys mit und ohne Feind

Sind phänotypische Variationen in mehrzelligen Organismen ähnlich wie bei Bakterien leicht und in kurzer Zeit nachweisbar? Eines der schönsten Projekte zum Nachweis der Selektionswirkungen bei höheren Lebewesen ist für mich das Guppy-Experiment von John Endler (Endler 1980; Abb. 2.5). Er wollte demonstrieren, wie sich das Punktmuster bei Guppys *(Poecilia reticulata),* das stark genetisch kontrolliert wird, verändert, wenn Umgebung und Feindbilder modifiziert werden. In einem ersten Experiment schwimmen unterschiedlich grob gepunktete Guppys in einem Aquarium mit Feind und grobem Untergrund. In einem anderen Aquarium ist der Untergrund feinsandig, mehr ebenfarbig und ebenfalls ein Feind anwesend. Bereits nach etwa 15 Generationen haben sich die Guppys in beiden Aquarien durch natürliche Selektion stark an ihre Bodenumgebung angepasst; im ersten Aquarium grob, im zweiten klein gepunktet. Sie sind so kaum mehr vom Boden zu unterscheiden. Der über ihnen schwimmende Feindfisch tut sich schwerer, seine Beute zu erkennen. Im zweiten Versuch lässt Endler den Feind weg. Der Untergrund ist wiederum grobkörnig bzw. fein strukturiert. Jetzt

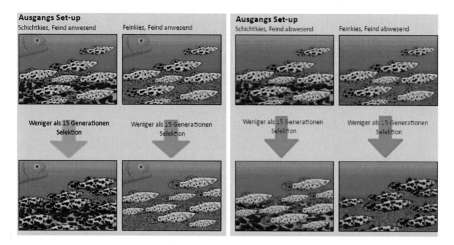

Abb. 2.5 Evolution live. John Endlers Experiment zur Anpassung von Guppys an ihre Umgebung (links mit und rechts ohne Fressfeind) in einem Aquarium innerhalb weniger Generationen. Wer bisher Zweifel an der Evolution hat: Hier ein eindrucksvoller Beweis zum Zusehen

überrascht das Ergebnis: Die sexuelle Selektion dominiert in diesem Versuch und präferiert Guppymännchen, die sich im Gegensatz zu vorher gut vom Untergrund abheben und damit für die Weibchen attraktiver sind. Natürlich wurde Endlers Experiment im Vergleich zu einer natürlichen Umgebung unter restriktiveren Bedingungen durchgeführt. Der Eindruck von Selektionskräften bleibt überzeugend.

Perfekte, weniger perfekte oder gar keine Anpassungen

Ein Beispiel für eine außergewöhnliche morphologische Anpassung ist der Waldfrosch oder Eisfrosch in Alaska. Er lässt sich im Winter einfrieren. Dazu produziert er, ausgelöst durch den Kältestress und verbunden mit einer Adrenalinausschüttung, sowohl vermehrt Glukose über die Leber als auch Harnstoff innerhalb der Zellen. Die Zellen frieren dadurch nicht ein. Wasser strömt aus den Zellen in den extrazellulären Raum. Dort wird der Gefrierpunkt gesenkt. Etwa ein Drittel der Körperflüssigkeit außerhalb der Zellen kann gefrieren, ohne dass die Zellmembranen beschädigt werden. Herzschlag, Blutdruck, Atmung setzen völlig aus. Die erhöhte Harnstoffproduktion sichert das Überleben bei der erhöhten Trockenheit der Umgebung. Im Frühjahr taut der Frosch schadlos wieder auf (Larson et al. 2014). Der

Eisfrosch steht hier für Tausende anderer Paradebeispiele von Anpassungen im darwinschen Sinn. Heute sieht man jedoch den Mutations-Selektionsmechanismus nicht mehr unbedingt als hinreichend für das Entstehen morphologischer Merkmale. Dazu später mehr. Nebenbei sei erwähnt, dass der Frostschutz bei Tieren mehrfach unabhängig auf unterschiedliche Weise evolviert ist.

Bei männlichen Brustwarzen liegt der Fall anders. Hier liegt eine Struktur vor, für die ein Selektionsvorteil nicht nachweisbar und wahrscheinlich nicht vorhanden ist. Ihr evolutionärer Ursprung ist mittlerweile geklärt, indem man ihre Entwicklung studierte. Die Entwicklung von Brustwarzen wird nämlich bei allen Embryonen ausgelöst bevor die Geschlechtsbildung über das Y-Chromosom aktiviert wird; der Prozess kann dann nicht mehr aufgehalten werden. Doch werden sie tatsächlich gebraucht? Für manchen Evolutionsbiologen gilt: „Use it or lose it!" Was nicht gebraucht wird, verschwindet wieder. Das oder die betreffenden Gene mutieren demnach unweigerlich irgendwann, sodass ihre Funktion verschwindet. „Use it or lose it" ist die These eines strengen Adaptationismus', wonach alle Merkmale eine Fitnessfunktion haben. Zweifel daran sind nicht nur bei dem genannten Beispiel männlicher Brustwarzen erlaubt.

Dazu noch ein höchst kniffliges Beispiel: Seit Aristoteles und verstärkt seit mehr als einhundert Jahren werden immer wieder neue Hypothesen über den weiblichen Orgasmus geliefert. Dennoch blieb bis heute noch immer unklar, welche biologische Funktion er hat. Vielleicht hat er keine, zumindest nicht für die Fortpflanzung. Wenn etwas jedoch in der Evolution über lange Zeit existiert, dann sucht der Evolutionsbiologe dessen adaptiven Vorteil. Diesen Vorteil im Beispiel hier nicht zu finden, frustrierte ganze Generationen von Wissenschaftlern. Dass der weibliche Orgasmus ein „evolutionärer Unfall" ist, einfach *just so* vorhanden bzw. ein evolutionäres Nebenprodukt, wird heute mit der Begründung verworfen, dass sein neuroendokrinologischer Mechanismus dazu viel zu komplex sei. Ein solch komplexes Merkmal entsteht nicht ohne strenge Selektion in vielen Schritten. (Wir werden später Beispiele dafür kennen lernen, dass dies doch möglich ist.) Eine neue Erklärung für den weiblichen Orgasmus lieferte unlängst ein Team um Mihaela Pavlicev, eine frühere Kollegin von mir an der Uni Wien, und Günter Wagner, Yale (Pavlicev et al. 2019). Das Team stellt den weiblichen Orgasmus auf der Basis empirischer Tests an Kaninchen in den Zusammenhang mit dem Eisprung. Bei Kaninchen, Katzen und Kamelen löst der Orgasmus nämlich den Eisprung aus. Bei der Frau ist das jedoch nicht bzw. nicht mehr so. Dennoch gibt es ihn. Er scheint der Studie zufolge also eine lange evolutionäre Geschichte zu haben, während derer die funktionelle

Kopplung zur Ovulation und damit seine adaptive Funktion verloren ging. Natürlich wissen die verantwortlichen Autoren, dass mit ihrer Studie die Frage nach der biologischen Funktion des weiblichen Orgasmus alles andere als endgültig beantwortet ist.

Ähnlich verdächtige Beispiele, die Adaptation zumindest mit einem Fragezeichen erscheinen lassen, gibt es viele, wie etwa unser Kinn, das unsere Vorfahren der Gattung *Homo* nicht besaßen. Blinddarm und Mandeln dagegen kann entgegen früherer Überzeugung ein Fitnessvorteil nicht so leicht abgesprochen werden kann. Beide enthalten lymphatische Zellen und sind so Teil des Immunsystems.

Hier noch ein gegenteiliges Beispiel, diesmal wieder für eine perfekt erscheinende Verhaltensanpassung: Küstenwölfe in Kanada fressen Lachse (Abb. 2.6). Sie haben sich auf Beute aus dem Meer spezialisiert. Sie fressen aber nur deren Köpfe, nicht den restlichen Körper, obwohl der ihnen wohl gut schmecken würde. Der Grund dafür liegt darin, dass die Lachse Bandwürmer auf die Wölfe übertragen, die für diese tödlich sind. Auch Bären fressen mit Vorliebe Lachse, teilweise sogar – anders als die Wölfe – bis auf den letzten Rest. Die Bandwürmer, die im Bärenkörper entstehen, überleben aber nicht die Winterruhe des Bären, da ihnen im Verdauungstrakt des Bären keine Nahrung mehr zugeführt wird. Sie sterben daher ab (Darimont et al. 2003). Dass die Wölfe evolutionär gegenüber den Bären gelernt haben, nur die Köpfe der Lachse zu fressen, ist ein Beispiel für eine innerartliche Selektion und Adaptation, auch wenn heute noch nicht bekannt ist, was genau diesen Anpassungsprozess gelenkt hat.

Abb. 2.6 Der mit dem Lachs tanzt. Ein Küstenwolf ernährt sich von einem Lachs. Er frisst nur seinen Kopf. Den Rest rührt er nicht an. Durch diese erstaunliche Anpassung vermeidet er die Aufnahme für ihn tödlicher Bandwürmer

Dass Makaken auf der japanischen Insel Kojima gelernt haben, Süßkartoffeln vor dem Fressen im Flusswasser und – ganz nach Geschmack – auch im Meerwasser zu waschen, ist eine nicht weniger eindrucksvolle Anpassung. Hier haben wir es mit einer der frühesten beschriebenen Formen kulturellen Verhaltens bei einer nicht-menschlichen Spezies zu tun. Erstmals 1954 bei dem Weibchen Imo beobachtet, setzte sich das Verhalten innerhalb von zehn Jahren in der gesamten lokalen Population mit Ausnahme der ältesten Affen durch. Die Imitation, die hier vorliegt, wird kulturell vererbt (Hirata et al. 2001). Mit kultureller Vererbung befassen wir uns an späterer Stelle ausführlich.

Ein Beispiel für nicht erfolgte Anpassung ist die Felsentaube *(Columba livia)*. Am Fluss Tarn in Südfrankreich werden die am Ufer ahnungslos trinkenden Tiere von Flusswelsen verschlungen. Der Euopäische Wels *(Silurus glanis)* – er ist der größte reine Süßwasserfisch Europas – nähert sich unmerklich auf dem Kiesgrund dicht unter der Wasseroberfläche und schnellt pfeilschnell hoch, um einen Vogel auf dem Trockenen zu erbeuten. 40 Jahre ist es her, seit der Wels dort ausgesetzt wurde. In dieser Zeit haben die Tauben noch nicht gelernt, sich vor dem gefährlichen Räuber in Acht zu nehmen; selbst auf sehr nahe Distanz scheinen sie ihn im klaren Wasser gar nicht zu bemerken, und nach einer wilden Attacke sieht man die überlebenden Vögel schon bald wieder so unbekümmert wie zuvor. Demgegenüber ist das erlernte, neuartige Jagdverhalten des Wallers eine erstaunliche Anpassung (Cucherousset et al. 2012).

Perfekt angepasste Organismen gibt es übrigens nicht in der Natur. Anpassung ist immer ein Kompromiss, denn in einem Organismus müssen viele biologische Einheiten und Funktionen aufeinander abgestimmt sein. Sie können nicht für sich allein evolvieren. Das bedingt eher eine Optimierung als ein Maximum an Anpassung (Kutschera 2004). Es wurde auch einmal so ausgedrückt, dass sich nicht die beste Lösung durchsetzt, sondern die am wenigsten schlechte. Mit dieser Sichtweise lassen sich zahlreiche Eigenschaften, etwa in unserem Körper erklären, die wir vielleicht für unbefriedigend halten, die aber für das Bestehen etwa unserer Art nicht hinderlich waren. Dazu zählen zum Beispiel unsere schwache Wirbelsäule, der enge Geburtskanal der Frau, der blinde Fleck auf der Netzhaut des Auges und zahlreiche weitere. Die Natur ist kein Ingenieur. Ein auf das Gesamtsystem Organismus optimiertes Design gibt es nicht, weder bei uns noch bei anderen Arten. Wir Menschen werden unsere Vergangenheit als Fisch nicht los. Dennoch werden Sie in den nächsten Abschnitten eine ganze Reihe intrinsischer organismischer Konstruktionsmechanismen kennen lernen, die evolutionäre Bedeutung haben.

2.3   Weitere Erkenntnisse bis 1980

Die Beiträge in diesem Abschnitt sind Ergänzungen der Synthese. Manche sprechen hier auch von einer Erweiterung (Kutschera 2004). Um Verwirrungen zu vermeiden, benutze ich aber den Begriff Erweiterungen in diesem Buch nur im Zusammenhang mit der Erweiterten Synthese in Kap. 3 bis 6. Die Ergänzungen in diesem Abschnitt verwenden in der Regel keine anderen Grundannahmen (zufällige genetische Mutation, ausschließlich graduelle Änderungen etc.). Der Hauptmechanismus der Modern Synthesis, die natürliche Selektion, wird ebenfalls nicht prinzipiell infrage gestellt. Eine Ausnahme stellt die Soziobiologie dar, die den Vorbehalt überwindet, die natürliche Selektion richte sich immer nur auf das Individuum. Schließlich werden im Rahmen der Ergänzungen der Synthese auch Anpassungsprozesse immer kritischer beleuchtet.

Der Punktualismus

Das Fossilbild gab lange Zeit Rätsel auf. Die Reihe ausgestorbener Arten zeigt oft lange unveränderte Spezies; demgegenüber aber treten Sprünge mit abrupten Veränderungen und quasi „plötzlicher" Artenbildung auf. Die Evolutionstheorie sagt jedoch einen kontinuierlichen Verlauf voraus, wonach sich Änderungen mehr oder weniger gleich oft in kleinen Schritten vollziehen. Eigentlich ignoriert die Synthese den Zeitfaktor bei der Artenbildung gänzlich (Rosenberg 2022). Sprünge im Fossilbild konnten für die Synthese nur bedeuten, dass noch viel zu wenige Funde vorliegen.

Dem widersprachen zwei Forscher vehement: Niles Eldredge und Stephen Jay Gould. In Ihrem aufsehenerregenden Artikel *Punctuated equilibria: An alternative to phyletic gradualism* von (1972) entwickelten sie eine neue Sicht auf den Evolutionsverlauf. Sie plädierten für lange anhaltende stabile Phasen, das können hundert Million Jahre oder mehr sein, in denen sich Arten nicht oder nur geringfügig ändern (Stasis). Diese Phasen oder Gleichgewichte werden von abrupten Schüben mit der Bildung neuer Arten *(punctuations)* unterbrochen (Abb. 2.7). Die Erkenntnis enthält eine Reihe „unangenehmer" Konsequenzen für die Synthese, die ja auf einem eher konstanten Verlauf der Artenänderungen beruht. Adaptive Prozesse, die auf jede noch so unbedeutende Mutation auf der Populationsebene „allgegenwärtig" einwirken, verlieren in der neuen Theorie an Bedeutung, weil sich eben lange nichts in den Phänotypen verändert. Man spricht daher beim Punktualismus auch von *nonadaptationism*. Heute ist der Punktualismus durch-

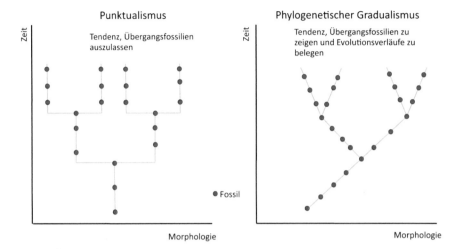

Abb. 2.7 Gradualismus und Punktualismus. Links: lange Ruhephasen (Stasis) unterbrochen von abrupten, punktuellen Artneubildungen wie von Eldredge und Gould beschrieben. Rechts: klassische, neodarwinistische Sichtweise mit kontinuierlicher, gradueller Artbildung

aus anerkannt. Die Gemüter haben sich wieder beruhigt. Dass Sprünge im fossilen Abbild vorhanden sind, ist zu einer Wahrheit geworden, mit der Neodarwinisten leben müssen. Wie und warum es zu einer propagierten, im geologischen Maßstab „plötzlichen" Artenbildung kommt, konnten die Punktualisten allerdings nicht erklären. Sie beschränken sich auf die zeitliche Beobachtung der Ereignisse. Der Prozess, der hinter dem Punktualismus steckt, der immer noch mehrere Generationen benötigt und nicht wirklich plötzlich ist, blieb daher durchaus unscharf oder „fuzzy" (Rosenberg 2022).

Noch mehr Kritik am Adaptationismus

Der Paläontologe Stephen Jay Gould (1941–2002; Abb. 2.8) entwickelte sich zu einem Gegner strenger Anpassungsgläubigkeit. Im Jahr 1979 veröffentlichte er zusammen mit Richard Lewontin einen Aufsatz, der sich mit den Bögen im Markusdom in Venedig beschäftigt (Gould und Lewontin 1979). Was haben diese mit Evolution zu tun hat? Viel! Die beiden Forscher nahmen die zugemauerten rechtwinkligen Flächen zwischen den Bögen und

Abb. 2.8 Stephen Jay Gould. Gould spielte eine bedeutende Rolle bei der Neubetrachtung der Entwicklung als Faktor für die Evolution der morphologischen Form

der sie umgebenden Wand bzw. der Decke – diese Verbindung heißt im englischen *spandrel,* im Deutschen Spandrille oder Zwickel – als Beispiel dafür,
dass ein Bauteil nicht zwingend auch eine architektonische Funktion haben
muss. Es ist möglicherweise *just so* vorhanden. Und es kann auch noch mit
herrlichen Bildern bemalt werden. Die Floskel *just so,* die Gould verwendet,
war berühmt aus den *Just so Stories for Little Children* des Dschungelbuch-
Autors Rudyard Kipling. In den Kindergeschichten erzählt der Autor seiner
Tochter unter anderem, wofür der Leopard Flecken hat – *just so.*

In der Übertragung auf die Evolution plädierten die Forscher also dafür,
dass viele Merkmale von Arten nicht unbedingt adaptationistisch entstanden
sind – sie bringen keinen Fitnessvorteil mit sich, sind aber dennoch vorhanden. Das war noch mehr als der vorige Aufsatz ein Generalangriff auf die
Synthese. Lebewesen sind für die beiden Autoren das, was sie sind, bereits
als Folge unzähliger früherer Anpassungen, deren Bedingungen gar nicht
mehr gegeben sein müssen. Heute wird über Umfang, Grenzen und Erklärungswert der Adaptation nach wie vor differenziert diskutiert. Sie werden,
lieber Leser, hier bald erfahren, dass sich die moderne Forschung der evolutionären Entwicklungsbiologie vom Adaptationismus einen großen Schritt
löst und auf das konzentriert, was im Embryo geschieht.

Neue Welten: Multilevel-Selektion und Soziobiologie

Seit Darwin steht die Frage im Raum, ob die Ebene der Selektion im Individuum zu sehen ist, oder ob daneben auch andere Selektionsebenen existieren können, etwa die Ebene von Individuen-Gruppen. Bereits Darwin stellte die Überlegung an, dass bei sozialen Tieren die natürliche Zuchtwahl indirekt auf das Individuum wirkt, wenn Variationen für die Gesellschaft nützlich sind (Darwin 1872/2008). Der Amerikaner David Sloan Wilson führte diese Diskussion offen und lieferte brillante Beispiele, bei denen das Verhalten der Gruppe oder zwischen Gruppen stärker dem Fortpflanzungserfolg dient als das Verhalten des Individuums. Die Individualselektion ist dabei immer vorhanden; die Selektion auf anderen Ebenen (Multilevel-Selektion) kann dieser gegenüber allerdings überwiegen. Laut Wilson können höhere Einheiten der biologischen Hierarchie ähnlich den Individuen als Organismen angesehen werden. Das gilt für eine menschliche Gesellschaft ebenso wie für biologische Ökosysteme. Sie können gleichermaßen Vehikel der Selektion sein. Als Selektionsebenen gelten in diesem Sinn die Spezies, eine ganze Gesellschaft, eine Gruppe, Verwandtschaft, das Individuum, Organe (zum Beispiel das Immunsystem) oder Gene (Wilson 2007, vgl. dazu Lange 2017; Wilson 2019). In dem Sinn, dass die Selektion auf mehreren Ebenen gleichzeitig wirkt, drückt der Begriff Multilevel-Selektion das Evolutionsgeschehen besser aus als der ältere Begriff der Gruppenselektion.

Wilson verglich die Schichten von Konkurrenz und Evolution mit verschachtelten russischen Matroschka-Puppen. Die unterste Ebene sind die Gene, als nächstes kommen die Zellen, dann die Ebene des Organismus und schließlich unterschiedliche Gruppenebenen. Die verschiedenen Ebenen funktionieren zusammen, um die Fitness oder den Fortpflanzungserfolg zu maximieren. Die Theorie besagt, dass die Selektion auf der Gruppenebene, die den Wettbewerb zwischen Gruppen beinhaltet, gegenüber der individuellen Ebene, bei der Einzelne innerhalb einer Gruppe konkurrieren, überwiegen muss, damit sich ein für die Gruppe vorteilhaftes Merkmal ausbreitet.

Als Beispiel für die Selektion auf einer höheren Ebene als dem Individuum kann der Übergang des Menschen vom Jäger und Sammler zum Bauern gesehen werden. Landwirtschaft ist im Verbund mit der Sesshaftigkeit des Menschen eine gruppenspezifische, arbeitsteilige, kooperative Tätigkeit, deren Selektionsvorteil erst auf der Ebene sesshafter, landwirtschaftlich tätiger Menschen zum Tragen kommt. Tatsächlich organisiert sich der moderne Mensch in unzähligen kleinen und größeren arbeitsteiligen Gruppen. Er konstruiert *meaning systems,* Bedeutungssysteme. Sie alle erzählen Geschichten, wie wir versuchen, besser zusammenzuleben. Bei ihrem Studium erfahren wir, in welch hohem Maß wir eine gruppenselektierte Art sind. Deutlich wird Gruppenselektion auch am Beispiel der Überbevölkerung, insbesondere bei überbordenden Megacities und Megagesellschaften auf der Erde. Hier kristallisiert sich heraus, dass auf dem Level großer Metropolen und Regionen mit extremer Bevölkerungsdichte ein starker Selektionsdruck herrscht. Man wird beobachten, ob Menschen diesem Druck in Folge von Entfremdung, Stress, Vereinsamung und Abnahme von Empathie auf Dauer standhalten können. D. S. Wilson würde sagen: Megacities verändern unsere Art. Wilsons Antworten auf die globalen Herausforderungen von heute finden sich in seinem jüngsten Buch (Wilson 2019). Darin fordert er eine „evolutionäre Weltsicht". Sie umfasst genetische Vererbung ebenso wie kulturelle. Aus dieser Sicht gilt: „Kultur ist Evolution" und „Kultur ist Biologie" (vgl. Kap. 7). Die Herausforderung besteht nach Wilson darin, diese Sicht endlich anzuerkennen. Wilson plädiert für die unbegrenzte Anwendung der evolutionären, darwinistischen Prinzipien, wie sie in allen natürlichen Systemen mit Multilevel-Selektion zu finden sind. Diese Prinzipien sind auf allen Ebenen von Kultur und Politik zugrunde zu legen, so sein Credo. Allein auf der Grundlage der richtigen Theorie, das heißt der Evolutionstheorie in Form kultureller Evolution komplexer Systeme, ließe sich der menschliche Superorganismus dann möglicherweise, in jedem Fall aber theoretisch, adaptieren (zur Kritik unserer Anpassungsfähigkeit s. Abschn. 7.3).

Die Diskussion um die Ausweitung der Selektionsebene über das Individuum hinaus erfuhr ihren Höhepunkt im Lebenswerk eines anderen Amerikaners, Edward Osborne Wilson. Der mit vielen Ehrungen ausgezeichnete E. O. Wilson ist der Begründer einer neuen Wissenschaftsdisziplin, der Soziobiologie. Er und der Deutsche Bert Hölldobler arbeiteten als brillantes Team über Superorganismen, das sind staatenbildende Insekten. Bei ihnen erschließt sich – für die genannten Forscher wenig überraschend – das evolutionäre Verhalten der einzelnen Individuen aus Sicht der Synthetischen Theorie wenig. Dagegen offenbart der Superorganismus als Gesamtsystem, etwa in Ameisen- oder Bienenstaaten, auf der Basis natürlicher Selektion evolutionäres Verhalten, das zuvor nicht erklärbar war. Vergleicht man einen Superorganismus etwa mit unserem Gehirn, könnte man vereinfacht schließen: Ein Neuron kann uns ja auch nichts über die Intelligenz des Individuums sagen, die Summe der Neurone und ihre Kooperation aber schon.

Festzuhalten ist, dass Gruppenselektion von einigen ebenso genzentristisch gesehen wird wie individuelle Selektion (Jablonka und Lamb 2017). Das will sagen: Das Material, das für die Selektion bereitgestellt wird, sind für Soziobiologen wie für Vertreter der Synthese zufällige genetische Mutationen. Demgegenüber betont D. S. Wilson im Rahmen der Multilevel-Selektions-Theorie jedoch mit Nachdruck, dass generationenübergreifende kulturelle Evolution und Kooperation nicht weniger zählt als genetische Prozesse (Wilson 2019). Auf die Bedeutung der Kooperation für uns Menschen kommen wir in Kap. 7 ausführlich zurück.

Die neutrale Theorie der molekularen Evolution

Was wäre, wenn sich die meisten Mutationen in der Selektion nicht als nachteilig, sondern als neutral für Organismen erweisen würden? Könnte diese Erkenntnis die Evolutionstheorie in Schwierigkeiten bringen? Die Neutralität von Mutationen analysierte der Japaner Motoo Kimura bei Bakterien in den 1960er-Jahren. Die meisten genetischen Veränderungen, so seine Aussage, sind für die natürliche Selektion neutral. Einige Verwirrung kam auf, und eine hitzige Diskussion entstand. Die Selektionstheorie drohte zu kippen – tat es aber nicht. Ich will das an dieser Stelle nicht weiter vertiefen; für uns ist lediglich relevant, dass auch neutrale Mutationen eine Grundlage darstellen, dass Organismen plastisch sein können, sich der Phänotyp also unter wechselnden Umweltbedingungen unterschiedlich ausprägen kann. Innovationen können sich leichter ausbilden, wenn viele neutrale, verdeckte Mutationen vorhanden sind. Das klingt zunächst erstaunlich, doch dazu später mehr (Abschn. 3.1 und 3.3).

Molekulare Erforschung der Abstammungen

Die Lehre der Verwandtschaften von Lebensformen ist die Phylogenetik. Sie ist im Gegensatz zu früher heute eine molekulare Wissenschaft. DNA-Sequenzen können viel dazu beitragen, Abstammungslinien genauer zu bestimmen als früher. Die Molekularbiologie hat somit einen enormen Beitrag an der Tatsache Evolution.

Verbleibende Kritik an der Synthese nach 1980

Große evolutionäre Änderungen (Makroevolution) entstehen laut der Synthese nicht anders als kleine (Mikroevolution). Es dreht sich in beiden Fällen um viele kleine genetische Änderungen – eine mutige, aber aus Sicht der Synthese natürlich zwingende Aussage, die ja den Anspruch von Darwin und Wallace nur bestätigte. Daran wurde schon bald Kritik geübt. Es ist unmittelbar einleuchtend und mit der Argumentation der Synthese gut verständlich, wie es zu dem Unterschied zwischen dem Braunbär und Eisbär kommen kann. Der Eisbär braucht sein helles Fell zur Tarnung und zur Wärmeregulation. Nicht so einfach ist hingegen zu erklären, wie Reptilien und Säugetiere entstanden. Reptilien existieren immer noch, und es besteht keine natürliche Notwendigkeit, dass sie ihre Lebensform aufgeben und sich zu Säugetieren wandeln. Und dennoch entstanden Säugetiere aus Reptilien bzw. Amphibien.

Um das morphologische Entstehen und den Wandel höherer taxonomischer Linien verstehen zu können, müssen weit mehr Kriterien herangezogen werden als die Verteilung von Genen in einer Population. Dazu gehören der klimatische und geologische Wandel, der innere Aufbau von Arten und andere Faktoren. Ein Massensterben, wie etwa das der Dinosaurier, erschließt sich populationsgenetischen Modellen nicht. Hinsichtlich des Gens und seines Weges zum Phänotyp wurde in der Synthese recht kurz gedacht. Ein Gen oder mehrere bestimmen ein Merkmal und dessen Ausprägung, heißt es in der Synthese. Auf dem Weg bis zum Phänotyp bestand jedoch ein Erklärungsleerraum, der ausgefüllt werden musste. Die Kritik an dieser verkürzten Sicht war also quasi vorprogrammiert.

Stark in der Kritik bleiben nach 1980 der Gradualismus, also die Vorstellung von primär kleinsten Veränderungsschritten, und der Genzentrismus, der Gene als einzige Einheiten der Vererbung kennt.

2.4   Zusammenfassung

Die Hypothese, dass Evolution existiert, ist die eine Sache. Doch ihre Mechanismen zu erklären, ist eine ganz andere. In der Synthese wurde die Idee von Darwin und Wallace aufgegriffen und mit neuen Perspektiven ausgebaut. Die Synthese will den Artenwandel erklären, aber auch große Bauplan-

Transformationen, etwa den Übergang von Fischen zu Amphibien, zu Echsen und Säugetieren bis hin zum Menschen.

Das Gen wurde zum Fundament allen Wandels. Genetische Mutationen bei der Vererbung weniger Individuen in der Population einer Art können entweder neutral, schädlich oder vorteilhaft für das Überleben der Art sein. Sie werden auf einer höheren Ebene, der Ebene der Individuen, ausgelesen. Das Individuum ist die „Zielscheibe" der Selektion, so sagt man. Das Individuum ist die Selektionsebene. Sind die Veränderungen positiv, bleiben sie also im Zuge der natürlichen Selektion durch Vererbung bestehen und verbessern die Fitness ihrer Träger, haben sie eine Chance, sich nach und nach in der Population auszubreiten. Weitere kleine, vererbbare Änderungen in den Folgegenerationen können die ursprüngliche Variation verstärken, wenn sie wiederum selektiert werden. Langfristig kann es im Verlauf vieler Generationen so zu einer größeren, sogar komplexen Variation kommen. Die Anpassung oder Adaptation erfolgt in der Population. Sie ist das Ergebnis individueller Selektion der Bestangepassten. Man sagt, die Population ist an eine bestimmte Umweltbedingung adaptiert.

Die Synthese vermittelt in ihrer frühen Form eine einfache kausale Beziehung zwischen Genotyp und Phänotyp. Genetische Mutation verändert den Phänotyp. Das wird später differenzierter gesehen. Drei Aussagen bleiben jedoch der Kern der Synthese: erstens die genetische Mutation als ursächliche Erklärung für Variationen des Phänotyps, zweitens der statistisch-mathematische Auswahlmechanismus, dem viele kleine, additive Schritte zugrunde liegen, und drittens das statistische Überleben der bestangepassten Individuen in einer Population.

Bis 1980 erfährt die Synthese Ergänzungen. Diese erschüttern aber nicht die Grundsäulen der Theorie, wie zufällige genetische Mutation als die einzige Ursache der Variation, den Gradualismus und die natürliche Selektion als ihren Hauptmechanismus. Die Theorie der neutralen Evolution brachte Unsicherheit in die Glaubwürdigkeit positiver Mutationen und der Adaptation. Die Theorie des Punktualismus von Eldredge und Gould sowie die Adaptationismuskritik Goulds und Lewontins richten sich gegen zu starre Sichtweisen der Synthese.

Literatur

Cucherousset J, Boulêtreau S, Azémar F, Compin A, Guillaume M, Santoul F (2012) „Freshwater killer whales": beaching behavior of an alien fish to hunt land birds. PLoS ONE 7(12):e50840. https://doi.org/10.1371/journal.pone.0050840

Darimont C, Reimchen TE, Paquet PC (2003) Foraging behavior by gray wolves on salmon streams in coastal British Columbia. Can J Zool 81(2):349–353

Darwin C (1872) Die Entstehung der Arten. Nikol, Hamburg (Übers. Carus JV. Nikol, 2008 nach d. 6. Aufl.)

Dawkins R (1999) Gipfel des Unwahrscheinlichen. Wunder der Evolution. Rowohlt, Hamburg. (Engl. (1996) Climbing mount improbable. Norton, New York)

Dobzhansky T (1937) Genetics and the origin of species. Columbia University Press, New York (Dt.: (1939) Die genetischen Grundlagen der Artbildung. Übers. von Witta Lerche. Gustav von Fischer, Jena)

Eldredge N, Gould SJ (1972) Gradualism. In: Schopf TJM (Hrsg) Models in Palaeobiology. Punctuated equilibria: An alternative to phyletic gradualism. Freeman, Cooper & Company, San Francisco, S 82–115

Endler JA (1980) Natural selection on color patterns in Poecilia reticulata. Evolution 34:76–91

Fisher RA (1930) The genetic theory of natural selection. Clarendon, Oxford

Gould SJ, Lewontin R (1979) The spandrels of San Marco and the Panglossian paradigm: a critique of the adaptationist programme. P Roy Soc B Bio 205(1161):581–598

Hirata S, Watanabe K, Kawai M (2001) „Sweet potato washing" revisited. In: Matsuzawa T (Hrsg) Primate origins of human cognition and behavior. Springer, Berlin, S 487–508

Huxley J (2010). Evolution. The modern synthesis. The definitive edition. MIT Press, Cambridge (Erstveröffentlichung 1942)

Jablonka E, Lamb MJ (2017) Evolution in vier Dimensionen: Wie Genetik, Epigenetik, Verhalten und Symbole die Geschichte des Lebens prägen. S. Hirzel (Engl. (2014) Evolution in four dimensions. Genetic, epigenetic, behavioral, and symbolic variation in the history of life, 2. Aufl. MIT Press, Cambridge)

Kutschera U (2004) The modern theory of biological evolution: an expanded synthesis. Naturwissenschaften 91(6):225–276

Lange A (2017) Darwins Erbe im Umbau. Die Säulen der Erweiterten Synthese in der Evolutionstheorie, 2. überarbeitete, aktualisierte Aufl. Königshausen & Neumann, Würzburg (eBook)

Larson DJ, Middle L, Vu H, Zhang W, Serianni AS, Duman J, Barnes BM (2014) Wood frog adaptations to overwintering in Alaska: new limits to freezing tolerance. J Exp Biol 217(Pt 12):2193–2200. http://jeb.biologists.org/content/early/2014/04/01/jeb.101931. Zugegriffen: 20. Jan. 2010

Mayr E (1942) Systematics and the origin of species. Columbia University Press, New York

Mayr E (2005) Das ist Evolution, 2. Aufl. Goldmann, München (Engl. (2001) What evolution is. Basic Books, New York)

Pavlicev M, Zupan AM, Barry A, Walters S, Milano KM, Kliman HJ, Wagner GP (2019) An experimental test of the ovulatory homolog model of female orgasm. PNAS 116(41):20267–20273

Rosenberg M (2022) The dynamics of cultural evolution. The central role of purposive behavior. Springer Nature Switzerland, Cham

Simpson GG (1942) Tempo and mode in evolution. Columbia University Press, New York. (Dt. (1951) Zeit und Ablaufformen in der Evolution. Wissenschaftlicher Verlag Musterschmidt, Göttingen)

Wilson DS (2007) Evolution for everyone. How Darwin's theory can change the way we think about our lives. Delacorte, New York

Wilson DS (2019) This view of life. Completing the Darwinian revolution. Pantheon Books, New York

Tipps zum Weiterlesen und Weiterklicken

Eine historische Gesamtschau der frühen Synthese bietet: Thomas Junker (2004) Die zweite Darwinsche Revolution. Geschichte des Synthetischen Darwinismus in Deutschland 1924 bis 1950. Basilisken-Presse, Marburg

Als neueres Referenzbuch für die Synthetische Evolutionstheorie kann dienen: Ernst Mayr (2005) Das ist Evolution, 2. Aufl. Bertelsmann, München (Engl. (2001) What evolution is. Basic Books, New York)

Ein exemplarisches Werk zur Synthese aus einer etwas späteren Perspektive ist: Richard Dawkins (1999) Gipfel des Unwahrscheinlichen – Wunder der Evolution. Rowohlt, Hamburg

Ein lockeres, kurzes, leicht verständliches Video über die Synthetische Evolutionstheorie findet man bei YouTube. https://www.youtube.com/watch?v=KRiPMmTJXcg

Zur Multilevel-Selektionstheorie sei der Wikipedia-Artikel „Multilevel-Selektion" empfohlen. (Artikel des Autors, Version 10. 02. 2020). https://de.wikipedia.org/wiki/Multilevel-Selektion

3

Evo-Devo – das Beste aus zwei Welten

Es liegt für Vertreter der Modern Synthesis bis heute nicht spontan erkennbar auf der Hand, dass die embryonale Entwicklung (Ontogenese) und die Stammesgeschichte der Organismen (Phylogenese) etwas miteinander zu tun haben. Schließlich richtet der Entwicklungsforscher seinen Blick auf einen individuellen Prozess, der Evolutionsforscher eher auf einen Populationsprozess. Die Entwicklung ist ein kurzer, die Evolution eher ein langer Prozess. Bis 1960 war die Entwicklung im evolutionären Zusammenhang eine Black Box. Sie war die Unbekannte zwischen dem Genotyp und der Form des Organismus. Wie passt beides zusammen? In diesem Kapitel werden das Entstehen und die Kernthemen der evolutionären Entwicklungsbiologie (Evo-Devo) geschildert, einer noch jungen Forschungsdisziplin. Evo-Devo ist in der Erweiterten Synthese der Evolutionstheorie (EES) eines der vier zentralen Forschungsgebiete neben Entwicklungsplastizität, inklusiver Vererbung und Nischenkonstruktion (Laland et al. 2015).

Wichtige Fachbegriffe in diesem Kapitel (s. Glossar): Akkommodation, *Arrival of the Fittest,* Entwicklungsconstraint, Entwicklungsgen, erleichterte Variation, Evolvierbarkeit, genetische, genetische Assimilation, Genzentrismus, Heterochronie, Hox-Gene, inklusive Vererbung, Innovation, Kanalisierung, Komplexität, phänotypische Plastizität, Pufferung, Reduktionismus, Robustheit, Schwelleneffekt, Selbstorganisation, Zellsignale.

Dieses Kapitel ist das umfangreichste im Buch und bildet dessen Kern. Sicher ist es auch das anspruchsvollste. Es bietet die geschichtliche Hinführung bis zu dem, was die evolutionäre Entwicklungsbiologie heute zur Evolutionstheorie beiträgt. Sie können aber, wenn Sie möchten, als ersten

© Der/die Herausgeber bzw. der/die Autor(en), exklusiv lizenziert an Springer-Verlag GmbH, DE, ein Teil von Springer Nature 2024
A. Lange, *Evolutionstheorie im Wandel,* https://doi.org/10.1007/978-3-662-68962-2_3

Zugang auch Abschnitte des Kap. 4 mit Evo-Devo-Beispielen sowie den beiden Interviews mit den Evo-Devo-Forschern Gerd B. Müller und Armin Moczek wählen.

3.1 Conrad Hal Waddington – Epigenetiker und Evo-Devo-Vorläufer

Die Bezeichnung Epigenetik verdanken wir dem britischen Entwicklungsbiologen Conrad Hal Waddington (1905–1975; Abb. 3.1). Seine Theorie wurde zu einer wichtigen Vorstufe der evolutionären Entwicklungsbiologie, der Disziplin, die zentrales Thema dieses Buches ist. Waddington erhält hier die ihm gebührende Aufmerksamkeit, nachdem er während der Blütezeit der Synthese Jahrzehnte lang ignoriert und in deren Umfeld abgelehnt worden war.

Adern in Fliegenflügeln – der Versuch eines Belegs

(1953) lieferte Waddington empirische Belege für seine Thesen epigenetischer Vererbung in seinem Aufsatz *Genetic Assimilation of an Acquired*

Abb. 3.1 Conrad Hal Waddington. Ein Vordenker wichtiger Ideen der evolutionären Entwicklungsbiologie

Character. Er zeigte dort, wie sogenannte Queradern, das sind kurze Ge-
fäße, die die Flügelhauptadern miteinander verbinden, in Fliegenflügeln
verschwinden. Im Zentrum seines neuartigen Selektionsexperiments standen Fliegeneier, die er kurzen Hitzeschocks aussetzte. Er wiederholte diese
Hitzeschocks über mehrere Generationen und selektierte jeweils die Fliegen,
die als Reaktion auf die Hitzeschocks den größten Anteil ihrer Queradern
einbüßten. Am Ende der Versuchsreihe blieben die Queradern bei einigen
Tieren auch ohne die Hitzeschocks weg (Abb. 3.2). Nach Waddingtons
Schilderung wird in der Entwicklung der Fruchtfliegen die Veränderung,
die außergenetisch herbeigeführt wurde, anschließend genetisch assimiliert.
Das heißt, die Gene passen sich dem an, was durch eine Umwelteinwirkung
und damit epigenetisch angestoßen wurde. Der harmlos klingende Versuch
blieb wenig beachtet. Im Rückblick von heute war er die Sternstunde für
eine neue Sicht auf Vererbung und Evolution.

Waddington belegte somit ein Stück weit empirisch seinen bereits 1942
geäußerten Zweifel daran, „dass die rein statistische, natürliche Selektion,
die nichts anderes macht als zufällige Mutationen auszusortieren, selbst für
den überzeugtesten statistisch ausgebildeten Genetiker, völlig befriedigend
sein kann".

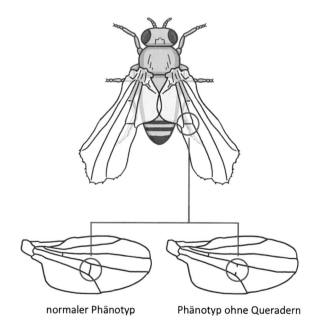

normaler Phänotyp   Phänotyp ohne Queradern

Abb. 3.2 *Drosophila* **mit und ohne Queradern an den Flügeln.** Das erste Experiment,
um einen über mehrere Generationen anhaltenden äußeren Einflussfaktor, hier
kurze Hitzeschocks, auf die bleibende Veränderung des Phänotyps zu belegen

Ein ähnliches Experiment wurde erstmals 50 Jahre später von Yuichiro Suzuki und Fred Nijhout an Tabakschwärmern wiederholt (Abschn. 4.5). Auch die sehr kurzfristige Evolution der Schnabelformen von Darwinfinken, wie sie von Peter und Rosemary Grant beschrieben wurde, wird mit Entwicklungsänderungen in Verbindung gebracht (Abschn. 4.1).

Von Pufferungen und Kanälen in der Entwicklung

Bereits 1942 stellte Waddington die Zusammenhänge des oben genannten Beispiels verlorener Flügeladern der Fruchtfliege theoretisch dar. Sehen wir uns das etwas näher an. Im Entwicklungsverlauf sind meist mehrere Pfade angelegt, um ein bestimmtes phänotypisches Merkmal hervorzubringen. Der Entwicklungsprozess ist laut Waddington kanalisiert. Man sagt heute auch, der Phänotyp sei robust gegen Änderungen genetischer oder Umweltfaktoren (Flatt 2005). Die Vielzahl solcher gepufferter Alternativen ist darauf zurückzuführen, dass stets viele Gene kombiniert an der Ausbildung eines phänotypischen Merkmals beteiligt sind. Waddington betonte ausdrücklich, dass die Selektion an der Ausbildung solcher Netzwerke alternativer Entwicklungspfade mitwirkt (Waddington 1942).

Als spezielles Merkmal, dessen evolutionäre Entstehung er erklären will, nennt Waddington die auffallenden unbefiederten Hautschwielen auf der Brust der Strauße, wo diese keine Federn besitzen. Die Schwielen schützen da, wenn es sich auf den heißen, rauen Wüstenboden kauert. Waddington geht davon aus, dass die Schwielen in der Vorfahrenlinie beim Strauß einst nicht existierten. Wie konnten sie also entstehen?

Der Vogel kann sich die Schwielen über Generationen hinweg während des jugendlichen Wachstums durch Beanspruchung der entsprechenden Körperteile zugezogen haben. Ein Umweltfaktor kommt dabei ins Spiel. Das könnte zum Beispiel sehr heißer Sandboden sein, der zuvor nicht vorhanden war. Bevor es Schwielen gab, war die Entwicklung auf den Phänotyp ohne Schwielen kanalisiert. Und von einer Kanalisierung ist eine wildlebende Art nicht ohne Weiteres abzubringen. Sie hat viele „unsichtbare" Mutationen (Pufferungen), die eben diesen Phänotyp stützen. Hinzu kommt die Umweltänderung, ein Stressor. Dieser kann die Ursache dafür sein, dass der Entwicklungsverlauf für ein Merkmal abgeändert wird. Dafür muss der Einfluss von außen jedoch stark genug sein und über einige oder viele Generationen anhalten. Erst dann kann er die Pufferung, also die versteckten Mutationen und damit die Kanalisierung auf den vorhandenen Phänotyp ohne Schwielen überwinden. Anders ausgedrückt: Die Entwicklung wird dekanalisiert oder auf das neue Phänotypmerkmal neu kanalisiert. Der Umweltstressor wird dabei noch lange gebraucht. Die zuvor verdeckten oder maskierten Mutationen wirken auf den neuen Phänotyp nur in Verbindung mit dem Stressor. Typischerweise tritt das neue Merkmal nicht nur bei einem einzelnen Tier auf, sondern betrifft viele, oft sogar die gesamte Population. Bei einer klimatischen Hitzeeinwirkung kann man sich das leicht vorstellen.

Genetisch erst nachträglich bestätigt

Im Verlauf von Generationen kann der Stimulus für die Aufrechterhaltung des neuen Phänotypmerkmals immer unnötiger werden oder nur noch abgeschwächt erforderlich sein. Wie das? Hier führt Waddington den schon bei den Fliegenadern erwähnten, wichtigen neuen Begriff ein, der die bisherige Evolutionstheorie ein wenig auf den Kopf stellt: die genetische Assimilation, die der Phänotypvariation folgt. Waddington schlägt vor, dass der neue Phänotyp, hier die Schwielen, die ja noch über viele Generationen durch die Hitze des Untergrunds erzeugt und gestützt werden, schließlich genetisch untermauert werden. Mit seinen Worten heißt das: Sie werden assimiliert. Das bedeutet, dass im Nachhinein derjenige Phänotyp selektiert wird, den der Umweltstressor schon lange zuvor begünstigt hat. Das geschieht durch entsprechende Mutationen, und zwar mit genau einigen der Mutationen, die zuvor gepuffert, also versteckt, bereits in großer Zahl vorlagen. Sie heißen ja eben deswegen versteckt oder maskiert, weil sie ohne den Einfluss des Umweltstressors keine Wirkung auf den Phänotyp zeigen. Jetzt aber kann ihre Wirkung durchaus sichtbar werden. Im Lauf der Zeit wirkt das System nun im Sonderfall gänzlich ohne den externen Anstoß. Die Schwielen beim Strauß bleiben also auch dann noch erhalten, wenn wir die Tiere in gemäßigtem Klima im Zoo bewundern und sie sich dort vermehren.

Viele Variationen sind vorstellbar, die auf dem von Waddington vorgeschlagenen Weg evolviert sein können. Er hätte ebenso gut die Hornhaut an unseren Füßen verwenden können. Auch die Angst eines Tieres vor einem neuen Fressfeind, einer Schlange, ist vielleicht zunächst erlernt, später wird sie genetisch stabilisiert. Wenn wir zu Evo-Devo kommen, werden wir noch zahlreiche andere Beispiele kennen lernen, denn an Waddingtons Sichtweise kommen wir im Verlauf des Buchs nicht vorbei.

Waddington war zukunftsweisend

In der Gesamtschau zeigt Waddingtons Studie, wie der Genotyp eines Organismus in koordinierter Weise auf die Umwelt reagieren kann. Die Entwicklung kann mit Umwelteinflüssen im Wechselspiel stehen und auf solche manchmal gerichtet antworten (Waddington 1942).

Mit Fortschreiten der evolutionären Entwicklungsbiologie kommt Waddington aktuell wieder zu Ehren. Seine Erkenntnisse werden heute zunehmend anerkannt. In ihrem Buch *Evolution in four Dimensions* etwa schreiben Eva Jablonka und Marion Lamb über Waddington: „Lange bevor man etwas über die verschlungenen Wege der Genregulierung und des Zusammenspiels von Genen wusste und lange bevor Konzepte über Gennetzwerke in Mode kamen, haben Genetiker erkannt, dass die Entwicklung eines beliebigen Merkmals von einem Netz von Interaktionen zwischen Genen, ihren Produkten und der Umwelt abhängt" (Jablonka und Lamb 2017). Gerd Müller nennt sowohl die (genetische) Assimilation Waddingtons als auch das gesamte Feld der Epigenetik im waddingtonschen Sinn als konzeptionelle Wurzeln von Evo-Devo (Müller 2008).

3.2   Evo-Devo – Geschichte und frühe Schwerpunkte

Schon lange vor der Ära von Evo-Devo tasteten sich Forscher an den Zusammenhang zwischen Embryologie und Evolution heran. Ein Grundgedanke war dabei, dass Wissen über Entwicklung größere Einsicht in Mechanismen der Evolution und Wissen über Evolution uns seinerseits Einsicht in die Entwicklung liefern könnte (Bonner 1982). Die Entwicklung wird aus Evo-Devo-Sicht zu einem starken Aspekt der Evolution, denn sie übersetzt den Genotyp in die Morphologie des Phänotyps. Mutationen und genetische Variation werden zum Rohmaterial der Evolution. Der Entwicklungsprozess, die Morphogenese, bildet Variationen aus, die von der natürlichen Selektion gescreent werden, wobei Organismen über Generationen hinweg an ihre Umgebung adaptieren.

Der Embryo ist schon im 19. Jahrhundert auf dem Radar

Sehen wir uns an, wie sich das Thema historisch entwickelt hat. Während im 19. Jahrhundert die beiden heutigen Teildisziplinen Entwicklung und

Evolution in der Biologie noch nicht getrennt behandelt wurden, sah Darwin die Bedeutung der embryonalen Entwicklung für die Evolution durchaus. Er beschäftigte sich aber, wie oben bereits dargestellt, gar nicht mit dem Entstehen von Variation. Diese war für ihn einfach gegeben. Das Ausklammern der Entstehung von Variation aus der Synthese hatte klare Vorteile. Dadurch lassen sich Merkmale, deren ontogenetische Herkunft nicht bekannt ist, ebenso behandeln wie solche, deren Entwicklung bekannt ist. Man braucht die Entwicklung nicht zu kennen. Das öffnet einen abstrakteren Blick auf die Evolution (Amundson 2005).

Tatsächlich war die Embryologie in der zweiten Hälfte des 19. Jahrhunderts in Ansätzen schon einmal weiter, als es Darwin und mehr als ein halbes Jahrhundert später die Synthese zu sehen vermochten. Wilhelm Roux, deutscher Entwicklungsbiologe in Breslau, Innsbruck und Halle, schrieb und begründete 1881: Es gibt keine Eins-zu-eins-Beziehung und damit keine vollständige Determinierung zwischen dem vererbbaren Material und dem entstehenden Organismus, dem Phänotyp. Es kann sie nicht geben (Roux 1881). Das passt nicht zu dem späteren Bild eines exakten genetischen Bauplans, wie die Synthese sich ihn vorstellte.

Der Embryo passt nicht ins Bild der Synthese

Die Synthese konnte mit der embryonalen Entwicklung nichts anfangen. Und das, obwohl dieses Forschungsfeld schon seit Jahrhunderten bekannt war. Der genzentrierte, statistische Gedankenraum der Synthese enthält abstrahierte Frequenzen von Genen in Populationen, nicht aber Entwicklungsprozesse, bei denen zum Beispiel etwas gegenüber dem Elternteil abweicht und „schief gehen", aber dennoch ein koordinierter Prozess erhalten bleiben kann, der so bei einem individuellen Organismus zu einem abgeänderten Phänotyp führt. Die Neodarwinisten haben die Embryonalentwicklung also schlicht ignoriert. Man suchte gar nicht erst nach Antworten auf die Frage, wie die embryonale Entwicklung die Evolution beeinflussen könnte und umgekehrt die Evolution die Entwicklung.

Das heißt nicht, dass es während des Entstehens der Synthese nicht auch andersdenkende Forscher gab. An dieser Stelle seien ein paar Vorläufer genannt. Behandelt wurde bereits Waddingtons Konzept der Kanalisierung und der genetischen Assimilation (Abschn. 3.1). Mit Kanalisierung meinte er einen Entwicklungspfad analog zu einer verfestigten Rinne, in der ein Ball entlang geleitet wird. Der Ball kann die Rinne nicht ohne Weiteres verlassen, ähnlich wie ein Entwicklungspfad nicht durch genetische Mutationen ohne Weiteres verändert wird. Es bleibt trotz Mutationen beim selben Ergebnis. Kanalisierung ist also ein Ausdruck für Stabilität der Entwicklung.

Diese Umkehr der bisherigen Sicht, zuerst die phänotypische Änderung – extern, epigenetisch angestoßen – gefolgt von der genetischen Fixierung, ließ sich nun ihrerseits unmöglich als Theorie neben der Synthese annehmen. Waddington wurde als Exzentriker abgetan. Seine empirische Fundierung war vielleicht nicht besonders überzeugend. Aber seine Ideen haben Eingang in die Forschung und in die Theorie der evolutionären Entwicklungsbiologie (Evo-Devo) gefunden. Er gilt als einer der Vorläufer dieser Disziplin.

Ebenfalls mit Embryologie befasste sich der Brite Gavin Rylands de Beer. Zusammen mit Huxley entwickelte er bereits (1930) in *Embryos and Evolution* moderne Gedanken.

Im Jahr 1953 fanden, wie schon beschrieben, Watson und Crick die Struktur der DNA. Gene sind Teile der DNA, und deren Doppelstruktur eignet sich perfekt als Kopiermechanismus für die Vererbung – so weit, so gut. Doch wie funktioniert die „Klaviatur" der Gene? Wie werden die Tasten gedrückt, die Gene an- und abgeschaltet? Wie kommt ihre Information zum Ausdruck, will sagen: Wie erfolgt die raumzeitliche Genexpression? Das war noch gar nicht klar. Die beiden Franzosen Francois Jacob und Jacques Monod, beide später Nobelpreisträger, nahmen sich dieses Themas an. Und sie hatten 1961 Erfolg mit ihren Anstrengungen. Sie fanden beim Bakterium *E. coli* den verzwickten Mechanismus heraus, wie Gene an- und abgeschaltet werden können. Damit war eine Grundlage gelegt, den Vorgang auch bei Mehrzellern zu verstehen. Zuerst natürlich bei der Fruchtfliege. Bei ihr wurden Genregulationen beschrieben, die in der Entwicklung während der Segmentierung der Fliegenlarve ablaufen. Damit wurde ein mit der Zeit immer besserer Einblick in ganze Ketten von Genregulationen, sogenannte Genregulationsnetzwerke, gewonnen. Diese sind typisch in der embryonalen Entwicklung. Wir werden uns damit auseinandersetzen müssen, welche Rolle sie in Evo-Devo spielen, und ob mit ihnen Bau und Form von Organismen erklärt werden können.

Entwicklungsgene – Der Embryo wird wiederentdeckt

Die Entwicklungsbiologie erfuhr einen geradezu extremen Bekanntheitsschub, als ab den 1970er-Jahren sogenannte Entwicklungsgene entdeckt wurden, darunter die bekannte Gruppe der Hox-Gene bei den Wirbeltieren. Schon seit den 1930er-Jahren war man bei *Drosophila* Genen auf der Spur, die für die räumliche Struktur, die Formgebung der Fliegenlarve verantwortlich sind. Man nannte diese Gene, die die Ausbildung charakteristischer Körperstrukturen kontrollieren, homöotische Gene.

Entwicklungsgene sind Gene, die während der Embryogenese benötigt, also exprimiert werden, aber nur dann. Im späteren Verlauf des Lebens werden sie möglicherweise nie mehr gebraucht. Wie sich herausstellte, sind Entwicklungsgene quasi ein gemeinsamer molekularer Baukasten für die meisten Lebewesen. Ihre Existenz allein ist ein wunderbarer Beweis für die Evolution. Sie sind so bedeutend, dass wir uns das genauer ansehen müssen. Der Baseler Molekular- und Entwicklungsgenetiker Walter Gehring fand heraus: Ein solches Gen, etwa das *Pax6,* initiiert zum Beispiel die Entwicklung unseres Auges und auch das aller anderen Wirbeltiere. Darüber hinaus steuert es auch die Entwicklung des Auges der Fruchtfliege und der Augen anderer Insekten. Viele weiterer Schritte folgen dem ersten Schritt der *Pax6*-Expression in einer Genexpressionskaskade. Schaltet man im Labor das *Pax6*-Gen in embryonalen Stammzellen einer Maus auf beiden Chromosomen aus (Doppel-Gen-Knockout), also so, dass der Embryo homozygot für diese Mutation ist, kommt diese Maus ohne Augen zur Welt (Abb. 3.3). Bei einem heterozygoten Embryo, bei dem das Gen nur auf einem elterlichen Chromosom mutiert ist, entwickeln sich kleine Augen. So wurde das *Pax6* Gen in der zu kurz gegriffenen genetischen Sicht schlechthin zum „Augen-Gen" schlechthin.

Das hatte man nicht erwartet, überhaupt nicht. *Pax6* deutet beispielhaft eindrücklich auf die Verwandtschaft der Tierstämme hin. Aber es ist nur eines von zahlreichen wichtigen Entwicklungsgenen. Näher eingehen müssen wir auf die Hox-Gene. Bei den Wirbeltieren gibt es 13 verschiedene. Diese Hox-Gene liegen stets als ein zusammenhängender Komplex vor, und ein solcher Komplex kommt in jedem Wirbeltier vier Mal in jeder einzelnen Zelle vor. Die Cluster werden mit A bis D benannt. Es gibt also zum Beispiel das Hox-Gen A9 und ebenso solche mit den Bezeichnungen B9, C9 oder D9 auf anderen Chromosomen derselben Zelle. Auffallend war, dass die Anordnung dieser Gene im Genom der Reihenfolge entspricht, in der sie für die Ausbildung der Körperstrukturelemente eingesetzt werden. Liegt ein Hox-Gen also weiter downstream im Genom, dann führt es auch weiter kaudal, also vom Kopf entfernt, im Körper zu entsprechenden Phänotypausprägungen (Abb. 3.4). Hox-Gene bestimmen bei uns und den mit uns verwandten Tieren mit, wie die Formen der Wirbel geformt sind oder an welchen Positionen etwa Rippen erscheinen müssen. Man braucht dabei kaum darauf hinzuweisen, dass die Hox-Gene für derart komplexe Strukturaufgaben kombiniert eingesetzt werden, also stets mehrere für einen Phänotyp-Komplex (Nüsslein-Volhard 2004).

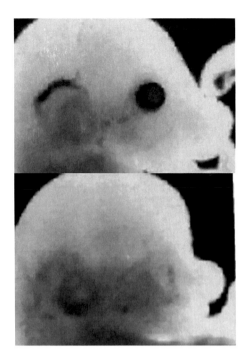

Abb. 3.3 Maus ohne Augen. Ein Doppel-Knockout des Gens *Pax6* bei der Maus führt zu ausbleibender Augenentwicklung. Wird nur ein *Pax6*-Gen mutiert, hat der Embryo kleinere Augen, weshalb dieses Allel auch *Small eye* oder *Sey* heißt. Augenfehlbildungen auf der Basis von *Pax6*-Mutationen gibt es auch beim Menschen

Sehen wir uns noch ein anderes wichtiges Entwicklungsgen an, denn Entwicklungsgene sind nobelpreisverdächtig – so auch das berühmt gewordene *Sonic Hedgehog*. Es spielte im Forscherleben der Nobelpreisträger von 1995, der deutschen Biologin Christiane Nüsslein-Volhard und zweier weiterer Forscher eine wichtige Rolle. Entwicklungsgene können an ganz unterschiedlichen Stellen und zu wechselnden Zeitpunkten im werdenden Organismus exprimiert werden. Das macht Entwicklung „effizienter", als wenn alternativ für jede Funktion ein neues Gen benötigt würde; schließlich ist die Zahl unserer Gene begrenzt. *Sonic Hedgehog* ist nach Sonic dem Igel in der amerikanischen Zeichentrickserie *Adventures of Sonic the Hedgehog* benannt, weil das Gen bei der Fliegenlarve einen igelförmigen Mutanten erzeugt. Abgekürzt heißt es *Shh,* Sonic Hedgehog oder *SHH* für das gleichnamige Protein, das es erzeugt. *Shh* wird zum Beispiel für die Entwicklung der Hand beim Wirbeltier ebenso benötigt wie zur Ausbildung der Lunge, der Zähne, aber auch bei der Ausbildung des Gesichts und der Neurogenese, also im Gehirn. Nicht nur das: *Shh* hat eine imponierende

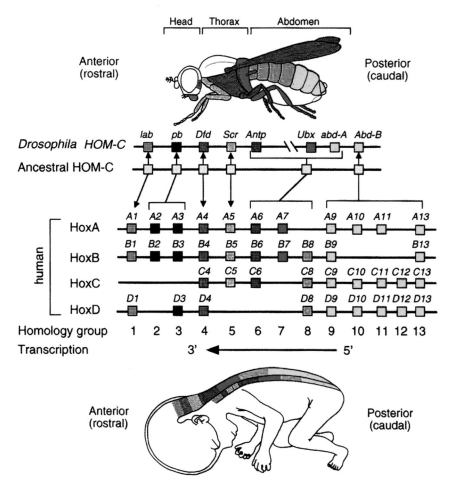

Abb. 3.4 Hunderte Millionen Jahre Verwandtschaft. Mensch (u.) und Fliege werden nach verwandten Mustern gebaut, obwohl ihre gemeinsame Abstammung weit auseinander liegt. Hox-Gene im Bild sind wesentlicher Teil einer sukzessiv ablaufenden Segmentierungskaskade von Genexpressionen, die für die lokale Anordnung von Kopf, Thorax und Abdomen sowie Antennen, Flügel, Beinen verantwortlich sind. Deren genaue Lage wird bereits in den Segmenten des Embryos bestimmt. Im Bild sieht man die homologen Gene von *Drosophila* und Mensch. Während die Fliege einen Cluster homöotischer Gene benötigt, haben Maus und Mensch vier Hox-Gencluster. Sie werden mit A bis D gekennzeichnet

Evolutionsgeschichte. Sie reicht Hunderte Millionen Jahre zurück. Bei der Taufliege, bei der es ursprünglich entdeckt wurde, hat es nahezu die gleiche Form wie beim Menschen. Dort ist es für die Segmentierung der Larve in mehrere Abschnitte mitverantwortlich.

Sonic Hedgehog, Pax6 und natürlich die Hox-Gene, sie alle sind schlagende Beweise unserer Verwandtschaft mit allen Wirbeltieren, ja und mehr noch: unserer evolutionären Verwandtschaft mit den Fliegen und anderen Insekten, ja selbst mit Würmern. Diese neuere Enthüllung des stringenten Zusammenhangs der Tierfamilien gehört zu den am meisten beeindruckenden Leistungen der modernen Biologie, ja der Biologie überhaupt. Im Jahr 2011 war ich zu Besuch am Max-Plack-Institut für Entwicklungsbiologie in Tübingen. Eingeladen hatte mich der von mir bewunderte, leider inzwischen verstorbene Hans Meinhardt. Der Entwicklungsbiologe führte mich in seine Forschungsarbeiten bei der Musterbildung mit Turingsystemen ein. Christiane Nüsslein-Volhard hatte ihr Büro schräg gegenüber von seinem. Ich hegte die Hoffnung, ein paar Worte mit einer Nobelpreisträgerin zu wechseln, aber es kam nicht dazu. Sie war leider nicht da. Schade. (Dafür durfte ich ein paar Tage später in einem Fitness-Center in München neben Bruce Springsteen unter der Dusche stehen und unverkrampft mit ihm reden. Unverkrampft, weil ich ihn ein paar Minuten lang – bis zum Blitzlichtgewitter der Paparazzi am Ausgang – nicht erkannt hatte. Aber das ist nicht dasselbe wie Auge in Auge mit einer Nobelpreisträgerin.)

Nüsslein-Volhard und ihre Kollegen und Mitpreisträger Eric Wischaus und Edward B. Lewis sind genetische Evo-Devo-Biologen par excellence, obwohl sie sich selbst weniger als solche bezeichnen würden. Aber natürlich ist die Forschung, wie sich die Steuerung der Individualentwicklung der Lebewesen in der Stammesgeschichte entwickelt hat, auch ein zentrales Evo-Devo-Thema (Abschn. 3.4).

Nicht nur einzelne Gene stimmen in der Entwicklung verschiedener Tierstämme überein, wie Walter Gehring entdeckt hatte. Er fand noch mehr heraus. Mit seiner Entdeckung der Homöobox (Abb. 3.4) gelang ihm 1984 ein großer Wurf (McGinnis et al. 1984). Mit der Homöobox hatte man einen „Werkzeugkasten" aus genetischen Elementen, die dafür sorgen Entwicklung, dass andere Gene in der Embryonalentwicklung nach einem festgelegten Muster an- und abgeschaltet werden. Der komplette genetische Werkzeugkasten, die Homöobox in den schon genannten Hox-Genen, ist in großen Teilen der Tierwelt sehr ähnlich und wird gemeinsam genutzt. Er zeigt von Gliederfüßern bis zu den Wirbeltieren dieselben Entwicklungsprinzipien. Ohne Übertreibung lässt sich noch einmal wiederholen: Die Verwandtschaft in der Entwicklung umfasst Zeiträume von geologischen Dimensionen. Die Verwendung derselben Entwicklungsprinzipien in evolutionär weit entfernten Stämmen mit dennoch gleichen Genen und ähnlichen Homöoboxen ist ein grandioser Beweis für ihre evolutionäre Verwandtschaft. Die überraschende Aufdeckung dieser Ähnlichkeiten in der Entwicklung stellt einen Höhepunkt in der Forschung dar, wie er selten vorkommt. Für Evo-Devo bedeutet es einen frühen, markanten Durchbruch.

Die Gene, die eine solche Homöobox enthalten, heißen wie gesagt Hox-Gene. Sie sind Steuerungsgene (auch Mastergene oder Masterkontrollgene genannt). Hox-Gene steuern insbesondere die Achsenbildung, die Segmentierung und die Entwicklung von Anhängseln. Es sind Gene, die in der Entwicklung die Expression anderer, funktional zusammenhängender Gene koordiniert managen. Es ist klar, dass Mutationen in Hox-Genen, speziell in der Homöobox, äußerst kritisch und oft letal, also tödlich sind und damit für den Embryo das Ende bedeuten können. Der Grund dafür ist die frühe Phase der Embryonalentwicklung, in der die grundlegende Strukturbildung mithilfe dieser Mastergene abläuft. Ein Fehler in diesem Stadium kann leicht die Struktur und Funktion des gesamten Organismus stören. Auch so lässt sich die hohe Konservierung dieser Gene verstehen.

Doch halt! Wir sehen hier erstens, dass der genetische Werkzeugkasten Hunderte Millionen Jahre in der Evolution erhalten blieb. Wir haben zweitens erfahren, dass diese hohe Konserviertheit unabdingbar für jeden Organismus ist. Aber dennoch gibt es Evolution. Wie kann denn vor diesem unbeweglich erscheinenden Hintergrund überhaupt Variation entstehen, gleichgültig ob kontinuierlich oder diskontinuierlich, adaptiv oder nicht? Wie kann mit einem eher starr aussehenden genetischen Baukasten und mit seinen Entwicklungspfaden die organismische Diversität entstehen, wie wir sie kennen? Das machte die Forscher nachdenklich. Tatsächlich gibt es eine geradezu unglaubliche Vielfalt an Formen in der belebten Natur. Wie passt das zusammen: Erhalt und gleichzeitig Veränderung? Widerspricht sich das nicht schon im Grundsatz? Die frühen Evo-Devo-Forscher hatten jetzt verglichen mit der Ausgangsphase der Synthetischen Theorie eine gänzlich neue Situation vor sich. Die Synthesevertreter hatten nichts von all dem geahnt. Und sie hatte keine Antworten auf diese elementaren Fragen der Evolution.

Auf die Antworten lasse ich Sie, liebe Leser, bewusst noch etwas warten. Im Laufe dieses Kapitels wird ein immer detaillierteres Bild von Evo-Devo entstehen – gehen wir also gemeinsam Schritt für Schritt vor.

Zunächst drängten sich weitere naheliegende Fragen auf: Was kann geschehen, wenn ein Entwicklungsgen auf natürlichem Weg früher oder später exprimiert wird, oder was ist die Folge, wenn das Gen ein paar Minuten länger und damit stärker aktiv bleibt als im Normalfall? Man spricht hier von Heterochronie. Die Heterochronie erfuhr große Aufmerksamkeit. Welche Auswirkung haben solche zeitlichen Entwicklungsänderungen auf den Embryo? Andere Fragen schlossen sich an: Wie kann der sich entwickelnde Organismus eine komplexe, diskontinuierliche Variation erzeugen, eine Variation, die aus unterschiedlichen Zellgeweben mit unterschiedlichen Funktionen besteht? Kann so etwas embryonal, also in einer einzigen Generation, entstehen, etwa ein zusätzlicher Finger oder Zeh? Welche Bandbreite in der phänotypischen Gestalt (Entwicklungsplastizität) haben komplexe Variationen, zum Beispiel die Schnäbel von Darwinfinken (Abschn. 4.1)? Wann und warum gibt es diese Spielräume? Oft ist keine Plastizität, sondern Stabilität vorhanden. Warum?

Viele dieser Fragen kann man unter die Überschrift „Evolvierbarkeit" setzen. Mit dem Konzept der Evolvierbarkeit oder auch Evolutionsfähigkeit will man erfassen, in welchem Ausmaß Organismen lebensfähige phänotypische Variation hervorbringen können (Kirschner und Gerhart 2007). Das impliziert natürlich auch die entgegengesetzten Überlegungen, ob Evolvierbarkeit durch Entwicklungsmechanismen prinzipiell eingeschränkt sein kann. Solche Einschränkungen – es gibt unterschiedliche Typen – bezeichnet man als Entwicklungsconstraints. Allein die bis hier genannten Fragen sind schon eine Menge Problemfelder, oder besser gesagt: Herausforderungen. Mit ihnen beschäftigten sich Hunderte von Dissertationen und Publikationen in den vergangenen drei Jahrzehnten. Darum will ich es fürs erste dabei bewenden lassen. Aber erwähnt sei dennoch, dass weitere Fragen dazu kamen, als Evo-Devo sich weiterentwickelte und zu einem Pfeiler der Erweiterten Synthese wurde, was ich im Folgenden und in Kap. 6 behandle.

Fest steht: Auf all diese Fragen blieb die Synthese die Antworten schuldig. Will man die neuen evolutionsbiologischen Ziele zu einem einzigen Bild verdichten, dann geht es der Synthese um das *Survival of the Fittest,* Evo-Devo dagegen um das *Making of the Fittest,* also darum, wie der Bestangepasste überhaupt entstehen kann. Manche sprechen auch vom *Arrival of the Fittest,* was dasselbe meint (Abschn. 3.3). Beides steht für den evolutionären Entwicklungsweg dahin.

Ontogenese und Phylogenese – Wie eine neue Forschungsdisziplin entsteht

Der einflussreiche Amerikaner Stephen Jay Gould verfasste (1977) mit *Ontogeny and Phylogeny* ein für die Evolutionstheorie wegweisendes Buch. Er schrieb über zahlreiche Themen, die den Zusammenhang von Entwicklung und Evolution untermauern sollten. Das Konzept der Heterochronie fand in diesem Buch breite Behandlung. Gould begründete, wie Änderungen im Zeitablauf der Entwicklung größere evolutionäre Übergänge hervorrufen können. Das gewaltige Werk gilt als ein Katalysator für das Entstehen der evolutionären Entwicklungsbiologie. Im Jahr 1979 legte Gould zusammen mit Richard Lewontin mit einer denkwürdigen Schrift nach. Sie verwarfen die Idee, dass jedes phänotypische Merkmal adaptiert sein müsse (Gould und Lewontin 1979). Fälschlicherweise würden Merkmale in der Synthese einzeln betrachtet, was kein korrektes Bild des evolutionären Geschehens darstellte. Tatsächlich könnten, so die beiden Autoren, wegen der vielfachen Entwicklungsconstraints verschiedene Entwicklungsvorgänge nur gemeinsam variieren oder in Blöcken verschoben werden. Das heißt, sie könnten daher auch nur in Blöcken evolvieren. Die Desintegration des restlichen Embryos wird dabei vermieden, es kommt zu keinem Chaos.

Das kann heute zum Beispiel bei der Ausbildung zusätzlicher Finger oder Zehen (Polydaktylie) sehr gut nachgewiesen werden. Ein Finger ist solch ein „Block". Er besteht aus vielen unterschiedlichen Zelltypen für Knochen, Muskeln, Nerven, Blutgefäße etc. Nicht nur kann er mit nur einer einzigen genetischen Punktmutation in nur einer Generation neu entstehen und sich vererben. Er ist vielfach auch zu hundert Prozent funktionsfähig (Lange et al. 2014). Wir werden noch mehr solcher beeindruckenden Beispiele kennenlernen.

Zurück zum historischen Fortgang: Die Forscher veränderten in den 1980er-Jahren zunehmend ihren Blickwinkel und diskutierten jetzt lauter: Heterochronie in der Entwicklung ist einer der effektivsten Wege, um größere phänotypische Änderungen mit geringem genetischen Änderungsaufwand auszulösen. Für manche Phänotypänderungen, zum Beispiel einen Wechsel der Augenfarbe oder des Hämoglobins, war der Entwicklungsverlauf klar. Als die interessanteren Variationen des Phänotyps wurden aber die genannten Verschiebungen im Timing von Entwicklungsereignissen durch Heterochronie erkannt. Sie können eine größere strukturelle Änderung im Embryo bewirken.

Nicht unerwähnt bleiben soll, dass neben der Heterochronie noch weitere evolutionär wirksame Entwicklungsmechanismen entdeckt wurden. Auch der Ort der Genexpression kann sich verschieben, man spricht dann von Heterotopie. Der Begriff wird nicht oft verwendet, aber in diesem Buch finden Sie zumindest zwei eindrucksvolle Beispiele dafür. Man spricht in diesem Zusammenhang auch von ektopischer Genexpression. So gelang es im Labor von Armin Moczek bei einem Käferexperiment, Gewebe für ein neues Auge entstehen zu lassen (Zattara et al. 2017, vgl. Abschn. 3.10). In Abschn. 4.8 erfahren Sie, wie die Expression von *Sonic Hedgehog* an einer Stelle der Handknospe, wo es normalerweise nie exprimiert wird, mit verantwortlich dafür ist, dass ein oder mehrere zusätzliche Finger entstehen.

Allein dadurch, dass ein Genprodukt, also ein Protein, in unterschiedlichen Mengen hergestellt wird – man nennt diesen Mechanismus Heterometrie – können interessante Phänotypen entstehen. Wir werden uns das in Abschn. 4.1 bei der Evolution unterschiedlicher Finkenschnäbel genauer ansehen. Wir haben also zusammengefasst mehrere Freiheitsgrade in der Entwicklung, wie Zeit, Ort, Menge und andere, die Evolution erleichtern können. (Ich danke Armin Moczek für diesen Hinweis.)

Rund um diese Themen entstand eine neue Forschungsdisziplin, die evolutionäre Entwicklungsbiologie oder kurz Evo-Devo. Der Begriff wurde 1996 eingeführt. Entwicklung meint embryonale Entwicklung, in vielen Fällen die frühe Embryonalentwicklung mit den Phasen, in denen die Grundstrukturen im Organismus entstehen, etwa die Vorformen (man sagt Anlagen) der Extremitäten oder der Organe wie Nervensystem, Herz, und so weiter. Evo-Devo ist ein Paradebeispiel für moderne, interdisziplinäre Forschung. Sie untersucht, wie Steuerungsmechanismen der Individualentwicklung der Lebewesen mithilfe der Gene und auf epigenetischer Ebene die Evolution der Organismen beeinflussen können.

Den Startschuss für eine koordinierte, intensivierte Auseinandersetzung über den Zusammenhang von Evolution und Entwicklung gab eine internationale Konferenz in Berlin 1981, die Dahlem-Konferenz *Evolution and Development* unter der Moderation des Amerikaners John Tyler Bonner. Der Entwicklungs- und Evolutionsbiologe Bonner starb im Februar 2019 im Alter von 99 Jahren, als ich dieses Kapitel hier schrieb. Damals hatte er in Berlin 50 Biologen aus vielen Teilgebieten zusammengebracht, die das damalige Wissen über Entwicklung und Evolution vortrugen. Der interdisziplinäre Aspekt stand ausdrücklich im Mittelpunkt der Konferenz. Einerseits wurde die ultimative Rolle der Gene nicht in Zweifel gezogen, um nicht mit der Tür ins Haus zu fallen. Gleichzeitig wurde aber durchaus gefragt, welche Rolle Gene bei den verschiedenen, komplexen Shifts des Phänotyps in der Entwicklung spielen. Der Schlüssel dafür war noch völlig unbekannt, so Bonner. Über die Gene hinaus war war seine Feststellung zukunftsweisend, dass es eine enorme Superstruktur gibt, die von den Genen produziert wird. In dieser Superstruktur scheinen manche Ereignisse aufzutreten, die in der Geninformation allein nicht vorherzusehen sind (Bonner 1982). Damit war die Rolle der Entwicklung als ein komplexes System mit Wechselbeziehungen aufgezeigt. Man musste bereit sein, so der Tenor der Konferenz, in komplexen Systemen zu denken.

Die Erkenntnis, dass die Entwicklung hinzugezogen werden muss, um in zahlreichen, voneinander abhängigen Schritten das Entstehen des Phänotyps zu erklären, reicht als Berechtigung für eine neue Evolutionstheorie natürlich nicht aus. Nicht solange man dem Bild verhaftet bleibt, dieser Weg sei vollständig im Genom vorgegeben bzw. ablesbar, und es gäbe einen genetischen Bauplan für die Erstellung des Phänotyps. Die Dahlem-Konferenz 1981 deutete aber schon auf mehr hin. Sie stellte in der Tat das herkömmliche reduktionistische und deterministische Denkmodell mit einem genetischen Bauplan infrage. Darüber hinaus wurden aber auch gar nicht so leise Zweifel an den uneingeschränkten Möglichkeiten der natürlichen Selektion formuliert (Bonner 1982): Entwicklung wurde als eine Hierarchie von Komplexitätsebenen diskutiert. Jede Ebene unterhält dabei offene Kommunikationslinien mit jeder anderen. Das war ziemlich neu. Entwicklungsconstraints müssen innerhalb dieser Hierarchieebenen des Organismus gesehen werden. Und eben weil diese Ebenen komplex sind, können sie durch Selektion nur eingeschränkt geändert werden. Zudem ist die Selektion stets limitiert durch das, was in einem vorausgehenden Entwicklungsstadium geschieht. Schließlich wurde festgestellt, dass der Effekt phänotypischer Selektion auf das Genom umso indirekter wird, je komplexer der Organismus ist.

Ins Archiv wanderte das alte Bild einer allein von der natürlichen Selektion bestimmten Evolution damit noch lange nicht, doch die Konferenz 1981 markierte, ohne dass sie den Namen Evo-Devo schon trug, zusammen mit den unmittelbaren Vorarbeiten von Gould (1977), bzw. Gould und Lewontin (1979) den Beginn der neuen Forschungsdisziplin. Dieses Programm schälte immer konsequenter Antworten auf die Fragen heraus: Wie kann der Organismus selbst Variation erzeugen? Gibt es intrinsische Mechanismen der Variationsbildung in der Entwicklung, und zwar ohne Selektion und ohne Adaptation? Das waren und sind einige der fundamental neuen Fragen vor dem Hintergrund der Synthese, die keinen guten Zugang für diese neuen Ideen bot. Evo-Devo sollte so zu einer der Säulen für ein umfassendes neues Denken über Evolution werden.

3.3 Genregulationsnetzwerke

Nach der Jahrtausendwende erfuhr Evo-Devo eine Entwicklung in zwei Richtungen. Aufbauend auf fortschreitenden, vergleichenden Genomsequenzierungen fokussierte sich eine erste Gruppe von Genetikern auf die Entwicklungsgenetik und Genregulationen während der Entwicklung. Sean B. Carroll (2008a), USA, Andreas Wagner (2015), Schweiz, aber auch Paul Layer, Deutschland, um nur einige stellvertretend zu benennen, sehen Genregulierungsprozesse mit wechselnden Kombinationen von Genschaltern als die primären Faktoren für die Entwicklung des Organismus und für seine

Veränderung. Die zahlreichen Genschalter, die die Gene regulieren, mutieren nämlich leichter als die Gene selbst.

Genetische Trickkisten

Sean B. Carroll ist in den USA ein medienbekannter, mit zahlreichen Auszeichnungen honorierter Evo-Devo-Forscher. Sein Buch *Endless Forms Most Beautiful* (Carroll 2008a) war sehr erfolgreich und verhalf der genetischen Version von Evo-Devo erstmals zu einem gewissen Verständnis außerhalb der Fachwelt. Mit dem Titel *Evo Devo* wurde es in deutscher Sprache leider nur bei einem kleinen Verlag verlegt. Es gibt eine Menge YouTube-Präsentationen mit Carroll, in denen er zeigt, wie das Genom einen genetischen „Werkzeugkasten" verwendet. Wichtige Tools dieses Werkzeugkastens sind vor allem die Hox-Gene, verantwortlich für Körperbau und -struktur. Wie schon erwähnt sind Hox-Gene über geologisch lange Zeiträume konserviert und blieben über die Grenzen von Tierstämmen hinweg sehr ähnlich. Wie also kann dennoch Veränderung erfolgen?

Die Evolution nutzt dafür sogenannte Genschalter, um mit diesen stabilen Genen phänotypische Gestalt und Variation zu erzeugen. Ein Beispiel: Das Gen *Bmp-5* erzeugt ein Signalprotein mit dem Namen *Bone Morphogenetic Protein* oder knochenmorphogenetisches Protein. (Es gibt ein Dutzend *Bmp*-Gene und Proteine). *BMP-5* ist am Skelettbau beteiligt, genauer: am Bau der Rippen, des Außen- und Innenohrs, der Fingerspitzen und der Nasenhöhle. Wer dirigiert dieses Gen zeitlich und örtlich? Woher erhält es die Informationen dafür, wann, was, wo in der Entwicklung geschehen muss? Genau das übernehmen die Genschalter auf der DNA. Entwicklungsgene sind umgeben von zahlreichen dieser Schalter. Um in unserem Beispielgen zu bleiben, sind das solche für die *BMP-5*-Expression der Rippen und andere für dessen Expression beim Bau des Innenohrs. Die Schalter sind kurze DNA-Abschnitte. An sie können Proteine mit einem jeweils spezifischen „Schloss" binden. Es gibt ein paar Hundert solcher „Schlösser". Ein solches Schlüssel-Protein teilt dem Gen mit, ob es exprimiert (also eingeschaltet) oder reprimiert (ausgeschaltet) werden soll. Jeder einzelne Schritt in der Entwicklung und damit jede neue Schalterkombination geschieht exakt in Abhängigkeit von dem unmittelbar vorausgegangenen Schritt. Es gibt Millionen Schritte im gesamten Entwicklungsprozess, vielleicht noch mehr. Auf diese Weise kommt nach der Vorstellung der Genregulationsforscher mit zahlreichen Entwicklungsgenen, z. B. den Hox-Genen, ihren Schaltern und Schlossproteinen die dreidimensionale Körperwelt zustande.

Es gibt also mehrere Hundert Schalter, oft zehn oder mehr für ein einzelnes Gen. Jeder ist anders aufgebaut. Und es gibt eine unübersehbar große Zahl von Kombinationsmöglichkeiten dieser Schalter. Die Kombinationen mutieren öfter als die Gene selbst. Bei einer Dreierkombination von 500 in einem Embryo vorhandenen Schaltern hat man $500 \times 500 \times 500$, das sind 12,5 Mio. mögliche Kombinationen. Werden vier Schalter als Anleitung für eine bestimmte Genexpression an einer ganz bestimmten Stelle in der Entwicklung kombiniert, erhält man bereits mehr als 6 Mrd. Kombinationen – das vermittelt eine gewisse Vorstellung von der unermesslichen Gestaltungsmöglichkeit mithilfe der Schalter (Carroll 2008a). Carroll zeigt an zahlreichen Flügelformen und -mustern von Insekten das scheinbar endlose Repertoire, das sich mit dem immer gleichen genetischen Werkzeugarsenal herstellen lässt. Zusammengefasst liest man bei Carroll, in der Evolution drehe es sich in der Hauptsache darum, wie „alte Gene neue Tricks erlernen" (Carroll 2008b; Abb. 3.5).

Abb. 3.5 Flügelformen und Pigmentierungsmuster von höheren Zweiflüglern. (Nach 70 Mio. Jahren Evolution zeigt sich ein scheinbar unendliches Spektrum von Farb- und Strukturmustern)

Laut Carroll gehen viele Geheimnisse der Evolution auf die Veränderung der genetischen Schalter zurück. Kleinste Veränderungen in der Abfolge und Kombination von Schaltern können eine enorme Wirkung und Vielfalt in der Bauform der Embryonen nach sich ziehen. Das macht viel besser verständlich, warum der Mensch mit so wenigen Genen auskommt (ca. 23.000, im Vergleich zum Fadenwurm mit ca. 19.000). Die Genschalterkombinationen machen für Carroll die Musik. Danach ist es weitaus effizienter, weniger Gene miteinander zu kombinieren als Hunderttausende von ihnen vorzuhalten. Die Evolution organismischer Formen hängt danach nicht so sehr davon ab, welche Gene ein Organismus hat, sondern wie sie eingesetzt werden. Früher war man felsenfest davon überzeugt, dass bei jeder morphologischen Variation auch ein neuer Satz von Genen benötigt wird. Heute denkt man anders.

Weil jedoch so unglaublich viele Schalterkombinationen möglich sind, können auch zahlreiche Kombinationen existieren, die denselben oder annähernd denselben phänotypischen Output erzeugen, also Proteine mit gleicher Funktion. Das ist die uns schon bekannte Kanalisierung oder Robustheit auf denselben Output hin. Die Konsequenzen von einem vielfach gleichen Phänotyp-Output macht Andreas Wagner deutlicher, der gleich im Anschluss zu Wort kommt.

Keine Frage, auch makroevolutionärer Wandel ist nach der Lehre Carrolls mit dem Prinzip genregulatorischer Netzwerke erklärbar. Das Abändern der Form und Funktion kann an Lebewesen wie Gliederfüßern in Detailschritten erklärt werden, ebenso das Entstehen neuer Formen, die aber letztlich gar nicht fundamental neu sind, sondern aus vorhandenem erstellt und umgebaut werden, wie die Scheren aus Vorderfüßen beim Flusskrebs oder Flügel aus Vordergliedmaßen der Vögel etc. Es kam zum Beispiel am Beginn der Evolution der Wirbeltiere zu zahlreichen Verdoppelungen und Verschiebungen von einem ursprünglich einzelnen Hox-Gencluster. Stets mit im Spiel waren Veränderungen in den DNA-Sequenzen der Genschalter für die Hox-Gene. Neues in der Evolution ist für Carroll die Abwandlung von Bestehenden. Aber die Essenz für Änderungen oder Innovationen, gleichgültig wie umfangreich oder wie neu, bilden zusammengefasst die Verdoppelung vorhandener Gene und neue Kombinationen der Genschalter.

Carroll kann als strenger Darwinist gelten. Die Phrase *use it or lose it* verwendet er immer und immer wieder. Ein Gen oder Element, das nicht gebraucht wird, geht danach unweigerlich verloren. Es mutiert und verliert damit allmählich, aber dann sicher seine Funktion. Selektion geschieht auf der Genebene. Die Mitüberwachung durch die natürliche Selektion geschieht unablässig. Das ist Carrolls adaptationistische Handschrift.

Bezüglich der evolutionären Entwicklung komplexerer Bauformen haben wir an früherer Stelle erfahren, dass Gene oft in zusammenhängenden Blöcken funktionieren und Entwicklungsvorgänge oft nur in Blöcken verschoben werden können. Entwicklungsmodule sind in dieser Sichtweise integriert. Das liest man jedoch bei Carroll weniger oder gar nicht. Es fehlen Antworten darauf, mit welchen Mechanismen Evo-Devo komplexe Variation schnell bereitstellen kann. Musterbildungsprozesse und Selbstorganisation auf der Ebene von Zellen, wie wir sie noch kennen lernen, etwa für die Formbildung der Extremität, benötigt Carroll nicht, er lehnt sie sogar ab. Die Umwelt kommt bei ihm nur am Rand vor. Sie spielt aber eine zunehmende Rolle in den jüngeren Betrachtungen (Abschn. 3.8). Carrolls Komplexität des Entwicklungssystems ist eine bescheidenere, viel weniger systemische als die der zweiten, stärker epigenetisch orientierten Forschergruppe, die im nächsten Abschnitt vorgestellt wird. Seine Entdeckungen passt Carroll in Darwins Selektionswelt ein. Für einen Theorieschwenk steht er nicht.

Das *Arrival of the Fittest*

Eine Ausrichtung ebenfalls auf Genregulationsnetzwerke wie bei Carroll findet man bei dem Austro-Amerikaner Andreas Wagner. Er soll hier als zweiter, stellvertretend für zahlreiche andere, ausführlicher zu Wort kommen. Die Bezeichnung Evo-Devo verwendet Wagner nicht. Im Mittelpunkt stehen bei ihm die Robustheit und Innovation biologischer Systeme. Wagner zeigt, wie beide zusammenspielen – ein vermeintlicher Widerspruch, denn Robustheit würden wir eher das Attribut „konservativ" verleihen. Sie soll den Organismus vom Typus her beibehalten. Innovation dagegen erhielte von uns eher die Attribute „progressiv" oder „explorativ". Sie soll neue Herausforderungen meistern. Man empfindet hier einen Widerspruch: Wie soll beides gleichzeitig möglich sein? Wagner löst den Widerspruch auf.

Robustheit haben wir bei Waddington als Kanalisierung kennengelernt, als Fähigkeit eines biologischen Systems, Störungen wie DNA-Mutationen und Umweltveränderungen standzuhalten. Sprache ist zum Beispiel robust. Wnn ich „hir inig Bchstbn wglsse", stutzen Sie vielleicht kurz, aber Sie verstehen dennoch, was ich schreibe. Computerprogramme sind im Vergleich dazu viel weniger robust. Ein einziger Fehler in einer Programmierzeile, und das Programm macht etwas anderes oder stürzt ab. In der Biologie sind zum Beispiel redundante, doppelte Gene eine Quelle der Robustheit gegenüber Mutationen. Bei uns Menschen ist etwa die Hälfte der Gene redundant vorhanden; das ist den meisten nicht bekannt. Natürliche Selektion kann ihre

Redundanz und die daraus resultierende Robustheit aufrechterhalten (Wagner 1999, 2000).

Neben verdoppelten Genen sind vor allem Proteine, Genregulationen und Metabolismen sehr robust (Abb. 3.6). Wagner nennt etwa das Lysozym, das in unserem Speichel und in den Tränen vorkommt und dort Bakterien abtötet. Im Labor veränderte man die Aminosäurekette von Lysozym jeweils geringfügig; 2000 Varianten dieses Proteins wurden erzeugt. Man war gespannt, wie viele dieser Varianten noch in der Lage waren, Bakterien abzutöten – es waren sage und schreibe 1600, also 80 %, aller künstlich veränderten Proteinvarianten. Wagner nennt diese, wenn sie im Organismus vorkommen und auf gleiche Weise gleich funktionieren, „Nachbarn". Nachbar-Proteine kommen demnach häufig vor. „Je mehr solcher Nachbarn mit dem gleichen Phänotyp es gibt, desto robuster ist das Lebewesen" (Wagner 2015). Robustheit gibt es vor allem im Stoffwechsel, einem komplexen, biochemischen System. Dort existieren sogar alternative biochemische Stoffwechselwege, sollte ein Gen oder Protein ganz ausfallen. Der Stoffwechsel sucht sich sozusagen eine Umleitung, um die gleiche Arbeit zu verrichten.

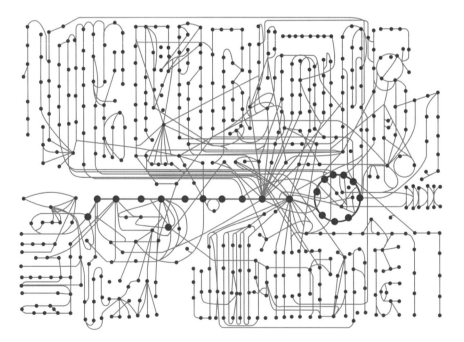

Abb. 3.6 Robustheit. Eukaryotisches metabolisches Netzwerk. Punkte zeigen Stoffwechsel-Zwischenprodukte (Metaboliten) an, Linien die Umwandlungen durch Enzyme. Viele Metaboliten können auf mehreren Wegen hergestellt werden, daher ist der Organismus gegenüber dem Verlust einiger Stoffwechselenzyme robust

Eine solche Robustheit hält den Organismus am Leben, so Wagner. Wichtig dabei: Die natürliche Selektion sorgt für den Erhalt dieser Vielfältigkeit und erhält somit die Robustheit. Wagner stellt die Robustheit als eine gewisse Unordnung dar, eine Unordnung, in der vieles funktioniert. Wäre alles nur auf einem einzigen Weg möglich, wäre der Organismus also „programmiert" wie ein Computerprogramm, die Anfälligkeit auf Fehler wäre enorm.

Warum aber reicht Robustheit, der konservative Teil, in der Evolution, allein nicht aus? Hier kommt Wagner zum progressiven, explorativen Teil der Innovation. Der Zusammenhang der beiden wird gleich klarer: Erfindet der Mensch etwas Neues und funktioniert das nicht, kann er das Missglückte liegen lassen und etwas Anderes anpacken. Die Natur kann sich diesen Luxus nicht leisten. Sie muss bewahren, was funktioniert. Sie braucht beides, das Alte und Neue. Organismen brauchen den stabilen Erhalt ihrer Funktionen, sonst sterben sie. Gleichzeitig müssen sie auf neue Situationen vorbereitet sein und mit ihnen fertig werden. Ich will das Beispiel Apollo 13 heranziehen. Bei diesem Flug trat bekanntlich ein lebensbedrohlicher Brand auf. Ein Abbruch der Mission und eine Umkehr waren ausgeschlossen. Die Besatzung musste also auf dem Flug eine Möglichkeit finden, mit der Brandkatastrophe und dem sehr knappen Sauerstoffvorrat fertig zu werden. Und zwar *on the fly*, im wahrsten Sinn des Wortes: Die Besatzung meisterte das Problem mit den an Bord vorhandenen Mitteln bravourös.

In ähnlicher Situation ist die lebende Natur. Jederzeit kann ein Organismus einer neuen Lage gegenüberstehen, für die neue Eigenschaften ausprobiert werden müssen. Dabei greift er auf die neutralen genetischen Mutationen zurück, die Motoo Kimura ausfindig gemacht hat (Abschn. 2.3). Diese lange Zeit für unnütz gehaltenen Mutationen, werden damit zur Basis für spätere evolutionäre Neuerungen (Wagner 2008). Nehmen wir an, die Umweltbedingungen haben sich für eine Art geändert, und eine Anpassung wird in der Folge unbedingt erforderlich. Wie soll das funktionieren, wenn der Organismus offenbar auf Robustheit ausgelegt ist? Jetzt kommen die neutralen Mutationen ins Spiel; sie sind der Boden für das Neue. Was unter den alten Bedingungen neutral war, kann unter den veränderten Bedingungen schnell zu neuen und vielleicht manchmal vorteilhaften Phänotypen beitragen. Nachbar-Proteine sind schon vorhanden und können eingesetzt werden. Die Selektion sorgt dafür, dass neutrale Mutationen erhalten bleiben, denn sie dienen als Vorsorge für Neues. Wo sie fehlen, wo Robustheit fehlt, entsteht nichts Neues (Wagner 2005, 2011, 2015).

Hinzu kommt, dass mit nur minimalen genetischen Mutationen neben den funktionsgleichen Nachbarn auch unterschiedliche Protein-Nachbarn erzeugt werden können, wenn Innovationen und Anpassungen gefordert sind. Lange Proteinketten müssen oft nur in einer einzigen Aminosäure abweichen, um eine neue Funktion aufzuweisen und eine andere Aufgabe wahrzunehmen. Analoges gilt für Metabolismen und unterschiedliche Genregulationen. Als Beispiel nennt Wagner ein Pestizid Pentachlorophenol. Dieses Pestizid ist ein vom Mensch hergestelltes biochemisches Produkt. Auf bewundernswerte Art kann das Bakterium *Sphingobium chlorophenolicum* das Pestizid mit eigenen Enzymen in ein Molekül umwandeln, das es dann für seinen Metabolismus verwendet. Eine beeindruckende Innovationsfähigkeit. Einen hochgiftigen Stoff in Nahrung umzuwandeln ist etwa dasselbe, wie aus einer Waffe eine Tafel Schokolade herzustellen, meint Wagner dazu. Andere Bakterien ernähren sich gerade von den Antibiotika, die man in Umlauf brachte, um sie damit zu vernichten. All diese Fähigkeiten sind keine Seltenheit (Wagner 2015).

Wagner will damit sagen, dass Innovationen oft leicht zu realisieren sind. Es gibt einen Hyperraum großer Netzwerke von Genotypen mit denselben Phänotypen. In diesen Hyperraum können Populationen von Organismen explorieren, und in diesem Hyperraum stehen astronomische Zahlen möglicher Lösungen zur Verfügung. Viele liegen viel näher als gedacht. Dass jedoch Entwicklungsconstraints bei der Entwicklung der Körperstrukturen eine beliebige Eroberung dieses Morphospace „blockieren" und die Variationstendenz in der Entwicklung, die wir gleich kennen lernen werden (Abschn. 3.4), bei ausreichender Zeit signifikante Einschränkungen des „Alles ist möglich" mit sich bringt (Minelli 2015; Newman 2018), erwähnt Wagner nicht.

Auf der Grundlage jahrzehntelanger Laborarbeiten mit seinen Teams und diesen Mechanismen schlug Wagner im Jahr 2011 eine Innovationstheorie vor, in der die Fähigkeit lebender Systeme, Innovationen zu schaffen, eine Folge ihrer Robustheit ist. Die Innovationsfähigkeit in der Natur ergibt sich, wie wir gesehen haben, aus der Auseinandersetzung der Organismen mit sich ständig ändernden Umgebungen (Wagner 2011).

Ich darf zusammenfassen: Andreas Wagner liefert Wertvolles auf der Erklärungsebene von Genregulationsnetzwerken und Proteinfaltungen. Mit seinem modernen Verständnis für den notwendigen Zusammenhang von Robustheit und Innovation erinnert er stark an Waddington. Allerdings werden der Bezug zu Umweltstörfaktoren und der Weg zu genetischer Assimilation bei Waddington viel deutlicher hergestellt. Der von Wagner thematisierte Zusammenhang wird heute in der Wissenschaft nicht mehr bestritten. „Robustheit und Plastizität sind komplementär und vernetzt und müssen gemeinsam betrachtet werden. Sie sollten nicht länger als Gegensätze gesehen werden" (Bateson und Gluckman 2012).

Höhere biologische Organisationsebenen oberhalb der Proteine braucht Wagner nicht, und er tastet sie wie Carroll nicht an. Das *Arrival of the Fittest* bei Evo-Devo ist in den Augen anderer jedoch noch viel mehr als das *Arrival of the Fittest* bei Wagner.

3.4 Systemisch-interdisziplinäre Sicht – Eine Forschungsdisziplin bekommt Ordnung

Es ist eine Tatsache, dass die praktische Evo-Devo-Forschung heute von entwicklungsgenetischen Themen rund um Genregulation und Gennetzwerke dominiert ist. Dadurch vermag das verzerrte Bild entstehen, die „Evo-Devo-Musik" spiele allein auf diesem Gebiet, doch das könnte eine vorschnelle Schlussfolgerung sein. Es hält jedenfalls eine zweite Gruppe von Evo-Devo-Wissenschaftlern nicht davon ab, weitreichendere Ziele ins Auge zu fassen. Sie verfolgen einen systemischen, stärker interdisziplinären Ansatz und streben ein größeres Evo-Devo-Bild an. Männer und Frauen wie Mary Jane West-Eberhard (2003), Denis Noble (2006), Marc Kirschner (Kirschner und Gerhart 2007), Armin Moczek et al. (2019) oder Gerd B. Müller (2007) betrachten den gesamten Entwicklungsapparat als System, das auf den genetischen und epigenetischen Organisationsebenen (DNA Proteine, Zellen, Zellkommunikation, Zellaggregate, Organismus, Umwelt) auf komplexe Weise interagiert. Aus der Sicht dieser Gruppe ist das gesamte System der embryonalen Entwicklung selbst ein evoliertes System und steht in einem komplexen, systemischen Zusammenhang mit der Umwelt. Die Überzeugungen der Vertreter dieser Gruppe stehen für eine neue Perspektive.

Hier geht es nicht allein darum, neben Genen und Genregulierung höhere Organisationsebenen im Organismus zu berücksichtigen, um damit die Formbildung und -änderung zu erklären. Es geht darum, neue Prinzipien ins Spiel zu bringen – Prinzipien der Musterbildung, der Selbstorganisation, der Variationstendenz *(Bias)* in der Entwicklung usw. Diese Prinzipien lassen Voraussagen über evolutionäre Variationen zu. Aber ich will nicht zu schnell voranpreschen, sondern zunächst das Forschungsprogramm Evo-Devo in dieser Gruppe beschreiben. Dieses Forschungsprogramm geht weit über das Wissen von Genregulation hinaus. Kap. 4 stellt einige Beispiele vor, und in Kap. 6 geht es dann ausführlich um die Erweiterte Synthese, die auf den hier beschriebenen Konzepten aufbaut.

Das Forschungsgebiet Evo-Devo wird nach Müller (2008) in drei Themenblöcke (Abb. 3.7) eingeteilt, von denen manche der Einzelfragen erst am Beginn wissenschaftlicher Bearbeitung stehen.

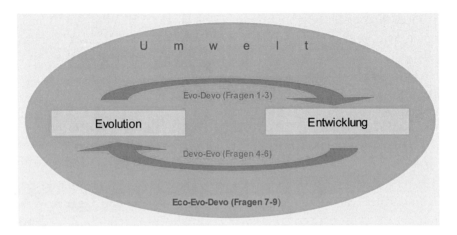

Abb. 3.7　Fragen an der Schnittstelle zwischen Evolution und Entwicklung. Evo-Devo fragt nach Wirkungsmechanismen der Evolution auf die Entwicklung (1–3), der Entwicklung auf die Evolution („Devo-Evo", 4–6) und nach Interaktion zwischen Entwicklung, Evolution und Umwelt („Eco-Evo-Devo", 7–9). Mit dieser Betrachtung wird die Evolutionstheorie methodologisch erweitert und komplex

Der erste Block enthält drei Evo-Devo-Fragen (1–3), die sich von der Evolution auf die Entwicklung richten:

1. Der erste Themenkreis beschäftigt sich damit, wie die Entwicklung der rezenten Arten in der Evolution entstehen konnte. Die Entwicklung selbst ist ein über Hunderte Millionen Jahre evolviertes System. Der in seinem Zusammenspiel mit der Außenwelt noch lange nicht verstandene Prozess, den wir heute in höher entwickelten Arten in der Embryonalphase sehen und analysieren, war nicht immer in diesem routinierten, fein justierten Wechselspiel vorhanden. Es muss dafür einen langen, bis heute andauernden Evolutionsprozess gegeben haben. Ausgehend von ersten vielzelligen Tieren (Metazoa) sind die selektive Fixierung und die genetische Routinierung erst viel später in jenen robusten Formen der Entwicklung und in den zuverlässigen mendelschen Vererbungsformen aufgegangen, die wir heute existierenden Organismen sehen.
2. Unter der *Evolution des Entwicklungsrepertoires* versteht man zum einen die genetischen Werkzeuge. Wie wir ja inzwischen wissen, spricht Sean B. Carroll (2008b) vom genetischen Werkzeugkasten (genetic toolkit). Man fragt und erforscht also, wie dieser entstehen und evolvieren konnte oder wie zum Beispiel genetische Redundanz, neue Genfunktionen oder Modularität auf Genomebene entstehen konnten. Zum andern gehört

zur Evolution des Entwicklungsrepertoires aber auch eine komplexe Vielfalt epigenetischer Prozesse. Diese Prozesse der Entwicklungsinteraktionen waren vor Hunderten Millionen Jahren einfacher. Heute umfassen sie ausgefeilte, eingespielte Mechanismen, die zum Beispiel Zellwechselwirkungen genau regulieren. Das Entwicklungsrepertoire selbst entstand durch Millionen Jahre der Evolution.

3. Wie wirkt Evolution auf spezielle Entwicklungsprozesse ein? Hier gibt es z. B. die schon genannte Heterochronie, die zeitliche Verschiebung von Entwicklungsprozessen, aber auch die Veränderungen in der Entwicklungskontrolle. Evolutionäre Modifizierungen in der Segmentierung und regionalen Differenzierung größerer Körperbausektionen werden zum Beispiel begleitet von Verschiebungen in Domänen der Hox-Gen-Expressionen (Müller 2007).

Der zweite Block der Devo-Evo-Fragen (4–6) betrifft das Einwirken der Entwicklung auf die Evolution, also die umgekehrte Fragerichtung im Vergleich zum ersten Block. Diese Fragen sind das spezifisch Neue in Evo-Devo. Sie machen die kausalen Wechselwirkungen zwischen Entwicklung und Evolution erst sichtbar und stellen die herrschende Evolutionstheorie vor einige Herausforderungen (Abb. 3.7). Dazu zählen:

4. Wie beeinflusst Entwicklung phänotypische Variation? In Evo-Devo spricht man oft von den schon erwähnten Entwicklungsconstraints. Sie führen dazu, dass vielfach keine große evolutionäre Variationen auftreten können. Solche Constraints sind also Hürden im Entwicklungsverlauf. Sie können physikalischer, morphologischer und phylogenetischer Natur sein, und Sie bewirken Robustheit (Kanalisierung) oder Stabilität.

5. Was trägt Entwicklung zu phänotypischer Innovation bei? Hier geht es um evolutionäre Neubildungen, etwa das Innenskelett der Wirbeltiere, die Milchdrüse der Säugetiere, die Vogelfeder, den Insektenflügel, oder den Schildkrötenpanzer. Die natürliche Selektion kann nichts Neues erzeugen, sie kann nur auslesen. Das, was ausgelesen wird, die anatomische Lösung von Problemen, wird vom Entwicklungssystem beigetragen. Mit anderen Worten: Wenn die Selektion allein gesehen keine organischen Formen bilden kann, muss es einen anderen Weg geben, wie organismische Innovation entsteht. Die Antwort kann nur in der Entwicklung liegen. Zu dem spannenden Thema Innovationen gleich im Anschluss mehr.

6. Wie wirkt Entwicklung auf die Organisation des Phänotyps? Die Frage nach der Organisation der Körperbaupläne in der Entwicklung ist nicht auf die Entstehung oder Variation einzelner Körpermerkmale gerichtet, wie die Synthese annahm, sondern darauf, wie der Organismus als *integriertes System* hergestellt werden kann. Morphologische Strukturen und

Organsysteme variieren und evolvieren als integrierte Einheiten, wobei viele Änderungen koordiniert erfolgen, sodass komplexe Variation möglich ist, ohne dass der Organismus funktionsunfähig wird. Als schönes Beispiel können hier wieder überzählige Finger (Polydaktylie) dienen. Ein neuer Finger erscheint nicht ohne Blutgefäße oder Muskeln. Er ist physiologisch voll intakt. Die Entwicklung stellt diese morphologische Gesamtleistung sicher.

Schließlich der dritte Block, nämlich der Eco-Evo-Devo-Fragenkreis (7–9), der die kausalen Beziehungen von Entwicklung und Evolution mit der Umwelt betrifft. Diese Art zu fragen wurde ebenfalls neu von Evo-Devo eingebracht, da die Synthetische Evolutionstheorie solche Wirkungsmechanismen nicht behandeln kann (Abb. 3.7).

7. Wie interagiert die Umwelt mit Entwicklungsprozessen?
8. Wie beeinflussen Umweltänderungen die phänotypische Evolution?
9. Wie wirkt die evolutionäre Entwicklung auf die Umwelt?

Ein zentrales Thema zu den zuletzt genannten Fragen 8 und 9 ist die phänotypische Plastizität. Plastizität bedeutet, dass ein Genotyp oder, sagen wir besser: die Entwicklung, unter verschiedenen Umweltbedingungen unterschiedliche, unter Umständen stark abweichende Phänotypen erzeugen kann. Ich werde später Beispiele dazu nennen und in die nicht einfache Thematik einführen (Abschn. 3.8).

Konstruktive Entwicklung und Inhärenz

Zum Ende dieses Abschnitts möchte ich noch zwei Themen etwas genauer beleuchten, die einen zunehmend wichtigen Beitrag zu Evo-Devo leisten, wenn es darum geht, wie Evo-Devo in die Theorie der Erweiterten Synthese einfließt. Die Rede ist von konstruktiver Entwicklung und von Inhärenz. Konstruktive Entwicklung ist für Müller ein Haupttreiber für die Evolution komplexer phänotypischer Organisation. Er fasst es in einer neueren Schrift noch einmal so zusammen (Müller 2020a): „Phänotypische Konstruktion ist nicht das Auslesen eines genetischen Programms, sondern das Resultat kontinuierlicher und systemischer Feedback-Interaktionen zwischen dem Verhalten von Zellen, Genaktivitäten und Gewebeeigenschaften, die konstruktive Plattformen bereitstellen, auf denen organismische Körper gebildet werden." Umwelteinflüsse sind dabei nicht zu vergessen. Sie interagieren mit der Entwicklung in anhaltend kausal-reziproken Wechselwirkungen (Müller 2020a) (Kap. 6 und 9). Szenarien, zu denen diese Sichtweise passt, werden wir in den nächsten Abschnitten wiederholt sehen. Von erleichterter Variation wird da etwa gesprochen (Abschn. 3.5), oder davon, dass die Entwicklung auf Umwelteinflüsse vorbereitet ist, wenn sie den Phänotyp variiert (Abschn. 3.5, 3.8 und 3.9); es wird beschrieben, dass Gene dem Phänotyp folgen (Abschn. 3.8) und weniger der umgekehrte Weg, und immer wieder davon, dass der Phänotyp nicht durch das Auslesen von genetischer Information zustande kommt und auf diesem Weg nicht erklärt werden kann (Abschn. 3.4–3.9). Alle Forscher und Forscherinnen, die hierzu beitragen, liefern auf ihre spezifische Art wichtige Bausteine zur Ausbildung der Erweiterten Synthese. Die Bezeichnung konstruktive Entwicklung fasst diese teilweise unterschiedlichen, aber dennoch gemeinsamen Sichtweisen am besten zusammen und hält fest, dass der sich entwickelnde Organismus einen kausalen, aktiven Beitrag zu seiner eigenen Evolution leistet.

Damit kommen wir zum zweiten Begriff, der Inhärenz. Inhärenz drückt aus, welche Tendenzen oder Neigungen Prozessen in Entwicklungssystemen innewohnen. Wir sprechen auch mit einem anderen Begriff, der von mir schon zuvor öfter verwendet wird, nämlich von intrinsischen oder emergenten Mechanismen der Entwicklung. Dabei geht es um die Frage, welche Entwicklungseigenschaften ursächlich dafür sind, dass bestimmte phänotypische Ausprägungen öfter auftreten als andere. Im Englischen spricht man vom schon genannten *Bias,* was in diesem Buch mit Variationstendenz übersetzt ist, da der Begriff *Bias* im Deutschen als „Gerichtetheit" eher teleologisch missverständlich ist. Wir werden konkrete Beispiele für Variationstendenz kennenlernen, zum Beispiel bei der Anzahl zusätzlicher oder wegfallender Finger oder Zehen (Abschn. 4.8). „Inhärenz definiert die Breite der Formen, die durch konstruktive Entwicklung erzeugt werden können, während Evolvierbarkeit die Entwicklungskapazität für das Fine-Tuning in anschließenden Variations- und Selektionszyklen betrifft" (Müller 2020a). Inhärenz erlaubt demnach Voraussagen über von der Entwicklung präferierte evolutionäre Möglichkeiten zu machen (Kap. 6). Die Synthese konnte eine solche Sicht nicht leisten.

Im Gespräch mit Gerd B. Müller

Herr Professor Müller, *Sie haben als junger Mann Medizin studiert. Warum tauchte da ein ausgebildeter Mediziner mit damals besten Karrierechancen noch einmal in eine neue Welt ein und macht eine zweite Dissertation in Zoologie?*
Während meines Medizinstudiums begannen mich die Ursachen für das Zustandekommen der biologischen Strukturen und Prozesse, die wir erlernen sollten, mehr zu interessieren als die Therapie ihrer Störungen. Ich war zunächst fasziniert von den Möglichkeiten der experimentellen Embryologie und habe mich

dann zunehmend mit evolutionstheoretischen Fragestellungen befasst und mich dabei immer weiter von der angewandten Medizin entfernt. Schließlich wurde daraus ein Parallelstudium in Zoologie. Ich denke aber auch heute noch, dass eine fundierte Kenntnis von Biologie und Evolution auch eine Grundvoraussetzung für das Verständnis pathologischer Phänomene in der Humanmedizin darstellt.

An der Universität Wien ist der Nobelpreisträger Konrad Lorenz zu Ihrer frühen Zeit ein- und ausgegangen. Ich glaube, er las im selben Hörsaal wie Sie. Sie wurden bei Rupert Riedl promoviert. Ihre unabdingbare Pflichtlektüre war damals Zufall und Notwendigkeit, ein Buch eines anderen Nobelpreisträgers, des Franzosen Jacques Monod. Wie haben Sie diese Zeit, die so stark im Zeichen der Synthetischen Theorie stand, im Rückblick erlebt?
Lorenz kehrte im Jahr der Nobelpreisverleihung, 1973, dauerhaft nach Österreich zurück und hielt auf Einladung von Rupert Riedl Gastvorlesungen an der Universität Wien über seinen evolutionstheoretischen Ansatz in der Verhaltensforschung. Diese Vorlesungen mündeten schließlich in ein langjährig abgehaltenes Seminar an seinem Familiensitz in Altenberg. Der Besuch dieser Vorlesungen und Seminare legte für mich den Grundstein für meine spätere Beschäftigung mit Evolution. Zu Beginn seiner ersten Vorlesung empfahl Lorenz drei Bücher, die er mit Nachdruck im Hörsaal hochhielt: *Die Logik der Forschung* von Karl Popper, *Zufall und Notwendigkeit* von Jacques Monod und – erstaunlicherweise – Nicolai Hartmanns Teleologisches Denken. Ich war verblüfft. In meinem Medizinstudium waren niemals andere als fachspezifische Lehrbücher erwähnt worden, und schon gar nicht philosophische Texte. Nach der Vorlesung erstand ich die drei Bücher in der Universitätsbuchhandlung um die Ecke, und es wurde mir zum ersten Mal klar, wie eng Naturwissenschaft und Philosophie miteinander verbunden sind. Im Altenberger Kreis waren alle Diskussionen von dieser wechselseitigen Beziehung geprägt.

   Riedl war die treibende Kraft hinter diesen Veranstaltungen. Seine Vorlesungen brachten mich endgültig in die Biologie, die ich schließlich bei ihm mit einer Dissertation über entwicklungsbiologische Evolutionsexperimente abschloss. Riedl war ein evolutionstheoretischer Rebell, der sich umgeben sah von dogmatischen Vertretern der Synthetischen Theorie, also jener evolutionstheoretischen Position, die allen evolutionären Wandel ausschließlich auf populationsgenetische Mechanismen im Rahmen des darwinistischen Grundmodells zurückführen wollte. Riedl setzte dem seine systemische Theorie entgegen, die auf reziproken Wechselwirkungen zwischen unterschiedlichen kausalen Ebenen beruhte und sich vor allem auf die morphologische Evolution bezog, die von der Standardtheorie großteils beiseitegelassen wurde. Obwohl Riedl aufgrund seiner eigenwilligen Begriffsbildung oft wenig Gehör fand, war für uns Studenten aus dieser Auseinandersetzung unterschiedlicher intellektueller Positionen enorm viel zu lernen. Aus heutiger Sicht lässt sich sagen, dass Riedl in vielen Punkten recht behalten hat.

Sie haben das Entstehen des Evo-Devo-Forschungsprogramms von den Anfängen der 1980er-Jahre an miterlebt und die Entwicklung mitgestalten können. Die Embryonalentwicklung meldete ihren Anspruch an: Sie hatte und hat

etwas zur Evolution zu sagen. Was hat Sie persönlich so fasziniert an der evolutionären Entwicklungsbiologie?
Überlegungen zur Rolle der Embryonalentwicklung in der Veränderung der Arten haben eine lange Geschichte, die bis in vorevolutionäre Zeiten zurückreicht. In der populationsgenetisch geprägten Synthetischen Theorie hatten aber die Prinzipien der Individualentwicklung keinerlei Niederschlag gefunden. Mich persönlich hat die Einsicht, dass phänotypische Evolution nur über eine Veränderung der Entwicklungsmechanismen geschehen kann, fundamental dazu motiviert, in die Grundlagenforschung zu gehen und zur Aufklärung dieses Zusammenhangs beizutragen. Die zur gleichen Zeit entstehenden Methoden der experimentellen und molekularen Entwicklungsbiologie sowie neuer, dreidimensionaler, computergestützter Bildgebungsverfahren machte es auch erstmals möglich, Fragestellungen der evolutionären Entwicklungsbiologie empirisch und quantitativ zu bearbeiten. Das große Potenzial dieses neuen evolutionsbiologischen Zugangs war zu Beginn der 1980er-Jahre klar zu erkennen. Hier war ein neuer Aufbruch möglich, eine Chance dafür, ein ganz neues Forschungsgebiet neu zu entwickeln und zu gestalten.

Was hat Ihnen Anstoß zu der Überzeugung gegeben, dass Evo-Devo nicht nur eine weitere empirische Forschungsdisziplin ist, sondern darüber hinaus „Munition" enthält für eine grundlegende Erweiterung der Evolutionstheorie?
Ich würde das etwas anders sehen: Die Limitierungen der Standard-Theorie waren bekannt und vielseits diskutiert, und Evo-Devo war ganz offensichtlich eines jener Fachgebiete, aus denen eine theoretische Erneuerung hervorgehen konnte. Es war daher notwendig, entsprechende Fragestellungen, methodische Zugänge und experimentelle Verfahren zu entwickeln, die den Einfluss entwicklungsbiologischer Bedingungen auf den Evolutionsvorgang demonstrieren konnten. Dies ist dann vielfach gelungen und hat die Daten für jene Konzepte geliefert, die in ihrer Zusammenführung mit den Ergebnissen aus anderen Gebieten der Evolutionsbiologie den Anstoß für eine neue theoretische Synthese gegeben haben. Es ist wichtig, hier festzuhalten, dass viele der ausschlaggebenden Evo-Devo-Konzepte bereits vor der molekulargenetischen Wende in der Entwicklungsbiologie formuliert wurden und nicht aufgrund dieser, wie heute oft behauptet wird.

Sie haben alle großen Evolutionstheoretiker in der Nachkriegszeit kennengelernt. Welches war Ihre eindrucksvollste und nachhaltigste Begegnung?
Tatsächlich war es eine wunderbare Erfahrung, Ernst Mayr, John Maynard-Smith, Richard Lewontin, Edward Wilson, Stephen Gould und viele andere Theoretiker persönlich kennen zu lernen. Aus dieser Generation hatten sicher Lorenz und Riedl die für mich nachhaltigste Wirkung. Interessanterweise waren es aber eher Alterskollegen, die nicht den Umweg über die Medizin genommen hatten und daher schon vor mir aktiv in der entwicklungs- und evolutionsbiologischen Forschung tätig waren, für mich noch mehr bestimmend, wie Pere Alberch, Günter Wagner, Eörs Szathmáry, Eva Jablonka, Stuart Newman und einige weitere. Newman war eine entscheidende Begegnung, weil er eine grundlegend andere Sicht auf zell- und entwicklungsbiologische Prozesse in den evolutionstheoretischen Diskurs einbrachte. Aus unserem Zusammentreffen re-

sultierten viele gemeinsame Artikel, Symposien, Bücher und eine bis heute andauernde Freundschaft.

Seit Sie 2003 an die Universität Wien berufen wurden und dort 2005 das Department für Theoretische Biologie begründeten, haben Sie Ihre Anstrengungen für eine Erweiterte Synthese der Evolutionstheorie forciert. 2008 organisierten Sie das bedeutende Altenberg-16-Symposium mit 16 weltweit führenden Evolutionsbiologen und -theoretikern unterschiedlicher Disziplinen. Ich durfte diese spannende Wegstrecke ja ein Stück mitbegleiten. Erzählen Sie mir: Wie verlief dieses initiale Meeting zu einem Theorieausbau, und was war das Ergebnis dieses wichtigen Treffens, das sicher nicht von homogenem Gedankengut geprägt war?
2007 begegnete ich Massimo Pigliucci, einem Evolutionstheoretiker der damals an der Stony Brook University lehrte, bei einer Tagung in Exeter, und wir entdeckten, dass wir beide einen Artikel im Druck hatten, in dessen Titel der Begriff „extended synthesis" im Sinne einer „neuen evolutionstheoretischen Synthese" vorkam. Diese Koinzidenz schien uns symptomatisch für die damalige Situation in der Evolutionstheorie, und wir beschlossen, dies zum Anlass zu nehmen, um in größerer Runde über innovative evolutionstheoretische Konzepte und ihre Bedeutung für die Gesamttheorie nachzudenken. Ich konnte am Konrad Lorenz Institut für Evolutions- und Kognitionsforschung in Altenberg bei Wien einen Workshop zu dem von Pigliucci und mir geplanten Thema einrichten, mit dem Ziel, im Darwin-Jahr 2009 mit einem Buch zum aktuellen Stand der Evolutionstheorie herauszukommen. Dieses Ziel haben wir knapp verfehlt; das Buch erschien erst 2010. Aber es hat viel bewirkt, indem es eine erste größere Versammlung von Konzepten wie Variationstendenz *(Bias)* in der Entwicklung, epigenetische Vererbung, Nischenkonstruktion etc. zusammengebracht und in einen gemeinsamen theoretischen Rahmen gestellt hatte. Natürlich waren nicht alle Teilnehmer völlig gleicher Meinung, und manche beteiligten sich später sogar an Gegenartikeln zur EES, aber das Buch signalisierte nach außen einen neuen Aufbruch, der im Großen und Ganzen sehr positiv aufgenommen wurde.

Ist die Extended Evolutionary Synthesis (EES) eine Erweiterung der Standardtheorie oder ist sie ein Umbau?
Der Begriff „extended" wird oft missverstanden, besonders in seiner deutschen Übersetzung. In der EES verwenden wir „extended" im Sinne von „breit", „umfassend" oder „ausgedehnt" aber nicht im Sinne von Zusätzen zu einer bestimmten Version der bestehenden Theorie, wie z. B. der sogenannten Modern Synthesis. Es geht uns um eine umfassende Synthese der bekannten evolutionären Faktoren und theoretischen Konzepte in der Evolutionsbiologie, die eben heute aus wesentlich mehr Komponenten besteht als noch vor einem halben Jahrhundert. Selbstverständlich sind hier auch große Teile der Standardtheorie mit inkludiert, wie zum Beispiel die Regeln der Populationsgenetik, aber durch die Einbeziehung neuer Komponenten wie Evo-Devo oder Nischenkonstruktion entsteht auch eine neue Theoriestruktur, die auf einer anderen Logik beruht und zu anderen Prognosen und Erklärungen führt als die klassische Theorie. Manche Elemente der Standardtheorie werden auch nicht übernommen oder

erhalten eine andere Funktion, wie z. B. die natürliche Selektion, und deshalb kann die EES auch nicht als bloße periphere Erweiterung der Standardtheorie interpretiert werden.

Manche Ihrer Kollegen sehen die Anstrengungen der EES-Vertreter als einen „Papiertiger". Was sagen Sie zu dem Vorwurf, die Überlegungen der EES seien im Grunde bereits in der Synthese implizit enthalten?
Die Vertreter einer Orthodoxie werden immer darauf beharren, dass ein bestehendes Erklärungssystem auch schon alle nicht explizit berücksichtigten Phänomene umfasst. Im gegenständlichen Fall wird meist argumentiert, dass manche der neuen Komponenten der EES schon früher in Erwägung gezogen oder da und dort angewandt wurden. Aber diese Komponenten sind eben niemals zuvor in einen konkreten theoretischen Gesamtzusammenhang gestellt worden. Das Neue an der EES besteht ja nicht darin, dass vorher all ihre Elemente unbekannt waren, sondern in der Synthese dieser Konzepte zu einer neuen Theoriestruktur. Die mancherorts herrschende Aufregung darüber ist unbegründet. Wissenschaftliche Theorien werden immer verändert, manchmal in kleinen Schritten und manchmal in etwas radikaleren Paradigmenwechseln. Eines Tages wird EES oder eine anders bezeichnete erweiterte Theorie die Standardtheorie sein, die dann ihrerseits wieder umgearbeitet werden wird.

Noch eine Frage, die offen geblieben ist, seit wir uns kennen: Die Synthetische Evolutions-theorie ist eine Theorie über Populationen. Dieser Ansatz hat ihren Erfolg begründet. Evo-Devo will gleichfalls evolutionäre Erkenntnisse liefern, basiert aber im theoretischen Ansatz auf Ereignissen in Individuen. Wie passt das zusammen?
Auch Populationen bestehen aus Individuen. Evolutionäre Veränderungen auf der Ebene von Populationen werden durch Veränderungen in den Individuen bewirkt. Wir müssen daher die Gesetzmäßigkeiten in der Konstruktion und Funktion von Individuen verstehen, um die Veränderungen in Populationen erklären zu können. Diese Regeln bestimmen, was überhaupt „machbar" ist in der evolutionären Veränderung der Arten. Genau darin liegt der wesentliche Beitrag von Evo-Devo.

Was sind die größten Hürden, die überwunden werden müssen, damit die EES die gewünschte breite Akzeptanz erfährt? Wie lange dauert ein solcher Prozess?
Die größten Hürden sind dogmatische Beharrungen. Diese beruhen aber nicht nur auf lieb gewonnenen theoretischen Überzeugungen in den Köpfen mancher Protagonisten der klassischen Theorie, sondern vor allem auch auf den Prioritäten des gegenwärtigen Wissenschaftsbetriebs. Es geht um Deutungshoheit, Macht, Einfluss, Positionen, Forschungsgelder etc. Wenn neu auftretende Strömungen beginnen, Ressourcen zu binden, entstehen verständlicherweise Widerstände gegen den Rückgang traditionell erfolgreicher Bereiche. Ich habe allerdings gar nicht den Eindruck, dass die Akzeptanz von EES so gering ist. Besonders unter den jüngeren Kolleginnen und Kollegen erhalten wir überwiegend positive Reaktionen, und weite Teile des evolutionstheoretischen Diskurses befassen sich sehr seriös mit den Argumenten von EES. Das Problem der Beharrung – falls es denn eines ist – wird sich von selbst lösen.

Vor acht Jahren fragte ich Sie schon einmal, ob die praktische Wissenschaft zu methodischem Umdenken bereit ist. Wie stellt sich der Forschungsbetrieb heute darauf ein, dass Modelle aus der Komplexitätstheorie gefordert sind, dass interdisziplinär, vernetzt und in Systemen gedacht werden muss? Fließen diese Anstrengungen in Ihrem Fach, also in der Evolutionstheorie, heute verstärkt in Forschung und Publikationen ein?

Oft hören wir aus der angewandten Forschung: Egal welche Theorien da existieren mögen, wir machen weiter. Solche Haltungen existieren selbst in der Evolutionsbiologie und werden zunehmend von den Trends zur Quantifizierung und Digitalisierung aller Forschungsbereiche unterstützt. Mancherorts ist der Eindruck entstanden, dass theoriefreie Forschung auch wertfrei sei und damit objektiver. Später könne man ja noch immer zusehen, ob die Daten irgendeine Beziehung zu den Theorien hätten, im Sinne von „data without theory meets theory without data" wie der Wissenschaftsphilosoph Werner Callebaut einmal sagte. Ich denke, dies ist eine grundlegende Verkennung der Rolle von Theorie in den Naturwissenschaften, denn es sind die Theorien, die bestimmen was wir finden können, ob uns das bewusst ist oder nicht.

Leider sind aber selbst die großen, öffentlichen Universitäten, deren Rolle es wäre, Bildung, Wissen, kritisches Denken sowie Interpretationen unserer Welt (und damit Theorien) zu vermitteln, völlig in den Sog der Datenproduktion geraten und haben sich – zumindest auf den biologischen Gebieten – einem weitgehend ökonomisierten Modell von Wissenschaft ergeben. Es soll dort geforscht werden, wo große Geldmittel lukriert werden können, die ihrerseits den Universitäten Renommee und weitere ökonomische Vorteile bringen. Theoretisch orientierte Richtungen, die nicht dieser Logik folgen, werden an den Universitäten zunehmend in den Hintergrund gedrängt. Aus diesem Grund entstehen andere, unabhängige Institutionen die eigentlich jene ursprünglichen Funktionen der Universitäten übernehmen, wie etwa das Santa Fe Institute in den USA oder das Konrad Lorenz Institut in Klosterneuburg bei Wien, in dem ich auch aktiv bin. Solche Einrichtungen haben die Möglichkeit, interdisziplinär und vernetzt zu denken und an komplexen Themen zu arbeiten. Sie befördern den Diskurs über Theorieentwicklung und philosophische Fragen der Naturwissenschaften und erhalten die freie Wissenschaft.

Herr Professor Müller, ich danke Ihnen für das Gespräch!

3.5   Erleichterte Variation – die Perspektive der Zellen

Marc Wallace Kirschner an der Harvard Medical School ist ein Zell- und Systembiologe. Er hat zusammen mit John C. Gerhart von der University of California in Berkeley die *Theorie der erleichterten Variation* entwickelt

(Kirschner und Gerhart 2007/2005). Das ist eine Systemtheorie, die die Argumentation in der evolutionären Entwicklung vom allein genetischen auf mehrere Fundamente stellt. Die Autoren Kirschner und Gerhart gehören damit zur Evo-Devo-Gruppe systemisch denkender Wissenschaftler. Die Theorie wurde in dem von den Autoren gemeinsam verfassten Buch *Die Lösung von Darwins Dilemma – Wie Evolution komplexes Leben schafft* vorgestellt. Die folgenden Ausführungen beziehen sich auf dieses Buch.

Ein kurzer Rückblick: Die Synthetische Theorie argumentiert auf der Ebene des Genoms. Sie argumentiert mit vom Organismus abstrahierten Genhäufigkeiten und untersucht mathematisch-statistisch das Vorkommen von als zufällig angenommenen Mutationen dieser Gene auf der Populationsebene der Arten (Abschn. 2.1). Das ist formal eine streng reduktionistische Methode. Reduktionistisch deswegen, weil allein die Genfrequenzbetrachtung zusammen mit natürlicher Selektion zur Erklärung von Evolution dient. Kirschner und Gerhart wollen das überwinden. Zu diesem Zweck soll man sich die Evolutionstheorie besser aus drei gleichberechtigten Säulen oder Teiltheorien bestehend vorstellen:

- eine Theorie der phänotypischen Variation
- eine Theorie der Vererbung
- eine Theorie der Selektion

Sehen wir genauer hin, wie die Autoren diese drei Teiltheorien miteinander verbinden. Die Theorien der Vererbung und der Selektion sind laut Kirschner und Gerhart traditionell ausführlich beschrieben. Im Fokus steht bei ihnen daher der erste Teil, die Theorie der phänotypischen Variation. Sie ist neu und hat bis hierher gefehlt. Sie verbindet die vorhandene Lehre der Vererbung und der natürlichen Selektion mit dem Phänotyp. Unterschiedliche Prozesse wirken in Zellen, um phänotypische Variation zu realisieren. Der Blickwinkel „Zelle" ist ebenfalls neu. Ich werde diese Prozesse daher einzeln näher beleuchten. Im nächsten Kapitel wird die Theorie dann am Beispiel unterschiedlicher Schnabelgrößen und -formen von Darwinfinken verdeutlicht (Abschn. 4.1). Auch die Mehrfachfunktionen des *HSP90*-Proteins passen in dieses Bild (Abschn. 3.8).

Das Zellgeschehen lässt sich betrachten als

- Konservierte Kernprozesse in den Zellen
- Explorative Prozesse in den Zellen
- Schwache regulatorische Kopplungen zwischen Zellen
- Kompartimentbildung, die Bildung von Modulen oder Blöcken aus Zellen

Beginnen wir mit dem, was in den Zellen über lange Zeiträume erhalten bleibt. Kirschner und Gerhart nennen das die konservierten Kernprozesse. Manche der uns bereits bekannten Begriffe, vor allem die Hox-Gene, tauchen hier wieder auf.

Hunderte Millionen Jahre konserviert

Der Mensch teilt 15 % seiner Gene mit dem *E. coli*-Bakterium, 30 % mit der Fruchtfliege und 70 % mit dem Frosch, so Kirschner. In Zellen rezenter Arten existieren Prozesse, die unverändert geblieben sind, seit es diese Zellen gibt. Das heißt nicht, dass alle chemischen Prozesse in rezenten Zellen so sind, wie sie anfangs waren; es gibt jedoch ein paar hundert fundamentale Prozesse, Kernprozesse, die so elementar sind, dass ihre Veränderung das „Aus" für die Zelle bedeuten würde. Mit Kernprozessen sind die in unterschiedlichen Zellen bekannten, vielfach identischen, biochemischen Vorgänge gemeint. Wir haben es mit einem größeren, aber begrenzten Satz von zellulären Kernverhalten zu tun. Der Begriff „Kernprozesse" „bezieht sich nicht zwingend nur auf den Zellkern und dort auf die DNA, sondern sollte darüber hinaus als „Hauptprozesse" verstanden werden, die wie bei Kirschner und Gerhart zum Beispiel auch immer Signalwege zwischen Zellen sein können.

Dieser begrenzte Satz konservierter Kernprozesse kann sich aber in der Art, wie die Einzelprozesse (nennen wir sie vorausgreifend „Legosteine") zusammenspielen, sehr wohl verändern. Die Einzelprozesse ändern sich dabei jedoch nicht. Zellprozesse können also neu kombiniert oder in neuem Ausmaß eingesetzt werden. Nur sehr selten taucht dagegen wirklich Neues in Form neuer Prozesse auf. Eher sehen wir, wie gesagt, neuartige Kombinationen der etablierten Kernprozesse; diese lassen die Evolution neuer Phänotypen zu. Diese flexible Kombinationsmöglichkeit von Zellprozessen nennen Kirschner und Gerhart „adaptives Zellverhalten" (Abb. 3.8).

Die Autoren nennen Beispiele für konservierte Kernprozesse in den Zellen. Zu ihnen gehören etwa das Zytoskelett der Zelle, also ihre innere Bauanordnung, Stoffwechselreaktionen (Abschn. 3.3, Abschn. „Das *Arrival of the Fittest*") und die Signaltransduktion, das sind die zahlreichen Signalübermittlungsketten innerhalb der Zellen, aber auch die Mechanismen der Genexprimierung. Dass die Zelle einerseits über hochkonservierte Prozesse verfügt, andererseits aber gleichzeitig adaptiv ist, wird erst durch drei Voraussetzungen ermöglicht, denen allesamt stabile Kernprozesse zugrunde liegen:

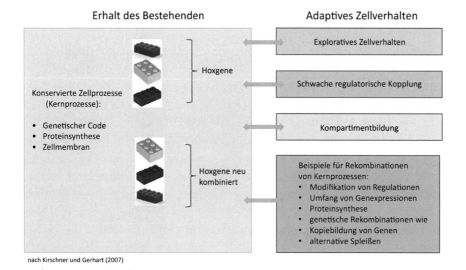

nach Kirschner und Gerhart (2007)

Abb. 3.8 Erleichterte Variation. Die Evolution braucht beides: Sicherung des Bestehenden und Variabilität. Kirschner und Gerhart unterscheiden daher zwei Typen von Zellprozessen, solche, die den Status quo erhalten (li.) und solche, die Veränderung zulassen (re.). Organismen sind über lange Zeitspannen so evolviert, dass beide Seiten bei einer Art in einem gewissen Gleichgewicht zwischen Erhalt und Veränderung stehen

- Proteinsynthese durch den identischen genetischen Code für alle Lebewesen.
- identische, durchlässige Funktion der Zellmembran bei allen Zellen aller Lebewesen. Dadurch können Zellen untereinander und mit der Umwelt kommunizieren und kooperieren.
- identische Funktion der Hox-Gene, also der Genfamilie, die für wichtige Bauplan-Aspekte zuständig ist. Embryonen werden aus Kompartimenten (Unterplänen) gebaut, bei Wirbeltieren etwa für Kopf, Wirbelsäule und Schwanz.

Die stringente Konservierung dieser Kernprozesse bedeutet hohe Constraints, also Barrieren für ungewollte Änderung. Die Kernprozesse werden auch mit Legosteinen verglichen. Deren exakte Abmessungen sind ihre Constraints. Sie passen ausschließlich mit anderen Legosteinen zusammen. „Constraint deconstrains variation", auf deutsch etwa: „Die Einschränkung (der Entwicklung) hebt die Einschränkung für Variation auf", heißt es bei Kirschner. Legosteine können gerade mit ihrer baulichen Restriktion – und das ist ihr entscheidender Vorteil – mit anderen Legosteinen vielfältig kombiniert werden.

Die Konservierung der Mastergene zum Schutz vor unvorteilhafter Mutation muss also unter anderem gewährleistet sein, um den kontinuierlichen Fluss des Lebens zu erhalten. Das wird in der Evolution für extrem lange Zeitstrecken nachgewiesen. Wenn wir heute bei *Drosophila* dieselben Gene finden wie beim Menschen, etwa das uns schon bekannte *Sonic Hedgehog*, müssen diese schon vor der Abspaltung unserer Vorgänger von denen dieser Fliege existiert haben. Wir haben an früherer Stelle mit dem Hitzeschock-Protein *HSP90* sogar einen aktiven Schutz vor unvorteilhafter Mutation kennengelernt. Solange kein Stress auftritt, kann es unvorteilhafte Mutationen puffern und damit Stabilität aufrechterhalten. Gleichzeitig kann es Variation zulassen, wenn Erwärmung hinzukommt (Abschn. 3.10). Die konservierten Zellprozesse sind aus Sicht der Autoren primär durch die natürliche Selektion erhalten geblieben. Unvorteilhafte Änderungen der Kernprozesse der Zellen würden konsequent durch die Selektion beseitigt, da sie die Zelle nicht überleben lassen. Deshalb heißen sie „Kernprozesse".

Und dennoch ist Veränderung möglich

Welchen Beitrag kann diese konservierte Zelllandschaft aber nun zu Variationen leisten? Wenn Kirschner und Gerhart von Rekombination der Kernprozesse von Zellen sprechen, meinen sie vornehmlich Modifikation von Regulationen, etwa bezüglich Zeit und Ort, Umständen oder Umfang von Genexpressionen, RNA-Verfügbarkeit oder Proteinsynthese. Beteiligt an derartigen Rekombinationen der Kernprozesse sind aber auch genetische Rekombinationen wie die Kopiebildung von Genen und Gensegmenten. Eine wichtige Rolle spielt das sogenannte alternative Spleißen. Der Begriff drückt aus, dass die Transkription eines Gens, also der Umschreibung der genetischen Information in RNA (genauer: Messenger-RNA oder mRNA) und im nächsten Schritt die Übersetzung der RNA in ein dreidimensionales Protein, der Translation, nicht notwendigerweise zu einem identischen Protein führt, wie man es erwarten würde. Der Proteinaufbau kann vielmehr variieren. Ein Gen mit den codierenden Abschnitten a, b und c, könnte dann als a-b-c abgelesen werden, aber auch c-b-a, b-a-c oder noch anders. Alternatives Spleißen vergrößert so die Zahl der verfügbaren Bauteile (man denke an Legobausteine), um aus existierenden codierenden Genen neu zusammengesetzte Proteine zu schaffen. Man nimmt an, dass 95 % der menschlichen Gene mit mehreren Exons alternativ gespleißt werden (Pan et al. 2008). Aus einem

Gen, auch aus einem menschlichen, können so schon mal 500 verschiedene mRNA-Alternativen transkribiert werden.

Aber es gibt noch andere Gründe, warum ein Mensch mit seinen ca. 23.000 Genen, die sich nur zu ein oder zwei Prozent vom Genom des Schimpansen unterscheiden, doch so vollkommen anders sein kann als jener. Der Grund liegt in der von Kirschner und Gerhart genannten Regulationsvielfalt oder Kombinationsvielfalt der Kernprozesse der Zellen: Gene werden an verschiedenen Stellen, zu verschiedenen Zeiten, unter verschiedenen Umständen und in unzähligen verschiedenen Kombinationen abgelesen. In der Entwicklung kann es leicht zu Änderungen dieser Expressionen kommen, und die Auswirkungen auf den Phänotyp können signifikant sein, siehe Schimpanse und Mensch. Die stabilen Kernprozesse lassen nun einige Ausprägungsformen oder Eigenheiten zu, die wesentlich sind, um genau diese erleichterte phänotypische Variation zu ermöglichen, um die es uns hier geht. Das sind erstens exploratives Verhalten von Zellen, zweitens ihre schwachen regulatorischen Kopplungen und drittens die Kompartimentbildung beim Embryo. Ich gehe auf diese drei Eigenheiten von veränderlichen Zellreaktionen im Folgenden noch genauer ein, um zu verdeutlichen, wie erleichterte Variation ermöglicht wird. Nachdem zuerst über die Konservierung von Zellprozessen gesprochen wurde, geht es in den folgenden drei Abschnitten nun um die Veränderung, also um die Frage, was erleichtert wird bzw. womit die Erleichterung der Variation ermöglich wird.

Exploratives Verhalten – Zellen auf Erkundungstour

Hinter jeder phänotypischen Veränderung, zum Beispiel beim Skelett, stehen weitere notwendige Änderungen, die geordnet, manchmal simultan ablaufen müssen, um das System zu erhalten. So sind etwa bei der Evolution der Wirbeltierextremität neben einem Knochenumbau auch flexible Anpassungen der Sehnen und Muskeln, der Nerven und der Blutgefäße notwendig. Kirschner und Gerhart sprechen hier von explorativem oder Erkundungsverhalten, wenn Zellen je nach ihrer zellulären Umgebung alternative Reaktionen zeigen. Die Zellen besitzen ein breites Reaktionsspektrum. Sieht man sich etwa das fein verästelte Blutgefäßsystem an, leuchtet schnell ein, dass keine deterministische Vorgabe in der DNA existiert, um jede einzelne Zelle im Körper mit ausreichend Sauerstoff oder Nahrung zu versorgen, schon gar nicht mit unterschiedlich viel davon. Denn unterschiedliche Zellgewebe brauchen zum Beispiel mal mehr, mal weniger Sauerstoff. Das wird mit explorativen Verhalten geregelt. Der Vorteil: Bei unserem Kapillarsystem mit einer Gesamtlänge von 100.000 km können lokale Bedürfnisse aller Zellen im Körper, die versorgt werden müssen, lokal unterschiedlich bedient werden. Kapillare können sich jederzeit ausbilden, denn Zellen reagieren entsprechend auf Sauerstoffmangel. Ein System mit im Detail geregelter genetischer Vorgabe müsste dagegen unendlich komplex sein.

Der Leser mag die Hypothese kennen, dass die Papillarleistenverläufe auf der Unterseite der Finger nicht genetisch bestimmt sind, also das, was den Fingerabdruck wiedergibt. Haben Sie sich schon einmal gefragt, wie sie dann wohl gebildet werden? Vielleicht vermuten Sie, in diesem Fall sei eine epigenetische Beteiligung am Werk, und man könnte es durchaus so bezeichnen. Ebenso gute, aber leider kaum erwähnte Beispiele sind die Blutkapillaren (Abb. 3.9) oder unser Neuronen- und Nervennetz, die noch viel differenzierter sind. Ihre Verläufe sind alle nicht-genetisch feindeterminiert, ebenso wenig wie die Details im schönen Fellmuster meiner Maine-Coon-Katze. Wenn Sie schon früher einmal die Vorstellung vom genetischen Bauplan oder genetischen Programm angezweifelt haben, dürfen Sie sich hier darin bestärkt sehen. In dem Sinn, wie der Begriff des genetischen Bauplans vor Jahrzehnten verwendet wurde, existiert er in Form der DNA gar nicht. Das Genom braucht das permanente Feedback der Zellen. Jeder kleinste Entwicklungsschritt im Embryo wird bestimmt durch Interaktionen des Genoms mit Zellen und von Zellen mit ihrer Umgebung.

Der explorative Prozess ist auf diese Weise in der Lage, eine unbegrenzte Zahl von Ergebniszuständen (zum Beispiel unendlich viele Papillarleistenmuster) zu generieren. Diese Eigenschaft der Zellen, nämlich die verzweigten Strukturen zu bilden, beruht auf vererbbarer Veränderung der Regulation. Die Plastizität der möglichen Ausbildung der Strukturen (Blutgefäße, Nerven etc.) ist also das, worauf es ankommt, um einen komplexen Organismus herzustellen, und es ist das, was die Zellen seit Milliarden Jahren mitbringen.

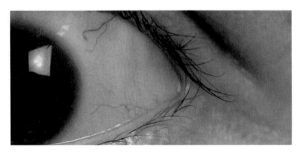

Abb. 3.9 Exploratives Verhalten. Die Verläufe kleiner Blutgefäße (Kapillare) sind nicht im Detail genetisch festgelegt. Sie folgen explorativem Verhalten

Die Autoren machen es an einem anderen Beispiel nochmals klar. Die Evolution der Wirbeltierextremität bildet sehr unterschiedliche Formen und Größen aus, vom Fledermausflügel bis zum Elefantenfuß und vielen weiteren Formen zum Schwimmen, Greifen, Klettern etc. Stets müssen bei den Umbauten die Zellen bestimmt werden, die zu Knochen werden oder zu Sehnen, Muskeln, Nerven, Blutgefäßen. Es ist geradezu unvorstellbar, dass zufällige Mutationen und einzeln darauf abgestimmte Selektionsrunden das bewerkstelligen können. Es muss einen effektiveren Weg geben, ohne die minutiöse selektive Prüfung. Hier greift das Prinzip des explorativen Zellverhaltens. Die unterstützenden Zellfunktionen werden überall, wo sie gebraucht werden, zur Verfügung gestellt, selbst bei großen Skelettänderungen. Wir kennen den Fall der Polydaktylie, überzählige Finger und/oder Zehen bei Wirbeltieren, unter anderem auch beim Menschen. Hier entsteht eine neue Einheit, ein Finger oder Zeh, in einer einzigen Generation. Wo er entsteht, war zuvor nichts, keine einzige Zelle. Wenn der Finger jedoch entwickelt ist und das Baby auf die Welt kommt, besitzt er alle Zelltypen und Gewebeformen, die physiologisch notwendig sind. Kein langwieriger Mutations-Selektionsprozess. Die morphologische Anpassung der Komponenten geschieht also spontan. Ein Instrument dafür ist das überlieferte Vorbereitetsein der Zellen auf das, was da kommt und das explorative Verhalten der Zellen. Der neue Finger funktioniert in jeder Hinsicht.

Auch bei Wachstum und Ausbildung der Gehirnzellen muss man sich Erkundungsprozesse vorstellen. Axone mit ihren langen Nervenfasern suchen und finden sich per biochemischem Erkundungsverhalten. Bei YouTube findet man ein Video, das zeigt, wie sich Axone durch den extrazellulären Raum aufeinander zubewegen, sich schließlich finden und neue Synapsen bilden (s. Internetempfehlungen). Derlei geschieht jeden Tag bei ihnen. Wenn Sie dieses Kapitel aufmerksam lesen, dann noch einmal lesen und morgen noch etwas davon im Gedächtnis vorhalten, dann haben Sie einen solchen Prozess erlebt. Die Verdrahtung und damit die Physik in Ihrem Gehirn hat sich verändert.

Strukturen im Organismus werden mit explorativen Prozessen also variabel ausgebildet. Genetische Determinierung analog zu einem Programm mit genauem Maßstab ist unnötig. Dieses „Programm" wäre ineffizient, da es noch viel komplexer wäre. Es bräuchte daher viel zu lang für Anpassungen. Das ist es, was Kirschner und Gerhart als „Darwins Dilemma" bezeichnen. Wolfgang Wieser, der 2017 verstorbene Wiener Zoologe, schrieb bereits 1998 ohne jeden Zweifel: „Das Genom liefert nicht den Bauplan für ein Lebewesen, sondern nur eine Karte mit mittlerem Maßstab" (Wieser 1998). Aber selbst das wäre ja noch eine Art Bauplan. Das Genom ist aber aus Sicht von Systemdenkern gar kein Bauplan. Wir nähern uns dieser radikalen Idee gleich noch mehr (Abschn. 3.7).

Schwache regulatorische Kopplungen – Zellen im lockeren Gespräch

Weitere Zellmechanismen werden benötigt, um die Variation des Phänotyps in Gang zu setzen. Wie können Zellen miteinander kommunizieren, damit Kernprozesse für die Evolution neu kombiniert werden können? Welcher Art müssen die Zellsignalstoffe sein, damit Neukombinationen erfolgversprechender Kernprozesse eintreten können?

Hier kommt die von Kirschner und Gerhart sogenannte „schwache regulatorische Kopplung" ins Spiel. Schwach meint, dass das biochemische Spezifikum eines Zellsignals eine nur schwache Beziehung zum spezifischen Output auf der anderen Seite hat. Der Empfänger kann dieselbe Zelle oder aber eine andere Zelle sein. Was genau in der Zielzelle geschieht, ist durch deren eigene Regulation festgelegt und eben nicht schon im gesendeten Signalstoff. Erst am Ziel ist die Antwort maximal vorbereitet und abrufbereit. Doch Vorsicht: Der Ausdruck „schwach" impliziert auch das Nichtvorhandensein von „stark", also „keine starken Kopplungen". Kirschner und Gerhart meinen mit „schwach" aber, dass die Arten von Verbindungen evolutionär leicht für unterschiedliche Funktionen geändert werden können.

Nehmen wir die Steckdosen in der Wohnung. Das System ist in hohem Maß adaptiert. Alle Steckdosen sind baugleich, und der Strom ist derselbe. Der Strom (die Information), die aus der Steckdose in Ihren Laptop fließt, muss nicht wissen, wie dieses Endgerät funktioniert. Sie können ein Stromkabel auch an Ihren Geschirrspüler stecken. Es ist derselbe Strom, der fließt, und er bringt all Ihre Geräte zum Laufen. Das wäre also im Sinne der erleichterten Variation eine schwache Information für einen vorbereiten Prozess am Ende des Informationsflusses. Die Information „230 V Wechselstrom" ist sogar für Geräte geeignet, die noch gar nicht erfunden sind!

Schwach sind die regulativen Kopplungen also deswegen, weil hier eine indirekte, anspruchslose, informationsarme Art von regulatorischer Verbindung vorliegt, die sich leicht wieder lösen oder für andere Zwecke umfunktionieren lässt. Für evolutionäre Änderungen ist somit nicht erforderlich, dass ein hoch integrativer komplexer Prozess verändert wird, sondern eben nur die Intensität oder der Wirkort dieser einfachen Signale.

Nun ein Beispiel aus der Biologie: Reagiert zum Beispiel der Organismus auf die Einnahme von Zucker mit erhöhter Insulinsekretion, dann liegt hier eine schwache, indirekte Kopplung vor. Zwischen Zucker und Insulin bestehen sogar vielfältige schwache Kopplungen. Die unterschiedlichen Reaktionen des Organismus können nicht von den Molekülen des Zuckers und des Insulins direkt geleistet werden. Schon das Registrieren des Blutzuckerspiegels selbst besteht aus mehrstufigen, schwachen Kopplungen, ebenso bei einem Diabetiker das Auslösen von Zittern oder Schweißausbruch bei zu geringem Blutzuckerspiegel oder gar die im Extremfall als letzter Überlebensanker auftretende Ausschüttung von Glucagon, einem Gegenspieler des Insulins. Glucagon kann den Blutzucker rasch wieder stabilisieren, wenn trotz der genannten körperlichen Signale keine Zuckerzufuhr von außen kommt. Das sind nur einige von unzähligen Selbststeuerungsmechanismen unseres Organismus, in diesem Fall eines Stoffwechselprozesses, der auf einer komplizierten Kette schwacher Kopplungen basiert. Erst die stabilen Kernprozesse in den Zellen ermöglichen es, dass sich solche losen Kopplungen gebildet haben.

Man hat das anschaulich auch so formuliert: Zellen und Gene stehen nicht zueinander in einem Ursache-Wirkungs-Verhältnis wie Gaspedal und Automotor. Die Zellen interpretieren die DNA in einer Art „Konsens-Verfahren", aber sie gehorchen ihr nicht. Zellen und einzelne Gewebebereiche sind autonom. Sie verhalten sich als Ganzes, das Reize interpretiert, nicht aber wie eine Maschine, die von DNA-Befehlen einseitig abhängig ist. Evolution wird in einem solchen Bild dadurch möglich, dass die Zelle den Genen nicht gehorcht, sondern sie frei interpretiert. Auf diese Weise braucht es keinen minutiösen „Plan" für alle Details eines Körpermerkmals.

Die Tendenz zum Zusammenschluss biologischer Einheiten und zum Aufbau arbeitsteiliger, kooperativer Systeme lässt sich entlang sämtlicher Linien der Evolution beobachten. Dabei steht Kooperation im Gegensatz zu egoistischem Verhalten, wie es die Synthese voraussetzt. Auch darauf machte Wolfgang Wieser bereits 1998 aufmerksam.

Kompartimentbildung – die modulare Lösung

Während der Entwicklung kommt es zur Ausbildung spezifischer Zellen für spezifische Gewebetypen (Haut, Muskeln, Nerven etc.). Anfangs sind diese spezialisierten Zellen nicht vorhanden. Wie kommt es aber dazu, dass sich Zellregionen entsprechend spezialisieren? Kirschner und Gerhart sprechen von Kompartimenten. Mit Kompartiment meinen sie eine Region des Embryos, in der in einer bestimmten Phase der Entwicklung ein oder wenige bestimmte Gene der Zellen exprimiert und bestimmte Signalproteine produziert werden. Aber auch auf zellulärer Ebene ist ein Kompartiment mit spezifischen intra- und interzellulären Prozessen definierbar. Die Fähigkeit, unterschiedlich konservierte Kernprozesse an unterschiedlichen Orten im Organismus zu aktivieren und diese Reaktionsräume eigentlich erst zu schaffen, nennen sie Kompartimentierung. Welche Kompartimente kennen wir?

Ein Insektenembryo etwa bildet in der mittleren Phase der Entwicklung ca. 200 Kompartimente aus. Die Wissenschaft ist in der Lage, Kompartimentkarten mit den räumlichen Anordnungen der Kompartimente eines Tieres ermitteln, quasi das Gerüst für Anordnung und Bau komplexer anatomischer Strukturen. Jeder Tierstamm hat seine typische Karte. Die Karte ist in hohem Maß evolutionär konserviert, und zwar viel stärker als die detaillierte Anatomie und Physiologie, die in einem Kompartiment entsteht bzw. auf ihr aufbaut.

Die Neuralleistenregion am Rand des Zentralnervensystems ist ein gutes Beispiel für ein konkretes Kompartiment. Die Neuralleistenzellen wandern im Verlauf der Entwicklung durch den ganzen Körper und vermehren bzw. differenzieren sich unterschiedlich. So entstehen aus ursprünglich undifferenzierten, gleichartigen Zellen Knochen, Knorpel, Nervengewebe oder auch Teile des Herzens. Was genau geschieht, das hängt von Zellsignalen und anderen Faktoren ab. Wie spektakulär vielfältig die Differenzierungsoptionen tatsächlich sind, sieht man daran, dass aus der Neuralleistenregion bei Tieren so gänzlich unterschiedliche Kopfauswüchse wie Geweihe, Hörner oder Rüssel entstehen konnten. Aber auch die Vergrößerung des menschlichen Schädels im Rahmen der Gehirnvergrößerung führen Kirschner und Gerhart als Beispiel für flexible, aber regional bestimmte Zelldifferenzierung an.

Eine Theorie mit neuem Informationsgehalt

Zusammengefasst argumentieren Kirschner und Gerhart, dass die Entstehung komplexer phänotypischer Veränderung durch vorhandene, Millionen Jahre konservierte Prozesse in den Zellen erleichtert wird. Dadurch wird das Maß an genetischer Veränderung verringert, die erforderlich ist, phänotypisch Neues zu erzeugen. Es kommt zum Wiedergebrauch eben dieser Kernprozesse in immer neuen Kombinationen. Aber es kann auch sein, dass Proteine dort erzeugt werden, wo sie zuvor nicht erzeugt wurden, mit Genen, die zuvor in anderen Domänen aktiv waren. Die stabilen Kernprozesse schränken einerseits das Maß an Variation stark ein, öffnen andererseits aber den benötigten Raum für die Variation des Phänotyps. Die erleichterte

Variation ist adaptiv entstanden, das heißt, die natürliche Selektion hat sie gefördert (Abb. 3.8).

Mit anderen Worten bedeutet erleichterte Variation: Phänotypische Variation muss in der Entwicklung aus der Konstruktion des Organismus selbst möglich sein. Auf die von Darwin und der Synthese vorgeschlagene Weise funktioniert Evolution nicht effektiv. Darwin und die neodarwinistische Theorie behaupten, jeder Aspekt eines Organismus unterliege möglicher Mutation. Diese Sicht muss dahingehend korrigiert werden, dass sich auf der Erde im Evolutionsverlauf einiges verändert, anderes hingegen nicht. Veränderungen traten in Schüben auf und wurden konserviert (Stasis, Abschn. 2.3). Die Fixierung von Basisprozessen wird an die Nachkommen weitergegeben. Ihre Kombination ist jedoch variabel. Stabilisierung und Diversifizierung gehen Hand in Hand.

Auch Carroll spricht von Konservierung der Hox-Gene, und Wagner betont das Zusammenspiel beim Erhalt des Bestehenden mit möglicher Innovation. Erst Kirschner und Gerhart jedoch übertragen die Zusammenhänge auf die Zelle, auf Signale gebende und Signale empfangende Zellgruppen, und damit auf die Interaktion und Kooperation von Zellen. Damit lassen sie die Zelle in ihrer spezifischen Umwelt agieren und reagieren. Zellverbände sind der Phänotyp. Wir werden in Abschn. 4.8 eine Computersimulation kennen lernen, die auf Interaktionen von Zellen basiert. Am konkreten Fall der evolutionären Extremitätenentwicklung können wir so nachvollziehen, welche phänotypischen Muster mit Zell-Zell-Reaktionen herbeigeführt werden können.

Die Theorie der erleichterten Variation erweiterte die Aussagen der Modern Synthesis. Evolution ist kein überall im Organismus gleich häufig ablaufender Mutations-Selektionsprozess. Vor allem aber ist die neue Theorie weiter, reicher und offener. Eine Theorie kann an ihrem Informationsgehalt oder Erklärungswert gemessen werden, daran, was sie über etwas in der Welt aussagt. Die Theorie der erleichterten Variation enthält neuen Informationen über das, was in Zellen geschieht oder nicht geschieht (stabilisiert ist), und über das interaktive Zusammenwirken der verschiedenen Organisationsebenen des Organismus.

Die vorgestellte Theorie macht deutlich, dass die Entstehung phänotypischer Variation weniger auf sehr langwierige graduelle, darwinistische Trial-and-Error-Prozesse angewiesen ist, die womöglich viel zu viel Evolutionszeit in Anspruch nehmen, um wirklich wirksam zu sein. Kirschner und Gerhart zeigen uns vielmehr, dass die Organismen selbst eine Hauptrolle bei der Festlegung von Natur und Ausmaß der Variation spielen. Der Organismus ist auf Veränderung vorbereitet. Er verfügt über ein „antwortbereites

Reaktionssystem", mit dem es auf Mutationen mit weitgehend vorbereiteten Prozessen reagiert. Anders ausgedrückt, der Organismus besitzt intrinsische Eigenschaften, Variation zu erzeugen. Besser noch: Er besitzt die Fähigkeit, geordnete, in sich abgestimmte Variation zu erzeugen. Die Fähigkeit zur Adaptation ist auf diese Weise größer und flexibler als im konventionellen Mutations-Selektionsschema. „Variation wird vorwiegend deshalb erleichtert, weil so viel Neuheit in dem verfügbar ist, was Organismen bereits besitzen."

3.6   Vererbung ist viel mehr als Mendel und Gene: inklusive Vererbung

Eva Jablonka, eine emeritierte Genetik-Professorin (und eigentlich Epigenetikerin) in Tel Aviv, und ihre Londoner Kollegin Marion Lamb haben das Thema Vererbung eingehend erforscht. Sie scheuen sich auch nicht, Tabuthemen ins Visier zu nehmen. Zum ersten Mal in der Geschichte der Evolutionstheorie wird die epigenetische Vererbung gründlich und systematisch aus mehreren Perspektiven erklärt.

Der Angriffspunkt der beiden Forscherinnen ist die in der Synthetischen Theorie allgemein propagierte Aussage, Gene seien die wahren und einzigen Einheiten der Vererbung. Erworbene Eigenschaften, wie sie Lamarck beschrieb, können danach nicht vererbt werden. Wenn man sich in der Synthese in einer Sache einig war, dann in diesem Punkt. Die Autorinnen brechen jedoch diese enge Sicht auf. Sie plädieren für mehrere Routen, auf denen Information an die Folgegenerationen übermittelt werden kann. Alle diese Routen sind relevant für die Evolution. Neu im Blick sind die genetische Vererbung mit nicht-zufälliger Mutation und die epigenetischen Vererbungsformen (Abb. 3.10). Hinzu kommt kulturelle Vererbung in Form erlernter Verhaltensvererbung und beim Menschen in Form symbolischer Vererbung durch Zeichen, Schrift, Internet etc. Alle diese Formen haben eine hohe evolutionäre Relevanz. Sie werden heute unter dem Begriff „inklusive Vererbung" zusammengefasst (Danchin et al. 2011). Inklusive Vererbung ist in der Erweiterten Synthese in der Evolutionstheorie (EES) eines der vier zentralen Forschungsgebiete neben Evo-Devo, Entwicklungsplastizität und Nischenkonstruktion (Laland et al. 2015). Natürlich lässt sich Vererbung auch als Teilgebiet der evolutionären Entwicklung behandeln, so wie ich es in diesem Kapitel mache. Sehen wir uns die verschiedenen Vererbungsformen einmal im Einzelnen an (Jablonka und Lamb 2017).

Abb. 3.10 Epigenetische Vererbung. Das Studium epigenetischer Vererbungsformen erlebte in den letzten Jahrzehnten einen regelrechten Hype. Elterliche Fürsorge ist dabei ein spannendes Thema. Hierbei sind interagierende genetische und epigenetische Mechanismen im Spiel. Brutpflege beschränkt sich keineswegs auf Säugetiere. Bei den Elefanten übernehmen auch Verwandte die Fürsorge. Beim Erdbeerfröschchen *(Oophaga pumilio)* trägt der Vater seine Kaulquappen auf dem Rücken einzeln zu Wasserstellen. Die Mutter versorgt ein Junges mit einem unbefruchteten Ei, das sie in seine Wasserstelle legt und das ihm als Nahrung dient

Genetische Mutation ist nicht immer Zufall

Bereits in der Genetik gibt es Mehrdeutigkeiten. Einerseits können identische Gene zu verschiedenen Phänotypen führen, was wir als Plastizität kennen gelernt haben. Andererseits können aber auch unterschiedliche Genaktivitäten denselben robusten Phänotyp hervorbringen. Gene können in der Entwicklung des Embryos nicht betrachtet werden ohne Bezug auf ihre Umwelt. Tatsächlich besteht eine ständige Interaktion zwischen Genen, ihren Produkten, den Proteinen und ihrer Umwelt. Die Umwelt, das ist zunächst die Zelle selbst, außerdem sind es benachbarte Zellen, aber ebenso entferntere Zellgewebe, Organe sowie die äußere Welt. Wir erinnern uns an August Weismanns Barriere zwischen Soma und Keimbahn. Die Idee sollte keine Zukunft haben in der Form, wie er es sich vorstellte, dass nämlich Information, die einmal aus der Keimbahn hinaus gelangt ist, sprich: zu Somazellen wurde, wieder zurück in die Keimbahn gelangen kann. Interaktionen sind heute ein riesiges Forschungsthema. Die Idee ist durchaus nicht neu, aber sie ist nach wie vor nicht Teil des neodarwinistischen Kanons. Nach der Beschäftigung mit Waddington konnte man die Zusammenhänge auf Dauer immer weniger ignorieren.

Vor diesem erweiterten Interaktions-Hintergrund muss die „zufällige Variation" genauer beleuchtet werden. Eine historische Passage verdeutlicht besonders gut, wie sich die Positionen verändert haben. Ich gebe eine Stelle wieder, die der französische Nobelpreisträger Jacques Monod 1971 niederschrieb. Sein Buch *Zufall und Notwendigkeit* war lange Pflichtlektüre für Biologiestudenten: Es ist, schrieb er, eine Notwendigkeit, dass „einzig und allein der Zufall jeglicher Neuerung, jeglicher Schöpfung in der belebten Natur zugrunde liegt. Der reine Zufall, nichts als der Zufall, die absolute, blinde Freiheit als Grundlage des wunderbaren Gebäudes der Evolution – diese zentrale Erkenntnis der modernen Biologie ist heute nicht mehr nur eine unter anderen möglichen oder wenigstens denkbaren Hypothesen; sie ist die einzig vorstellbare, da sie allein sich mit den Beobachtungen und Erfahrungstatsachen deckt" (zit. n. Wieser 1998). Treffender kann die Lehre der Synthese nicht wiedergegeben werden.

Die Verwendung des Begriffs „Zufall" in der Evolutionstheorie ist mehrdeutig. Zunächst soll das obige Bild revidiert werden, Evolution sei das Ergebnis von Zufallsprozessen. Monod ist so zu verstehen, dass der Zufall in der Synthetischen Evolutionstheorie als ein integraler Bestandteil gilt. Aber das kann Verschiedenes bedeuten. Erstens kann gemeint sein, dass es sich bei Mutationen um Kopierfehler handelt, die bei der Vererbung entstehen und trotz aufwendiger, effektiver DNA-Reparaturverfahren nicht beseitigt werden können. Mutationen sind aber zweitens auch in dem Sinn zufällig, dass nicht vorhergesagt werden kann, welches Gen an welcher Stelle mutiert. Drittens ist mit zufälliger Mutation vor allem gemeint, dass eine Mutation ungerichtet ist im Hinblick auf ihre Vor- oder Nachteile für den Organismus. Erst im Selektionsprozess stellt sich nach der klassischen Lehre heraus, ob und wie eine Mutation in der Population die Fitness tangiert: positiv, negativ oder neutral.

Noch einmal anders erscheint eine vierte Aussage in der Synthese, genetische Veränderung sei zufällig im Hinblick auf ihre (physiologische) Funktion (Noble et al. 2014). Das wird heute nicht mehr so gesehen. Mittels unterschiedlicher Entwicklungsmechanismen, die wir kennengelernt haben und die auf unterschiedlichen Ebenen konstruktiv interagieren, kann zufällige Mutation sehr wohl Funktion erzeugen. Die Erweiterte Synthese (zu dieser mehr in Kap. 6) würde sogar so weit gehen zu sagen, dass die Entwicklung dazu beiträgt, dass positive Auswirkungen von Mutationen auf den Phänotyp tendenziell funktionell integriert werden. Damit rückt nicht nur die Genotyp-Phänotyp-Beziehung wieder stärker in den Mittelpunkt, sondern ganz besonders auch die Physiologie des Phänotyps (Noble et al. 2014).

Bei kritischer Betrachtung der Synthetischen Theorie sind es vor allem die beiden letzten Vorstellungen vom Zufall, die uns tangieren. Wir erfahren, dass genetische Mutation und phänotypische Variation auch eine Richtungstendenz haben können. Jablonka und Lamb betonen: „Wir können nicht länger Mutation ausschließlich als einen Zufallsfehler behandeln." Grundsätzlich sind Mutationen aber auch nicht immer direktional. Die Wahrheit liegt irgendwo in der Mitte, so die Autorinnen. Sie führen mehrere Fälle an, die ein besseres Gefühl für die komplizierte Sachlage vermitteln und neues Licht auf Mutationen werfen.

Bei Bakterien ist seit langem bekannt, dass sie unter Stress eine erhöhte Mutationsrate zeigen erhöhen. Dann treten viel mehr Mutationen auf als davor. Zwar kann jede einzelne als Zufallsprodukt gesehen werden. Die Gesamtantwort des Genoms jedoch ist ein tendenzieller, adaptiver Prozess. Die Nobelpreisträgerin Barbara McClintock beobachtete seit 1948 ein ähnliches Phänomen bei Pflanzen, primär beim Mais. Hier konnten zusammenhängende Abschnitte der DNA identifiziert werden, sogenannte „springende Gene", besser bezeichnet als transponierbare Elemente oder Transposons, die als jeweils zusammenhängendes Stück kopiert und in der DNA an einen anderen Ort versetzt werden. McClintock interpretierte das als adaptives Verhalten, eben weil das Verhalten eine sensitive genetische Antwort auf exogene Störfaktoren darstellt. Lange wurde die Wissenschaftlerin nicht ernst genommen, und das ist noch moderat ausgedrückt. Heute wird darüber diskutiert, ob die erhöhte Mutationsrate ein Nebeneffekt, ein sogenanntes Byproduct der Stresssituation ist, der die Organismen ausgesetzt sind. Dass es dabei zu einer geordneten Kopie zusammenhängender DNA-Abschnitte kommt, stimmt allerdings nachdenklich. Tatsache ist, dass ca. 44 % des menschlichen Genoms aus Transposons oder transponierbare Elementen besteht, von denen jedoch nur ein kleiner Teil heute aktiv ist. Aber eben dieser kleine Teil ist zum Beispiel für die genetische Diversität von menschlichen Populationen verantwortlich (Mills et al. 2007).

Der nächste Fall ist schon schwieriger zu kritisieren. Wir sprechen über lokale Hypermutation. Sie tritt in einer mit einiger Wahrscheinlichkeit vorteilhaften Situation an einer mit einiger Wahrscheinlichkeit vorteilhaften Stelle im Genom auf; man nennt diese Stellen im Genom deswegen *mutational hotspots*. Die Gene in diesen Regionen codieren für Proteine, die in wichtige und unterschiedliche zelluläre Funktionen involviert sind. Es sieht so aus, als seien bestimmte DNA-Bereiche geradezu auf Mutation selektiert worden. Beobachtet wurden solche auffälligen lokalen Hypermutationen bei krankheitserregenden Bakterien (Pathogenen), aber auch bei Giftschlangen und Giftschnecken.

Der dritte Fall behandelt induzierte lokale Mutationen. Induziert bezieht sich auf ihren Ursprung aus der Umwelt. Beobachtet werden diese Mutationen überraschenderweise genau dort, wo das Genom dazu beitragen kann, mit einer neuen Situation fertig zu werden. Solche Mutationen sind beispielsweise beim Bakterium *E. coli* bekannt.

Alle drei hier genannten Mutationsformen haben ein adaptives und damit nicht-zufälliges Potenzial. Damit ist gemeint, sie können in einem Selektions-Adaptationsprozess für ganze Populationen entstehen und fitnessfördernd sein. Hierzu gibt es fortlaufende neue Forschungen. Ähnlich der Folgerung bei Kirschner und Gerhart resümieren also auch Jablonka und Lamb, dass instruktive Prozesse zur Erzeugung von Variation existieren. Die Autorinnen fassen zusammen: „Es wäre wirklich sehr seltsam zu glauben, dass alles in der lebendigen Welt ein Produkt der Evolution sei mit Ausnahme einer Sache – dem Prozess der Erzeugung neuer Variation."

Ein früher Verfechter nicht-zufälliger genetischer Variation ist der Amerikaner James A. Shapiro. Shapiro ist der Entdecker transponierbarer Elemente bei Bakterien. Manches Vorgenannte in diesem Abschnitt geht auf seine Arbeit zurück. Wir werden das *natural genetic engineering*, das er ins Spiel bringt, in Abschn. 3.9 kennenlernen.

Epigenetische Vererbung – viel diskutiert in Literatur und Medien

Epigenetische Vererbung ist – viel mehr als Evo-Devo – immer wieder ein Hype-Thema in den Medien. Epigenetische Prozesse bestimmen darüber, welche Gene abgelesen werden können und welche nicht, wann das geschieht oder in welchem Umfang. Nicht-genetische Anhängsel an der DNA-Doppelhelix (DNA-Methylierung, Chromatin, s. Abb. 1.4) entscheiden vereinfacht gesagt darüber, ob Enzyme, die die Gene ablesen wollen, überhaupt an diese herankommen. Gene werden auf diese Weise „markiert"; man spricht von epigenetischen Markern und bei deren Veränderungen durch Einflüsse von außen von Epimutation.

Interessant wird das aus Evolutionssicht genau dann, wenn es um Vererbung geht. Der Name Lamarck erhebt sich plötzlich wie Phönix aus der Asche, und mit ihm das Thema der Vererbung erworbener Eigenschaften. So wurde von Ernährungsstudien in Schweden berichtet, bei denen man herausfand: Wenn Großväter während ihrer langsamen Wachstumsperiode vor der Pubertät hungern mussten, dann war die Wahrscheinlichkeit, dass die Enkel an Diabetes erkrankten, viermal niedriger als im Durchschnitt. Und umgekehrt: Enkel, deren Großväter in eben jenem Lebensabschnitt gut versorgt waren, starben signifikant häufiger an Schlaganfällen und anderen Gefäßleiden. Die unterschiedliche Ernährungslage wirkt sich auf die Eiweißstrukturen aus, in die die Erbsubstanz DNA eingebettet ist. Wir haben es mit Epimutation zu tun. Bekannt wurde dazu Emma Whitelaw, australische

Abb. 3.11 Agouti-Mäuse. Die Entdeckung 1999 war eine Sensation: Farbunterschiede und Schwanzformen von Mäusefellen können epigenetisch vererbt werden. Die DNA ändert sich dabei nicht

Molekularbiologin in Sidney. Sie züchtete epigenetisch Zwillingsmäuse mit unterschiedlichem Aussehen (Abb. 3.11). Im Jahr 1999 gelang es ihr bei Agouti-Mäusen, epigenetische Vererbung auf die nächste Generation nachzuweisen (Morgan et al. 1999). Und 2018 wurde berichtet, dass Auffälligkeiten frühkindlich traumatisierter Mäuse sogar noch bei deren Urenkeln nachweisbar sind (van Steenwyk et al. 2018).

Auch über Wissenschaftskreise hinaus aufsehenerregend war 2014 die Entdeckung, dass väterlicher Stress über nicht-codierende microRNAs, das sind kleine RNA-„Schnipsel", an die Nachkommen vererbt werden kann (Gapp et al. 2014). Anhaltender Stress verändert hierbei die microRNAs, die in den Nebenhoden gebildet werden. Allein ein einziges Spermium besteht aus Hunderten verschiedener Arten solcher microRNAs. Diese RNAs werden zusammen mit den Spermien transportiert und begleiten sie auf ihrem Weg in die Eizelle. Dort verändern sie die RNA im Zytoplasma der Eizelle. Deren Zellprozesse geraten durcheinander. Solches neu entstehendes Leben ist demnach epigenetisch geprägt, und zwar durch Einflüsse, die zeitlich vor seiner Zeugung liegen können. Dieser Mechanismus gilt als dafür verantwortlich, dass väterliche Traumata an die nachfolgende Generation und nicht nur auf diese epigenetisch übertragen werden können. Epigenetische Vererbung kann heißen: Kinder empfinden die Traumata ihrer Eltern oder Großeltern, ohne dass sie jemals selbst erleben, was ihre Vorfahren erlebt haben.

Es kann aber in anderen Zusammenhängen umgekehrt auch so sein, dass in der elterlichen Epigenetik für Stressresilienz, also Widerstandsfähigkeit, vorgesorgt ist, und sich diese in der nächsten und übernächsten Generation als geringere Stressanfälligkeit entpuppt. Oder sprechen wir über die epigenetische Vererbung positiver Erlebnisse: Früher lachte man vielleicht darüber, wenn eine Mutter während der Schwangerschaft ihrem Kind vorsang oder mit ihm sprach, und wenn sie dabei überzeugt war, etwas Gutes für ihr Kind zu tun. Aber inzwischen hat man die biologischen Beweise dafür gefunden, dass das Kind epigenetisch geprägt wird – im positiven Sinn.

Noch ein epigenetisches Vererbungsbeispiel aus der langen Liste unterschiedlicher Formen, wie auf den Umweltfaktor Stress reagiert wird (Ellis et al. 2017): Gestresste Rattenmütter im Labor lecken ihre Jungen weniger. Rabenmütter! So könnte man vorschnell urteilen. Aber falsch geurteilt. Die Jungen profitieren vom Liebesentzug: Die jungen Weibchen erlangen größere soziale Dominanz über solche, die mehr geleckt wurden, sind attraktiver für Männchen und haben größere Chancen, sich fortzupflanzen. Die Männchen wiederum engagieren sich stärker in jugendlichen Spielkämpfen, wenn sie weniger geleckt wurden. Als Erwachsene sind sie kampfbetonter. Aber es geht noch weiter: Weibchen, die weniger geleckt werden, lecken auch ihre eigenen Jungen weniger. Man sollte meinen, die natürliche Selektion sei vorausschauend. Wir sehen eine adaptive Stressresilienz.

Nun, das mag alles gut und richtig sein. Aber was hat das für eine evolutionäre Bewandtnis? Wir bleiben doch auch mit epigenetischer Vererbung noch Menschen derselben Art, oder etwa nicht? Diese Sicht wäre aber zu kurz gegriffen. Es sind eben die kleinen und dennoch bedeutenden innerartlichen Schritte und Veränderungen, die überhaupt nur empirisch untersucht werden können. Wir sprechen hier von innerartlicher Evolution. Dabei ist es schwer genug, beim Menschen zu wissenschaftlich überprüfbaren, stabilen Resultaten zu kommen, auf welche Weise sich ein Merkmal oder ein Verhalten über mehrere Generationen vererbt – bei uns ist der Abstand zwischen zwei Generationen viel zu lang. Kein Wissenschaftler kann sich jahrzehntelange Versuche leisten. Es sind folglich die im Fall hier klaren Hinweise auf epigenetische Vererbungsmechanismen, die uns motivieren, mögliche evolutionäre Änderungen zu erkennen und zu diskutieren.

Heute sind mehrere Mechanismen epigenetischer Vererbung bekannt. Sie haben Einfluss auf die evolutionäre Entwicklung. Es wird angenommen, dass epigenetische Vererbung unter bestimmten Bedingungen auch adaptiv sein kann, was für die Evolutionsbiologen natürlich besonders interessant ist. Dabei wird jedoch durchaus kritisch gesehen, wie viele Generationen die Vererbung überdauern kann. Nehmen wir zum Beispiel eine Studie, bei der die Auswirkungen von zwei in der Landwirtschaft verbreiteten Insektenbe-kämpfungsmitteln auf die Fruchtbarkeit von Ratten untersucht wurde. Die Chemikalien, die trächtigen Weibchen während der frühen Entwicklung ihrer Embryos gespritzt wurden, beeinträchtigten die Keimdrüsenentwicklung der Embryos. Die männlichen Nachkommen entwickelten in der Folge übergroße Hoden und weniger taugliche Spermien. Das Verblüffende aber war: Die männlichen Jungen gaben die Fehlentwicklung über ihre Keimbahn an die eigenen Nachkommen weiter. Dabei war die DNA nicht verändert, die Methylierung der DNA in den Spermien der Nachkommen aber sehr wohl. Die Veränderungen reichten bis in die vierte Generation (Skinner et al. 2010). Dieses Forschungsergebnis, das 2005 im *Science*-Magazin veröffentlicht wurde, schlug hohe Wellen.

Man könnte nun einwenden: Na also, nach vier Generationen ist der hier beschriebene Umwelteinfluss überwunden. Das wäre allerdings zu kurz gedacht, denn wenn wir etwas über Umwelteinflüsse auf die Vererbung lernen wollen, dann ist hierbei zu bedenken, dass wir es ja bei agrochemischen Stoffen, bei Kerosin, bei handelsüblichen Kunststoffen oder bei Nährstoffmangel oft mit dauerhaften Belastungen in großen Teilen der Population zu tun haben. In solchen Fällen aber kann Vererbung mittels Veränderung epigenetischer Marker, die nicht den klassischen genetischen Vererbungsregeln folgen, durchaus evolutionär relevant sein. Epimutation wird heute mit einem erhöhten Risiko der Fettleibigkeit, mit Änderungen der Persönlichkeitsstruktur und mit Änderungen des Sozialverhaltens bei Mäusen in Zusammenhang gebracht. Michael K. Skinner spricht in der Konsequenz daher von der klassischen Sicht auf die Evolution als eher trägeres Produkt zufälliger Mutationen. Diese Sicht müsse, so Skinner, um die Epigenetik mit schnelleren evolutionären Reaktionsmöglichkeiten erweitert werden.

Das Thema epigenetische Vererbung ist anhaltend Gegenstand von Forschungsarbeiten (Lind und Spagopoulou 2018). Ein Beleg nach dem andern wird dafür geliefert, dass an die Nachkommen mehr weitergegeben wird als Ei- und Samenzelle, also mehr als nur Gene, wie es uns fast hundert Jahre lang gepredigt wurde. Epigenetische Marker und microRNA sind bei der Entwicklung eines Organismus Schnittstellen des Genoms mit der Umwelt. Eines der spannendsten Themen der Evolutionsforschung wird die Frage sein, ob auf epigenetischen Pfaden schnellere Anpassungen an Umweltänderungen möglich sind als auf dem Weg zufälliger genetischer Mutationen. Genetik und Epigenetik sind vielleicht noch nicht auf Augenhöhe. In jedem Fall aber gewinnen Epigenetik und epigenetische Vererbung für die Medizin und die Evolution stark an Einfluss.

Epigenetische Vererbung durch Lernen von den Vorfahren

Die Frage muss erlaubt sein: Wie erstellt der Seidenlaubenvogel seine so kunstvolle, schöne Laube (Abb. 3.12)? Muss die entsprechende Fertigkeit nicht über viele Generationen weitergegeben werden? Das ist nur bedingt der Fall. Der Laubenvogel muss anderen, erfahrenen Vögeln zusehen, jahrelang herumprobieren, seine Fähigkeiten ständig verbessern und immer wieder zuschauen, bis er zum ersten Mal eine Laube (sie ist kein Nest!) so schön hinbekommt, dass eines der sehr anspruchsvollen Weibchen darauf aufmerksam wird. Und dieses liebt meist viele kleine Geschenke vor der Laube, alle in derselben Farbe. Die jungen Nachkommen müssen dann beim Laubenbau wieder (fast) ganz von vorne anfangen. Sie bekommen die Technik nicht im Detail von der älteren Generation überliefert. Die Entwicklung der Eigenschaft Laubenbau wird also nicht genetisch vererbt, sondern individuell erlernt.

Die Medien berichten immer wieder über erstaunlich koordiniertes, vorausschauend erscheinendes Verhalten bei Tieren. So zeigt eine BBC-Dokumentation ein perfekt synchronisiertes Rudel von Delphinen, die ihre Beutefische im flachen Wasser ans schlammige Ufer treiben, ihnen hinter-

Abb. 3.12 Großer Seidenlaubenvogel mit Liebeslaube. Die Feinheiten des Laubenbaus müssen in jeder Generation von den männlichen Vögeln neu erlernt werden; anfangs erleben sie oft Ablehnung durch die Weibchen. Vor der Laube liegen Geschenke für die Umworbene. Die Fähigkeit, ein solches Kunstwerk zu erstellen, ist epigenetisch vererbt

herhechten und sie an Land aufsammeln, bevor sie selbst wieder rückwärts ins Wasser robben. Orkas arbeiten mit Ausdauer im Team daran, eine Robbe mittels hoher Wellen, die sie erzeugen, von einem kleinen Eisberg zu kippen, auf den sie sich gerettet hat. Solches Gruppenverhalten geben ältere Tiere an jüngere weiter. Schließlich sei hier erwähnt, dass unsere Meisen, Finken, Nachtigallen und viele andere junge Singvögel, aber nicht alle, das Singen von ihren Eltern und anderen Vögeln durch Nachahmung lernen, bis sie ihren plastischen Gesang mit vielen komplizierten Strophen und zahlreichen regionalen Dialekten beherrschen. Ihr Stimmapparat, die Syrinx, übertrifft den unseren gewaltig. Die Evolution hat dabei vorgesorgt, sodass die Meisen mit ihrem kleinen Körper und der noch kleineren Lunge beim Dauersingen nicht ersticken. Übrigens hat Aristoteles den Begriff Dialekt *(dialektos)* eingeführt, als er Variationen im Gesang der Vögel besprach.

Wenn darüber nachgedacht wird, ob Lamarck eine bleibende Berechtigung in der Biologie hat, dann steht am Ende dieses Kapitels die Conclusio: Die nicht-genetische Vererbung von erlernten Verhaltensformen und nicht weniger die Vererbung von Symbolen wie Schrift und Sprache sind in diesem Licht betrachtet höchst lamarckistisch.

Wie erlerntes und über Generationen weitergegebenes Verhalten von Organismen ihre Umwelt ändert und in der Rückkopplung ihre eigene Evolution mitbestimmt, werde ich in Kap. 5 behandeln.

Die Abkopplung der Evolution von der Biologie

Ausführlich beschäftigen sich Jablonka und Lamb mit dem Menschen im Rahmen der Evolution. Sie sehen die Fähigkeit des *Homo sapiens,* mit Symbolen umzugehen, als einzigartig an.

Richard Dawkins führte in Analogie zum Gen den Begriff *Mem* ein. Das Mem ist die Verhaltensinformation, ein Bewusstseinsinhalt, der zwischen Individuen ausgetauscht werden kann (Dawkins 1976). Ein Mem kann eine neue Mode, ein Bekleidungsstil oder ein neues Spiel sein. Sie alle können sich in der Population sehr schnell ausbreiten, mündlich, schriftlich oder elektronisch. Aber sie können auch genauso schnell wieder verschwinden.

Die Art, der Umfang und die Komplexität, in der wir Menschen Informationen erwerben, organisieren und vermitteln können, ist einmalig in der Natur. Unsere auf Symbolen basierende Kultur ändert sich ständig. Über die Bedeutung von Zeichen, Bildern, Signalen, Pieptönen, Handylauten denken wir kaum bewusst nach. Diese Symbole sind vererbbar. Eine darwinistische Sicht ist das nicht eigentlich. Aber es hat Relevanz für die Evolution des

Menschen. Das Gehirn hat dem Menschen die Möglichkeit eröffnet, durch adaptives kulturelles Handeln seine eigene Evolution zu verändern. Noch mehr: Der Mensch koppelt sich von der biologischen Evolution ab, wie Konrad Lorenz früh erkannte. Als Menschen haben wir mit Medizin und Gentechnik unsere Evolution selbst in die Hand genommen (Lange 2021). Schon bald wird der Mensch – ob gewollt oder nicht – mit *Genome editing* die Hürden überwinden, das eigene Genom umzubauen. Fehler sind dabei allerdings so gut wie vorprogrammiert. Schon heute greifen wir in epigenetische Prozesse dort ein, wo das Genom versagt, etwa bei der Krebstherapie. Mit zunehmendem medizinischen Wissen werden schädliche Mutationen auf diesem Weg beseitigt, Krankheiten unter Kontrolle gebracht oder ihre Ausbrüche vermieden. Die Selektionskräfte der Natur werden durch die Technik, die dem Menschen zur Verfügung steht, schon lange zurückgedrängt. Ob man den Eingriff des Menschen in die Evolution als natürlichen Vorgang bezeichnet oder nicht (vgl. das Interview mit Eva Jablonka), bleibt eine Definitionsfrage und Ansichtssache. Ich konnte diesen Punkt mit ihr persönlich diskutieren. Dabei wurden Gründe erkennbar, warum wir hier unterschiedlich denken. Beide Standpunkte sind legitim. In diesem Buch unterscheide ich streng zwischen natürlichen Vorgängen und menschlichen, kulturellen Eingriffen (die jedoch selbstverständlich evolutionäre Grundlagen haben). Wir werden auf das Thema kulturelle Evolution ausführlicher zu sprechen kommen (Kap. 7).

3.7   Die Musik des Lebens

Nichts ist mehr so, wie es war. Systembiologie ist anders. Das Modell eines Genregulationsnetzwerks kann sehr kompliziert aussehen. Doch echte Komplexität ist das nicht. Solche Netzwerke werden oft wie Computerschaltpläne entworfen. Aber Computerschaltpläne sind deterministisch; die Biologie ist es nicht.

Heute sind wir an einem Punkt, an dem 500 Jahre des Denkens in linearen Modellen gerade einmal rund 50 Jahre mit noch lange nicht konsequent disziplinübergreifendem Denken in komplexen Modellen gegenüberstehen. Dem Verständnis von Komplexität aber gehört die Zukunft. Komplexe Modelle werden in allen angewandten Disziplinen Eingang finden. Sie verwenden Zufallsprozesse. Darüber hinaus werden sie sich aber auch mit nicht planbaren, unsicheren Umgebungen beschäftigen, die sich nicht einmal mit Wahrscheinlichkeiten prognostizieren lassen, schreibt Sandra Mitchell (2008).

Die organismische Systembiologie will Komplexität und kausale Wechselwirkungen begreifen können. Sie ist eine junge Disziplin. Ein Wissenschaftler, der sich für ihre Notwendigkeit einsetzt und für ein neues Weltbild in der Biologie kämpft, ist Denis Noble, ein emeritierter Physiologe für Herzgefäße aus Oxford. Von ihm kann man lernen, wie unendlich komplex eine einzige biologische Funktion, etwa die des Herzschlags, sein kann. Nach der Lektüre seines schmalen Buchs *The Music of Life* (Noble 2006) staunt man selbst als Biologe darüber, wie vertrackt ein Organismus und die Biologie tatsächlich sind.

Fragwürdige Determiniertheit

Seit ich denken kann, setze ich meine Intelligenz dafür ein, einen Weg zu finden, meinen Insulinbedarf als Diabetiker Typ 1 genau vorauszuberechnen. Aber ich habe es aufgegeben und lebe mit sehr guten Kompromissen. Eine exakte Determiniertheit zwischen den hier nur als Auswahl genannten Faktoren Insulinmenge, körperliche oder geistige Anstrengung, Gesundheitszustand, Kohlehydrate, Insulinwirkdauer, Einstichstelle und -tiefe am Körper, Tageszeit, Umgebungstemperatur etc. und dem Blutzuckerspiegel ist nicht aufspürbar. Die Wechselwirkungen mit der Umwelt sind zu groß. Ich wollte den exakten Zusammenhang herausfinden, aber das Vorhaben ist immer wieder gescheitert. Bei ähnlichen Bedingungen ist der gemessene Blutzucker eine Stunde später mal hoch, ein anderes Mal niedrig, jedenfalls nicht da, wo er sein sollte. Ein Molekularbiologe würde mich sicher belehren: Auf der molekularen Ebene kann man erklären, was bei der Insulinabgabe wann genau abläuft. Klar ist bis hierher: Lebenslange Konzentration und Disziplin sind notwendig, aber nicht hinreichend, um wirklich brauchbare Kompromisse zu erzielen. Vielleicht werden die kommenden Generationen von Pankreas-Systemen mit künstlicher Intelligenz das viel besser machen. Kritisch gesehen werden darf dies aber dann immer noch.

Das genetische Programm ist eine Illusion

Noble macht unmissverständlich klar: Ein genetisches Programm existiert nicht. Biologie mit einem genetischen Bauplan zu erklären, war ein Irrtum. Das Genom ist nicht das „Buch des Lebens", aus dem die physiologischen Funktionen herausgelesen werden können. So hatte man es noch nach der Entschlüsselung der menschlichen DNA Anfang des neuen Jahrtausends interpretiert. Das alte reduktionistische Erklärungsmodell der

Synthetischen Evolutionsbiologie ist eine nur in eine Richtung laufende Kausalitätskette aus Genen ⇒ Proteinen ⇒ Zellsignalen ⇒ subzellulären Mechanismen ⇒ Zellen ⇒ Geweben ⇒ Organen ⇒ Umwelt – eine Einbahnstraße. Wir brauchen solche monokausalen Einbahnstraßen durchaus, um im täglichen Leben klarzukommen. Wissenschaft sieht heute jedoch anders aus. Noble erteilt diesem Vorgehen eine Absage, ebenso Denkansätzen, die das Genom durch Proteine (das Proteom) oder durch noch etwas anderes ersetzen. Derlei führt nur zu einer Verlagerung desselben Musters auf eine andere Ebene. Die molekulare Genetik sagt uns wenig über das Leben, und das Leben ist auch keine „Proteinsuppe". Wir müssen lernen, umgekehrt zu denken und aufhören, uns vorzustellen, das Exprimieren von Genen sei vergleichbar mit dem Auslesen und Abspielen einer CD. Die Herausforderung in unserem Jahrhundert ist es laut Noble zu verstehen, dass das Genom durch den Phänotyp „gelesen" wird und nicht umgekehrt das Genom den Phänotyp bestimmt. Aber auch das trifft es noch nicht ganz, denn die Wissenschaft hat zwar große Fortschritte darin gemacht, Proteinsequenzen durch codierte DNA-Sequenzen zu unterlegen. „Aber manchmal scheinen wir vergessen zu haben, dass die Ausgangsfrage der Genetik nicht die war, wie ein Protein hergestellt wird, sondern vielmehr ‚was einen Hund zu einem Hund, einen Menschen zu einem Menschen macht'. Es gilt, den Phänotyp zu erklären. Der ist nicht bloß ein Topf voller Proteine" (Noble 2006).

Mit diesem drastischen, natürlich vereinfachten Bild trifft Noble den Kern dessen, was schon in den vorausgegangenen Kapiteln adressiert wurde. Eine auf Systemzusammenhängen ausgerichtete Evo-Devo-Forschung will heute die evolutionäre Entwicklung auf eine Art angehen, wie Noble es demonstriert. Kirschner und Gerhart denken so (Abschn. 3.5), Jablonka und Lamb denken so (Abschn. 3.6). Auch Gerd B. Müller (Abschn. 3.10) und Armin Moczek (Abschn. 6.5) denken in dieser Art.

Es gibt keine biologische Funktion, die aus der Codierung eines einzigen Gens hervorgeht (Shapiro 2019), und jedes Gen wiederum ist in zahlreiche unterschiedliche biologische Funktionen involviert. Physiologische Funktionen sind auf der Genebene nicht zu finden. Gene, so Noble, sind blind für das, was sie tun. Ebenso sind Proteine, Zellen, Gewebe und Organe blind. Keine der Ebenen für sich bestimmt eine Funktion. Es lag eine Zeitlang nahe, den Fokus von Genen auf Proteine zu verlagern. Doch auch das ist unzureichend, denn für biologische Funktionen braucht es auch Moleküle, die nicht von Genen codiert sind, etwa Wasser oder Lipide (Fette). „Eine Menge dessen, was die Produkte der Gene, die Proteine tun, ist nicht abhängig von Instruktionen der Gene. Es ist abhängig von der wenig verstandenen Chemie selbstorganisierender, komplexer Systeme." Auf die Selbstorganisation kommen wir noch, versprochen!

Wir erben eine Zellmaschinerie von unserer Mutter

Noble spricht auch aus, was gar nicht oft genug gesagt werden kann: Wir erben mehr als nur die Gene unserer Eltern. Wir erben eine vollständige, befruchtete Eizelle von unserer Mutter (Zygote). Diese Zelle enthält überhaupt erst die erforderliche Maschinerie, um die DNA zum Funktionieren zu bringen. „Sie ist eine evolvierte Struktur, ein Produkt mehrerer Milliarden Jahre Evolution, weit davon entfernt, aus Instruktionen der DNA zusammengebaut zu sein" (Dupré 2010). Diese Maschinerie ist zu einhundert Prozent darauf vorbereitet, in den Zellkern einzudringen und mit der Arbeit zu beginnen, der Transkription der elterlichen DNA, ihrer Umsetzung in RNA und dann in Proteine. Diese Proteine sind also zuallererst solche, die durch das mütterliche Genom codiert wurden. Dabei sind die Elemente, die die Natur beisteuert, an erster Stelle Wasser, in diesem Zusammenhang gar nicht genannt. „Ohne Gene wären wir nichts. Aber es ist ebenso richtig zu sagen, nur mit Genen wären wir nichts." Vererbung als Vererbung von Genen zu verstehen, ist, so Denis Noble und John Dupré (2010), ein überholtes Dogma. „Heute, mehr als 50 Jahre nach der Entdeckung der Doppelhelix, scheint es, als habe die Identifizierung der genetischen Grundlage der Vererbung diesen – notwendigen – Bestandteil des Prozesses von den übrigen, ebenso notwendigen, abgetrennt" (Nowotny und Testa 2009). Was dabei verloren geht und unsichtbar gemacht wird, so die beiden Autoren, sei der Kontext, in dem sie funktionieren. Im selben Tenor heißt es an anderer Stelle: Die Ordnung der Gene und die Ordnung ihrer Produkte, die sie realisieren, also die Ordnung des Genotyps und des Phänotyps, wurden im Zug der Entwicklung der molekularen Entwicklungsbiologie getrennt (Müller-Wille und Rheinberger 2009).

In der Konsequenz dessen, was Noble sagt, wäre das Bild einer vom Genom zum Organismus führende Einbahnstraße der Kausalität zu ersetzen durch ein Bild, das auf die Interaktionen der Ebenen abhebt. Dieses Bild hat auch Pfeile in die Gegenrichtung, vom Organismus zu den Zellen, von den Zellen zu den Genen. In dem neuen Bild, wie es Noble vorschwebt, wird das Genom aber nicht durch eine andere Organisationsebene ersetzt, etwa die Zellebene, die Kirschner und Gerhart herausmeißeln.

Gegen Reduktionismus

Noble will etwas anderes. Er will mehr. Zuerst einmal will er dem Leser bewusst machen, dass Reduktionismus in Form von Genzentrismus in einem Systemmodell nicht verworfen wird, um durch ein anderes Modell ersetzt zu werden. Er weist an dieser Stelle süffisant auf eine gewisse Schieflage hin: Ein Systemdenker, der eine konsequente Systemlevel-Analyse betreibt, muss die Aussagekraft erfolgreicher reduktionistischer Modelle nicht verwerfen. Er verwendet vielmehr die Aussagekraft solcher Modelle, um sie als Teile in seine Modelle zu integrieren. Im Gegensatz dazu scheinen Reduktionisten, so Noble, meist intellektuelle Hegemonie zu beanspruchen. Modelle sind nicht Modelle *von* etwas. Sie sind immer Modelle *für* etwas. Werden Modelle auf die erste Art missverstanden, unterstellt man ihnen eine „partielle oder vollständige Strukturidentität von Modell und Modelliertem". Das ist aber nicht zutreffend (Honnefelder und Propping 2001). Modelle sind immer Vereinfachungen. So sind selbst hoch interagierende Modelle der Systembiologie zu verstehen: Sie können und werden die Komplexität der wahren lebendigen Welt immer nur eingeschränkt skizzieren.

Wir wissen jetzt, was Noble nicht akzeptieren will, nämlich einen Bottom-up-Ansatz. Was aber will er? Was ist der positive Kern seiner Systemvorstellung? Gene und Proteine „wissen" nicht, was sie für höhere Funktionsebenen tun. Die individuellen Teile eines Systems erfüllen ihre Aufgaben ohne Kenntnis des Gesamtsystems. So weiß die Zelle in der frühen Knospe der Hand bei der Wirbeltierentwicklung natürlich nicht, dass sie Teil einer Hand werden soll. Ich komme darauf später zurück, wenn ich ein Evo-Devo-Computermodell der Hand vorstelle.

Führt hier vielleicht ein Top-down-Ansatz weiter? Mit solchen Modellen (die nicht weniger reduktionistisch waren als das Bottom-Up-Vorgehen) konnte die Physiologie große Erfolge verzeichnen, zum Beispiel mit der Erklärung des Sauerstofftransports im Blut. Man identifizierte rote Blutzellen, Hämoglobin und noch viel mehr Komponenten. Noble macht deutlich, dass man mit Erklärungen – ist man gedanklich auf dem molekularen Level angekommen – für einen Moment glauben mag, man habe das Ziel, biologische Funktion zu verstehen, endlich erreicht. Letztlich weicht aber dieser Glaube der Einsicht, dass man den Pfad doch wieder nach oben verfolgen muss. Es ist gleichermaßen unbefriedigend, der einen wie der anderen kausalen Kette eine Gesamterklärung zuzuordnen, schließt Noble. Ein biologisches System funktioniert anders. Wenn der biochemische Prozess der Regelung des Blutzuckerspiegels durch Insulin analysiert ist, hilft mir das nicht, genau zu verstehen, was ich wann genau tun muss, um den Verlauf des Blut-zuckerspiegels gut zu managen.

Biologische Funktion aus Systemsicht

Um weiter zu kommen, greift Noble eine Idee des Entwicklungsbiologen Sydney Brenner auf. Dieser Forscher, der im April 2019 (gerade während ich an diesem Kapitel arbeitete) starb, erhielt zusammen mit Kollegen 2002 den Nobelpreis für die Entdeckung der Apoptose, des programmierten Zelltods. Brenner, eigentlich eher als strenger Reduktionist einzustufen, schlug hier den *Middle-out*-Weg vor (Abb. 3.13). Biologische Funktionen laufen danach auf jeder Ebene ab. Jede Ebene – ob Zellen, Proteine oder Gene – kann als Startpunkt für einen kausalen Prozess oder ein Modell verwendet werden. In einem Interaktionsmodell gibt es keine zu präferierenden Alternativen. Es gibt folglich eine Bottom-Up-Erklärungsrichtung, ebenso eine Top-Down-Richtung wie auch kausale Ketten in jede andere dreidimensionale Rich-tung. Alle Pfade sind gleichberechtigt.

Der Wiener Zoologe Rupert Riedl, stets in Systemzusammenhängen den-kend, hat das ein Stück weit vorweggenommen, als er in *Die Ordnung des Lebendigen* (Riedl 1975) schrieb: „Die Interdependenz erweist sich [...] als

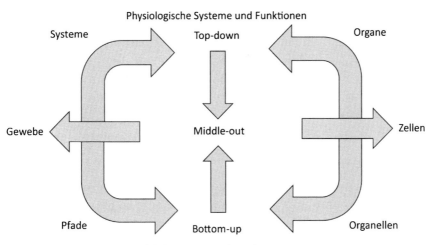

Abb. 3.13 Der *Middle-out*-Weg. Nach diesem Vorschlag des Nobelpreisträgers Syd-ney Brenner sind alle Ursachen-Wirkungrichtungen für das Verständnis biologischer Funktionen gleichberechtigt und existieren nebeneinander

eine Ordnungsform, die den ganzen Organismus durchdringt. Sie reicht
von der Steuerung der Anpassungsmöglichkeiten der Einzelmerkmale bis zu
jenen der Organismenstämme und von der Regulierung der Einzelabhängig-
keiten bis zum Bild der Harmonie des ganzen Individuums."

Auf dieser Basis läuft eine biologische Funktion ab, jede Funktion. So
funktioniert der Herzschlag, die Atmung, die Insulinsekretion bei einem
Gesunden. Und so funktioniert auch evolutionäre Entwicklung. Erklärt
wird das alles mit vielen Metaphern – von oben, von unten, von Ebenen,
Reduktionen und Maschinen. Ohne Metapher ist das Vorhaben nicht
durchführbar, sagt Denis Noble. Ich habe damit zwangsläufig denselben
Weg gewählt wie er, um es zu erklären.

Der damals 80-jährige Noble entwarf in seinem jüngsten Buch *Dance to
the Tune of Life* (Noble 2016) noch einmal eine entschlossene und mutige
Gesamtkritik an der genzentristischen Biologie des 20. Jahrhunderts. In
einer klaren Sprache, zu der nur wenige seiner Kollegen in der Lage sind,
fasst er seine Lebenslehre zusammen: 1. Gene sind passive Templates, Vorlagen. Das Genom ist kein Programm. Der Fehler des genzentristischen
Ansatzes besteht darin, Gene als ursächlich und kontrollierend zu sehen.
Vielmehr gilt 2.: Die DNA-Sequenzen werden vom Organismus verwendet,
nicht umgekehrt. Der Organismus teilt dem Genom mit, welche Proteine
hergestellt werden sollen. Die Muster der Genexpression werden vom Organismus bestimmt, nicht vom Genom. 3. Die Umwelt übt keinen passiven,
sondern direkten Einfluss auf Variation aus. 4. Organismen helfen dabei,
den evolutionären Prozess zu lenken. Evolution (Variation) ist demnach
weder zufällig noch „blind", wie die Modern Synthesis vermittelt. Dies zu
akzeptieren, ist laut Noble die größte Hürde, die im gegenwärtigen Evolu-
tionsverständnis genommen werden muss. Es wäre zu wünschen, dass am
Ende Nobles neues Buch seinen Weg auch in den deutschen Sprachraum
findet. Eine Zusammenfassung der Gedanken findet sich in Noble (2015).

Die von Denis Noble hier vertretene Idee einer organismischen Systembiologie stellt ähnliche Integrationsanforderungen wie die Lehre Müllers
oder die von Kirschner und Gerhart. Mit diesem Ansatz werden moderne
Systemmodelle erstellt, und man versucht, biologische Organismen in ihrer
Gesamtheit zu verstehen. Dieser Zweig der Biowissenschaften hat das Ziel,
ein integriertes Bild aller regulatorischen Prozesse über alle Ebenen, vom
Genom über das Proteom und die Organellen bis hin zum Verhalten und
zur Biomechanik des Gesamtorganismus zu bekommen. Viele Universitäten
verstehen jedoch im Gegensatz zum genannten organismischen Ansatz die
Systembiologie heute als eine rein molekulare Disziplin. In diesem Fall fokussiert man sich auf die vollständige DNA-Sequenzierung und damit auf

die Gesamtheit aller Genregulationen in einer Zelle. Man untersucht hier etwa den Metabolismus einer Zelle und fragt, welche Gene hierzu in welcher Form beitragen. Die entsprechenden Genregulationsprozesse werden dann in aufwendigen Computermodellen simuliert.

Während meiner Dissertation über das Thema Evo-Devo-Mechanismen der Polydaktylie, es war wohl 2011, stellte ich meinem Betreuer die Frage, wie konsequent sich denn mittlerweile komplexe Sichten und Systemdenken in Masterarbeiten oder Dissertationen niederschlügen. Seine Antwort überraschte mich nicht. Es würde viel darüber gesprochen, meinte er, aber bei der Bearbeitung konkreter Themen in wissenschaftlichen Arbeiten liefe es doch leider noch oft wieder auf klassisch-deterministische Erklärungen hinaus. Ich war daher froh, dass ein zelluläres, nicht deterministisches, komplexes Modell mit 20 Mio. simulierten, wechselwirkenden Zellreaktionen über die embryonale Entwicklung der Hand Eingang in meine Dissertation fand und in einem Oxforder Journal publiziert wurde, dessen Herausgeber Noble ist (Lange et al. 2018).

Es sei mir am Ende dieses Kapitels noch gestattet, darauf hinzuweisen, dass sich dem Menschen das, was Leben wirklich ausmacht und um dessen Erklärung sich kluge Köpfe wie Erwin Schrödinger und andere bemüht haben, nicht erschließt, ja nicht erschließen kann. Denis Noble weiß das. Sein Buchtitel *The Music of Life* ist eine wunderschöne Metapher, die einen edlen Anspruch vermittelt. Noble weiß, wie weit seine Erklärung reicht. Der Mensch ist nicht imstande, mit seinem Gehirn und seiner Sprache auszudrücken, was Leben tatsächlich ist. Ich weiß nicht, was es ist, was mich lebendig macht und dafür sorgt, dass ich den Frühling genieße. Und das ist vielleicht gut so. Bleiben wir bescheiden.

Im Gespräch mit Denis Noble

Denis, beschreiben Sie uns bitte kurz: Was ist Systembiologie?
Systembiologie ist ein Ansatz zur Biologie. Wir untersuchen biologische Komponenten nicht nur isoliert. Die Art der reduktiven Analyse ist wichtig, geht jedoch nicht auf die Frage ein, in welcher Beziehung diese Komponenten zu anderen Komponenten stehen. Diese Beziehungen sind Prozesse, keine Dinge. Die Systembiologie befasst sich daher mit Prozessen. Der Herzschlag zum Beispiel ist ein Prozess. Da die Organisation auf höheren Ebenen in Organismen notwendigerweise die Prozesse einschränkt, die auf niedrigeren Ebenen ablaufen können, ist die Systembiologie idealerweise mehrstufig. So verbindet das Herzschlagmodell, das ich 1960 erstmals entwickelt habe, Prozesse, die sowohl auf zellulärer als auch auf molekularer Ebene ablaufen.

Als junger Student – Sie hatten noch nicht promoviert – konnten Sie im Alter von 22 Jahren 1960 Ihr Verständnis der Entwicklung des Herzschlags in *Nature* veröffentlichen. Was hat Sie am Herzschlagrhythmus fasziniert, und was haben Sie durch das Studium dieses speziellen Themas gelernt?

Ich war fasziniert, weil der Herzschlag so wichtig für das Leben ist. Die Idee, dass ich die experimentellen Informationen erhalten könnte, die zur Formulierung des ersten biologisch basierten mathematischen Modells erforderlich sind, war sehr attraktiv. Als ich die mathematischen Grundlagen studierte, lernte ich etwas, das ich zuvor nicht wusste: Differentialgleichungsmodelle erfordern Anfangs- und Randbedingungen, bevor man Lösungen für die Gleichungen erhalten kann. Es gelang mir, das Modell zur Erklärung des Herzrhythmus zu entwickeln, und das führte zu den beiden Veröffentlichungen in *Nature*. Aber es hat mich auch zum Nachdenken gebracht ...

Das macht neugierig. Wissenschaftler wollen ihren Untersuchungsgegenstand so einfach wie möglich erklären. Sie gehen den umgekehrten Weg und erklären Biologie und Evolution „kompliziert". Warum?

Genau. Wissenschaftler wollen Einfachheit, wo sie sie finden können. Ich wählte denselben Weg. Ich wollte die einfachsten Gleichungen, um den Herzrhythmus zu erklären. Aber woher kamen diese Anfangs- und Randbedingungen, die in Computermodellen benötigt werden? Waren sie nur willkürliche Konstanten in den Gleichungen? Die Antwort ist, dass sie nicht willkürlich sein können. Die meisten möglichen Konstanten würden nicht funktionieren. Die spezifischen Konstanten stammen natürlich aus der biologischen Organisation auf höheren Ebenen. In der Zelle, in ihrer unvorstellbaren Komplexität, werden die Konstanten bestimmt. Daher habe ich den Herzrhythmus nicht einfach aus dem Wissen auf molekularer Ebene über die Funktionsweise von Kanalproteinen erklärt, sondern vielmehr damit, wie diese Proteine durch die Organisation auf höherer Ebene gezwungen sind, das zu tun, was sie tun. Ich wusste es zu der Zeit noch nicht, aber diese Tatsache wurde schließlich das grundlegende Motiv, warum ich bezweifelte, wie die Molekularbiologie die Frage „Was ist Leben?" beantwortete. Als Francis Crick das zentrale Dogma (der Molekularbiologie, d. Verf.) formulierte, sagte er, das „Geheimnis des Lebens" stamme aus DNA-Sequenzen. Ich wusste aus experimentellen Gründen, dass dies nicht wahr sein konnte.

25 Jahre später, 1985, als viel komplexere mathematische Modelle des Herzens möglich wurden, stellten wir auch fest, dass die damit verbundene Komplexität tatsächlich notwendig ist, um einen robusten Herzschlagmechanismus zu erzeugen. Mit robust meine ich, dass der Mechanismus unempfindlich gegenüber bestimmten Genen ist, wenn sie ausgeschaltet werden. Moderne genomweite Assoziationsstudien zeigen heute, warum das so ist. Zu jeder biologischen Funktion können Hunderte von Genen gehören, die mit dieser Funktion assoziiert sind.

Bedeutet das nun, dass die erfolgreiche reduktionistische Methode, die behauptet, die möglichen Eigenschaften aller materiellen Objekte (zum Beispiel Phänotypen) auf ihre kleinsten Bestandteile (zum Beispiel Gene) zu reduzieren und sie auf dieser Ebene vollständig zu erklären, überholt ist?

Nein. Ich denke, die reduktionistische Wissenschaft hat eine wichtige Funktion. Sie ist hervorragend darin herauszufinden, wie biologische Komponenten, Proteine, Netzwerke, Zellen, Gewebe, Organe usw. isoliert arbeiten. Per Definition ist der alternative integrative Ansatz notwendig, um zu verstehen, wie biologische Komponenten in Netzwerken zusammenwirken.

Die Modern Synthesis verfolgt einen populationsgenetischen Ansatz unter Verwendung von abstrahierten, mathematisierten Genen und einfacher Kausalität, wobei die Gene der einzige Informationsträger sind. Heute sagen wir, Organismen helfen, den Evolutionsprozess zu steuern, und die Umwelt spielt dabei eine aktive Rolle. Warum können nicht beide theoretischen Ansätze, die so unterschiedlich sind, nebeneinander existieren?
Sie können nebeneinander existieren. Diese Koexistenz stützt sich jedoch darauf, dass es sich um völlig unterschiedliche Definitionen eines Gens handelt. Die Populationsgenetik entwickelte sich, bevor bekannt wurde, dass DNA die genetische Datenbank ist, die Vorlagencodes zur Herstellung von Proteinen enthält. Die Pioniere der Populationsgenetik arbeiteten mit einer funktionellen Definition eines Gens, nicht mit einer molekularbiologischen.
Wilhelm Johannsen führte 1909 die funktionale Definition eines Gens ein. Sie war funktional, da sie im Hinblick auf den funktionellen Phänotyp definiert wurde. Dies war im Wesentlichen auch Mendels Definition, obwohl Mendel das Wort „Gen" nicht verwendete. Erbsen können schrumpelig oder glatt, grün oder gelb usw. sein. Sie dachten beide, dass etwas im Organismus bestimmt, welche Eigenschaft im Organismus ausgebildet werde. Johannsen nannte es „ein Etwas", was bedeutet, dass irgendetwas bestimmt, welche Eigenschaft sichtbar wird. Dabei wäre eigentlich egal, ob es sich um DNA, RNA oder eine Eigenschaft eines Netzwerks handelt. In manchen Fällen kann das DNA sein.
Mukoviszidose ist ein gutes Beispiel für einen Krankheitszustand, der von einem einzelnen Gen abhängt. In den meisten Fällen sind jedoch viele DNA-Sequenzen und viel mehr als die DNA erforderlich, um zu bestimmen, welches Merkmal ausgeprägt wird. Alle epigenetischen Prozesse können ebenfalls beteiligt sein. Also haben wir: a) die funktionale Definition. Danach ist ein Gen DNA plus epigenetische Faktoren plus eventuell beteiligte Umweltfaktoren. Wir haben ferner b) die molekularbiologische Definition. Nach ihr ist ein Gen DNA, die für bestimmte Proteine codiert. Die beiden sind eindeutig unterschiedlich. Wenn Sie versuchen, sie gleichzusetzen, geraten wir in ein großes Durcheinander. Das macht Richard Dawkins. Wenn er selbst auf die Existenz von Beiträgen zur Vererbung außerhalb der DNA drängt, sagt er: „Nun, das ist in Ordnung. Wenn es wirklich zur Vererbung beiträgt, kann es als ,Gen ehrenhalber' begrüßt werden." Das macht seine Unterscheidung zwischen DNA als Replikator und dem Rest der Zelle als bloßem Vehikel zu einem Unsinn.

Wo und wann hat sich der Fehler eingeschlichen, das Genom als „Programm" zu sehen?
Das Problem begann mit Erwin Schrödingers Buch *Was ist Leben?* im Jahr 1944 mit seiner Idee, dass das Genom mit einem Kristall verglichen werden kann. Ein Kristall wächst (repliziert) genau auf bestimmte Weise. DNA-Replikation ist nicht so (Anm. d. Verf.: vgl. Noble 2017). Der Replikationsprozess erzeugt Millionen von Fehlern, die einen komplexen Reparaturprozess erfordern. DNA sollte

nicht als ein bestimmtes Programm gesehen werden. DNA ist nur eine Datenbank und muss wie alle Datenbanken sorgfältig gewartet werden.

Was vererben wir eigentlich an unsere Nachkommen? Höre ich lamarcksche Untertöne?
Ja. Es gibt jetzt ganze Bücher über epigenetische Vererbung zwischen Generationen. Physiologen wie ich kennen auch die Belege väterlicher und mütterlicher Vererbungseffekte.
    Darwin akzeptierte die Vererbung erworbener Eigenschaften. Deshalb sage ich, dass Darwin kein Neodarwinist war. Wie auch immer, er starb (1882), kurz bevor Weismann seine Barriere-Idee formulierte (in einem Vortrag von 1883).

Sie betonen die Fähigkeit biologischer Systeme, sich selbst zu organisieren. Wie wichtig ist die Entdeckung der Fähigkeit zur Selbstorganisation durch Alan Turing in der Evolution?
Ich denke, Selbstorganisation und der Organismus als Akteur sind die Schlüsselfaktoren, die dazu führen, dass wir mit dem Geist des Neodarwinismus brechen müssen. Der Bruch beinhaltet in meiner Sicht, zwei nicht-neo-darwinistische Annahmen zu akzeptieren: a) dass Organismen wählen können. Sie sind keine determinierten Maschinen. b) die Vererbung erworbener Eigenschaften. Darwin akzeptierte beide: den Organismus als Agent in seinen Theorien der sexuellen Selektion, während seine Theorie der Gemmulen erklärt, wie er sich Lamarckismus vorstellt (Anm. d. Verf.: vgl. Noble 2019).

In The Music of Life *sagen Sie: „Die ursprüngliche Frage der Genetik war nicht, wie ein Protein hergestellt wird, sondern was macht einen Hund zu einem Hund, einen Mensch zu einem Mensch. Es ist der Phänotyp, der erklärt werden muss." Dieser Satz wurde zum Motto meiner Dissertation. Erklären Sie unseren Lesern bitte genauer, was Sie damit meinen?*
Der Phänotyp ist nicht nur das Vehikel für die Übertragung von DNA. Es ist sowohl das Ziel als auch das Mittel der Evolution. Er ist das Ziel, weil bei mehrzelligen Organismen der Organismus selbst überlebt oder stirbt. Die DNA folgt einfach dem, was mit dem Organismus passiert. Er ist das Mittel, weil der Organismus sowohl die Expression der DNA als auch von DNA-Veränderungen kontrolliert, wenn Organismen unter Stress sind. Das Leben wird nicht mehr durch Sequenzen in der DNA bestimmt als mein Text durch die QWERTZ-Tastatur, auf der ich diesen Text schreibe. Es ist der Text, der Sinn hat, nicht das Antippen von Tasten. Es ist der Phänotyp, der Bedeutung hat, nicht die DNA-Sequenz. Der Organismus gibt der DNA Bedeutung.

Wann und wie haben Sie festgestellt, dass die konventionelle Erklärung der Evolution unzureichend ist?
Meine ersten Zweifel gehen auf das Jahr 1960 zurück und die Verwendung der zirkulären Kausalität zur Erklärung des Herzrhythmus. Das führte mich zu mehrstufiger Kausalität. Nichts wird allein durch die molekulare Ebene verursacht. Dann 1976, als ich die erste Debatte über *Das egoistische Gen* (Dawkins 1976, d. Verf.) organisierte. Dawkins wurde vom Philosophen Anthony Kenny

gefragt, ob es möglich sei, Shakespeare zu verstehen, wenn man nur das Alphabet der englischen Sprache kenne. Richard antwortete: „Ich bin kein Philosoph. Ich bin Wissenschaftler. Ich interessiere mich nur für die Wahrheit." Entweder verstand er die Frage nicht oder wollte sie nicht beantworten. Er hat mich an diesem Punkt verloren.

Dann als ich 1985 zum ersten Mal erkannte, dass die Robustheit des Herzrhythmus eine Funktion seiner Komplexität ist, die es ermöglicht, genetische Veränderungen zu puffern. Robustheit ist eine Eigenschaft von Netzwerken, nicht von Genen. Dann 2009, als ich die Debatte zwischen Lynn Margulis und Richard Dawkins leitete. Richard war der klügere Debattierer. Aber meiner Meinung nach schienen seine Reaktionen auf Lynns großartige Entdeckungen zur Symbiogenese (Endosymbiogenese, die Verschmelzung von zwei oder mehreren verschiedenen Organismen in einem einzigen, neuen Organismus, d. Verf.) wieder einmal den Sinn zu verfehlen.

Gehen Sie so weit zu sagen, dass das Standardmodell der Evolution falsch ist?
Ja, weil es darauf besteht, dass es richtig ist! Das ist eine verschlüsselte Bemerkung. Lassen Sie mich das erklären. Der Neodarwinismus ist eine Vereinfachung dessen, was Darwin dachte. Diese Vereinfachung wurde als notwendige Wahrheit dargestellt. Aber außerhalb von Mathematik und Logik kann es keine notwendigen Wahrheiten geben. Alle wissenschaftlichen Hypothesen sind nur Annäherungen an die Wahrheit. Weismann bestand wie die späteren Neodarwinisten darauf, dass die Weismann-Barriere die Vererbung erworbener Eigenschaften verhindert. Wir wissen jetzt, dass die Barriere keine Barriere mehr ist. Die Neodarwinisten bestanden auch darauf, dass zufällige Variationen im genetischen Material die einzige Ursache für Veränderungen sind.

Im Gegensatz dazu denke ich, dass Organismen selbst Zufälligkeit nutzen. Organismen und ihre interagierenden Populationen haben Mechanismen entwickelt, mit denen sie blinde Zufälligkeit nutzen und so schnelle funktionale Antworten auf Umweltprobleme generieren können. Sie können dies erreichen, indem sie ihre Genome und/oder ihre regulatorischen Netzwerke neu organisieren. Die Evolution hat also eine partielle Richtung. Die Richtung geben Organismen selbst vor. Die Nutzung der Zufälligkeit ist die Art und Weise, wie Organismen zu freien Agenten werden. Eine freie Wahl ist in der Vorausschau unvorhersehbar und in der Retroperspektive rational. (Anm. d. Verf.: vgl. Abschn. 4.8. Abschn. „Geheimnisvolle Fingerzahlen").

Lamarck und Darwin stellten beide Theorien auf, um zu erklären, wie erworbene Eigenschaften vererbt werden könnten. Sie erkannten, dass etwas Informationen vom Soma an die Keimzellen übertragen müsse. Ihre Theorien waren sehr ähnlich. Die Modern Synthesis schloss tatsächlich zwei sehr wichtige Ideen aus, für die Darwin eintrat: die Vererbung erworbener Merkmale und die freie Wahl von Organismen, wie sie durch die sexuelle Selektion veranschaulicht wird. Meiner Ansicht nach hat die Modern Synthesis einen großen Fehler gemacht, als sie diese ausschloss.

Kann man in einem so komplexen Bereich wie der Evolution damit rechnen, dass eine konsistente, kohärente Theorie entsteht? Wird man sich solchen komplexen Realitäten nicht immer aus neuen Perspektiven nähern?

Ich bezweifle das (eine konsistente, kohärente Theorie, d. Verf.) Ich denke, wir werden feststellen, dass die Natur in jeder Phase das ausgenutzt hat, was am besten funktioniert. Die Evolution war nicht derselbe Mechanismus, bevor sich die DNA entwickelte. Sie änderte sich, als das geschah. Sie änderte sich erneut, als sich eukaryotische Zellen bildeten. Und sie änderte sich wieder, als sich mehrzellige Organismen entwickelten. Es sei daran erinnert, dass die Weismann-Barriere, einer der Eckpfeiler der Modern Synthesis, vor der letzten Etappe nicht einmal relevant war. Die Modern Synthesis wäre danach, selbst wenn sie wahr ist, nur für etwa 20 % der Evolutionszeit relevant. Ich denke also, wir werden feststellen, dass wir einen Flickenteppich von Mechanismen haben, die alle interagieren.

Denis, ich danke Ihnen für das sehr interessante Gespräch.

3.8 Plastizität des Phänotyps und genetische Assimilation: *Genes are followers*

Ich komme jetzt wie versprochen auf Eco-Evo-Devo zurück und nehme hier die gegenüber der Synthese revidierte Rolle der Umwelt genauer ins Auge. Das sind die Punkte 7 und 8 im dritten Block von Müllers Fragenkatalog zu Evo-Devo als Disziplin (Abschn. 3.4). Umwelt erfährt eine neue Rolle aus der Perspektive von Evo-Devo. Man darf sagen: Die Umwelt „macht die Musik" in Evo-Devo. Damit wird Evo-Devo zur ökologisch evolutionären Entwicklungsbiologe, zu Eco-Evo-Devo. Die Umwelt war schon immer thematisiert in der Evolutionstheorie, sagen die Vertreter der Synthese. Das stimmt. Es ist aber ein fundamentaler Unterschied, ob der Umwelt eine passive Selektionsrolle zugesprochen wird oder eine aktive, den Organismus und seine Nachkommen in der evolutionären Entwicklung unmittelbar verändernde, gestaltbildende Rolle.

Einige Wissenschaftler möchte ich hier namentlich nennen, die Grundlegendes dazu beitrugen, dass die Umwelt für die Evolution in ein neues Licht rückte. Ein Pionier der Debatte war Conrad Hal Waddington, der schon früh mit dem Begriff genetische Assimilation Verständnis für den Zusammenhang von Umwelt und genetisch nachgeschalteter Fixierung weckte (Abschn. „Genetische Trickkisten"). Dann sei Mary Jane West-Eberhards (Abb. 3.14) Paukenschlag mit ihrem Buch *Developmental Plasticity and Evo-*

Abb. 3.14   Mary Jane West-Eberhard, Scott F. Gilbert

lution (2003) erwähnt. Sie ging von verschiedenen Seiten an das komplexe Thema heran und schuf ein 800-Seiten-Grundlagenwerk (s. Lange 2017). Im Jahr 2009 erschien das Lehrbuch *Ecological Developmental Biology. Integrating Epigenetics, Medicine and Evolution* der beiden Autoren Scott F. Gilbert (Abb. 3.14) und David Epel. Keines der genannten Werke wurde ins Deutsche übersetzt. Wichtige Arbeiten lieferte ferner der an der Duke University in North Carolina lehrende Fred Nijhout. Er behandelt komplexe Merkmale, deren Variation durch zahlreiche Gene und Umweltfaktoren hervorgerufen wird und deren Vererbung nicht den mendelschen Regeln folgt, wie es auf seiner Internetseite heißt.

Armin Moczek, Professor an der Indiana University Bloomington, ist der Mann für Hornkäfer *(Onthophagus)*. Er und sein Team verkörpern das geballte evolutionäre Wissen auf unserem Globus über diese Tiere. Moczek weiß, warum diese Käfer Hörner haben und wie sie entstehen konnten, warum die Hörner groß und ausgerechnet bei den Männchen mit den größten Hörnern die Penisse am kleinsten sind. Hörner, ob paarig am Kopf oder mittig an dem zum Brustraum gehörigen Thorakalsegment angebracht, sind evolutionäre Innovationen. Die Wege ihrer jeweiligen Entstehung sind höchst unterschiedlich (Moczek 2008).

Im Übrigen betrachtet Moczeks Team stets den gesamten Lebenszyklus einer Art. Die Evolution überführt nicht eine adulte Form in eine andere.

Dazwischen liegt der Entwicklungsweg eines ganzen Lebens, und dieser wird natürlich als in die Umwelt eingebunden gesehen. Wer Moczek einmal bei einem Hornkäfer-Vortrag live erlebt hat, wird das nicht mehr vergessen.

Von 2010 an konnte man in der amerikanischen Fachliteratur eine gute Vorstellung davon bekommen, worum es geht und welche Anliegen die Ökologie-Seite, speziell die Eco-Evo-Devo-Seite hinsichtlich Ergänzungen, Umdeutungen oder Korrekturen der Synthese hat. Ich halte mich in diesem Abschnitt eng an zwei Reviews, das eine zu phänotypischer Plastizität von Armin Moczek et al. (2011), das andere im Schwerpunkt zu genetischer Assimilation von Ian M. Ehrenreich und David W. Pfennig (2016).

Die Umwelt in neuer Rolle

Die Umwelt hat doch schon immer eine tragende Rolle in der Evolutionstheorie gespielt, werden Sie als Leser hier insistieren: Es sind doch stets veränderte Umweltbedingungen, die evolutionäre Prozesse vorantreiben, so die Synthese. Genau gesehen sind es gemäß der Synthese zunächst einige geeignete Mutationen, die zumindest bei einigen Individuen bereits vorhanden sind, ja vorhanden sein müssen, damit neue Bedingungen der Umwelt auf eine Population einwirken und Adaptation erreichen können. Geeignete Mutanten sind der Grundstock für neue Anpassung. Das hat das Luria-Delbrück-Experiment mit *E. coli* eindrucksvoll nachgewiesen (Abb. 3.15). Die Umwelt selbst ist hier aber kein Faktor, der aktiv die Entwicklung

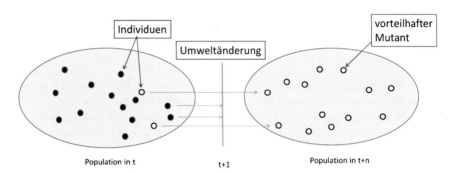

Abb. 3.15 Anpassung gemäß Synthetischer Evolutionstheorie. Mutationen (weiß) sind zum Zeitpunkt *t* in der Population bei wenigen Individuen vorhanden. Eine Veränderung von Umweltbedingungen in *t+1* führt zur Selektion dieser Mutanten, die jetzt im Vorteil sind und sich stärker vermehren können. Die Population in *t+n* besteht überwiegend aus mutierten Individuen. Sie ist angepasst. Eine aktive Einwirkung der Umwelt auf den Prozess liegt hier nicht vor

beeinflusst. Die Synthese übersieht die Wechselbeziehungen zwischen der inneren und der äußeren Welt. Wir lernen daher jetzt eine andere Argumentation kennen. Für Evo-Devo ist Evolution ohne die aktive Verbindung der Organismen und ihrer Umwelt nicht realistisch. Die Umwelt verändert die Organismen. Die Synthese ist eine Theorie der Gene. Was fehlt, so West-Eberhard, ist eine Theorie des Phänotyps und des phänotypischen Wandels. Der Phänotyp, heißt es weiter bei ihr, ist eine Kreation sowohl des Genotyps als auch der Umwelt. Er ist so der Mediator aller genetischen und umweltbedingten Einflüsse auf die Entwicklung und die Evolution. Aber der Reihe nach.

Entwicklungsplastizität

Phänotypische Plastizität ist die Fähigkeit eines individuellen Organismus, seinen Phänotyp als direkte Antwort auf Umweltstimuli oder -inputs zu ändern. Plastizität ist so gesehen eine umfangreiche funktionale Reaktion von Organismen, um die unberechenbare Umwelt zu meistern (Laubichler 2010). Wir kennen eine Vielfalt von Beispielen bei Tieren und Pflanzen. Der Faktor Umwelt ist unter Evolutionsbiologen unbestritten. Diskutiert wird jedoch die Schlüsselrolle phänotypischer Plastizität für die Evolution. Steht die Entwicklung im Mittelpunkt der Betrachtung, spricht man besser von Entwicklungsplastizität. Entwicklungsplastizität ist in der Erweiterten Synthese der Evolutionstheorie (EES) eines der vier zentralen Forschungsgebiete neben Evo-Devo, inklusiver Vererbung und Nischenkonstruktion (Laland et al. 2015). Ich behandle das Thema hier unter der Evo-Devo-Überschrift des Kap. 3, denn Plastizität verlangt eine Sicht auf die Entwicklung.

Die Variabilität der Merkmale kann gering oder hoch sein. Wachstumsunterschiede etwa können von unscheinbar bis drastisch reichen. Skinke *(Scincidae),* eine artenreiche Echsenfamilie in Südostasien, sind ein tolles Beispiel hierfür. Sie kommen in unterschiedlichen Größen vor und haben kurze bis gar keine Extremitäten. Ein anderes typisches Beispiel sind Farbvariationen, etwa beim afrikanischen Edelfalter *Precis octavia* (Abb. 3.16). Er ist im Sommer orange, im Winter blau. Beim Blaukopf-Junker *(Thalassoma bifasciatum),* einer Fischart, wandeln sich Weibchen zu Männchen, wenn letztere fehlen. Der Tigersalamander *(Ambystoma tigrinum)* verlässt nur dann sein Larvenstadium für eine Metamorphose, wenn seine feuchte Umgebung nicht mehr für eine Vererbung geeignet ist.

Entwicklungsplastizität zerstört das Bild des genetischen Determinismus, also die Vorstellung, dass das Genom den Phänotyp exakt bestimmt. Diese

Abb. 3.16 *Phänotypische Plastizität.* Der afrikanische Tagfalter *Precis octavia* entwickelt eine saisonale Plastizität mit Sommerkleid (li.) und der Winterform (re.). Beide werden vom selben Genom erzeugt

genzentristische Sichtweise ist typisch für die Synthese. Je höher jedoch die Reaktionsnorm, also die Möglichkeit des Phänotyps, auf Umwelteinflüsse zu reagieren, desto weniger ist der Phänotyp durch seinen Genotyp bestimmt.

Plastizität bewirkende Umweltfaktoren können sehr unterschiedlicher Art sein, etwa Temperatur, Ernährung oder auch Parasiten. Die Temperatur beeinflusst den Phänotyp oft über Enzyme, da fast jede Enzymaktivität temperaturabhängig ist. Nahrung enthält chemische Signale, die auf den Phänotyp wirken können. Lichtwechsel kann Pflanzen anregen, unterschiedliche Blattformen auszubilden. Das alles ist lange bekannt. Die Frage ist jedoch, warum Plastizität die Evolution fördern kann.

Lassen Sie mich von einem Extrem ausgehen: Angenommen, eine Art ist in keiner Weise plastisch. Auf diese Art wirken dann Umwelteinflüsse. Solche sind in Form von Fluktuation immer vorhanden. Fluktuationen destabilisieren jedoch einen Organismus, wenn dieser gemäß der Annahme nicht dafür evolviert ist, sie abfedern zu können. Ist sein Phänotyp hingegen auf derartige Einwirkungen evolutionär durch die Selektion vorbereitet, verringert er den Mismatch mit seiner Umwelt. Er ist plastisch. Die bessere Anpassung erhöht die Fitness dieser Art. Im Normalfall ist also kein fixes Merkmal die beste Lösung für Umweltanforderungen, sondern eine flexiblere Ausstattung, die es einem Organismus erlaubt, Signale von außen wahrzunehmen und darauf entsprechend zu reagieren. Plastizität wird demnach evolvieren, wenn die Kosten dafür nicht zu hoch sind und den Fitnessvorteil nicht aufheben. Die natürliche Selektion wird dafür sorgen, dass Plastizität entsteht. Natürliche Selektion favorisiert Genotypen mit Plastizität als die bessere Reaktion auf eine veränderliche Umwelt. Daher findet man Plastizität in irgendeiner Form bei so gut wie jeder natürlichen Art (Ehrenreich und Pfennig 2016).

Plastizität konkret – eine Ziege auf zwei Beinen und Tunnel grabende Käfer

Das klingt sehr theoretisch. Also fragen wir einmal konkret: Was hat eine Hausziege mit phänotypischer Plastizität zu tun? Wiederholt wurden auffällige Phänotypen beschrieben, darunter auch die faszinierende zweibeinige Ziege. Dieses Tier hatte gelähmte Vorderbeine. Es war gezwungen, auf den Hinterbeinen aufrecht hoppeln zu lernen. Der Umweltfaktor hier ist etwa eine Infektionskrankheit oder ein Unfall. Außergewöhnlich war nicht so sehr dieses Bild, sondern vielmehr, dass sich der Beckenboden und die Beckenmuskulatur der besonderen Situation angepasst hatten. Nicht nur ein größerer Muskel entstand, sondern auch eine neue Sehne an einer Stelle, die den verlängerten Oberschenkelmuskel mit dem Becken verband. Gleichzeitig veränderten sich die Form des Sitzbeins (also eines Teils des Beckens) sowie von Knochen der Hinterbeine. Eine derart umfangreiche morphologische Veränderung konnte nicht erwartet werden, schon gar nicht innerhalb eines Jahres, nach dessen Verlauf das Tier starb. Eine hohe phänotypische Integrationsfähigkeit machte die beteiligten Komponenten ohne jede genetische Variation für die neue Aufgabe funktionsfähig (West-Eberhard 2003; Gilbert und Epel 2009). West-Eberhard führte hierfür den Begriff phänotypische Akkommodation ein: Phänotypische Plastizität ermöglicht Organismen, funktionale Phänotypen zu entwickeln. Das gelingt ihnen selbst bei größeren Störungen. Das haben Kirschner und Gerhart mit erleichterter Variation ähnlich beschrieben (Abschn. 3.5).

Die Ziege ist ein nettes Beispiel, aber man braucht natürlich mehr. Es braucht empirische Beispiele von Populationen mit plastischem Verhalten, will man Schlussfolgerungen dazu ziehen, was Plastizität in der Evolution bedeuten kann. Darum im Folgenden ein Beispiel aus der wundersamen Welt der Käfer. Sie haben noch nie einen Mistkäfer bei der Arbeit gesehen? Ich ehrlich gesagt auch nicht. Das hängt sicher damit zusammen, dass man fast überhaupt keine Käfer mehr sieht. Dabei gab es so viele vor ein paar Jahrzehnten. Ein beunruhigender Verlust! Um so faszinierender sind die Geschichten, die es über sie gibt, wie die folgende.

Die Weibchen des Stierkopf-Dungkäfers *(Onthophagus taurus)* graben verschieden tiefe Löcher zur Ablage der Brutkugel aus Kuh- oder Schafsmist, die ein Ei enthält. Die Käferlarve ernährt sich vom Mist der Kugel. Ein gemachtes Nest. Das klingt beim ersten Lesen nicht unbedingt spannend. Tatsächlich wurden hier aber verblüffende, neue evolutionäre Zusammenhänge entdeckt. Ein Team um Armin Moczek fand zunächst heraus, dass die Tiefe der Tunnel – 10 bis 40 cm – Auswirkungen auf die Größe der Larven hat. Das Weibchen tunnelt umso tiefer, je heißer es an der Oberfläche ist. Tiefer in der Erde ist es kühler, dann werden dort die Käferlarven größer. Größere Larven werden auch als erwachsene Tiere größer und legen mehr Eier als kleinere. Und jetzt der unerwartete Effekt: Die kleineren Käfer, also diejenigen, für die nicht tief genug getunnelt wurde und die dichter an der Oberfläche zur Welt kamen, investieren für ihre eigenen Kinder unabhängig von der Temperatur weniger; sie graben selbst weniger tief und bekommen selbst kleinere Kinder. Das alles, ohne dass der Stressfaktor Hitze für die zweite Generation von Kindern noch im Spiel war. Es genügt also ein einmaliger Temperaturstress, um die Entwicklung über mehrere Generationen zu beeinflussen. Eine epigenetische Vererbungsform mit signifikanten Auswirkungen. Gleichzeitig ist dieses Beispiel ein schöner Devo-Evo-Effekt (Abschn. 3.4), also ein Nachweis dafür, dass die frühere Entwicklung individueller Organismen die nachfolgende Evolution beeinflussen kann.

Ist der Temperaturstress jedoch an der Tagesordnung wie in West-Australien, wo es sehr oft heiß und die Populationsdichte der Mistkäfer zudem hoch ist, dann kommen wieder andere Evolutionsmechanismen zum Vorschein. Dort graben die Weibchen wegen des hohen Wettbewerbsdrucks hinsichtlich der Nahrungsressourcen trotz der Hitze weniger tief und bekommen dennoch große Nachkommen. Fazit: Die Evolution von Plastizität, hier die Tunneltiefe, kann sehr schnell erfolgen (Macagno et al. 2018). Das war erst der erste Akt. Ich werde auf die Mistkäfer noch einmal zurückkommen (Abschn. 5.2), denn sie haben evolutionär noch viel mehr zu bieten.

Nachträgliche Fixierung genetischer Pfade

Interessant wird die Angelegenheit, wenn Plastizität im Evolutionsverlauf entweder weiter verstärkt oder reduziert wird oder sogar verschwindet. Was bedeutet das, wo wir doch gerade festgestellt haben, Plastizität sei vorteilhaft? Clevere Evolutionsbiologen vermuten schon seit langer Zeit, dass eine solche Verstärkung oder Abschwächung der Plastizität bei einer Umweltstörung möglich sei und eine wichtige Voraussetzung für Innovation ist. Das ist beispielsweise dann gut möglich, wenn wir es mit einem umweltinduzierten Merkmal zu tun haben, das quantitativ genetisch reguliert wird. Quantitative Genregulation liegt vor, wenn eine Merkmalsausprägung allein von der stärkeren oder schwächeren Expression eines Gens oder mehrerer Gene abhängt. Auf dieser Basis kann natürliche Selektion leicht die Ausprägung des ursprünglich umweltinduzierten Merkmals in beide Richtungen, also verstärkend oder abschwächend, beeinflussen. Man nennt diesen Vorgang heute genetische Akkommodation (West-Eberhard 2003).

Wenn auf eine phänotypische Akkommodation, wie wir sie oben mit der zweibeinigen Ziege beschrieben haben, eine genetische Akkommodation folgt, kann man sehen, wie plastische Reaktionen in der Entwicklung durch Umweltänderungen induziert werden und in der Folge signifikante genetische Veränderungen evolutionär beeinflussen können. So wird das Merkmal zum adaptiven Merkmal, da ja die genetische Kontrolle für seine Ausprägung übernommen wird, was typischerweise in mehreren Stufen geschieht.

Verschwindet im Extremfall die Plastizität gänzlich und hat das Genom die Merkmalsausprägung in Richtung eines fixen Phänotyps vollständig im Griff, spricht man von genetischer Assimilation als einer Spezialform der Akkommodation (Minelli 2015). Das Merkmal ist dann genetisch fixiert. Es ist robust gegenüber dem Umweltfaktor. Genetische Assimilation ist also gleichbedeutend mit erlangter Robustheit für einen spezifischen Fall. Der Umweltstimulus, der zu Beginn die alleinige Kontrolle über ein Phänotypmerkmal hat und dauerhaft über viele Generationen vorhanden sein muss, ist bei genetischer Assimilation für das Merkmal nicht mehr erforderlich (vgl. das Beispiel Tabakschwärmer, Abschn. 4.5). Gilbert und Epel (2009) betonen, dass der Mechanismus genetischer Akkommodation oder Assimilation häufig auftreten kann, weil viele Merkmale sowohl durch die Umwelt als auch durch Genetik beeinflusst werden.

Dieser Mechanismus wurde von West-Eberhard (2003) erstmals ausführlich beschrieben. Sie formulierte dazu die damals und heute noch provozierende Hypothese: *Genes are followers*. Damit ist gemeint, dass genetische Veränderung nicht zwangsläufig der phänotypischen Änderung vorausgehen muss. Das darf – vorsichtig ausgedrückt, denn die Forscherin ist hier selbst vorsichtig – als ein alternativer Vorgang im Vergleich zur Synthese verstanden werden. Und die vorsichtige West-Eberhard schreibt dann ebenso markant: „Die Vorstellung, dass Gene direkt für komplexe Strukturen codieren können, ist eine der bemerkenswertesten dauerhaften Fehlkonzeptionen der modernen Biologie gewesen."

Es leuchtet ein, dass ein genetisch akkommodiertes oder assimiliertes Merkmal im Zusammenspiel von Umwelt und Genexpression etwas Neues darstellen kann, einen neuen Phänotyp. Wenn der Prozess, wie beschrieben, aus einem anhaltenden Umweltstimulus evolviert und eine quantitativ genetische Steuerung übernommen werden kann, bestehen Chancen auf evolutionäre Innovationen.

Umwelteinflüsse oder Mutationen – Was ist wahrscheinlicher?

Einiges spricht dafür, dass der Initialfunke für phänotypische Veränderung von der Umwelt kommen kann und nicht von der Seite genetischer Mutation, obwohl letztere Form hier natürlich nicht ausgeschlossen wird. Für die Umwelt als Initiator spricht erstens, dass ein Umweltfaktor – sagen wir eine erzwungene Änderung der Ernährung – gleichzeitig viele oder alle Individuen einer Population betrifft. Zweitens kann der Einflussfaktor über mehrere Generationen dauerhaft Bestand haben. Das sind bessere Voraussetzungen als eventuelle zufällige Mutationen. Drittens hat die phänotypische Plastizität etwas im Gepäck, das als kryptische genetische Variation bezeichnet wird.

Eine kryptische Mutation ist quasi eine durch die Evolution der Plastizität geschaffene Vorsorge für einen eventuellen Fall, ein Puffer. Trifft der Fall (Umweltstimulator) ein, kann die Mutation wie ein Switch-Mechanismus plötzlich wirken. Komplexe genetische Netzwerke enthalten viele kryptische Mutationen. Zur Erinnerung: Waddington hat über die Pufferung von Mutationen gesprochen; damit hat er nichts anderes gemeint als kryptische Mutationen. Ferner wurden alternative Genregulationen weiter oben bereits von Vertretern der Genregulationsnetzwerke (Abschn. 3.3) postuliert. Also gibt es vergleichbare Konzepte. Alle drei genannten Gründe sprechen also dafür, dass Umweltfaktoren phänotypische Variation eher auslösen können als ein genetischer Mutationsprozess, der unter Umständen lange auf sich warten lässt.

Hitzeschockproteine puffern Mutationen bei *Drosophila*, Korallen und Darwinfinken

Ohne Beispiel ergibt diese Schilderung vielleicht ein zu diffuses Bild, daher hier ein Laborexperiment, das die Kette Pufferung alternativer Genregulationen ⇒ Kanalisierung ⇒ genetische Assimilation verdeutlicht. Das Protein *HSP90* hat bei der Taufliege eine ganze Reihe von Funktionen. In der normalen, ungestörten Entwicklung des Organismus hilft dieses Protein dabei, dass andere wichtige Proteine korrekt gefaltet werden. Man nennt solche Faltungshelfer-Proteine Chaperons. Auch bei der DNA-Reparatur hilft *HSP90;* es hat also eine essenzielle Aufgabe in der Entwicklung. Das ist die eine Seite der Medaille. Der Name *HSP90* steht jedoch für etwas anderes, er bedeutet *Heat Shock Protein*. Als solches hat es neben der Faltungsfunktion auch eine Schutz- oder Pufferfunktion: Bei Hitze, also unter Stress, wird es in erhöhtem Maß gebildet und sorgt dann dafür, dass genetische Mutationen (als ebenfalls mögliche Stressfolge) nicht zu phänotypischer Abweichung führen. Das Protein korrigiert die mutierten Proteinstrukturen dieser Gene leicht. Damit kommen die mutierten Gene nicht zu der unvorteilhaften Expressionsform. Mit anderen Worten: Sie bleiben gepuffert. *HSP90* agiert somit als ein Kanalisierungsfaktor. – Soweit der Standardfall; nun die Laborbeobachtung.

Reduziert man *HSP90* bei *Drosophila* im Labor, wird eine Reihe genetischer Mutationen demaskiert. Diese kommen zum Vorschein. *HSP90* kann so als ein Verstärker (Capacitor) für evolutionären Wandel wirken und ermöglichen, dass genetische Veränderungen, die zuvor akkumuliert und gepuffert vorgehalten wurden, jetzt wirksam werden. Auch hier gelang es den Forschern, einige Mutanten zu erzeugen, die phänotypische Veränderungen sogar dann aufweisen, wenn das Protein *HSP90* wieder ausreichend vorhanden ist. Sie waren offensichtlich jetzt genetisch assimiliert. Auf diesem Weg konnte 1998 erstmals epigenetische Kanalisierung, Pufferung und genetische Assimilation auf eine Weise sichtbar gemacht wurden, wie sie in dieser Art nicht nur im Labor, sondern auch in der Natur auftreten können. *HSP90* scheint Waddingtons Konzept der Entwicklungskanalisation und genetischen Assimilation zu bestätigen (Gilbert und Epel 2009).

Korallen müssen manchen Temperaturschwankungen standhalten. Man beobachtete, dass verschiedene Korallenarten bei ansteigender Wassertemperatur *HSPs* proportional erhöhen, um überleben zu können. Die Produktion von *HSPs* ist also umweltabhängig. Das können manche Korallen sogar bei Temperaturen, denen sie in der Natur evolutionär noch nie ausgesetzt waren. Die Evolution sorgt also quasi für außergewöhnliche Fälle vor. *HSPs* werden hier für derartige Situationen gepuffert (Gates und Edmunds 1999). Generell ist die Evolution aber für Extremfälle, die eine plötzliche, neue Situation darstellen, nicht gut gewappnet.

Könnte ein vergleichbarer Fall bei den Darwinfinken vorliegen, die gleich anschließend in Abschn. 4.1 beschrieben werden? Könnte auch bei ihnen, die in kurzer Zeit ihre Schnäbel anpassen können, eine Pufferung von Mutationen vorliegen und anhaltender Ernährungsstress solche versteckten Variationen freilegen? Es bleibt genug Stoff für künftige Forschung. Was den Menschen betrifft, so war bisher noch weitgehend unbekannt, in welcher Weise *HSP90* mögliche Konsequenzen von Mutationen in Schach hält. In einer Stichprobe mit 1500 Mutationen waren solche, die ursächlich für Krebsprädisposition sind, weniger krankheitserregend bei einer Dominanz von *HSP90* (Schutzfunktion Puffer, Maskierung) und umgekehrt: stärker krankheitserregend bei weniger *HSP90*. Die Korrelation von *HSP90* mit dem Krankheitsverlauf weist auf einen plausiblen Mechanismus für die variable Präsenz von *HSP90* und die Umweltsensibilität genetisch bedingter Krankheiten hin (Karras et al. 2017). Eine solche Rolle von *HSP90* wurde auch bei anderen Krankheiten beschrieben. Damit mehren sich die Hinweise darauf, dass dieses Schlüsselprotein als Puffer zur Kontrolle von Mutationen bei Eukaryoten wichtiger ist als bisher angenommen.

Molekulare Mechanismen

Kurz zur molekularen Wirkweise der Plastizität: Drei Schritte können grundsätzlich bei phänotypischer Plastizität beobachtet werden. Erstens empfängt und übersetzt ein individuelles Sensorsystem Informationen aus der Umwelt. Zweitens wird das empfangene Signal in eine molekulare Reaktion auf biochemischer Ebene übersetzt, die zu Zellreaktionen führt. Drittens schließlich ändern die Zielzellen, Organe oder Gewebe den Phänotyp. Der Prozess wird nahezu immer von Genexpressionsänderungen begleitet. Besonders Transkriptionsfaktoren, also Proteine, die an Gene binden, können sich ändern und anders binden bzw. auch an andere Gene binden und diese aktivieren. Solche neu aktivierten Gene können die Bildung von Hormonen triggern, die schließlich eine phänotypische Änderung herbeiführen. Diesen molekularen Prozess haben wir ja bei Carroll schon als den „genetischen Werkzeugkasten" kennengelernt, allerdings ohne dass Carroll oder Andreas Wagner die Umwelt derart gewichtig ins Spiel bringen (Abschn. 3.3). Solches Geschehen nimmt komplexe Formen an, wenn viele Gene, Umweltfaktoren und Schwelleneffekte betroffen sind, die die erwähnte Hormonreaktion auslösen (Ehrenreich und Pfennig 2016).

Plastizität kann entweder mittels eines bestehenden oder eines spezifisch neuen Genregulationsnetzwerks oder aber durch Zwischenformen realisiert werden. Als Beispiel für ein bestehendes Netzwerk, das alternative Phänotypen ausprägen kann, nennt Moczek die Hornkäfer. Sie können mit demselben Entwicklungsmechanismus, nämlich programmiertem Zelltod, Männchen mit unterschiedlichem Horn hervorbringen. Die Alternative dazu sind von einen speziellen Umwelteinfluss abhängige Genexpressionen. Auch sie können unterschiedliche, plastische Phänotypen bewirken. Das kommt extrem oft vor, so Moczek et al. (2011). Ein erwachsener Stierkopf-Dungkäfer verfügt nebenbei über immense Kräfte; er kann das Tausendfache seines eigenen Körpergewichts tragen. Der Grund für seine Stärke scheinen die

aufwendigen Paarungskämpfe unter den Männchen zu sein, bei denen Scolopendromorpha sich die Hörner verhaken und ein Männchen seinen Wi-
dersacher aus dem Nest werfen kann. Und noch etwas fanden Moczek und
Kollegen heraus: Je größer das Horn, desto kleiner der Penis (Moczek und
Parzer 2008). Alle Kombinationen können je nach Umwelt und regionalen
Populationsgrößen Vor- und Nachteile bedeuten. Neue Arten entstanden in
diesem Zusammenhang in wenigen Jahrzehnten.

Nicht für die phänotypische Plastizität, sondern auch für die Assimilation
auf der genetischen Seite werden entsprechende molekulare Mechanismen
vorgeschlagen. Zunächst muss klar sein: Es bedarf dafür keiner neuen Gene.
Vielmehr kann ein neuer Genregulationspfad entstehen, der die Genexpression gegenüber dem Umweltstimulus robust gestaltet. Quantitative Effekte
bei der Expression eines oder mehrerer Gene sind dabei mit einiger Wahrscheinlichkeit im Spiel.

Als ich vor vielen Jahren zum ersten Mal von phänotypischer Plastizität,
von genetischer Assimilation und von *Genes are followers* las, war ich leicht
verwirrt. Sie werden beim Lesen vielleicht ähnlich reagiert haben. Die Mechanismen lesen sich wie blanke Theorie, obwohl West-Eberhard und andere
zahlreiche Beispiele bemühen. Jedoch blieb lange fragwürdig, wie bedeutend
der Prozess genetischer Assimilation für natürliche Evolution tatsächlich ist.
Wie oft also mag das in der Natur auftreten? Das wurde auch zur Kernfrage.
Heute berichten Moczek et al. (2015), dass Evo-Devo-Forschungen zu einer
tieferen Würdigung der Interaktionen zwischen dem sich entwickelnden Organismus, der Umwelt und den ökologischen Bedingungen kommen. „Entwicklungsplastizität […], einst als ein Spezialfall in einer Untermenge biologischer Ordnungen betrachtet, wird jedoch heute als die Norm gesehen.
Und ökologische Konditionen werden als fähig erkannt, Entwicklungsergeb-
nisse auf allen Ebenen biologischer Organisation zu beeinflussen. Interaktionen zwischen sich entwickelnden Organismen und ökologischen Verhält-
nissen können deshalb Muster selektierbarer Variation bilden, die in einer
gegebenen Population verfügbar sind."

Neuere Beispiele dafür sind zahlreich: Man kennt bei Bakterien und
Blattläusen Gene, die für umweltsensitive Expression prädisponiert sind und
Mutationen anhäufen können. Bei Wasserflöhen, Höhlenfischen, Kaulquappen, Schlangen und anderen Tieren wird über umweltinduzierte Phänotypen berichtet, die durch nachträgliche Selektion genetisch veränderlicher
Faktoren stabilisiert werden. Gleichzeitig erkennt man, dass Organismen
während der Entwicklung die ökologische Nische, in der sie aufwachsen,
mitgestalten. So geben sie der selektiven Umgebung für sich und für die

nachfolgenden Generationen eine bestimmte Richtung (Moczek et al. 2015; zur Nischenkonstruktion vgl. Kap. 5).

Im nächsten Abschnitt möchte ich schließlich noch die Frage 5 aus Gerd B. Müllers Punktekatalog zur Evo-Devo-Disziplin (Abschn. 3.4), herausgreifen und gesondert behandeln. Das betrifft evolutionäre Innovationen. Wichtiges dazu haben wir ja bis hierher bereits erfahren.

Im Gespräch mit Armin Moczek

Herr Professor Moczek, wir haben in Englisch gemailt, als Sie mir schrieben, Sie seien Deutscher und im Münchner Norden groß geworden, was ich nicht wusste und was mir die Gelegenheit gibt, Sie heute persönlich kennenzulernen. Wie schafft man das von einem Münchner Buben zum Professor für Evolutionsbiologie an einer angesehenen Universität in den USA?

Kurz gesagt, es ist eine Kombination aus der Faszination für die Biologie, viel harter Arbeit und noch mehr einfachem Glück. Ich bin im Hasenbergl in einer Sozialwohnung als einziges Kind einer Arbeiterfamilie aufgewachsen. Mein Vater war Elektriker und meine Mutter begann als Büroassistentin. Keiner der beiden hatte Abitur; mein Vater beendete kaum die neunte Klasse, ein Opfer der Nachkriegsumstände seiner Kindheit. Ich war also nicht wirklich auf eine akademische Karriere vorbereitet. Aber ich war immer gut in der Schule, liebte Biologie, und nach dem Abitur und dem Zivildienst fiel es mir schwer, mir vorzustellen, eine reguläre Arbeit aufzunehmen. So zog ich nach Würzburg und studierte Biologie. Nach dem Ende meines zweiten Jahres ergab sich für mich eine außerordentliche Gelegenheit, als eine Forschungsgruppe einen Assistenten brauchte, der mit Seilen und Gurten – mit denen ich vertraut war – klettern konnte, um baumlebende Arthropodengemeinschaften in Sabah, Borneo, zu studieren. Ich hatte keine Ahnung von denen, wollte das aber unbedingt lernen. So wurde ich in tropischer Ökologie ausgebildet und verbrachte sechs fantastische Monate auf zwei getrennten Reisen in Borneo und zurück in Würzburg weitere anderthalb Jahre an der Auswertung des Projektes. Dabei wuchs meine Überzeugung, Tropenbiologe zu werden. Meinen zweiten großen Durchbruch hatte ich, als ich in meinem letzten Jahr als Masterstudent ein Stipendium des Deutschen Akademischen Auslandsdienstes (DAAD) für die Duke University in Durham, North Carolina, erhielt. Dort lernte ich meine zukünftige Frau Laura sowie meinen zukünftigen Doktorvater Fred Nijhout kennen. Durch ihn lernte ich zum ersten Mal, dass man den Verlauf der Evolution besser nachvollziehen kann, wenn man die Entwicklungsbiologie der jeweiligen Organismengruppen versteht. Diese Einführung in das, was wir heute als evolutionäre Entwicklungsbiologie bezeichnen, hat meine Sicht auf lebende Systeme und an die Herangehensweise an sie und ihre Erforschung für immer verändert. Nach einer kurzen Rückkehr nach Deutschland, um mein Diplomstudium abzuschließen, war ich innerhalb weniger Monate wieder an der Duke University. Ab diesem Zeitpunkt war mein weiterer Fortgang zumindest für das US-amerikanische akademische System eine konventionellere Karriere. Ich promovierte im Jahr 2002, hatte einen Postdoc für 2,5 Jahre an der University of Arizona bei

Lisa Nagy und Diana Wheeler und trat 2004 die Position an meiner Fakultät an der Indiana University an, wo ich bis heute bin.

Sie und Ihr Team beschäftigen sich schwerpunktmäßig mit Hornkäfern. Wie kamen Sie zu diesen ausgefallenen Tieren und was ist so spannend an ihnen?
Lassen Sie mich vorweg sagen, dass wir nicht nur an Hornkäfern arbeiten, sondern auch an einer Vielzahl anderer Insekten, wie etwa an Buckelzikaden *(Membracidae)* und ihren Helmen oder an Glühwürmchen *(Lampyridae)* und ihren lichterzeugenden Organen. Aber es ist wahr, dass wir den größten Teil unserer Arbeit mit Käferhörnern und Hornkäfern machen. Ich habe diese Tiergruppe ausgewählt, und sie hat mich ausgewählt. Zuerst fing ich an, an einer bestimmten Spezies zu arbeiten, dem Stierkopf-Dungkäfer *(Onthophagus taurus)*, weil ich als Austauschstudent bei Duke ein Studiensystem für ein Klassenprojekt in einer Tierverhaltensklasse benötigte. Aber innerhalb weniger Wochen wurde mir klar, dass dies wirklich interessante Organismen sind und dass viele der Dinge, die sie interessant machten, experimentell zugänglich sind. Dies war zunächst die Fähigkeit der Männchen, sich in Abhängigkeit von den Fütterungsbedingungen der Larven zu alternativen Morphen zu entwickeln, was die Möglichkeit eröffnete, die Entwicklungsgrundlagen der Plastizität und ihre Evolution über Populationen und Arten hinweg zu untersuchen. Später haben wir das Studium der Hörner als evolutionär neuartige morphologische Merkmale hinzugefügt, um mehr über die Ursprünge neuartiger komplexer Merkmale zu erfahren, ein übergreifendes Forschungsprogramm, das bis heute andauert. In jüngerer Zeit haben wir uns im Rahmen unserer Innovationsschwerpunkte für die Rolle der nicht-genetischen Vererbung und der Entwicklungssymbiosen interessiert, und erneut haben sich die Käfer als nützliches Studiensystem erwiesen, mit dem die Rolle mütterlich vererbter Darm-Mikrobiota für die Evolution neuer Ernährungsweisen und lokaler Anpassung an neue Bedingungen untersucht werden können. In ähnlicher Weise haben sie sich als hervorragende Organismen erwiesen, da mit ihnen die Bedeutung der Nischenkonstruktion experimentell beurteilt werden kann. Zusammenfassend kann ich eine nichtrationale Liebe für diese Organismen nicht leugnen, was wenig mit Wissenschaft zu tun hat. Gleichzeitig sind sie aber in hohem Maße leistungsfähige Untersuchungsorganismen, mit denen Schlüsselfragen auf dem neuesten Stand der Evolutionsbiologie vorangebracht werden können.

Evolutionäre Innovationen gehören zum Spannendsten, womit Sie sich intensiv auseinandersetzen, und das schon Darwin fiebrig beschäftigte. Warum ist das so?
Der Ursprung neuer Merkmale gehört zu den faszinierendsten und dauerhaftesten Problemen in der Evolutionsbiologie. Das Thema ist faszinierend, weil es das Herzstück dessen ist, was einen Großteil der Evolutionsbiologie antreibt: die Ursprünge exquisiter Anpassungen und die von ihnen ermöglichten evolutionären Übergänge und ökologischen Radiationen zu verstehen. Das Thema ist von Dauer, weil es ein grundlegendes Paradoxon verkörpert. Einerseits basiert Darwins Evolutionstheorie auf modifizierter Abstammung, bei der letztendlich alles Neue aus dem Alten kommen muss. Auf der anderen Seite sind Biologen von komplexen neuartigen Merkmalen fasziniert, gerade weil es ihnen an einer

offensichtlichen Homologie zu bereits vorhandenen Merkmalen fehlt. Was ermöglichte es dem ersten Auge oder Insektenflügel oder der ersten Feder oder Plazenta aus den Zwängen und Grenzen ursprünglicher Variation hervorzugehen?

Es gibt jedoch einen weiteren wichtigen Grund, warum die Natur der evolutionären Innovation so faszinierend ist, nämlich die Unfähigkeit der konventionellen, populationsgenetischen Evolutionsbiologie, trotz eines Jahrhunderts großer Fortschritte in anderen Bereichen eine zufriedenstellende Antwort zu geben. Tatsächlich ist die Populationsgenetik nicht in der Lage, die erklärenden Herausforderungen der evolutionären Innovation zu bewältigen, sodass sie die Frage nicht mehr stellt, eine Lücke, die jetzt zunehmend durch evolutionäre Entwicklungsbiologie und Eco-Evo-Devo gefüllt wird.

Man könnte spaßhaft den Eindruck bekommen, aus Ihrer Schule sei mehr über Hornkäfer veröffentlicht worden als Ihre Kollegen über alle anderen Tiere geschrieben haben. Kann man die vielen Erkenntnisse über die Gattung Onthophagus *denn auf andere Tierstämme übertragen?*

Unsere Arbeit konzentriert sich auf die Entstehung neuartiger komplexer Merkmale, auf die Rolle der Entwicklungsplastizität beim Erleichtern und Beschleunigen von Innovationen und auf die Beiträge von Nischenkonstruktionen, Entwicklungssymbiosen und nicht-genetischer Vererbung am Innovationsprozess. All dies sind Themen, die für alle Lebensformen von grundlegender Bedeutung sind, und daher sind die Ergebnisse unserer Arbeit über *Onthophagus*-Käfer allgemein anwendbar und für die meisten anderen Organismengruppen relevant. Was *Onthophagus* auszeichnet, ist die experimentelle Zugänglichkeit und Manipulierbarkeit vieler Phänomene, an denen wir interessiert sind, auch wenn in einigen Fällen die von uns untersuchten Merkmale, auf die wir uns fokussieren, möglicherweise nicht die außergewöhnlichste Realisierung eines bestimmten Phänomens sind. Während Hörner beispielsweise eine evolutionäre Neuheit sind, verblassen sie gegenüber der Komplexität der Licht erzeugenden Organe von Glühwürmchen, die wir ebenfalls untersuchten. Die relative Einfachheit des Horns ist jedoch eine versteckte Stärke, da es uns leichter fiel, ihre Entwicklungs- und Evolutionsursprünge durch vergleichende Arbeit zu rekonstruieren. In ähnlicher Weise ist *Onthophagus* möglicherweise nicht der extremste Nischenkonstrukteur der Welt. Entscheidend ist jedoch, dass wir dieses Phänomen auf standardisierte, replizierbare und vergleichende Weise experimentell manipulieren können. Gleiches gilt für die Wechselwirkungen zwischen Wirts-Mikrobiota. Unsere Käfer sind eine der relativ wenigen Gruppen, in denen wir mikrobielle Partner in verschiedenen Populationen und Arten entfernen, modifizieren oder ersetzen können. Auf diese Weise können wir weit über einfache Korrelationen hinausgehen, bei denen die meisten anderen Arbeiten, einschließlich der Beziehungen zwischen Mensch und Mikrobe, in der Regel stecken bleiben.

Sie sind einer der meistzitierten Evo-Devo-Forscher weltweit. Evo-Devo hat eine empirische und eine theoretische Seite. Was ist der „Sprengstoff" von Evo-Devo für die Evolutionstheorie?

Bevor es Evo-Devo gab, erkannten Evolutionsbiologen die außergewöhnliche organismische Vielfalt, die uns umgibt, und kamen zu dem Schluss, dass dies auch für die Vielfalt der genetischen Entwicklungsprozesse gelten muss, die den Phänotypen zugrunde liegen. Was könnte eine Fliege mit einer Molluske oder einem Säugetier gemeinsam haben? Diese Perspektive hatte eine Reihe von Konsequenzen. Beispielsweise wurde vorgeschlagen, dass der Ursprung einer echten Innovation in der Evolution, was auch immer genau das sein mag, die Evolution neuer Gene, Signalwege und Entwicklungsprozesse erfordert, und dass daher das Neue in der Evolution als das Fehlen von Homologie und Homonomie definiert werden sollte. Es bedeutete auch, dass, wenn man zum Beispiel die Entwicklung und Krankheit des menschlichen Herzens untersuchen wollte, durch das Studium etwa von Fruchtfliegen nichts gewonnen werden konnte. Es ist vielleicht wichtig zu erkennen, dass nichts davon auf Daten beruhte, nur auf Intuition und Logik, es schien nur Sinn zu machen.

Evo-Devo hat das alles auf den Kopf gestellt. Es ist klar, dass organismische Phänotypen unglaublich unterschiedlich sind, aber wie sie während der Entwicklung hergestellt werden, ist stark konserviert. Dieselben Gene, Gennetzwerke, Signalwege, morphogenetischen Prozesse, Gewebetypen usw. helfen dabei, ähnliche und unterschiedliche Merkmale in verschiedenen Organismen herzustellen. Durch diese grundlegende Erkenntnis verwandelte Evo-Devo Organismen und ihre Bestandteile in LEGO-Kreationen, bei denen Vielfalt und Neuheit weniger durch Hinzufügen neuer Teile entstehen als durch wiederholtes Verwenden und erneutes Kombinieren derselben Teile auf unterschiedliche Weise. Viele Implikationen ergaben sich daraus. Zum Beispiel stellte es die Dichotomie zwischen Homologie und Neuheit infrage: Früher sah man das schwarz-weiß, aber Evo-Devo fügte Grautöne und Schichten hinzu. Homologie könnte nun auf der Ebene von Genen und Signalwegen existieren, jedoch nicht auf der Ebene der genauen Körperposition, oder auf der Ebene des Zelltyps, jedoch nicht der des Organs. Plötzlich entstand Neuheit nicht mehr in Abwesenheit von Homologie, sondern durch sie, viel weniger durch neue Gene und Signalwege als vielmehr gelenkt durch Regeln ihres Zusammenspiels. Diese Regeln zu erkennen und zu verstehen, wie das Entstehen organismischer Vielfalt in Entwicklung und Evolution ausgerichtet wird, ist eine der aktuellen Herausforderungen von Evo-Devo. Dies bedeutete auch, dass die Entwicklungsbiologien der verschiedenen Tiergruppen, einschließlich unserer eigenen, eine tiefe Affinität zueinander besitzen. Wenn man sich für das Studium der menschlichen Herzbildung und -krankheit interessiert, kann man plötzlich viel von Fliegen lernen.

Sie sind Mitglied des Projektteams der Extended Evolutionary Synthesis (EES), um die es in meinem Buch geht. Die Konzepte und Ziele der EES werden von Kollegen begrüßt, aber auch stark kritisiert. Ist die Kritik aus Ihrer Sicht haltbar?
Ich kann verstehen, woher ein Teil der Kritik kommt, und ein Teil davon ist gerechtfertigt. Zum Beispiel haben einige der Arbeiten, die zum Zusammenwachsen des EES-Rahmens geführt haben, den Wert des populationsgenetischen Denkens für unser Verständnis der Leichtigkeit oder Schwierigkeit, mit der sich adaptive Mutationen über Populationen ausbreiten können, allzu leicht vernachlässigt. Dasselbe gilt auch für die Rolle der Entwicklungsplastizität, die die Anhäufung genetischer Variationen fördert. Viel Kritik finde ich jedoch

ungerechtfertigt. Sie beruht eher auf Unwissenheit. (Wenige Populationsgene-tiker haben ein solides Verständnis für die Entwicklung, wie Merkmale in der Ontogenese entstehen und was ein Gen „ist" oder „tut".) Oder die Kritik ist „Revierschutz" (zuzugeben, dass „die andere Seite" einen gültigen Punkt hat, fühlt sich wie eine Schwäche an). Entwicklungen in Bereichen wie Epigenetik, Wirtsmikrobiologie, Evo-Devo oder Kognitionswissenschaften haben die EES-Perspektiven jedoch bereits umfassend berücksichtigt und Berge von Daten ge-neriert, die die neue Theorie unterstützen. Für mich ist es daher nur eine Frage der Zeit, bis sich die traditionellere Evolutionsbiologie in ähnlicher Weise ver-hält. Was mich persönlich am meisten interessiert, ist, dass die aktuelle Genera-tion von Masterstudenten und Doktoranden EES-Positionen prüft und sie dann kritisch hinterfragt. Das geschieht bereits auf der ganzen Welt.

Die EES verwendet neue Grundannahmen und kommt zu anderen Vorhersagen im Gegensatz zur Synthetischen Theorie. So gewinnen Umweltfaktoren im Gegensatz zur Synthese aktiv Einfluss auf Entwicklung und Vererbung. Solche Überlegungen gehen über bloße „Ergänzungen" weit hinaus. Dennoch formu-liert die EES auf ihrer Internetseite die erweiterte Theorie mit großer Vorsicht und will keine Revolution. Ist die Synthese dennoch aus Ihrer Sicht „out"?
Nein. Meiner Ansicht nach ist nichts falsch, was die Modern Synthesis anbe-langt. Tatsächlich ist alles von großer Bedeutung, um zu verstehen, warum und wie sich die Evolution so entwickelt, wie sie sich entwickelt. Aber die Synthese ist unvollständig, und daher erscheint es mir richtig, wenn ich die EES eher als Erweiterung denn als Revolution bezeichne. Mutation, Selektion, Drift und Mi-gration spielen eine enorme Rolle als evolutionäre Mechanismen, die die Al-lelzusammensetzung innerhalb einer Population verändern können. Die EES fragt jedoch zu Recht, ob dies die aussagekräftigste Definition der Evolution ist oder ob sie in Richtung einer Veränderung der vererbbaren Variation innerhalb einer Population erweitert werden sollte, um beispielsweise Raum für nicht-ge-netisches Erbe und Nischenkonstruktion zu schaffen. Oder die EES fügt die Be-deutung von Variationstendenz in der Entwicklung und Plastizität bei der Ge-staltung phänotypischer Variation hinzu, die der Selektion zur Verfügung ste-hen. Dies macht die EES zu einer Erweiterung, die nicht trivial ist, aber dennoch keine Revolution darstellt. Trotzdem kann EES-Denken revolutionäre Einsich-ten und Fortschritte ermöglichen: Unsere Suche nach genetischen Grundlagen für viele Krankheiten ist beispielsweise überraschend ins Leere gegangen, was die Entwicklung von Behandlungsoptionen vereitelt. Die Erkenntnis, dass viele Krankheitsphänotypen in Populationen als Reaktion auf falsch konstruierte in-terne und externe Umgebungen auftreten und sich unterschiedlich ausbreiten können, wie dies beispielsweise in der Hygiene-Hypothese vorgesehen ist, hat neue Behandlungsansätze ermöglicht, die einem wachsenden Patientenpool helfen. Diese konzeptionellen medizinischen Entwicklungen erfolgten unab-hängig von unserer Arbeit an der EES, sind jedoch voll kompatibel mit dieser, jedoch inkongruent mit dem einfachen Denken der Modern Synthesis.

Wie sehen Sie die Zukunft der Evolutionstheorie? Werden die neuen Evo-Devo-Schlüsselkonzepte einer konstruktiven Entwicklung und reziproken Kausalität akzeptiert werden?

Ja, ich denke schon, aber wahrscheinlich mit unterschiedlichen Geschwindigkeiten in verschiedenen Unterdisziplinen. Wo Evolutionsbiologen die Entwicklung in ihre Arbeit integrieren und nicht nur die Entwicklungsgenetik, sondern auch die eigentliche Entwicklung mit der Zellbiologie und den morphogenetischen Bewegungen usw., ist eine Denkweise vorhanden, die Raum für eine konstruktive Entwicklung schafft oder diese sogar betont. Gleiches gilt für alle Evolutionsbiologen, die Wechselwirkungen zwischen Wirt und Mikrobe untersuchen: Wechselwirkende Kausalität ist allgegenwärtig. Dies zu ignorieren, heißt einen Schritt zurück zu machen. Dies sind jedoch empirische Beobachtungen, und die daraus resultierenden Theorien waren bisher weitgehend allgemein und verbal. Quantitative Gegenstücke müssen noch entwickelt werden. Daher werden andere Bereiche der Evolutionsbiologie wahrscheinlich etwas länger brauchen, bis sie sich für EES-Positionen öffnen. In einigen Fällen kann es weniger erforderlich sein, aktuelle Skeptiker zu überzeugen, als vielmehr abzuwarten bis sich früher meinungsbildende Persönlichkeiten zurückziehen und ersetzt werden.

Die Evolutionstheorie, wie sie heute in den Schulen und Universitäten vermittelt wird, ist einfach, klar und leicht verständlich. Für die EES gilt das nicht mehr unbedingt. Sie enthält reziproke Ursache-Wirkungszusammenhänge. Damit wird sie eine komplexe Theorie. Das ist nicht gerade hilfreich für ein hohes Allgemeinverständnis.
Ich habe zwei Antworten darauf. Erstens würde ich sagen, dass es einfach keine Alternative gibt. „Einfach" mag klar und verständlich sein, aber wenn es falsch oder unvollständig ist, muss es geändert oder ersetzt werden. Aber was vielleicht noch wichtiger ist: Ich würde die Fähigkeit der Öffentlichkeit nicht unterschätzen, komplexe Zusammenhänge zu verstehen, wie sie die EES postuliert. Wenn ich mit Laien über EES-Perspektiven spreche, wir mir oft gesagt, dass es absolut Sinn macht, dass die Vererbung nicht auf Gene beschränkt ist und dass, wenn sich Umweltveränderungen auf den Erfolg von Nachkommen auswirken, dies auch Auswirkungen auf zukünftige Evolutionsverläufe haben kann. Daran schließt sich in der Regel die Überraschung an, dass diese Perspektiven erst noch integriert werden müssen und viel diskutiert werden. Es würde mich nicht überraschen, wenn sich ähnliche Einstellungen ergeben, wenn EES-Inhalte an Schulen und Universitäten unterrichtet werden.

Man gewinnt den Eindruck, Evo-Devo sei in Deutschland noch nicht bekannt und wird an den Universitäten wenn, dann nur am Rande gelehrt. Ist das so und warum nach Ihrer Meinung?
Ich glaube, dass dies im Durchschnitt eine korrekte Aussage ist, obwohl es wichtige Ausnahmen gibt. Die Gruppen um Gregor Bucher in Göttingen, Siegfried Roth in Köln oder Ralf Sommer am MPI in Tübingen sind Beispiele für eine erfolgreiche Evo-Devo-Forschung in Deutschland. Grundsätzlich fehlt Evo-Devo jedoch in der Forschung und Lehre an deutschen Hochschulen. Ich denke, ein Teil davon liegt in der Trägheit der deutschen Universitätssysteme begründet, neue disziplinarische Entwicklungen zu akzeptieren. Die Max-Planck-Gesellschaft ist hier viel schneller, aber selbst dort manifestiert sich Evo-Devo weitgehend im Kontext des Max-Planck-Instituts für Entwicklungsbiologie in Tübingen

und erfasst nur einen bescheidenen Teil dessen, wofür die Disziplin jetzt steht. Ich glaube, dies ist eine verpasste Chance für die deutsche Forschung und für deutsche Studenten. In vielerlei Hinsicht ist Evo-Devo und ihre zunehmende Umwandlung in Eco-Evo-Devo die Zukunft der Evolutionsbiologie, denn sie versprechen, die Schlüsselfragen, die die konventionelle Evolutionsbiologie nicht beantwortet hat, voranzutreiben. Dies geschieht zu einer Zeit, in der solche Antworten zunehmend dringend benötigt werden, da die organismische Vielfalt einem sich zunehmend verändernden Planeten gegenübersteht und die menschliche Gesundheit zunehmend von den Umweltbedingungen abhängt, die wir selbst konstruieren.Eco-Evo-Devo sollte also von der Grundperspektive bis zur angewandten Perspektive das sein, was heute Schülern vorgestellt werden sollte und was sie lernen müssten.

Armin, Ich danke Ihnen herzlich für das persönliche Gespräch!
(Das Gespräch mit Armin Moczek führte ich am 18. Juli 2019 in München auf Englisch.)

3.9 Natural genetic engineering

Angenommen, ich präsentiere Ihnen hier eine Theorie, mit der Ihnen das Bild vermittelt werden soll, unsere Zellen könnten ihr Genom, also unsere eigene DNA, umschreiben; sie könnten auf nicht zufällige Art die eigene DNA koordiniert, funktional rekonstruieren, und dies im Zeitlauf eines einzigen Individuallebens. Menschen könnten das, und ebenso andere Tiere und Pflanzen. Bakterien und Viren ohnehin. Ich bin mir nicht sicher, ob Sie dann noch weiterlesen, wenn noch hinzukommt: Zellen besäßen kognitive Fähigkeiten. Sie könnten erkennen, was um sie herum geschieht, reagierten situationsabhängig, kontrollierten ihr Umfeld und antworteten auf Stresssituationen gezielt, ja adaptiv mit Rekonstruktionen ihres Genoms.

Stress kann Umwelteinflüsse vieler Art bedeuten, darunter auch anhaltender, extremer Nahrungsmangel oder auch ein Klimawandel. Das, was hier mit Zellmechanismen gemeint ist, sollen diese aber nicht mit dem ihnen inhärenten bekannten Apparat an Signalstoffen bewältigen. Vielmehr können sie, wenn sie in lebensbedrohlicher Gefahr sind, eines oder mehrere komplexe Reengineering-Programme durchführen. Mit ihnen, so die Theorie, verändern sie ihre DNA zweckmäßig, zielgerichtet und bereiten sie auf das Neue, vielleicht nie dagewesene, genetisch vor. „Zielgerichtet" ist in dem Sinne zu verstehen, dass eine Veränderung notwendig ist. Krebszellen liefern unzählige Beispiele für solche Veränderungen, auf natürliche Weise, mit natürlicher, ihnen eigener Technik. Dabei muss noch nachgewiesen werden, ob viele Veränderungen in dem Sinne zielgerichtet sind, dass etwa der Erwerb von CRISPR-Spacern (s. u.), also die wesentlichen DNA-Abschnitte in der CRISPR-DNA, die zur adaptiven Immunabwehr von Prokaryoten gegen Viren führen, eindeutig zielgerichtet ist. Soweit die Thesen einer wirklich weitreichenden Theorieerneuerung, die hier näher betrachtet werden soll.

Die Theorie, um die es hier geht, beschreibt Evolution, die Neues schafft, Evolution im Blitztempo. Evolution wie Sie einhundert Jahre lang bis heute auf der Grundlage von Dogmen für unmöglich gehalten und daher ausgeschlossen wurde: dem Diktum, dass genetische Veränderungen stets zufällig sind, dem Diktum, dass kein Weg einer Veränderung zurück vom Protein zum Genom existiert, und dem Diktum, dass Evolution stets graduell, also in kleinsten aufeinanderfolgenden Schritten verläuft, die konsequent von der natürlichen Selektion geprüft werden. Doch diese Regeln könnten kippen – langsam – eine nach der anderen. Oder sind sie vielleicht schon Geschichte?

Ich habe Sie mit den vorausgehenden Abschnitten und Wissenschaftlern wie Waddington, Wagner, West-Eberhard, Kirschner-Gerhart, Noble und anderen darauf vorbereitet zu verstehen, was jetzt folgt. Wir haben bis hierher viel darüber erfahren wie Umweltveränderungen ursächlich für evolutionären Wandel gesehen werden, wie sie ihn initiieren und wie sie mit dem evolutionären Entwicklungssystem interagieren (Abschn. 3.4–3.8). Ein weiterer Forscher darf in dieser Reihe nicht fehlen. Er reiht sich hier ein und geht in manchem über die Thesen seiner Kollegen und Kolleginnen hinaus: Die Rede ist von James A. Shapiro, Molekularbiologe und emeritierter Professor an der Universität Chicago. Auch wenn Shapiro Evo-Devo nur am Rande erwähnt, gehört seine Theorie doch hierher, enthält sie doch evolutionäre Mechanismen, die auch in der Entwicklung eine tragende Rolle spielen können. James Shapiro zeichnet sich durch jahrzehntelange molekulargenetische Forschungen aus. Es sind Forschungen gegen den Mainstream zufälliger Mutation und gegen langsame, nämlich graduelle Veränderung. Bereits vor 30 Jahren führte Shapiro den Begriff des *natural genetic engineering* ein und baute das Konzept seither stetig aus. Dieses natürliche Engineering will ich hier kurz vorstellen. Es vereint eine Klasse zellulärer Mechanismen, die im Detail das beherrschen, was ich dem Beginn des Abschnitts als kühne Hypothesen vorangestellt habe.

Sie kennen CRISPR, genauer CRISPR/Cas, die Genschere? Seit 2012 wurde viel darüber geschrieben. Der Hype in den Medien scheint sich nur scheinbar beruhigt zu haben; tatsächlich stehen wir gerade erst am Beginn vielfältiger CRISPR-Therapien für den Menschen. Tausende Wissenschaftsartikel werden zu möglichen CRISPR-Anwendungen geschrieben, und weitere tausende werden folgen. CRISPR wird die Gentechnik runderneuern. (Mehr dazu in Kap. 7, wenn es um kulturelle Evolution geht.) Wichtig im Zusammenhang hier ist, dass CRISPR eine natürliche Abwehr-Eigenschaft von Bakterien ist. Diese zerschneiden mit dem Mechanismus bösartige, eindringende Viren (Phagen) und speichern Teile von deren DNA in ihrem eigenen Genom wiedererkennbar ab, quasi als Fingerabdrücke. Bei einem erneuten Auftreten des Phagen wird er anhand des abgespeicherten Musters identifiziert und unschädlich gemacht.

Selten wurde CRISPR bislang im Zusammenhang mit der Evolutionstheorie diskutiert. Shapiro macht genau dies, und eben das interessiert hier. Für die Theorie ist höchst relevant, dass die Bakterie mit natürlichen, eigenen Mechanismen mehrerer Enzyme bedrohliche, fremde DNA erkennt, in charakteristische Segmente schneidet und bei sich selbst einbaut. Das macht die Bakterie mit unzähligen Phagen auf dieselbe Weise. Das Genom der Bakterie wird damit zu einem Schreib- und Leseapparat (Shapiro 2022, 2017, 2013; Abschn. 3.6 und 3.7), im gleichen Sinn, wie wir das bei Denis Noble kennengelernt haben (Abschn. 3.7) Die herkömmliche Evolutionstheorie kannte keine natürliche Veränderung des Genoms auf diese gezielte, adaptive Art; sie verneint derartige Praktiken und kennt das Genom ausschließlich als Leseapparat in der Form, dass Enzyme genetische Information ablesen und für die Genexpression aufbereiten.

Bei der Bakterie bedingt der Stress der Phage hingegen eine gentechnisch-natürliche und in Form der Erkennungs- und Schneideenzyme hochkomplexe und äußerst präzise Veränderung des eigenen Genoms und nicht etwa umgekehrt, dass etwa darauf gewartet werden muss, ob oder bis eine zufällige Mutation (ein Vererbungsfehler) der Bakterie auftritt, die sich dann im Nachgang einer Umweltänderung – der Bedrohung durch die Phage – per natürlicher Selektion als geeignet bzw. adaptiv für die Abwehr des Schädlings herausstellt. Darauf müsste unter Umständen lange gewartet werden, wahrscheinlich viel zu lange. Abwehrsysteme verlangen jedoch Schnelligkeit und Effizienz. Die Effizienz eines auf dem Grundmuster zufällige Mutation – Selektion – Adaptation aufgebauten Abwehrsystems wäre nicht null, aber sehr gering. Die Art hätte kaum eine Überlebenschance. Dennoch treten resistente Spontanmutationen auf. Interessant an der bakteriellen Antibiotikaresistenz durch Spontanmutation ist zum Beispiel, dass sie bereits in den

1950er Jahren experimentell bestätigt wurde, bevor wir übertragbare Resistenzplasmide und Transposons als Hauptquellen der klinischen Resistenz entdeckten. Im Vergleich zu Spontanmutationen ist jedoch der CRISPR-Mechanismus viel effizienter (Shapiro 2022).

Die Kausalität in der gängigen Evolutionstheorie wird hier auf den Kopf gestellt (Shapiro 2022): Nicht Selektion bestimmt ursächlich über die Fitness und ist damit der dominierende Evolutionsfaktor. Vielmehr steht der evolvierte und auf unbekannte Ereignisse gut vorbereitete Engineering-Apparat der Zelle im Zentrum der kausalen Kette, wenn es darum geht, wie eine angepasste intrinsische Reaktion des Organismus aussieht.

Sie denken jetzt: Bei Bakterien mag es einen solchen Mechanismus wohl geben. Aber Pflanzen und Tiere sind eine ganz andere, höher entwickelte Lebensklasse. Eigene induzierte DNA-Veränderungen gibt es hier augenscheinlich nicht. Doch langsam!

Auch das Immunabwehrsystem von Tieren muss wirksam funktionieren. Schauen wir unser Immunsystem an. Chemotherapie bei Krebs gilt schon länger als ein zweischneidiges Schwert. Man kann die Therapie als die gewünschte Medikation zur gezielten Abtötung von Tumorzellen sehen. Gleichzeitig ist sie jedoch ein massiver Angriff auf alle vom Krebs betroffenen und auf benachbarte, lebende Zellen. Was geschieht mit ihnen? Shapiro erklärt, wie die Tumorzellen in der hochgradigen Stresssituation der Chemotherapie „eine in der Tier- und Pflanzenwelt vorkommende, tief evolvierte Schadensantwort verwenden, um radikal neue Genomstrukturen zu erzeugen. Diese ermöglichen es ihnen, unaufhörlich zu wachsen, in neue Körpergewebe zu metastasieren und damit der Chemotherapie zu widerstehen." Die Zellen sind auf die völlig unvorhersehbare, traumatische Störung vorbereitet. Sie antizipieren sie, indem sie gezielt reagieren und hypermutieren. Die Krebszellen passen sich an und entwickeln Mechanismen, um die Wirkungen der Therapie zu umgehen.

Shapiro bezeichnet den Prozess als Makroevolution und als ein unbestreitbares Beispiel eines nicht-darwinistischen, plötzlichen evolutionären Wandels. Mit zufälliger Mutation, gradueller Veränderung und natürlicher Selektion hat der Vorgang nichts zu tun (Shapiro 2022). Wie schon bei den Bakterien setzt der angegriffene Organismus also einen hocheffizienten, evolvierten Prozess in Gang, der die eigene DNA restrukturiert. Das geschieht zudem in einem einzigen Lebenszyklus, aus evolutionärer Perspektive in einem kurzen Moment. Schneller und effektiver geht evolutionärer Wandel nicht. Hier ließe sich die Frage anschließen: Was wird die Antwort unseres Organismus auf den Klimawandel sein? Und die evolutionäre Antwort von Tieren und Pflanzen? – Wir wissen es nicht.

Ich könnte über andere faszinierende Beispiele über natürlichen genetischen Umbau schreiben, muss es aber bei den erwähnten belassen. Transponierbare Elemente stehen bei dem Thema im Mittelpunkt. Sie sind in Abschn. 3.6 näher aufgeführt. Immer wieder würdigt Shapiro dazu Barbara McClintock, die Entdeckerin transposabler Gene beim Weizen. Der Nachweis, dass Transposons auch bei Bakterien vorkommen, ist jedoch Shapiros eigene Leistung. Beim Menschen machen verteilte mobile genetische Elemente 40–65 % unserer gesamten DNA aus (Shapiro 2022).

Durch zufällige Mutation sind Transposons natürlich nicht entstanden. Früher dachte man eher, ihr Anteil sei in unserem Genom verschwindend gering, während man noch früher überzeugt war, es gäbe solche bei höher entwickelten Arten überhaupt nicht. Tatsächlich gäbe es uns nicht ohne die Fähigkeit, Gene präzise zu duplizieren, so Shapiro.

Die Diskussion, ob natürliche genomische Rekonstruktionen im Rahmen von Shapiros Konzept zufällig sind oder nicht, ließe sich endlos führen. Zufällig meint in der Synthese, dass eine Variation zum Zeitpunkt, in dem sie auftritt, für die Fitness des Organismus grundsätzlich entweder vorteilhaft, neutral oder auch nachteilig sein kann (Abschn. 3.6). Adaptive, also vorteilhafte Eigenschaften können wir bei *natural genetic engineering* jedoch in zahlreichen Fällen erkennen. Erinnert sei an CRISPR, an transponierbare Elemente oder an Zellreaktionen auf Chemotherapie. Was in diesen Prozessen kausal geschieht, ist auf jeden Fall fundamental anders, koordinierter, komplexer und gerichteter als bloße Mutationen, wie sie die Synthese lehrte.

Zu den spannendsten und weitreichendsten Ideen Shapiros zählt die begründete Vorstellung, dass alle lebenden Zellen kognitiv sind (Shapiro 2022, 2020). Damit will er sagen, dass sie von innen oder außen kommende Informationen wahrnehmen können und auf diese zweckmäßig und damit adaptiv antworten, indem sie geeignete Funktionen des *natural genetic engineering* anstoßen, Einzelschritte kontrolliert überwachen und sie exakt durchführen. In meinem Interview lasse ich Shapiro diese zukunftsweisende Idee, die einmal mehr vom Genzentrismus der Synthetischen Evolutionstheorie wegführt, selbst erklären.

Der Abschnitt über James Shapiro darf nicht beendet werden, ohne seinen Hinweis auf Hybridisierung zu würdigen. Arten vermischen sich sexuell mit anderen Arten. Sie tun das zum Beispiel in der Stresssituation, nicht ausreichend viele Sexualpartner zu haben, aber auch in anderen Fällen. Die Hybridisierung der Genome verschiedener Arten kann neue phänotypische Eigenschaften generieren, die die Überlebenschancen verbessern und darüber hinaus zu rascher Artbildung führen. Spätestens seit bekannt wurde, dass *Homo sapiens* mit dem Neandertaler, also zwei unterschiedliche Menschenarten, Hybriden wie uns gezeugt haben, und dass wir alle heute 3 bis 4 % unseres Genoms als Vererbung vom Neandertaler besitzen, ist dieses Thema auch in der Öffentlichkeit bekannt. Arten vermischen sich nicht, hieß es einst. Sie tun es aber doch. Das Ergebnis sind etwa Gene der Immunantwort, des Fettstoffwechsels, der Höhenanpassung oder solche der Haut und Haare des Neandertalers, die für uns in bestimmten Regionen nützlich sein könnten. In manchen Fällen treten bei Hybriden überdies beeindruckende Innovationen auf. Shapiro lehrt uns, adaptive Innovation, statt natürliche Selektion als das Leitprinzip der Evolution zu verstehen. Die Symbiogenese, das ist die Verschmelzung zweier oder mehr unabhängiger Spezies zu einer neuen, steht hier ganz oben auf der Liste evolutionärer Schlüsselereignisse, die zu bedeutenden Innovationen geführt haben (Shapiro 2022; ausgewählte Beispiele für *genome engineering* durch transposable Elemente: https://shapiro.bsd.uchicago.edu/Distributed_genome_network_innovation_attributed_to_mobile_DNA_elements.html). Die amerikanische Biologin Lynn Margulis beschrieb mit Symbiogenese um 1970 das Entstehen eukaryotischer Zellen.

Mit *natural genetic engineering* geht Shapiro weit über den Anspruch der Erweiterten Synthese hinaus. Shapiro gehört damit zusammen mit Stuart A. Newman und Denis Noble zu einer kleinen Gruppe von Wissenschaftlern, die einen Bruch mit der Synthese nicht scheuen. Gleichzeitig gibt es endlich für alle Domänen des Lebens Antworten darauf, wie die Evolution auf der Grundlage erstaunlicher, hoch evolvierter Prozesse in den Zellen und der präzisen, koordinierten Mitarbeit von Gennetzwerken schneller verlaufen kann, wie Anpassung effektiver sein kann und wie Neues leichter in Szene treten kann als allein durch das graduelle, genetisch fixierte Mutation-Selektion-Prinzip. Der Organismus arbeitet aktiv an seiner eigenen Evolution mit. Dadurch wird Evolution nicht einfacher erklärt, aber sie wird in wichtigen Punkten plausibler.

Im Gespräch mit James A. Shapiro

James, mit Ihrem Buch Evolution. A view from the 21st century. Fortified (2022) haben Sie ein monumentales Werk vorgelegt, eine Vertiefung Ihres Werks von 2011. Lassen Sie uns darüber sprechen, wie sich die moderne Sicht auf die Evolution verändert hat.
Unser Blick auf die Evolution hat sich aus zwei Gründen verändert. Zum einen hat die Molekulargenetik alle Arten biochemischer Systeme dokumentiert, die die genomische DNA verändern und umschreiben, manchmal auf recht umfangreiche Weise. Der andere Grund ist, dass wir jetzt Genomsequenzen lesen

können und sehen, dass solche biochemischen Systeme eine wichtige Rolle in der Evolution der Organismen gespielt haben.

Ihre Theorie des natural genetic engineering *(NGE) ist revolutionär für die Evolutionstheorie. Mehr als 30 Jahre sind vergangen, seit Sie zum ersten Mal mit der Idee einer unabhängigen, koordinierten und sogar adaptiven Umstrukturierung des Genoms durch die Zelle auf sich aufmerksam gemacht haben. Gibt es heute genügend empirische Belege für Ihre Theorie? Aber wo fehlen Ihnen noch Beweise?*
NGE bedeutet, dass Zellen über die biochemischen Werkzeuge verfügen, um DNA zu polymerisieren, zu schneiden und zu spleißen (s. Glossar). Der Beweis, dass diese Werkzeuge in der Evolution funktioniert haben, findet sich in den Genomsequenzen. Nehmen wir zum Beispiel die rasche Entstehung von Bakterien mit multiplen Antibiotikaresistenzen durch Plasmidtransfer (s. Glossar: horizontaler Gentransfer), ortsspezifische Rekombinase und Aktivität transponierbarer Elemente. Oder die raschen Veränderungen in der Häufigkeit repetitiver, mobiler DNA-Elemente in eng verwandten, höheren eukaryotischen Taxa und deren Exaptation (Zweckentfremdung) als Transkriptionsregulationssignale.

Sie machen sich nicht mehr viel aus der Modern Synthesis. Immer wieder schreiben Sie von der „konzeptionellen Dominanz einer überholten Theorie" oder bezeichnen sie als „völlig unzureichend". Was bleibt von der Modern Synthesis heute übrig?
Praktisch nichts. Sie basiert auf einer veralteten Sichtweise der Genomstruktur und -funktion. Danach kodiert die DNA nur für Proteine; repetitive DNA ist nicht funktionell; es gibt keine 3D-Interaktionen bei der Genomexpression und keine Epigenetik. Ferner basiert die Synthese auf falschen Annahmen über die Art und Geschwindigkeit der Genomveränderung.

Andererseits werden Sie selbst im Rahmen der Erweiterten Synthese der Evolutionstheorie (EES) nicht reflektiert, obwohl diese Theorie durchaus von Theoretikern mit unterschiedlichen Perspektiven entworfen wurde. Wie sehen Sie Ihre Theorie der NGE im Kontext der EES, wie sie sich 2015 darstellt (vgl. Laland et al. 2015)? Sie gehen offensichtlich viel weiter als die EES.
Ich weiß nicht genug über die EES, um mich dazu zu äußern. Ich bezweifle, dass unser Wissen vollständig genug ist, um irgendeine Art von „Synthese" vorzuschlagen. Wir müssen zum Beispiel noch viel über die Evolution der nicht-kodierenden non coding RNAs (ncRNA) lernen und über die regulatorischen Funktionen, die sie spielen.

Inwiefern können zelluläre NGE-Prozesse als Reaktion auf Störungen tatsächlich adaptiv sein? Wie kann man von Anpassung sprechen, solange der Fokus auf einzelnen Prozessen in Organismen liegt? Bitte erklären Sie uns das.
Transponierbare Elemente bieten transkriptionelle Regulationsstellen für die Expression vieler genetischer Loci. In Pflanzen erhielten Netzwerke für abiotischen Stress ihre regulatorischen Stellen von transponierbaren Elementen, die durch eben diesen Stress aktiviert wurden. Auf diese Weise lieferte das reaktionsfähige NGE eine evolutionäre genomische Lösung für abiotischen Stress.

Können wir nun genauer als Darwin und Mayr sagen, wie eine neue Art ent-
steht und was dafür notwendig ist?
Neue Arten entstehen durch interspezifische Hybridisierung (s. Glossar). Es gibt
immer mehr genomische Beweise dafür, dass dies ein üblicher Prozess ist, der
oft mit einer Verdoppelung des gesamten Genoms einhergeht. Experimentelle
Hybrid-Speziation bringt in wenigen Generationen neue Arten hervor, deren
Genome Chromosomenumlagerungen und Anzeichen für eine erhöhte Aktivität transponierbarer Elemente aufweisen. G. Ledyard Stebbins bezeichnete diesen Prozess in einem Artikel im *Scientific American* von 1951 als „kataklysmi-
sche Evolution".

Sie schreiben, dass Zellen kognitive Fähigkeiten haben. Das ist eine Ihrer provo-
kantesten Hypothesen. Es klingt ein wenig übertrieben. Bitte erklären Sie, was
Sie damit meinen.
Unter kognitiv verstehe ich das Ergreifen von Maßnahmen auf der Grundlage
von sensorischen Informationen über interne und externe Bedingungen. Dies
gilt für die Regulierung des Stoffwechsels, die Reparatur des Genoms, die Reaktion auf biotische und abiotische Stressfaktoren und die Deregulierung mobiler
genetischer Elemente in interspezifischen Hybriden. Bakterien spüren die verfügbaren Nährstoffe und die Integrität ihrer Genome und passen ihre Biochemie entsprechend an. Sie können auch ihre Bewegungen auf Nahrungsquellen
ausrichten und sich von Toxinen fernhalten. Sie spüren, wenn sie DNA-Transfers
erhalten haben. Sie können dann erkennen, ob die übertragene DNA von verwandten oder fremden Zellen stammt. Dies sind alles Beispiele für Kognition.

Welche zukünftigen Forschungsschwerpunkte sehen Sie als vorrangig an, wenn
es darum geht, die Evolution so zu verstehen, wie Sie sie beschreiben? Was
muss empirisch getan werden, damit die Fähigkeiten der Zelle zumindest als
gleichwertig mit dem Genom angesehen werden können?
Da wir wissen, dass Genomumschreibungen aller Art als Reaktion auf interne
und externe Veränderungen stattfinden, müssen wir herausfinden, ob und wie
diese Umschreibungen bei bestimmten Veränderungen unter kontrollierten
experimentellen Bedingungen variieren. Eine solche Forschung kann uns Aufschluss darüber geben, wie sehr die evolutionäre Variation auf sensorische Ein-
gaben reagiert.

Eine weitere grundlegende Frage könnte lauten: Ist der wissenschaftliche Ap-
parat überhaupt in der Lage, in Richtung einer erneuerten Evolutionstheorie
umzudenken, und wovon hängt das ab?
Es gibt viele Menschen, die ihr Denken nie ändern werden. Die jüngeren und
flexibleren Forscher, die sich mit der Genomik befassen, haben bereits erkannt,
wie viel evolutionärer Wandel auf biologisches Handeln zurückzuführen ist,
etwa auf die Formatierung der Genexpression durch transponierbare Elemente.
Hoffentlich werden einige von ihnen zu Experimentalphysikern, um die Evolution in Echtzeit zu verfolgen.

Haben Sie an den Reaktionen der jungen Forscher, mit denen Sie zusammenarbeiten, gesehen, dass sie offener für neue Ideen in der Evolution sind?
Ja, auf jeden Fall. Die Spezialisten für molekulare Genomik, die die vielfältigen Rollen untersuchen, die transponierbare Elemente in der Evolution gespielt haben, oder wie das adaptive Immunsystem der Wirbeltiere funktioniert, haben eine ganz andere Sichtweise darauf, wo bedeutende Genomveränderungen entstehen.

Welche Ziele haben Sie als Evolutionsforscher für die nächsten Jahre?
Ich möchte den Menschen helfen, zu erkennen, dass alle Genomveränderungen aus biochemischen Aktivitäten resultieren. Diese Aktivitäten sind genauso empfindlich gegenüber zellulärer Regulierung wie die physiologische, biosynthetische oder entwicklungsbiochemische. Die Grundidee besteht darin, die Biologie wieder in unser Denken darüber einzubeziehen, wie die Evolution so gut funktioniert, wie sie funktioniert, und herauszufinden, wie die Genomevolution reguliert werden kann.

Lieber James, ich danke Ihnen herzlich für das interessante Gespräch.

Shapiro fordert empirische Studien, die das *natural genetic engineering* untermauern. Das wird etwa möglich sein mit Programmen wie Sniffles-2. Dieses 2024 vorgestellte Programm kann strukturelle Variationen in Erbgutsequenzen etwa auf Populationsebene hoch effizient aufspüren (Smolka et al. 2024). Sniffles-2 erkennt Einfügungen, Inversionen, Deletionen, Duplikationen und Translokationen von 50 Basenpaaren und größer in kurzer Zeit. Solche Veränderungen spielen eine große Rolle bei biologischen Prozessen und Krankheiten. Sniffles-2 könnte beispielsweise im Zusammenhang von Krebszellen und Chemotherapie eingesetzt werden. „Einzelne Zellen in einem Tumor unterscheiden sich oft sehr stark in ihren genetischen Veränderungen". Sie sind oft umarrangiert (Science.orf.at 2024). Die Analyse genetischer Rekombinationen in Folge der Chemotherapie selbst, wie von Shapiro angeregt, kann dabei eine naheliegende, äußerst interessante Anwendung desselben Programms sein. Das bestätigt Professor Fritz Sedlazeck vom Human Genome Sequencing Center Baylor College of Medicine, Houston Texas als hauptverantwortlicher Autor der Sniffles-2-Studie auf meine Anfrage.

Die Autoren der Sniffles-2-Studie sprechen von geschätzten 25–30.000 genetischen strukturellen Variationen im ganzen Körper eines gesunden Menschen (Science.orf.at 2024). Das deutet auf eine hohe Zahl der in Abschn. 2.3 erwähnten neutralen Mutationen hin und ebenso auf eine hohe Zahl der in Abschn. 3.3 beschriebenen neutralen Proteinvariationen. Diese Varianten sind neutral, so lange Umweltbedingungen stabil sind; bei Umweltveränderungen besitzen sie jedoch wie ausgeführt bedeutende und schnelle evolutionäre Anpassungspotenziale.

3.10 Innovationen in der Evolution

Was meinen wir mit „Neuem" in der Evolution?

Evolutionäre Innovationen haben dem Verlauf der Evolution auf der Erde ihren Stempel aufgedrückt. Alle entscheidenden Weichenstellungen seit Anbeginn des Lebens wollen nicht ohne Weiteres in das Bild kontinuierlicher Veränderungen passen; sie waren radikale Innovationen. Dazu gehören etwa die Verknüpfung einzelner Replikatoren zu Chromosomen oder der Übergang von auf RNA basierten Genomen zu solchen, die auf DNA und dem genetischen Code basieren, ebenso der Weg von Prokaryoten zu Eukaryoten, die Evolution von solitären Individuen zu Kolonien mit nicht reproduktionsfähigen Kasten oder das Auftreten menschlicher Gesellschaften mit Sprache aus den Primatengesellschaften. Die Evolutionstheoretiker John Maynard Smith und Eörs Szathmáry haben dem Thema Systemübergänge ein berühmt gewordenes Buch gewidmet (Maynard Smith und Szathmáry 1995; vgl. Lange 2017). Wir wollen uns in diesem Abschnitt mit etwas bescheideneren Innovationen beschäftigen, deren Entstehen aber nicht weniger spannend ist. Wir haben vor allem die konkrete Erscheinung im Auge, dass einem existierenden Bauplan für eine organismische Form ein neues Element hinzugefügt wird, etwa der Schildkrötenpanzer oder die Vogelfeder.

Evolutionäre Innovationen liefern Biologen viele wichtige Denkanstöße. Sie stehen heute im Mittelpunkt zahlreicher biologischer Disziplinen, so formuliert es Armin Moczek (2008). Und er fügt hinzu, es sei bemerkenswert, wie wenig wir dabei über die Prozesse ihres Entstehens wissen. Über evolutionäre Innovationen zu sprechen und zu lehren birgt Gefahr. Es ist dieselbe Gefahr, denen andere Wissenschaften ausgesetzt sein können. Geht man nämlich bei der Erklärung der Ursachen für die Entstehung von Innovationen auf die unterste Organisationsebene, die Gene, findet man vielleicht nicht das Prinzip des Neuen, das man im Phänotyp erklären will. Oder man findet nicht die Elemente, nach denen der Reduktionist sucht, um zu erklären, wie aus ihnen neues Übergeordnetes zusammengesetzt wird. Andere Perspektiven sind daher manchmal gefragt: Vielleicht liegt das charakteristisch Neue eines Merkmals, sagen wir: des Horns eines Hornkäfers, auf einer bestimmten Organisationsebene in der Entwicklung. Da können z. B. Teile eines Genregulationsnetzwerks homolog sein, andere nicht. Genau das will man ja wissen: Was war im Entwicklungsprozess bereits vorhanden, was nicht? Homologie ist wie eine Zwiebel, verdeutlicht uns Moczek. Sie hat verschiedene Schalen, die man entfernen muss, um herauszufinden, wo sie aufhört (Moczek 2008).

Da fügt sich, als ich dies hier schreibe, ein brandneuer Artikel im Magazin *Science* aus Moczeks Team passend in die Diskussion ein (Hu et al. 2019): Der Artikel hat es im November 2019 auf die Titelseite des weltbekannten Magazins gebracht (Abb. 3.17). Daraus darf man schließen, dass die Erforschung von Innovationen in der Biologie heute zu den Schlüsselthemen der gesamten Wissenschaft gezählt wird. Das Evo-Devo-Team nahm drei der 2400 bekannten *Onthophagus*-Arten ins Auge. Die Autoren

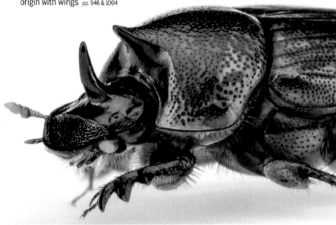

Abb. 3.17 Käferhorn im Rampenlicht. Die Titelseite des *Science*-Magazins berichtet über die Innovation des *Onthophagus*-Horns und die neu entdeckte, tiefe Abhängigkeit von seiner Homologie zum Insektenflügel

beschreiben, dass für die Ausbildung des Horns von *Onthophagus* gleich eine ganze Reihe ursprünglicher Gewebe und Gene benötigt werden, die auch für die Entwicklung des Insektenflügels essenziell sind. Man spricht in diesem Fall von serieller Homologie. Aus manchen derselben frühen Gewebeformen, die bei einer der Käferarten *(Onthophagus sagittarius)* für den Bau der seitlichen Körperanhänge, nämlich der Flügel, zuständig sind, wurde während der Evolution ein neues Merkmal entlang der Mittellinie des Körpers. Mehr noch: Die Hörner von *Onthophagus* gelten als klassisches Beispiel für ganz unterschiedliche Innovationen des vorderen Körpers bei verschiedenen Insekten. Laut dem Ergebnis aus Moczeks Labor scheinen Hörner auf dem vorderen Brustsegment (Prothorax) ihren Ursprung in der tiefen Abhängigkeit von ihrer Homologie zu Flügeln zu haben. Was nun? Ist das Horn demnach ein altes oder ein neues Merkmal? Es scheint also fürs erste gar nicht so einfach, das zu erkennen und zu bestimmen, was in der Evolution wirklich neu ist und was nicht (nämlich teilweise homolog). Der Phänotyp Horn ist hier tatsächlich neu, seine Entwicklungsgenetik und Gewebeformen sind es deswegen keineswegs. Wir werden das Problem später zu lösen versuchen.

Wir haben jedenfalls bis hierhin noch keine abschließende Antwort auf die Frage erhalten, wie die phänotypische Form des Horns entsteht. Es wird von den Autoren experimentell nachgewiesen, dass Gewebe in Form zweier ektopischer Flügel, also tatsächlich aus zwei Teilen in der Mitte, entsteht. Aus dieser Tatsache und aus den Gewebeanalysen muss daher evolutionär Gewebe von beiden Körperseiten – nämlich aus den Regionen der in der Evolution viel älteren Insektenflügel – zur Mitte zusammengeschoben und weiter umgebaut worden sein. Aber warum ist eine völlig andere äußere Form entstanden als beim Flügel, wenn doch wichtige serielle Homologien identisch sind? Welche prinzipiellen Mechanismen könnten das Umschwenken zu neuer Morphologie noch unterstützen? Wir sehen, hier müssen noch weitere Überlegungen hinzukommen. Damit werden wir uns im Folgenden beschäftigen.

Ich weiß, Vergleiche sind meist unzureichend, aber ich will es hier dennoch mit einem Vergleich versuchen. Bach und Chopin verwenden fast dieselben Typen und Anzahl Tasten auf dem Klavier wie Duke Ellington oder andere Jazzpianisten, auch dieselben Noten. Es gibt fast keinen Unterschied in den Tonhöhen. Sehr wohl aber in der Harmonie oder im Rhythmus. Harmonie ergibt sich allerdings erst beim Zusammenklang mehrerer Töne und Rhythmus erst bei der zeitlichen Aufeinanderfolge von Tönen. Akkorde, Harmonien und Rhythmus sind also Analysen auf höheren Ebenen als die einzelner Noten bzw. Töne. Erst hier wird das Neue sichtbar. Die Werke der Komponisten werden jetzt besser unterscheidbar, von der Form der Kompositionen mit Sätzen, Themen und Nebenthemen einmal ganz abgesehen. Diese zu erkennen, verlangt die Betrachtung auf einer noch höheren Ebene. Noten, auch manche Notenfolgen und vor allem Taktarten können gleich sein, das Gesamtwerk ist es deswegen keineswegs.

Bei der Erklärung, wie evolutionäre Innovationen zustande kommen, herrscht keine Einigkeit unter den Biologen. Sehen die einen Änderungen von Genregulationen oder Schalterkombinationen, Genverdoppelungen, Genverschiebungen, cis-Elemente als ausreichend an, um den Phänotyp erklären zu können, sind andere der Überzeugung, dass auch Zellen und Zellverbände, insbesondere Zellmigration, Zelladhäsion, physikalische Bedingungen, Selbstorganisation und Schwelleneffekte in der Entwicklung unerlässlich sind, um Antworten zu finden. Hinzu kommt für sie eine aktiv auf alle Ebenen einwirkende Umwelt. Für diese Wissenschaftler existieren autonome Eigenschaften auf allen Organisationsebenen in der Entwicklung.

Innovation in der Evolution kann ohne das Vorhergesagte zu phänotypischer Plastizität und genetischer (Akkommodation) nicht gut verstanden werden. Es sind gerade diese Rahmenbedingungen und Mechanismen, die für evolutionär Neues aus der aktuellen Sicht eine tragende Rolle spielen. Andere kommen hinzu. Innovation zu erklären, ist für manche Forscher (auch für mich) die Königsfrage in der Evolutionstheorie. Bei Moczek et al. (2015) wird Günter Wagner mit der Aussage zitiert: „Wie Innovationen durch Limitierungen von Vorgängerhomologien entstehen und wie natürliche Variation zur Evolution komplexer, neuer Merkmale führen kann, bleibt eine der faszinierendsten und andauernden Fragen der Evolutionsbiologie." Das Leben auf der Erde besteht seit seinem Beginn aus Neuerungen. Jedes Merkmal, das heute existiert, ging einst auf eine Innovation zurück. Dies sollte uns stets bewusst sein, wenn wir an Evolution denken.

Man könnte es sich „einfach" machen und schließen, dass aus der Vielfalt möglicher Genregulationen so gut wie jede phänotypische Form im Morphospace herstellbar ist, also auch jede neue. Für die Mainstream-Evolutionsbiologie ist der Fokus klar: Er liegt traditionell auf Mutationen als der einzigen Quelle evolutionär relevanter phänotypischer Variation. Dabei ist Mutation zufällig im Hinblick auf ihre Effekte auf den adaptierten Phänotyp; somit ist die natürliche Selektion der einzige Prozess, der fähig ist, adaptive Matchings zwischen dem Organismus und seiner Umgebung herzustellen (Moczek et al. 2015). Neues ist dann ein Nebenprodukt kontinuierlicher Variation. Ferner beinhaltet die zumindest frühe Synthesesicht auch, dass ein simpler Zusammenhang besteht zwischen Mutationen, die die Veränderung einleiten, und dem phänotypischen Ergebnis (Peterson und Müller 2013).

Doch trifft das den Kern der Sache? Ist damit alles gesagt, was zu den fantastischen Innovationen in der Biologie gesagt werden kann? Zur Vogelfeder, zum Schildkrötenpanzer oder zu Blüten? Ist es richtig, die Diskussion so zu reduzieren? Sehen wir uns an, was Evo-Devo-Wissenschaftler dazu melden.

Aus der Evo-Devo-Perspektive steht für das Entstehen von Innovationen fest, dass die natürliche Selektion an sich keine neue Form generieren kann. Die Selektion kommt für das Entstehen von Neuem nicht infrage, da sie erst angreifen kann, wenn ihr etwas zum Angreifen geboten wird (Müller 2010; Shapiro 2022). Man hat in diesem Zusammenhang auch vom Selektions-Paradoxon gesprochen. Damit ist gemeint, dass die Selektion, um neue Merkmale hervorzubringen, auf Vererbung in der Population angewiesen ist. Was vererbt wird, ist aber nicht mehr neu (Moczek 2008). Es muss also erklärt werden, wie ein neues Merkmal zustande kommen kann und was anstelle der Selektion für das Neue verantwortlich ist.

Bevor definiert wird, was Neues von Nicht-Neuem unterscheidet, stellt sich zuerst die Frage: Wozu brauchen wir überhaupt eine Unterscheidung von Variation und Innovation? Ich nehme die Antwort vorweg: Innovationen geben einen spezifischen Einblick in Entwicklungsprozesse. Und es sind ja genau diese, die Evo-Devo erforscht. Die Entwicklung von Innovationen setzt sich von der Entwicklung von Variationen deutlich ab. Das wiederum hat erhebliche Konsequenzen für die Evolutionstheorie. Ich komme anschließend noch im Einzelnen darauf.

Um es gleich vorweg zu sagen: Was überhaupt eine evolutionäre Innovation ist, darüber wird in der Biologie seit langem diskutiert. Jede Definition ist unvollständig und betont einen anderen Gesichtspunkt, so etwa die Funktion des Neuen oder die fehlende Homologie, also die nicht vorhandene Übereinstimmung mit gemeinsamen Vorgängermerkmalen. Nehmen wir einmal diese Definition: „Eine morphologische Neuheit ist eine Struktur, die weder homolog zu einer Struktur in einer Vorgängerart noch zu irgendeiner anderen Struktur im selben Organismus ist." (Müller und Wagner 1991). So waren Federn (Abb. 3.18) eine evolutionäre Neuheit, als sie entstanden sind, nicht aber bei den ältesten ausgestorbenen Vögeln. Diese besaßen nämlich schon flugunfähige Vorgängerarten mit Federn. Federn dienten ursprünglich der Isolation. Die Funktion (Befähigung zum Fliegen) ist also hier weniger wichtig als die Betrachtung der phänotypischen Neuheit als Merkmal. Noch weniger interessiert uns hier, ob die Innovation adaptationsfähig ist, da wir mit der Evo-Devo-Brille primär ihr Entwicklungsszenario im Auge haben (Peterson und Müller 2013; Müller 2020a). Der Insektenflügel (er durchlief wohl ähnlich der Vogelfeder einen Funktionswechsel), der Schildkrötenpanzer, die ersten Flügelmuster von Schmetterlingen oder

Abb. 3.18 Vogelfeder. Eine evolutionäre Innovation. Federn dienten ursprünglich der Isolation, nicht zum Fliegen. Als sie entstanden, waren sie viel einfacher gebaut. Es bedurfte vieler Variationsschritte, bis sie etwa die rezente, asymmetrische Form der Flugfedern von Vögel annahmen

der Leuchtmechanismus des Glühwürmchens sind allesamt Innovationen dieses nicht homologen Typs. Aber auch ein zusätzlicher Finger oder Zeh gehören dazu, auch wenn schon vier oder fünf gleichartige zuvor existierten. Ein neuer Finger hat kein homologes Pendant an der Stelle, wo er erscheint, denn da war vorher „nichts". Daher wird er als eine Innovation gesehen.

Worauf es Gerd B. Müller bei dem uns hier interessierenden Typ Innovation ankommt, und worauf er wiederholt hingewiesen hat, ist der Umstand, dass die Definition der Innovation nicht auf mehrere Organisationsebenen gleichzeitig angewendet werden kann. Das führt zu Fehlinterpretationen, denn wir haben ja gerade oben gesehen, dass etwa das Käferhorn eine serielle Homologie zum Flügel aufweist und dass gerade diese Tatsache (vorhandene Homologie) in *Science* Aufmerksamkeit erregt und die Geschichte auf die Titelseite gebracht hat. Soll man also auf die Homologie ganz verzichten bei der Definition von Innovation, wie es Moczek (Hu et al. 2019) vorschlägt? Fazit vorab: Der *Phänotyp* Horn ist nicht homolog, aber neu. Müller weist daher mit Blick auf solche Fälle darauf hin, Innovation müsse auf den Phänotyp bezogen werden, und nur auf diesen. Und Innovation auf der Phänotypebene könne so nicht zwingenderweise genetisch definiert werden (z. B Müller 2010; Peterson und Müller 2013). Was bei einem Phänotypmerkmal neben den unvermeidlichen Homologien „neu" ist, um als biologisch bedeutsam zu gelten, muss auf den darunterliegenden Ebenen herausgefunden werden. In Kap. 4 lernen wir weitere Beispiele hierzu kennen.

Der Typ von Innovation, auf den ich mich in diesem Kapitel mit Müller (2010) beschränken werde, bezieht sich also auf diskrete neue Elemente, die einem bestehenden Körperplan hinzugefügt werden (*discretizing novelty*, Müller 2020b). Daneben gibt es weitere Innovationstypen. So ist der lange Zahn des Narwals im Gegensatz zum obigen Typ ein erstaunliches neues Merkmal, aber eben „nur" eine, wenn auch beeindruckende Veränderung eines bereits vorher vorhandenen Zahns (*individualizing novelty*, Müller 2020b). Die lange Zeit bis zum Entstehen der großen Baupläne in der Tierwelt in der kambrischen Explosion vor etwa 540 Mio. Jahren ist ebenfalls eine gesonderte Innovationskategorie (*constituting novelty*, Müller 2020b). Noch lange nach dem Kambrium gab es gar keine embryonale Entwicklung in dem Sinn, wie sie heute existiert. Es bedurfte zuerst Grundformen wie hohle, vielschichtige, langgestreckte und segmentierte Formen der ersten multizellularen Assemblagen (Müller 2020b). Das werde ich hier aber nicht weiter vertiefen.

Die evolutionäre Entwicklung stützt sich nach Moczek et al. (2015) bei der Evolution neuer Merkmale auf a) Duplikationen einzelner Gene oder Genelemente bis hin zu Körpergliedern, b) Modifizierungen in Form von Ausweitungen spezifischer Genomdomänen, Interaktionen von Genregulationsnetzwerken, koordinierten Modifikationen von Organen, etwa beim Froschdarm, und c) die Kooption mehrerer Ebenen biologischer Systeme bei Schmetterlings-Flügelmustern, den Hörnern von Käfern, dem Schildkrötenpanzer und anderen. Dabei sind weniger neue Gene oder neue Signalwege erforderlich. Vielmehr entstehen funktionelle neue Phänotypen eher durch differenzierte Kombinationen und Neuverteilungen existierender Entwicklungsmodule. Das ist differenzierter analysiert bei Kirschner und Gerhart (Abschn. 3.5). Es umfasst aber nicht deutlich die epigenetischen Entwicklungskomponenten und -bedingungen, wie sie etwa auf dem Weg von Zell-Zell-Signalen oder auch physikalischen Bedingungen auftreten können, um Neues hervorzubringen. Mehr dazu im folgenden Abschnitt.

Initiierungsbedingungen für Innovationen

Drei Entstehungsbedingungen werden bei unserem Typ phänotypischer Innovation unterschieden (Müller 2010):

1. die Initiierungsbedingungen,
2. die Realisierungsbedingungen,
3. die genetisch dauerhafte Integration mit ihren spezifischen Bedingungen.

Was sind initiierende Bedingungen für Neuheiten in der Evolution? Basierend auf einer großen Zahl von Beispielen plädiert West-Eberhard (2003) vehement dafür, der wichtigste Initiator evolutionärer Neuheiten seien Umweltbedingungen (Abschn. 3.8). Dazu kann eine veränderte Ernährungslage ebenso gehören wie eine Änderung klimatischer oder anderer physikalischer Bedingungen oder die Präsenz eines Jägers. Neben Umweltbedingungen können aber auch klassische Genmutationen oder Genregulationsänderungen als Initiatoren für phänotypisch Neues wirken. Der Unterschied ist, dass diese nicht auf die gesamte Population einwirken und in der Regel nicht dauerhaft genug sind, um sich durchsetzen zu können.

Wenn die initiierende Ursache für Innovationen ursprünglich unspezifisch und allgemein ist und, wie im Fall der Umwelteinwirkungen, typischerweise auf Populationsebene abläuft, dann müssen die Bedingungen für die physische Realisierung einer spezifischen Neuheit in der Entwicklung gesucht werden (Müller und Newman 2005). Nur die Entwicklung kann das Medium sein, um Umweltfaktoren geregelt in den Phänotyp zu transferieren.

Realisierungsbedingungen für Innovationen

Ging es zunächst also darum, wer oder was eine Änderung oder Innovation anstoßen kann, geht es im zweiten Schritt darum zu erklären, wie eine Innovation im Organismus-System phänotypisch eingebaut werden kann.

Alle oben genannten Startbedingungen für Innovationen treffen auf Entwicklungsprozesse des Organismus. Das Entwicklungssystem ist ein genetisches und epigenetisches, wechselwirkendes, selbstregulierendes, dynamisches System. Es hat zwei besondere Eigenheiten, die die Synthese nicht kennt: Erstens kann es auf Reize von außen reagieren, es ist also umweltabhängig. Unter dieser Vorgabe entsteht ein interagierender Prozess in der Entwicklung: Zellen senden an und reagieren auf andere Zellen. Sie senden Informationen an das Genom und reagieren umgekehrt auf genetische Informationen. Zellen in ihrem Gewebeverbund stehen ferner mit benachbarten Zellgeweben in Verbindung. Auf all diese Informationspfade kann die Umwelt einwirken. Die gesamten Wechselwirkungen des Systems sind in Abb. 3.19 dargestellt. Keinesfalls kann hier noch die Rede davon sein, dass in der Entwicklung ein „genetisches Programm" ausgeführt wird. Zellen sind keine Exekutoren der DNA (Müller 2010). Das haben wir auch bei Kirschner und Gerhart (Abschn. 3.5), bei Jablonka und Lamb (Abschn. 3.6) sowie bei Noble (Abschn. 3.7) gelesen.

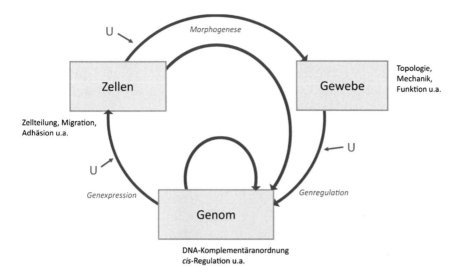

Abb. 3.19 Dynamische Interaktion in der Entwicklung. Beispiele für autonome Eigenschaften jeder Ebene der phänotypischen Organisation stehen neben den Boxen. U = Umwelteinflüsse

Das Besondere ist nun: Erstens können diese Reaktionen nichtlinear sein, und zwar infolge von Schwelleneffekten, die auf kleine äußere Anreize oder auf genetische Mutationen folgen. Schwellenwerte bewirken Sprünge im Zuge von ansonsten stetigen oder linearen Veränderungen. Man würde an diesen Stellen intuitiv keine Sprünge erwarten. Plötzliche größere Reaktionen treten auf, wo man Kontinuität erwarten würde. Es sind Sprünge und eben nicht gradualistische Veränderungen, die beobachtet werden. Aber eben genau diese „Quantensprünge" können das auslösen, was phänotypisch mit Innovationen verbunden ist. Ich werde später an einem Beispiel genau erklären, wie Schwellenwerte zustande kommen, wie sie modelliert werden können und inwiefern sie in einer sich entwickelnden Katzenpfote sichtbar sind (Abschn. 4.8). (Vielleicht möchten Sie den entsprechenden Abschnitt ja schon jetzt lesen und dann an diese Stelle zurückkehren.)

Der zweite besondere Reaktionstyp der embryonalen Entwicklung ist die Selbstorganisationsfähigkeit. Auch diese wird in Abschn. 4.8 bei der Entwicklung der Hand in Form eines Turingsystems auf zellulärer Ebene behandelt. Der oder die initiierenden Parameter setzen die Selbstorganisation des gesamten Systems in Gang. Diese Antwort des Systems kann den diskontinuierlichen Output als Innovation erzeugen, zum Beispiel in Gestalt eines neuen Skelettelements, aber auch in anderer Form einer neuen diskreten Einheit. Mit einer solchen Innovation wird das Ergebnis dann der natürlichen Selektion sozusagen „schlüsselfertig präsentiert" (Lange et al. 2014; Newman 2018).

Haben wir bei Waddington (Abschn. „Genetische Trickkisten") und Wagner (Abschn. 3.3) erfahren, dass die Entwicklung Variationen puffert bzw. dass Entwicklungspfade kanalisiert werden, so haben wir es jetzt beim Entstehen einer Innovation mit Situationen zu tun, bei denen die Kanalisierung an ihre Grenzen stößt und durch das System nicht mehr aufrechterhalten werden kann. Die Entwicklung wird dekanalisiert (Müller 2010). Noch einmal: Was auf den initiierenden Störfaktor folgt, kann nicht-gradueller, diskontinuierlicher Natur sein, wenn Schwellenwerte von Einflussgrößen über- oder unterschritten werden.

Derartige Threshold-Mechanismen, wie sie im Englischen heißen, können in der Embryonalentwicklung z. B. auch dazu führen, dass Finger- oder Fußglieder ganz wegfallen. Ein schönes Beispiel ist, dass die kontinuierliche evolutionäre Körperverlängerung etwa bei australischen Skinken, einer Echsenart, nicht zu gradualistischer Variation der Gliedmaßen führt, sondern dass stets komplette Zehenglieder oder ganze Zehen parallel mit der Verlängerung des Körpers wegfallen. Nebenbei ist es ein geordneter Wegfall ganz bestimmter Zehen, nämlich stets des ersten und letzten, der mit natürlicher Selektion und Adaptation schlecht erklärbar ist. Was sollte der Vorteil dafür sein, dass nicht ein mittleres Zehenpaar entfällt? Es gibt keinen. Vielmehr liefern hier die Entwicklungsmechanismen in der Extremität die Antwort: Die Erkenntnis von Evo-Devo ging nämlich in Experimenten an Amphibien bereits 1985 so weit, dass man bei Manipulationen des Embryonalgewebes der Gliedmaßenknospe voraussagen konnte, welcher Zeh an welcher Position der Gliedmaße hinzukommt oder wegfällt. So ist der im Embryo zuletzt entstandene Finger der erste, der wegfällt, es gilt also *„last in, first out"*. Beobachtungsmuster solcher Experimente decken sich mit Beobachtungen natürlicher Populationen (Müller 2010).

Das dargestellte System ist genetisch-epigenetisch. Dabei meint epigenetisch hier nicht die Epigenetik im Zusammenhang mit Chromatinveränderungen (Abschn. 3.6). Epigenetik beruft sich an dieser Stelle vielmehr überwiegend auf den Entstehungsprozess des Embryos, der klassischerweise auch Epigenese genannt wurde. Gemeint ist die genetische, zelluläre und umweltbezogene Genesis im Entwicklungszusammenhang.

Kurzum, das Entwicklungssystem umfasst also sowohl autonome Fähigkeiten seiner Komponenten (Zellverhalten, Zellverbände, Geometrie etc.) als auch die Fähigkeit zur Selbstorganisation und nichtlinearen Reaktion auf lokale und globale externe Bedingungen. Die Erklärungskapazität der Evolutionstheorie wird hier erweitert um

- Feedbacks der Entwicklungskomponenten untereinander und mit der Umwelt,
- nicht-adaptive und nicht-graduelle Phänomene phänotypischer Evolution,
- die Selbstorganisationsfähigkeit der Entwicklung.

Liebe Leser, genau dies ist der Kern dessen, woran die systemische Eco-Evo-Devo-Richtung forscht, und es ist eine wesentliche Grundlage des erweiterten Theorieanspruchs von Evo-Devo gegenüber der Synthese.

Nehmen wir zur Veranschaulichung noch einmal das Beispiel des Käferhorns. Dann eröffnen sich uns, etwa mit den genannten Realisierungsbedingungen, zusätzlich zu der von Moczeks Team entdeckten seriellen Homologie weitere prinzipiell mögliche Mechanismen, die wahrscheinlich im Spiel waren, als sich das Horn evolutionär in der heute sichtbaren Form herausbildete: Es können oder müssen (mehrere) Schwellenwerte, Mechanismen der Selbstorganisation und Effekte infolge des physikalischen Drucks beim Aufeinandertreffen der zur Körpermitte driftenden Gewebe eine Rolle gespielt haben, damit das harmonische, gekrümmte und sich verjüngende, spitz zulaufende Horn immer besser erklärbar wird. Diese Mechanismen gilt es, so wie beispielsweise auch bei der evolutionären Handentwicklung (Abschn. 4.9), zu suchen und zu bestimmen.

Die genetische Integration des Neuen

Wie wird eine Innovation schließlich genetisch fixiert und im Phänotyp integriert? Wenn wir auch diesen Schritt im Gesamtzusammenhang verstehen, können wir ganz erfassen, was Evo-Devo ausmacht und wie stark sich diese erweiterte Denkschule vom Mainstream-Denken abzusetzen vermag.

Voraussetzung für eine genetische „Absicherung" neuer Impulse ist eine bereits vorliegende genetische Variabilität (Nanjundiah 2003). Wir erinnern uns: Waddington spricht von Kanalisierung (Abschn. „Genetische Trickkisten"), Wagner von Robustheit (Abschn. 3.3). Diese Variabilität kann bei mehr oder weniger konstanten Umgebungsbedingungen phänotypisch nicht in Erscheinung treten, da die Umweltparameter für ihre Aktivierung nicht stark genug sind. Wie von Waddington entdeckt, gilt: Erst der oder die neuen Umweltfaktoren demaskieren das verborgene genetische/epigenetische, plastische Gestaltungspotenzial. Das heißt also, nicht alles im Organismus, was vom Pfad abweicht – maskierte Mutationen – wird sogleich sichtbar; es gibt Barrieren auf molekularen und zellulären, epigenetischen

Ebenen. Das Protein *HSP90* wurde in dem Zusammenhang bereits genannt. *HSP90* kann nicht nur eine Hürde (Constraint) darstellen, sondern eben auch Wege und Bahnen öffnen, auf denen sich eine Neuheit entwickeln kann (Müller und Newman 2005).

Morphologische Variationen, wie ich sie oben beschrieben habe, können also zuerst entstehen und nachträglich genetisch stabilisiert werden. Die Veränderung kann unter Umständen fixiert werden durch genetische Mutationen, falls das neue phänotypische Merkmal vorteilhaft ist und/oder falls die Bedingungen, die dazu geführt haben (Änderungen der Umweltbedingungen oder des Verhaltens), dauerhaft genug sind (Pigliucci 2008). Die Abhängigkeit vom initiierenden Umweltfaktor wird mit der genetischen Assimilation aufgehoben; der Organismus kann unabhängig von ihm werden. Müller, Pigliucci und West-Eberhard betonen, dass die genetische Änderung in diesem Fall eher der phänotypischen Veränderung nachfolgt als ihr vorausgeht. *Genes are followers.*

Die wichtigste Aussage in diesem Zusammenhang ist die, dass weder die Selektion noch das Genom den geschilderten Prozess allein steuern. Er wird gesteuert durch autonome Reaktionsmöglichkeiten des Entwicklungssystems auf kleine Störgrößen. Das spezifische morphologische Produkt, in diesem Fall die Innovation, wird diktiert von der Antwort des Entwicklungssystems (Müller 2010). In jüngerer Zeit wird statt von autonomen Reaktionsmöglichkeiten auch von Handlungsinstanzen und Akteuren des Organismus gesprochen.

Evolutionäre Innovation wird auf das Fehlen von Homologie zurückgeführt, d. h. auf fehlende Affinitäten zu Strukturen, die bereits im Urzustand existierten (Müller und Wagner 1991). Die Forscher für diese Argumentation assoziieren dieses Fehlen folglich mit phänotypischen Homologien und nicht mit solchen, die mit dem Entstehungsprozess zusammenhängen (Peterson und Müller 2013). Derzeit werden Innovationen jedoch auch aus einer anderen Evo-Devo-Perspektive betrachtet. Moczek und Kollegen betonen die Notwendigkeit homologer Komponenten, die zur phänotypischen Innovation beitragen. Dabei kann es sich sowohl um homologe genregulatorische Netzwerke als auch um homologe Ausgangsgewebe handeln. Zu diesem Zweck haben diese Forscher das Konzept eines evolutionären Innovationsgradienten entwickelt. Ein solcher Gradient hat „keinen wirklichen Anfang, es kann höchstens Schlüsselereignisse auf dem Weg geben" (Linz et al. 2020). Mit dem Gradienten soll zum Ausdruck gebracht werden, dass im Laufe der Evolution einer Innovation Homologien auftreten können, zum Beispiel in genregulatorischen Netzwerken (ich erinnere an die serielle Homologie beim *Ontophagus*-Horn). Die Vorfahren-Homologien verzerren jedoch den Gradienten, um sicherzustellen, dass Hotspots der Innovation, wie z. B. eine Mutation, und Orte der tiefen Konservierung den Evolutionsprozess begleiten (Linz et al. 2020). Auf diese Weise ist das Konzept eines Innovationsgradienten mit unserer intuitiven Vorstellung vereinbar, dass Neues immer auch aus bestehenden Komponenten besteht und aus diesen hervorgeht.

Ich darf diesen schwierigen theoretischen Zusammenhang noch einmal mit einem jüngeren Forschungsbeispiel verdeutlichen. Wir haben weiter oben schon die Polydaktylie genannt, das Erscheinen eines oder mehrerer vollständiger zusätzlicher Finger oder Zehen, induziert allein durch eine „unscheinbare" Punktmutation. Damit werden wir uns in Abschn. 4.8 noch sehr genau befassen. Ein weiteres Beispiel kann die unfassbare Integrationsleistung der evolutionären Entwicklung demonstrieren und belegen, dass eine Störung, seitens der Umwelt oder genetisch, nicht in einem Chaos mündet: Ein Team um Armin Moczek schaltete mit einem gentechnischen Verfahren bei einem Käfer ein Gen aus, das bei der Formung des Kopfes eine Rolle spielt. Man spricht hier von Gen-Knockout. Als Ergebnis wurden im mittleren Bereich der Kopfvorderseite ektopische Gewebe für ein neues Auge und damit für ein neues Organ induziert. Sogar zum Gehirn verlaufende, nervenähnliche Strukturen wurden angelegt. Es war das erste Mal, dass das Ausschalten eines wichtigen Gens einen derart konstruktiven, neuen Entwicklungsprozess in Gang setzte. Die Autoren bezeichnen dieses überraschende Resultat als ein „bemerkenswertes Beispiel der Fähigkeit von Entwicklungssystemen, massive Störungen in Richtung geordneter und funktionsfähiger Outputs zu kanalisieren" (Zattara et al. 2017). Momente mit solchen Entdeckungen gehören sicher zu den einsamen Höhepunkten in einem Wissenschaftlerleben.

3.11 Zusammenfassung

Evolution und Entwicklung sind eng miteinander verzahnt; es ergibt keinen Sinn, sie isoliert voneinander zu studieren. Mit 40 Jahren ist die evolutionäre Entwicklungsbiologie ein Stück erwachsen geworden. Sie wird von den einen als ein neuer Eckpfeiler der traditionellen Evolutionstheorie gesehen. Evo-Devo hat für diese Forscher unerwartete Entdeckungen geliefert, Entwicklungsgene und Genregulationsnetzwerke. Evo-Devo trägt damit zur Klärung bisher ungelöster Fragen bei. Im Stammbaum des Lebens werden zudem neue Zusammenhänge verdeutlicht.

Für die anderen ist Evo-Devo noch deutlich mehr. Für sie ist sie eine weniger adaptationistische, dafür stärker am Organismus und an Umwelteinflüssen ausgerichtete Plattform, auf der eine Evolutionstheorie entsteht, die die Synthese überwindet und hinter sich lässt. Indem Evo-Devo über die genzentrierte Perspektive der Synthese hinausgeht, wird die Komplexität der Evolution in ein neues Licht gestellt. Der Fokus liegt viel stärker auf dem Phänotyp. Er wird jetzt als ein Ort der Integration einer ganzen Reihe zusammenhängender Mechanismen gesehen, von molekularen und entwicklungsseitigen bis hin zu physiologischen und umweltbedingten. Daraus folgt, dass die Muster und Prozesse phänotypischer Veränderung aus einer Kombination all dieser diversen, kausalen Mechanismen resultieren. Sie spielen sich auf verschiedenen Skalen ab, organisatorischen (von Genen bis Umwelt) und zeitlichen (wie Entwicklung. Lebensgeschichte und Evolution; Laubichler 2010).

Ein spannendes Thema in Evo-Devo sind die Analysen, wie phänotypische Innovationen in der Entwicklung entstehen und wie die Erklärungen in die Theorie eingebunden werden können. Dazu trägt das beschriebene *natural genetic enigneering* ebenfalls wesentlich bei.

„So wie die Modern Synthesis in der Lage war, viele Aspekte der modernen Biologie in der Mitte des 20. Jahrhunderts zu integrieren, ist Evo-Devo heute positioniert, diverse Aspekte der Biologie zu transformieren und zu vereinheitlichen, eine der vorrangigen Herausforderungen der Wissenschaft des 21. Jahrhunderts" (Moczek et al. 2015).

In ihrer konzeptionellen, theoretischen Ausrichtung kann Evo-Devo den „Stolperstein" angehen, der darin besteht, dass sich diese Disziplin mit dem individuellen Organismus beschäftigt, die Synthese aber mit der Population und deren Adaptation. Diese Inkompatibilität zwischen den beiden Theorien macht es für Manfred Laubichler 2010 schwierig, eine integrative Theorie phänotypischer Evolution zu vollenden. Andererseits nennt Stuart Newman (2018) zahlreiche Beispiele für neue morphologische Formen, die losgelöst von sukzessiven Adaptationszyklen entstanden. Organismen finden Wege, sie zu nutzen, nachdem sie entstanden sind.

Alessandro Minelli (2015) nennt eine Reihe von Evo-Devo-Defiziten. So sei das Evo-Devo-Forschungsprogramm einseitig auf die Tierwelt (Metazoa) ausgerichtet. Pflanzen seien unterrepräsentiert. Verallgemeinerungen von Erkenntnissen aus dem Tierreich könnten dabei aber nicht ohne Weiteres auf andere Reiche übertragen werden. Minelli fordert die Erweiterung des Forschungsprogramms auf Einzeller. Er macht darauf aufmerksam, dass die Evolution der Entwicklung über die Sicht der Entwicklungsgenetik hinausgeht. Sie ist mehr als eine Folge von Änderungen, durch die ein erwachsenes, multizellulares Tier oder eine erwachsene Pflanze in komplexen Schritten entsteht, die in der befruchteten Eizelle ihren Anfang nehmen. Diese Sicht bezeichnet er als ein „naives Konzept". Evo-Devo wird sich daher in eine neue Richtung entwickeln. Dabei sollten grundlegende Probleme um den Fragenkreis adressiert werden, wie Evolution die Entwicklung mit ihren Haupteigenschaften „erfunden" hat, von Zelldifferenzierung bis zu komplexen multizellularen Lebenszyklen.

Bis heute erzielt die Evo-Devo-Forschung ihre kausal-mechanistischen Resultate an wenigen Modellorganismen. An ihnen können die erforderlichen Methoden genetischer Manipulation angewendet werden. Zu diesen Methoden gehören gentechnisch veränderte Organismen, ferner die Mutagenese, das ist die Erzeugung von Mutationen im Erbgut, um erwünschte Ergebnisse zu erreichen, und die Klonierung zur Herstellung genetisch identischer Organismen. Immer mehr quantitative Daten liegen vor, die in Computermodelle einfließen können und Theorien mit Vorhersagekraft erlauben. Nur ein aufwendiger Datenvergleich ermöglicht größere Gewissheit darüber, welche Genregulationsnetzwerke für einen bestimmten Phänotyp essenziell sind und welche in der Evolution frei variieren können (Moczek et al. 2015).

In Europa gibt es seit 2006 die European Society for Evolutionary Developmental Biology (EED). Sie hält alle zwei Jahre eine internationale Konferenz mit herausragenden Referenten und jeweils vielen Hundert Vorträgen aus der ganzen Welt ab (https://evodevo.eu). Die USA konnten hinter diesem Erfolgsprogramm nicht zurückbleiben und gründeten ihre eigene Gesellschaft, die PanAmerican Society for Evolutionary Developmental Biology (EvoDevo PanAm) (http://www.evodevopanam.org). Ihre Konferenzen wechseln sich mit denen der EED ab. In der überwiegenden Zahl der zahlreichen empirischen Forschungsprojekte auf diesen Konferenzen ist man nicht primär auf eine theoretische Diskussion aus, sondern präsentiert die jeweiligen Forschungsergebnisse. Dennoch ergeben sich aus ihnen Anregungen für die Theorie evolutionärer Entwicklung.

In Kap. 4 stelle ich einige ausgewählte Ergebnisse der empirischen Forschung vor, um dann an dessen Ende (Abschn. 4.9) die Implikationen der Evo-Devo-Theorie und -Forschung für eine Erweiterte Synthese zu formulieren. Ich werde dann in Kap. 5 in die Theorie der Nischenkonstruktion einführen, neben Evo-Devo, Entwicklungsplastizität und inklusiver Vererbung eines der vier Forschungsstandbeine der Erweiterten Synthese. Diese wird schließlich in Kap. 6 in Form eines Großprojekts vorgestellt. Schließlich fließen die Inhalte der Kap. 3, 4 und 5 in Kap. 6 in Form des EES-Großprojekts zusammen.

Literatur

Amundson R (2005) The changing role of the embryo in evolutionary thought. The routs of EvoDevo. Cambridge University Press, Cambridge

Bateson P, Gluckman P (2012) Plasticity and robustness in development and evolution. Int J Epidemiol 41:219–223

Bonner JT (1982) Evolution and development. Report of the Dahlem workshop on evolution and development Berlin 1981, May 10–15. Springer, Berlin

Carroll SB (2008a) Evo-Devo – Das neue Bild der Evolution. University Press, Berlin (Engl. (2006) Endless forms most beautiful. New York, W.W. Norton)

Carroll SB (2008b) Die Darwin DNA. Wie die neueste Forschung die Evolutionstheorie bestätigt. S. Fischer (Engl. (2007) The making of the fittest. DNA and the ultimate forensic record of evolution. Norton, New York)

Danchin E, Charmantier A, Champagne FA, Mesoudi A, Pujol B, Blanchet S (2011) Beyond DNA: integrating inclusive inheritance into an extended theory of evolution. Nat Rev Genet 12:475–486

Dawkins R (1976) The selfish gene. Oxford University Press, Oxford (Dt. (1978) Das egoistische Gen. Springer, Berlin)

De Beer GR (1930) Embryology and evolution. Clarendon Express, Oxford

Dupré J (2010) It is not possible to reduce biological explanations to explanations in chemistry and/or physics. In: Ayala FJ, Arp R (Hrsg) Contemporary debates in philosophy of biology. Blackwell Publishing, Malden, S 32–48

Ehrenreich IM, Pfennig DW (2016) Genetic assimilation: a review of its potential proximate causes and evolutionary consequences. Ann Bot-London 117(5):769–779

Ellis BJ, Bianchi JG, Griskevicius V, Frankenhuis WE (2017) Beyond risk and protective factors: an adaptation-based approach to resilience. Perspect Psychol Sci 12(4):1–27

Flatt T (2005) The evolutionary genetics of canalization. Q Rev Biol 80(3):287–316

Gapp K, Jawaid A, Sarkies P, Bohacek J, Pelczar P, Parados J, Farinelli L, Miska E, Masuy IM (2014) Implication of sperm RNAs in transgenerational inheritance of the effects of early trauma in mice. Nat Neurosci 17:667–669

Gates RD, Edmunds PJ (1999) The physiological mechanisms of acclimatization in tropical reef corals. Am Zool 39:30–43

Gilbert SF, Epel D (2009) Ecological development biology. Integrating epigenetics, medicine and evolution. Sinauer, Sunderland

Gould SJ (1977) Ontogeny and phylogeny. Harvard University Press, Cambridge

Gould SJ, Lewontin R (1979) The spandrels of san marco and the panglossian paradigm. A critique of the adaptionist programme, Proc Roy Soc Lond B Bio 205:581–598

Honnefelder L, Propping P (2001) Was wissen wir, wenn wir das menschliche Genom kennen? Die Herausforderung der Humangenomforschung. DuMont, Köln

Hu Y, Linz DM, Moczek AP (2019) Beetle horns evolved from wing serial homologs. Science 366:1004–1007

Jablonka E, Lamb MJ (2017) Evolution in vier Dimensionen: Wie Genetik, Epigenetik, Verhalten und Symbole die Geschichte des Lebens prägen. S. Hirzel (Engl. (2014) Evolution in four dimensions. Genetic, epigenetic, behavioral, and symbolic variation in the history of life, 2. Aufl. MIT Press, Cambridge)

Karras GI, Yi S, Sahni N, Fischer M, Xie J, Vidal M, D'Andrea AD, Whitesell L, Lindquist S (2017) HSP90 shapes the consequences of human genetic variation. Cell 168(5):856–866

Kirschner M, Gerhart J (2007) Die Lösung von Darwins Dilemma: Wie die Evolution komplexes Leben schafft. Rowohlt, Hamburg (Engl. (2005) The plausibility of life: resolving Darwin's dilemma. Yale University Press, New Haven)

Laland KN, Uller T, Feldman M, Sterelny K, Müller GB, Moczek A, Jablonka E, Odling-Smee J (2015) The extended evolutionary synthesis: its structure, assumptions and predictions. Proc R Soc B 282:1019. https://doi.org/10.1098/rspb.2015.1019

Lange A (2017) Darwins Erbe im Umbau. Die Säulen der Erweiterten Synthese in der Evolutionstheorie, 2. überarbeitete, aktualisierte Aufl. Königshausen & Neumann, Würzburg (eBook)

Lange A (2021) Von künstlicher Biologie zu künstlicher Intelligenz und dann? – Die Zukunft unserer Evolution. Springer, Berlin

Lange A, Nemeschkal HL, Müller GB (2014) Biased polyphenism in polydactylous cats carrying a single point mutation: the Hemingway model for digit novelty. Evol Biol 41(2):262–275

Lange A, Nemeschkal HL, Müller GB (2018) A threshold model for polydactyly. Prog Biophysics Mol Bio 137:1–11

Laubichler M (2010) Evolutionary developmental biology offers a significant challenge to the Neo-Darwinian paradigm. In: Ayala FJ, Arp R (Hrsg) Contemporary debates in philosophy of biology. Blackwell Publishing, Malden, S 199–212

Lind MI, Spagopoulou F (2018) Evolutionary consequences of epigenetic inheritance. Heredity 121:205–209

Linz DM, Hu Y, Moczek AP (2020) From descent with modification to the origins of novelty. Zoology 143:125836

Macagno ALM, Zattara EE, Ezeakudo O, Moczek AP, Ledón-Rettig CC (2018) Adaptive maternal behavioral plasticity and developmental programming mitigate the transgenerational effects of temperature in dung beetles. Oikos 127:1319–1329

Maynard Smith J, Szathmáry E (1995) The major transitions in evolution. Oxford University Press, Oxford

McGinnis W, Levine MS, Hafen E, Kuroiwa A, Gehring WJ (1984) A conserved DNA sequence in homoeotic genes of the Drosophila Antennapedia and bithorax complexes. Nature 308:428–433

Mills RE, Bennett EA, Iskow RC, Devine SE (2007) Which transposable elements are active in the human genome? Trends Genet 23(4):183–191

Minelli A (2015) Grand challenges in evolutionary developmental biology. Front Ecol Evol 2:1–11

Mitchell S (2008) Komplexitäten. Warum wir erst anfangen, die Welt zu verstehen. Suhrkamp, Berlin

Moczek AP (2008) On the origin of novelty in development and evolution. BioEssays 30:432–447

Moczek AP, Parzer HF (2008) Rapid antagonistic coevolution between primary and secondary sexual characters in horned beetles. Evolution 62(9):423–2428

Moczek AP, Sultan S, Foster S, Ledón-Rettig C, Dworkin I, Nijhout HF, Abouheif E, Pfennig DW (2011) The role of developmental plasticity in evolutionary innovation. Proc Biol Sci 278(1719):2705–2713

Moczek AP, Sears KE, Stollewerk A, Wittkopp PJ, Diggle P, Dworkin I, Ledon-Rettig C, Matus DQ, Roth S, Abouheif E, Brown FD, Chiu CH, Cohen CS, De Tomaso AW, Gilbert SF, Hall B, Love AC, Lyons DC, Sanger TJ, Smith J, Specht C, Vallejo-Marin M, Extavour CG (2015) The significance and scope of evolutionary developmental biology: a vision for the 21st century. Evol Dev 17(3):198–219

Moczek AP, Sultan SE, Walsh D, Jernvall J, Gordon DM (2019) Agency in living systems: how organisms actively generate adaptation, resilience and innovation at multiple levels of organization. Proposal for a major grant from the John Templeton Foundation

Morgan HD, Sutherland HG, Martin DI, Whitelaw E (1999) Epigenetic inheritance at the agouti locus in the mouse. Nat Genet 23:314–318

Müller GB (2007) Evo-Devo. Extending the evolutionary synthesis. Nat Rev Genet 8(12):943–949

Müller GB (2008) Evo-devo as a discipline. In: Minelli A, Fusco G (Hrsg) Evolving pathways: key themes in evolutionary developmental biology. Cambridge University Press, Cambridge

Müller GB (2010) Epigenetic innovation. In: Pigliucci M, Müller GB (Hrsg) Evolution – the extended synthesis. MIT Press, Cambridge, S. 307–332

Müller DB (2020a) Evo-Devo's contribution to the extended evolutionary synthesis. In: de la Rosa LN, Müller GB (Hrsg) (fortl.) Evolutionary developmental biology. Springer International Publishing, Cham

Müller DB (2020b) Developmental innovation and phenotyping novelty. In: de la Rosa LN, Müller GB (Hrsg) (fortl.) Evolutionary developmental biology. Springer International Publishing, Cham

Müller GB, Newman SA (2005) The innovation EvoDevo agenda. J Exp Zool 304B:487–503

Müller GB, Wagner GP (1991) Novelty in evolution. Restructuring the concept. Annu Rev Ecol Syst 22(1):229–256

Müller-Wille S, Rheinberger H-J (2009) Das Gen im Zeitalter der Postgenomik. Eine wissenschaftstheoretische Bestandsaufnahme. Suhrkamp, Berlin

Nanjundiah V (2003) Phenotypic plasticity and evolution by genetic assimilation. In: Müller GB, Newman SA (Hrsg) Origination of organismal form – beyond the gene in development and evolutionary biology. MIT-Press, Cambridge, S 245–263

Newman SA (2018) Inherency. In: de la Rosa LN, Müller GB (Hrsg) Evolutionary developmental biology. Springer International Publishing, Cham

Noble D (2006) The music of life. Biology beyond genes. Oxford University Press, Oxford

Noble D (2015) Evolution beyond ne-Darwinism: a new conceptual framework. J Exp Biol 218:7–13

Noble D (2016) Dance to the tune of life: biological relativity. Cambridge University Press, Cambridge

Noble D (2017) Evolution viewed from physics, physiology and medicine. Interface Focus 7:20160159. https://doi.org/10.1098/rsfs.2016.0159

Noble D (2019) Exosomes, gemmulues, pangenesis and darwin, revisited. In: Smythies J, Quesenberry P, Noble D (Hrsg) Edelstein L. Exosomes in health and disease, Academic Press, S 487–502

Noble D, Jablonka E, Joyner MJ, Müller GB, Omholt SW (2014) Evolution evolves: physiology returns to centre stage. J Physiol 592(11):2237–2244

Nowotny H, Testa G (2009) Die gläsernen Gene. Die Erfindung des Individuums im melokularen Zeitaltern. Suhrkamp, Berlin

Nüsslein-Volhard C (2004) Das Werden des Lebens. Wie Gene die Entwicklung steuern. Beck, München

Pan Q, Shai O, Lee LJ, Frey BJ, Blencowe BJ (2008) Deep surveying of alternative splicing complexity in the human transcriptome by high-throughput sequencing. Nat Genet 40:1413–1415

Peterson T, Müller GB (2013) What is evolutionary novelty? Process versus character based definitions. J Exp Zool Part B 320B:345–350

Pigliucci M (2008) What, if anything, is an evolutionary novelty? Philos Sci 75:887–898

Riedl R (1975) Die Ordnung des Lebendigen: Systembedingungen der Evolution. Parey, Hamburg, S 1975

Roux W (1881) Der Kampf der Theile im Organismus. Ein Beitrag zur Vervollständigung der mechanischen Zweckmäßigkeitslehre. Verlag von Wilhelm Engelmann, Leipzig. https://archive.org/stream/derkampfdertheil00roux#page/34/mode/2up

Science.orf.at (2024) Erbgut ist nicht in allen Zellen gleich science.orf.at/stories/3222927/

Shapiro JA (2013) How Life changes itself: The read-write (RW) genome. Phys Life Rev 10(3):287–323. https://doi.org/10.1016/j.plrev.2013.07.001

Shapiro JA (2017) Living organisms author their read-write genomes in evolution. Biology (Basel) 6(4):42. https://doi.org/10.3390/biology604004

Shapiro JA (2019) Ann N Y Acad Sci 1447(1):21–52. https://doi.org/10.1111/nyas.14044

Shapiro JA (2020) All living cells are cognitive. Biochem Biophys Res Commun Jul 30:564:134–149. https://doi.org/10.1016/j.bbrc.2020.08.120

Shapiro JA (2022) Evolution – a view from the 21st century – fortified. Cognition Press, Chicago

Skinner MK, Mannikam M, Guerrero-Bosagna C (2010) Epigenetic transgenerational actions of environmental factors in disease etiology. Trends Endochrinol Metab 21:214–222

Smolka M, Paulin LF, Grochowski CM, Dominic DW, Mahmoud M, Behera S, Kalef-Ezra E, Gandhi M, HongK PD, Scholz SW, Carvalho CMB, Proukakis C, Sedlazeck FJ (2024) Detection of mosaic and population-level structural variants with Sniffles2. Nat Biotechnol. https://doi.org/10.1038/s41587-023-02024-y

Stebbins GL (1951) Cataclysmic Evolution. Sci Am 184(4):54–59

van Steenwyk G, Roszkowski M, Manuella F, Franklin TB, Mansuy IM (2018) Transgenerational inheritance of behavioral and metabolic effects of paternal exposure to traumatic stress in early postnatal life: evidence in the 4th generation. Environ Epigenetics 4(2):1–8

Waddington CH (1942) Canalization of development and the inheritance of acquired characters. Nature 150:563–565

Waddington CH (1953) The genetic assimilation of an acquired character. Evolution 7:118–126

Wagner A (1999) Redundant gene functions and natural selection. J Evol Biol 12:1–16

Wagner A (2000) The role of pleiotropy, population size fluctuations, and fitness effects of mutations in the evolution of redundant gene functions. Genetics 154:1389–1401

Wagner A (2005) Distributed robustness versus redundancy as causes of mutational robustness. BioEssays 27:176–188

Wagner A (2008) Neutralism and selectionism: a network-based reconciliation. Nat Rev Genet 9:965–974

Wagner A (2011) The molecular origins of evolutionary innovations. Trends Genet 27:397–410

Wagner A (2015) Arrival of the Fittest. Wie das Neue in die Welt kam. Über das größte Rätsel der Evolution. S. Fischer, Frankfurt a. M.

West-Eberhard MJ (2003) Developmental plasticity and evolution. Oxford University Press, Oxford

Wieser W (1998) Die Erfindung der Individualität oder die zwei Gesichter der Evolution. Spektrum, Heidelberg

Zattara EE, Macagno ALM, Busey HA, Moczek AP (2017) Development of functional ectopic compound eyes in scarabaeid beetles by knockdown of orthodenticle. PNAS 114(45):12021–12026

Tipps zum Weiterlesen und Weiterklicken

Ein Buch, das für die Ausgabe hier nicht mehr herangezogen werden konnte, dessen Entstehen der Autor jedoch verfolgte, beschreibt neueste Erkenntnisse zu Mechanismen der Entwicklung, der Physiologie und des Verhaltens von Organismen und hebt hervor, dass sich der Evolutionsprozess selbst fortlaufend weiterentwickelt: Lala KN, Uller T, Feiner N, Feldman M, Gilbert SF, Andrews D (2024) Evolution Evolving: The Developmental Origins of Adaptation and Biodiversity. Princeton University Press, Princeton NJ

Ein sehr gut zu lesendes Buch, allerdings beschränkt auf Evo-Devo im Zusammenhang mit Genregulationen: Sean B. Carroll (2008) EvoDevo – Das neue Bild der Evolution. Berlin University Press, Berlin. (Engl. (2006) Endless Forms Most Beautiful. Norton, New York)

Development and Evolution, wartet im März 2020 mit einer Sonderausgabe mit dem Thema *Development Bias and Evolution* auf. Herausgeber ist Armin Moczek. 16 Beiträge verschiedener Autoren beleuchten u. a. das Thema aus historischer und philosophischer Sicht, nennen Fallstudien und erörtern Entwicklungsmechanismen und empirische Tests

Evo-Devo unter Einbeziehung der Ökologie, also Eco-Evo-Devo, ist die Domäne von Scott F. Gilbert und David Epel (2009) in ihrem faszinierenden Lehrbuch Ecological Development Biology. Integrating Epigenetics, Medicine and Evolution. Sinauer, Sunderland, bzw. in der 2. Auflage (2015): Ecological Developmental Biology: The Environmental Regulation of Development, Health, and Evolution https://de.wikipedia.org/wiki/Phänotypische_Variation

Eine informative Zusammenstellung zu Fragen, die Evo-Devo noch nicht erforscht hat (Stand 2008) gibt es von Lewis I. Held, mit dem Titel 101 Unsolved Puzzles in Evo-Devo. https://www.sdbonline.org/sites/fly/lewheldquirk/puzzleq.htm

Facilitated Variation in Three Minutes (YouTube). https://www.youtube.com/watch?v=ynEuJi0Umms

Kirschner M. Facilitated variation (YouTube). https://www.youtube.com/watch?v=lbcpLPcXw9M

Lange A. Der Wikipedia-Artikel „Evo-Devo" von mir entstand 2010 zu einem Zeitpunkt, als in Wikipedia noch diskutiert wurde, ob Evo-Devo wirklich ein Thema für eine Enzyklopädie sei. Der Artikel wurde vielfach, z. T. auch von anderen Autoren aktualisiert. Teile aus ihm habe ich, wiederum stark überarbeitet und in Kapitel 3 hier übernommen. https://de.wikipedia.org/wiki/Evolutionäre_Entwicklungsbiologie

Lange A. Ebenfalls von mir in Wikipedia ist: „Phänotypische Variation" (Version 10.02.2020). Ein Thema, für das neben dem schon vorhandenen Artikel „Genetische Variation" in Wikipedia zuerst keine Berechtigung gesehen wurde, da man noch 2015 der überholten Auffassung war, genetische Variation erkläre auch phänotypische. Ende 2023 gibt es in Wikipedia noch immer keine eigenen Artikel zum Genotyp-Phänotyp-Verhältnis oder zu Entwicklungsplastizität

Moczek A. Evolution Evolving. „On the origins of novelty and diversity in development and evolution: case studies on horned beetles" (YouTube). https://www.youtube.com/watch?v=K_VuwByeqmg

Müller GB et al (2023) Evolvability a unifying concept in evolutionary biology? https://www.duo.uio.no/handle/10852/103129

Denis Noble gibt eine Gesamtschau seiner fundamentalen Kritik an der Biologie des 20. Jahrhunderts in einem Dialog zu seinem Buch Dance to the Tune of Life (16.11.2016). https://thethinend.podbean.com/?s=Denis

Video zu Andreas Wagners Arrival of the Fittest. https://www.youtube.com/watch?v=aD4HUGVN6Ko

Neuron time lapse video (YouTube) (Beispiel für exploratives Verhalten). https://www.youtube.com/watch?v=A9zLKmt2nHo&list=PLbuTJRpgbtoNRecLE_Uz-CnOjkZC2bsMa

4

Ausgewählte Evo-Devo-Forschungsergebnisse

Im letzten Kapitel haben Sie erfahren, was die evolutionäre Entwicklung ist. Sie haben über Genregulation gelesen, über die Rolle der Zellen bei der erleichterten Variation und über die Rolle der Umwelt beim Entstehen phänotypischer Plastizität und Innovation. In diesem Kapitel stelle ich nun eine Auswahl an empirischen Evo-Devo-Forschungsleistungen vor. Darunter sind solche, die ziemlich gut mit Genregulierungen erklärbar sind, etwa die Größe bunter Augenflecken auf Schmetterlingsflügeln. Andere Beispiele, etwa ein zusätzlicher Finger, gehören zu Evo-Devo-Prozessen einer höheren Ebene. In diesem Zusammenhang werden wir Selbstorganisation auf der Ebene von Zellen kennen lernen. In der Regel sind zweidimensionale Farb- oder Strukturmuster leichter zu erklären als dreidimensionale Muster, wie zusätzliche Finger, Vogelschnäbel oder Kopfformen von Buntbarschen. Der Schwerpunkt der Auswahl liegt hier bewusst auf Themen, bei denen das neodarwinistische Evolutionsmodell in Schwierigkeiten gerät, weil Erklärungen fehlen. Aus den Fällen ergeben sich andere Vorhersagen als aus der Synthetischen Theorie, wie etwa diskontinuierliche Vererbung, Variationstendenz *(Bias)* der Entwicklung und andere. Mit diesen Beispielen wird die zuvor vorgestellte epigenetisch-systemische Evo-Devo-t in Kap. 6 geht.

Wichtige Fachbegriffe in diesem Kapitel (s. Glossar): diskontinuierliche Variation, Emergenz, Entwicklungsconstraint, Entwicklungsplastizität, Evo-Devo, Evolvierbarkeit, genetische Akkommodation, genetische Assimilation, Hox-Gene, Kanalisierung, Morphogen, Polydaktylie, Punktmutation, Schwelleneffekt, Selbstorganisation, Turingsystem Variationstendenz *(Bias)*, Zellsignale.

A. Lange, *Evolutionstheorie im Wandel,* https://doi.org/10.1007/978-3-662-68962-2_4

4.1   Schnäbel nach Bedarf bei Darwinfinken

Peter und Rosemary Grant haben bei Darwinfinkenarten auf den Galápa-
gos-Inseln Erstaunliches nachgewiesen. Es braucht nämlich bei verändertem Nahrungsangebot nur wenige Generationen, bis es zu einer deutlichen
Umbildung der Vogelschnäbel kommt (Abb. 4.1). Das Ehepaar Grant hatte
sich 33 Jahre lang auf den Inseln mit den Darwinfinken beschäftigt. Eine
phänotypische Variation in dem von den Grants entdeckten Umfang galt bis
dahin in so kurzer Zeit als unmöglich. Die Schnabelformen einer Population
der Gattung *Geospiza* entwickeln sich manchmal schnell in unterschiedliche
Richtungen, etwa wenn sich zwei Arten auf einer Insel das Nahrungsangebot teilen müssen und sich dabei auf große bzw. kleine Samenkörner spezialisieren (Abzhanov et al. 2004). Dabei ist zu bedenken, dass die Variation
der Schnabelgröße und -form gleichzeitig eine (wenn auch nur um wenige
Millimeter) veränderte Einpassung des Hornschnabels in die Schädelknochen erfordert, denn der Kopf des Finken wächst nicht in dem Umfang mit
wie der Schnabel. Die Proportionen ändern sich, und damit ist überdies die
Anpassung der Speiseröhre ebenso erforderlich wie die der Luftröhre und die
der Zunge. Alle diese Teile müssen penibel aufeinander abgestimmt variieren.

Abb. 4.1   Schnabelform bei Darwinfinken. Darwinfinken sorgten für eine Überraschung: Einige können ihre Schnabelform und -größe in wenigen Generationen an
ein verändertes Nahrungsangebot anpassen. Hier verschiedene Gattungen. Die Mes-
sungen wurden an Individuen der Gattung *Geospiza* vorgenommen

Die Grants wiesen darauf hin, dass die Hybridisierung und Introgression, also das Einfügen von Teilen des Genoms einer anderen Art, eine große Rolle gespielt haben muss, um eine hohe genetische Variabilität zu erzeugen (Shapiro 2022). Diese Argumentation lenkt zu Shapiros *natural genetic engineering*, das wir in Abschn. 3.9 kennengelernt haben.

Man konnte ein Wachstumsfaktor-Protein identifizieren, das an der Schnabelbildung im Embryo maßgeblich beteiligt ist. Ferner konnte gezeigt werden, dass dieses Protein bei verschiedenen Schnabelformen entsprechend unterschiedlich stark oder unterschiedlich lange ausgebildet wird. Kirschner und Gerhart erwähnen zudem, dass besagtes Protein – es heißt *BMP4* und wird beim Embryo in Neuralleistenzellen produziert – experimentell in die Neuralleiste von Hühnerembryonen eingepflanzt wurde, worauf sich erwartungsgemäß die Schnabelform veränderte. Die Hühnchen entwickelten breitere und größere Schnäbel als normal. Andere Wachstumsfaktoren haben nicht diese Wirkung. Obgleich also der experimentell manipulierte Schnabel seine Größe bzw. Form ändert, wird er dennoch in die Anatomie des Vogelkopfes integriert: „Es kommt nicht zu einer monströsen Fehlentwicklung" (Kirschner und Gerhart 2007).

Die Schnabelbildung ist ein komplexer Entwicklungsprozess, an dem fünf Nester von Neuralleistenzellen beteiligt sind. Die Neuralleiste ist die frühe embryonale Anlage, aus der unter anderem das periphere Nervensystem entsteht. Die Nester empfangen Signale von Gesichtszellen und reagieren auf diese. Daher verändern Merkmale, die die Neuralleistenzellen beeinflussen, das Schnabelwachstum in koordinierter Weise. Die neodarwinistische Evolutionstheorie müsste an diesem und anderen Beispielen plausibel erklären können, wie in nur wenigen Generationen allein durch die Abfolge von zufälliger Mutation und Selektion eine derartig umfangreiche, koordinierte, phänotypische Variation entstehen kann, die tatsächlich eines wechselseitigen Zusammenspiels vieler Entwicklungsparameter bedarf.

Kirschner und Gerhart nennen diesen Vorgang erleichterte Variation (Abschn. 3.5). Variation kann demnach nicht x-beliebig sein. Vielmehr „bedingt erleichtere Variation einen beeinflussten, vorsortierten Output phänotypischer Variation durch einen Organismus". Vieles spricht dafür, dass es Entwicklungswege für eine koordinierte Entwicklung von Schnabel und Kopf gibt – eine funktionale, integrierte Anpassungsfähigkeit des Organismus, die zufallsverteilte Mutationen in nicht zufällig verteilte phänotypische Variation übersetzt.

Das Evo-Devo-Beispiel hat folgende Wirkungsweise: Eine kleine Ursache (eine oder ein paar quantitative, regulatorische Proteinänderungen) hat eine große Wirkung (funktionale Veränderung der Schnabelform), gesteuert durch epigenetische Prozesse der Entwicklung, insbesondere ein umfangreiches adaptives Zellverhalten der Neuralleistenzellen des Schnabels und des Gesichtsumfelds. Anhand von Erkenntnissen zur gut erforschten Entwicklung des Schnabels und seiner Modifikationen kann geschlossen werden, dass sich „recht umfangreiche Veränderungen der Schnabelgröße und Schnabelform mit ein paar regulatorischen Mutationen eher erreichen lassen als mit einer Summierung von langen Folgen kleiner Veränderungen" (Kirschner und Gerhart 2007).

Nicht erforscht ist in diesem Beispiel, wodurch die Veränderungen des *BMP4*-Spiegels in der Entwicklung ausgelöst werden. Eine Möglichkeit sind genetische Zufallsmutationen; wahrscheinlicher sind jedoch Reaktionswege der Entwicklung auf den Stress der Tiere, der durch die anhaltende Veränderung des Nahrungsangebots entsteht, also ein äußerer Faktor.

Auch bei Eidechsen auf einer Floridainsel in der Karibik beobachtete man eine erstaunlich schnelle Evolution. Die Länge der Beine dieser Tiere variierte in nur wenigen Generationen in Abhängigkeit vom Nahrungsangebot und Wetter (Stroud et al. 2023). Eidechsen sind seit Millionen Jahren äußerlich unverändert. Sie leben seit mehr als 100 Mio. Jahren auf der Erde. Bei dieser hohen Stasis würde man derart schnelle Veränderungen also nicht erwarten. Allerdings glichen sich die Variationen auf der Floridainsel mit der Zeit wieder aus. Das muss jedoch nicht so sein, wenn das Klima sich in Zukunft weiter verändert und Hurricanes noch stärker und häufiger werden. Schon früher hatte man nämlich beobachtet, dass die Größe der Füße und die Länge der Beine von Anolis-Eidechsen in Folge starker Hurricanes in nur wenigen Generationen drastisch zunimmt (Donihue et al. 2018). Größere Füße hängen auch mit der Klammerfähigkeit der Füße zusammen. Dazu entdeckte man überraschend, dass zunehmende Konkurrenz unter Eidechsenartgenossen um Futter und die besten Plätze in den Bäumen in nur 20 Generationen mehr Lamellen und eine bessere Klebefähigkeit der Füße hervorbringen kann (Stuart et al. 2014). Die einheimischen, von der Invasion einer anderen Art belästigten Tiere flüchteten in höhere Baumregionen, entwickelten die bessere Klebesohle und konnten damit in den höher gelegenen Zweigen mit schmaleren Ästen leichter ihre Nahrung suchen. Ausmaß und Geschwindigkeit der Variationen überraschten die Forscher – Anpassung und Artenbildung im Blitztempo. Alle geschilderten Variationen hängen mit der Fähigkeit der evolutionären Entwicklung zusammen, schnelle phänotypische Variation grundsätzlich zu ermöglichen (vgl. Kap. 6).

4.2   Experiment 1: Spaziergang der Flösselhechte

Fische können an Land laufen. Das glauben Sie nicht? Hier erfahren Sie, wie die Tiere es lernen. In einem achtmonatigen Versuch mit juvenilen Flösselhechten *(Polypterus senegalus)* aus dem tropischen Afrika eruierte die Kanadierin Emily Standen 2014 erstmals, wie gut sich diese Fische an die Bedingungen an Land anpassen, wenn man ihnen die aquatische Lebensweise vollständig entzieht (Standen et al. 2014; Abb. 4.2). Flösselhechte besitzen eine primitive Lunge und können grundsätzlich an Land watscheln. Im Versuch ging es jedoch darum, wie sie ihre „Land-Gangart" verbessern können. Dabei zeigte sich, dass sich die Tiere überraschend schnell an die neuen Bedingungen anpassen konnten. Der „trainierte" Fisch hebt seinen Kopf an Land höher, setzt die Bewegung der Flossen effizienter ein und rutscht seltener aus. Die Versuchstiere überlebten nicht nur, sondern blühten in der neuen Umgebung regelrecht auf. Ihre Anpassungen umfassten sowohl Änderungen der Muskulatur also auch der Knochenstruktur. Die Versuchstiere konnten viel besser auf dem Trockenen laufen als die aquatischen Kontrolltiere. Für Evolutionsbiologen der evolutionären Entwicklungsbiologie erlaubt diese unerwartet hohe Entwicklungsplastizität Rückschlüsse darauf, wie die ersten Meeresbewohner, etwa der *Tiktaalik,* vor 380 Mio. Jahren an Land gingen und mit dem Übergang von Flossen zu Extremitäten allmählich Amphibien entstehen konnten. In der Tat spiegeln die hier

Abb. 4.2 Flösselhecht zu Fuß unterwegs. Ein afrikanischer Flösselhecht watschelt im Laborversuch auf dem Trockenen. Anpassungen von Muskeln und Knochenstruktur erfolgten in kurzer Zeit. Das Experiment sollte Erkenntnisse darüber ermöglichen, ob der Landgang der Fische vor 400 Mio. Jahren durch phänotypische Änderungen erfolgen konnte, die womöglich erst später genetisch akkommodiert wurden

beobachteten Knochenvariationen Veränderungen wider, wie man sie bei Fossilien beobachtet, die den Landgang der Wirbeltiere dokumentieren.

Dieser Versuch mit Flösselhechten bestätigte für den Landgang einen evolutionär wichtigen Systemübergang, die Hypothese, dass Tiere in evolutionär kürzester Zeit (manchmal innerhalb einer einzigen Generation) sowohl ihre Anatomie als auch ihr Verhalten in Reaktion auf Umweltänderungen plastisch anpassen können (Standen et al. 2014). Genetische Mutationen könnten langfristig die durch die neue Umweltsituation geschaffenen Bedingungen entgegenkommen und für geeignete Vererbung sorgen. Der evolutionäre Ablauf, so die Argumentation, ist demnach: nicht-genetische Mutation ⇒ Umweltdruck ⇒ natürliche Selektion ⇒ Adaptation in der Population, sondern: Veränderung der Umweltbedingungen ⇒ dauerhafte, noch umweltabhängige und nicht-genetisch vererbte phänotypische Adaptation ⇒ unterstützende genetische (Mutationen für die Akkommodation)/Assimilation ⇒ genetische Vererbung.

4.3   Von Buntbarschen mit dicken Lippen und großen Beulen

Buntbarsche (Cichliden) sind ein großartiges Terrain für die Evo-Devo-Forschung. Mit 1700 Arten bilden sie die drittgrößte Fischfamilie; damit sind sie zugleich eine der artenreichsten Gruppen der Wirbeltiere. In Afrika kommen Buntbarsche in mehreren der großen Seen vor, so im Victoria-, im Malawi- und im Tanganjikasee. In jedem der Seen gibt es mehrere Hundert Buntbarscharten, die in verschiedenen, oft sehr kleinen Nischen leben. Eine Art kann in einer einzigen begrenzten Felsengruppe zu Hause sein und kommt womöglich sonst nirgends im See vor. Was uns hier interessiert, sind weniger ihre schönen Farbmuster, sondern die Evolution auffallend ähnlicher äußerer Kopfformen bei diesen Fischen.

Bei den Fischen im Malawisee und Tanganjikasee war es aus der Sicht der Synthetischen Theorie die natürliche Selektion, die die auffälligen Körperformen wie etwa übergroße, weit vorgestülpte Lippen (Abb. 4.3 re.), kurze, robuste Unterkiefer, ausgebeulte Vorderköpfe (Abb. 4.3) und andere Merkmale präferierte und adaptierte. Wenn Fische in beiden Seen ähnliche Merkmale aufweisen, spricht der neodarwinistische Evolutionsbiologe von Konvergenz, also einer rein anpassungsbedingten Ähnlichkeit (Meyer und Stiassny 1999). Demnach haben ähnliche Umgebungsbedingungen zur Auswahl zufällig vorhandener genetischer Mutationen geführt. Diese

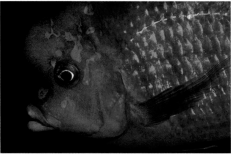

Abb. 4.3   Afrikanische Buntbarsche. Tanganjika-Beulenkopf (*Cyphotilapia frontosa,* li.) und Beulenkopf-Maulbrüter (*Cyrtocara moorii,* re.) vom Malawisee. Beide Arten sind in ihren Seen endemisch. Die auffällige Kopfform entstand durch parallele Evolution. Bei ihr gibt es keinen gemeinsamen Vorfahren mit demselben Merkmal

Mutationen führten zu vergleichbaren, geeigneten phänotypischen Ergebnissen: Ein klassischer Anpassungsprozess. Diese Begründung erfordert jedoch eine außerordentlich hohe Übereinstimmung der Faktoren, um die vielen parallelen Formen zu erklären, die in jedem See unabhängig voneinander entstanden. Wie wahrscheinlich mag das sein?

Die natürliche Selektion kann aus Sicht der Synthese alle physikalischen Möglichkeiten ausnutzen, um aus einem unermesslichen Spektrum die geeignetsten auszuwählen, wie uns Carroll vorrechnet (Abschn. 3.3). Aus Sicht von Evo-Devo-Forschern ist dieses Spektrum physikalischer Möglichkeiten für die Entwicklung aber nicht offen; die Möglichkeiten sind eingeschränkt. Der Grund dafür ist die Entwicklung.

Evo-Devo-Forscher verwenden den Begriff paralleler Variation, nicht zu verwechseln mit dem Begriff der Konvergenz, da letzterer durch die Synthese besetzt ist. Muster paralleler Evolution wie etwa die Beulenköpfe von Buntbarschen, die in verschiedenen Seen des Rift Valley leben, liefern eine gute bildliche Darstellung für das, was erklärt werden soll: Handelt es sich hier um Ähnlichkeiten aufgrund vergleichbarer Lebensbedingungen und damit um natürliche Selektion, oder ist möglicherweise der Einfluss richtungsgebender Entwicklung mit im Spiel? Gibt es – das ist gemeint – Entwicklungspfade, die mitbestimmen, wie die phänotypische Variation aussehen muss? In diesem Fall hinge der Verlauf der Evolution von der Evolvierbarkeit der betreffenden Merkmale ab und natürlich auch davon, wie diese Merkmale zu der Fitness und den Anforderungen der natürlichen Selektion passen. Evolvierbarkeit meint die Kapazität einer Art für adaptive Evolution. Sie kann gering oder groß, aber auch in bestimmten Dimensionen ausgerichtet sein. Natürliche Selektion und Entwicklung arbeiten also aus dieser

Evo-Devo-Sicht zusammen. Die Anteile beider Ursachen, der extrinsischen (Selektion) und der intrinsischen (Entwicklung) bleiben aber so lange unklar, bis man mehr darüber weiß, wie die Entwicklung den Genotyp mit dem Phänotyp verbindet. Es ist anzunehmen, dass der Weg, auf dem phänotypische Variation entsteht, durch adaptive Evolution entlang vorgegebener Entwicklungspfade orchestriert wird, doch dazu ist noch erhebliche empirische Forschung notwendig. Am Ende sind Muster ähnlicher paralleler morphologischer Evolution in ähnlichen ökologischen Umgebungen zu erwarten. Diese Muster können bei genauer Kenntnis der Entwicklungsprozesse dann vorhersagbar sein (Brakefield 2006, 2011). Klar ist allerdings auch, dass die Evolvierbarkeit selbst ein evolviertes und evolvierendes Produkt der Evolution ist (Uller et al. 2018).

4.4 Experiment 2: Schmetterlinge mit Augen auf den Flügeln

Ich will versuchen, das Thema Variationstendenz in der evolutionären Entwicklung, das wir in Abschn. 3.4 kennengelernt haben, noch etwas konkreter darzustellen. Variationstendenz *(Bias)* bedeutet, dass einige Phänotypen leichter entwickelt werden können und damit wahrscheinlicher sind als andere. Entwicklungsmechanismen können die evolutionäre Veränderung limitieren oder kanalisieren. Damit folgt die Entwicklung Tendenzen oder Richtungen – die keinesfalls als „Zielvorgaben" missverstanden werden sollten, denn Ziele existieren nicht in der Evolution.

Bei den im vorigen Abschnitt beschriebenen Cichliden haben wir empirisch noch nicht viel in der Hand. Man beruft sich darauf, dass es wenig wahrscheinlich sei, dass die parallele Evolution der Fische mit den ausgebeulten Köpfen allein durch natürliche Selektion zu erklären ist. Anders liegt der Fall bei Schmetterlingen; hier gibt es viel zu berichten. Schmetterlinge sind dabei, die *Drosophila* als neuer Modellorganismus abzulösen. Die Flügel von Schmetterlingen mit ihren zahllosen Farb- und Strukturmustern sind ein Eldorado für Biologen. Sie geben fast ein eigenes Biologiestudium her. Vielleicht haben Sie sich schon einmal gefragt, wie die herrlichen, oft perfekt runden Augenflecken auf den Flügeln der schönen Tiere entstehen können. Hat die Selektion hier Tausende Male nachjustiert, bis die Flecken wirklich rund waren? Nein, so funktioniert das nicht. Im Zentrum der oft so wunderschönen Augenflecken wird im Embryo ein Morphogen, das ist ein Protein, diffusionsartig kreisrund exprimiert, wie ein Tropfen Kaffeesahne im Kaffee. Das Morphogen heißt *Wingless*. *Wingless* hat seinen Namen von Versuchen, die bei *Drosophila* zu flügellosen Mutanten führten. Dieses Morphogen aktiviert die Expression des Zielgens *Distal-less (Dll)* und je nach Entfernung vom Zentrum auch andere Gene stärker oder schwächer. *Dll* ist ein Homöoboxgen (Abschn. 3.2), das Carroll überraschend in den Augenflecken der Schmetterlingsflügel entdeckte. Mit der Diffusion des Morphogens hat man eine grobe Erklärung für den Kreis, doch tatsächlich ist die Angelegenheit komplizierter. (Ich werde von Morphogenen noch zu sprechen haben, wenn ich das Entstehen der Finger behandle.) Im Mittelpunkt der *Dll*-Expression beim Augenfleck liegt also ein Signalzentrum, ein sogenannter Organisator. Er „organisiert" das Schicksal (die Differenzierung) aller Zellen im nahen Umfeld. Einen solchen Organisator hat zum ersten Mal der Freiburger Entwicklungsbiologe Hans Spemann in den 1920er-Jahren im frühen Embryonalstadium von Kaulquappen entdeckt (in dem bei diesen die ersten grundlegenden Festlegungen getroffen werden). Dafür erhielt Spemann 1935 den Nobelpreis für Medizin. Seine Entdeckung eines formbildenden Gradienten wurde in der Entwicklungsbiologie bis heute glänzend bestätigt.

Das *Distal-less*-Gen war schon lange bekannt, allerdings nicht beim Schmetterling, sondern bei der Taufliege, wo es (wie auch *Wingless*) in eine völlig andere Funktion eingebunden ist, nämlich die Entwicklung von Körperanhängen, von Beinen zu Antennen bis hin zu Flügeln. Nun also eine neue Funktion mit neuen Schaltern, eben das, was Carroll „alte Gene mit neuen Tricks" nennt. Sean B. Carroll rückte in den USA 1994 mit seiner Evo-Devo-Entdeckung der Genetik von Augenflecken und ihrer Manipulation für kurze Zeit in helles Medienlicht. Wenn man Schmetterlinge im Labor verändern kann, kann man dann auch den Menschen verändern? Diese Frage klang damals schon an. Die spannende Geschichte wurde im namhaften Magazin *Science* veröffentlicht (Carroll et al. 1994).

Wir interessieren uns hier aber wie angekündigt für mehr: Kann man bei eben diesen Augenflecken zwischen natürlicher Selektion und Variationstendenz in der Entwicklung unterscheiden? Zuvor sei erwähnt, dass bei der Evolution der Augenflecken hinsichtlich Größe und Farben eine außerordentlich hohe Flexibilität (Evolvierbarkeit) vorherrscht, also ein großes Potenzial für unabhängige Variation. Die Flecken können klein, mittel oder groß sein und auch farblich variieren. Dasselbe gilt für viele andere Flügelmuster und spricht eher für eine dominante Rolle der natürlichen Selektion als für Entwicklungsconstraints (Beldade et al. 2002). Dennoch wollen wir die Sache einmal etwas näher betrachten, um zu veranschaulichen, wie nahe mögliche Interpretationen auch beieinander liegen können.

Der Ansatz in einem Experiment war nun, die Einflussfaktoren mithilfe künstlicher Selektion zu analysieren, also unterschiedliche Flecken in der Zucht hervorzubringen und zu ermitteln, ob bestimmte Konstellationen der Augenflecken unmöglich sind. Die parallel evolvierten Versuchstiere sind dieses Mal *Bicyclus anynana,* ein keiner brauner afrikanischer Schmetterling, und ein nahe verwandter asiatischer Schmetterling der Gattung *Mycalesis.* Warum zwei verschiedene Arten aus zwei Kontinenten? Weil man wissen will, ob ähnliche Ergebnisse bezüglich der Augenflecken bei den Laborversuchen auf ähnliche Entwicklungsconstraints und Variationstendenz in Form einer Kopplung zweier Augenflecken auf einem Flügel hinweisen.

Mit künstlicher Selektion, sprich: durch Zucht wurde bei beiden Arten auf das Merkmal der Größe einzelner Augenflecken gezielt. Dabei wurde den Proportionen benachbarter Augenflecken auf demselben Flügel erhöhte Aufmerksamkeit geschenkt. Die künstliche Selektion in verschiedenen Richtungen auf die relative Größe zweier Augenflecken lieferte hier ein bemerkenswertes Ergebnis der Evolvierbarkeit: Der Ursprung des Diagramms in Abb. 4.4 repräsentiert gar keine Spots. Auf der x-Achse wurde auf den hinteren, auf der y-Achse auf den vorderen Augenfleck auf demselben Flügel

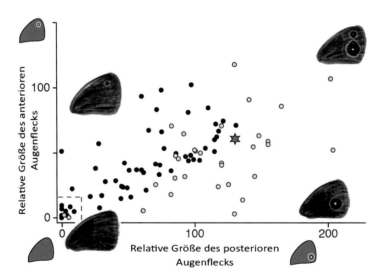

Abb. 4.4 Schmetterlinge nach Wunsch? Gefallen Ihnen auf den Vorderflügeln besser je ein oder zwei Augenflecken? Oder besser je ein großer mit einem kleinen? Im Labor lässt sich so manches herstellen, manches aber auch nicht. Baut die Entwicklung hier Hürden auf? Näheres dazu im Text

selektiert, im Punkt rechts oben auf beide. Dort liegen also die Zuchtergebnisse für zwei große Flecken.

Doch lassen Sie mich das Experiment in Abb. 4.4 noch etwas genauer beschreiben. Untersuchungsgegenstand war die Belegung des morphologischen Raumes für die relative Größe der beiden dorsalen Vorderflügel-Augenflecken des Schmetterlings *Bicyclus anynana* verglichen mit den Variationen zwischen Arten dieser afrikanischen Art und der eng verwandten asiatischen Art der Gattung *Mycalesis*. Die Flügelabbildungen in den vier Ecken des Morphospace sind repräsentative Beispiele für das Flügelmuster nach 25 Generationen künstlicher Auswahl in *B. anynana* in Richtung jeder dieser Ecken des Morphospace, ausgehend vom Wildtyp für diese Art (Stern). Eingezeichnet ist jeweils die Position der gemittelten Größe der gleichen Augenflecken für verschiedene Arten von *Bicyclus* (schwarze Punkte) und von *Mycalesis* (helle Punkte). Das gestrichelte Quadrat im linken unteren Eck umfasst Individuen, bei denen beide Augenflecken sehr klein sind oder fehlen und häufig schwer zu messen waren.

Wir sehen insgesamt Phänotypen der beiden Spezies ziemlich im gesamten Raum verteilt. Das spricht deutlich für die bereits genannte hohe Evolvierbarkeit. Und es spricht für natürliche Selektion. Mit einer hohen Unabhängigkeit der Variationen kann die Natur wechselnde Jäger-Beute-Schemata und Paarungsvorlieben flexibel und bestmöglich adaptieren.

Schauen wir nun etwas genauer auf die Verteilung der Testergebnisse. Die einzelnen Punkte geben jeweils Durchschnittswerte an. Einige der Phänotypen liegen rund um eine vorhersagbare, aus dem Ursprung ansteigende Linie. Die gedachte Linie reflektiert eine gewisse positive Entwicklungskopplung der beiden Augenflecken und damit einen möglichen Evo-Devo-Constraint. Bei *Bicyclus* (schwarze Punkte) gibt es gar keine Punkte weit unterhalb dieser Linie, mit anderen Worten: Neben dem attestierten Einfluss der natürlichen Selektion wird diese Linie bzw. die Häufigkeit der Punkte in ihrer näheren Umgebung als möglicher *Bias* der voneinander abhängigen Größe der Augenflecken gesehen. Wir haben also beides in einem: mögliche ungehinderte natürliche Selektion bei den von der Linie entfernteren Punkten bei *Mycalesis* (helle Punkte) und mögliche Entwicklungskopplung bei den näher an der Linie gehäuften Punkten (Brakefield 2006).

Vergleicht man die etwa 80 natürlichen Arten der Gattung *Bicyclus*, findet man viele Kombinationen von Augenflecken auf den Vorderflügeln der Weibchen, von gar keinen Flecken (im Diagramm der Züchtungen wäre das links unten) bis jeweils zwei (rechts oben). Man findet auch den alleinigen vorderen (anterioren) Fleck (links oben). Man findet aber keine natürliche Art, die ausschließlich einen hinteren Fleck aufweist (rechts unten).

Auch bei den ausgestorbenen *Bycyclus*-Arten kam das offensichtlich nie vor. Das Nichtvorhandensein in der Natur wird also durch keine Historie der natürlichen Selektion erklärt. In den Zuchtlinien von *Bycyclus* ließ sich der alleinige posteriore Fleck ebenfalls nicht herstellen. Es gibt keine schwarzen Punkte rechts unterhalb der Linie im Diagramm, sehr wohl gibt es aber helle Punkte bei der Gattung *Mycalesis*. Die Autoren schließen daraus, dass dieses Merkmal bei einer Art gezüchtet werden kann und bei der anderen nicht, dass es also kein Hindernis für die Entwicklung des Merkmals „alleiniger posteriorer Augenfleck" gibt, sondern das Nichtvorkommen auf natürlicher Selektion beruht (Beldade et al. 2002).

Betrachtet man allerdings die Gattung *Bicyclus* allein, gilt für den alleinigen posterioren Fleck: kein Vorkommen in der Natur, aber auch kein gelungenes Vorkommen in der Züchtung (Tab. 4.1). Das wiederum bedeutet meines Erachtens, dass möglicherweise ein Entwicklungsconstraint vorliegt, das sein Auftreten unterbindet. Dieser Schluss wäre nur dann ungeeignet, wenn die Entwicklung des Merkmals bei beiden Arten wegen ihrer nahen Verwandtschaft als so eng oder sogar identisch angenommen wird, dass ein solcher Constraint unwahrscheinlich ist. In diesem Fall, den Brakefield tatsächlich annimmt, müsste man allerdings eine Antwort auf die Frage bekommen, warum die schwarzen und hellen Punkte bei den beiden Gattungen in Abb. 4.4 rechts unten tatsächlich so unterschiedlich verteilt sind. Jeder der Punkte entspricht ja einem Durchschnittswert aus vielen Einzelanalysen über jeweils 25 Generationen (Brakefield 2006). Die Abweichungen sind also statistisch signifikant. Eine Arbeitshypothese wäre interessant, nach der in diesem speziellen Fall ein Constraint vermutet wird, das die Ausbildung eines singulären posterioren Augenflecks unterdrückt. Dafür müsste der posteriore Fleck zum Beispiel in Abhängigkeit vom anterioren entstehen. Ohne den vorderen Fleck kein hinterer, umgekehrt dagegen schon. Eine solche Hypothese könnte die kausalen Abhängigkeiten im Entwicklungsprozess analysieren. Man kann also prüfen, warum ein Merkmal – nur posteriorer Fleck – nicht ausgeprägt ist. Wie auch immer, zur Evolution der Augen-

Tab. 4.1 Ausschließlich posteriorer Augenfleck auf dem Schmetterlingsflügel. Wird er durch natürliche Selektion oder durch Constraints verhindert? Eine alternative Interpretation ist möglich

Merkmal	Genus	Züchtung	Natur	Schlussfolgerung
Posteriorer Augenfleck allein	*Mycalesis*	Ja	Nein	Natürliche Selektion
Posteriorer Augenfleck allein	*Bicyclus*	Nein	Nein	Constraint?

flecken besteht noch viel Forschungsbedarf. *Bicyclus* begegnet uns in Abschn. 6.4 bei einem Projekt der Erweiterten Synthese erneut. In Abschn. 4.8 werde ich am Beispiel der Fingerzahlen – fünf oder mehr – ein weiteres Thema anschneiden, bei dem es darum geht, warum ein Merkmal nicht vorkommt.

David Houle und Mitarbeiter fotografierten und vermaßen 50.000 Fliegenflügel (Houle et al. 2017). Manche Flügelformen waren häufiger, manche seltener. Dasselbe ergaben Untersuchungen auch für Säugetierzähne (Abb. 4.5): Manche Formen, die man als naheliegend erwartet hatte, kamen gar nicht vor. Hier fragten sich die Forscher, ob bzw. was für ein Zusammenhang zwischen den in diesen Versuchen beobachteten richtungsgebenden Entwicklungen Entwicklung, richtungsgebende und der evolutionären Diversifizierung der Arten besteht. Wie eben schon beim *Bicyclus*-Schmetterling gilt: Wenn Formen nicht vorkommen, die eigentlich vorkommen könnten, lässt das auf Variationstendenz schließen. Das Team hatte begründeten Verdacht, dass Evolution dann zu beobachten ist, wenn die Entwicklung es zulässt, eben zum Beispiel durch Mechanismen der Variationstendenz.

Bei den Versuchen trat eine scheinbare Paradoxie zutage: Natürliche Selektion und Variationstendenz der Entwicklung arbeiten unter Umständen bei der Ausbildung morphologischer Form gegeneinander. Die natürliche Selektion „will" sich alle Optionen offenhalten, während die richtungsgebende Entwicklung einschränkend wirkt und einige Formen als wahrscheinlicher erkennen lässt als andere. Aber genau wegen dieses scheinbaren Widerspruchs konnte begründet werden, dass die Variationstendenz der

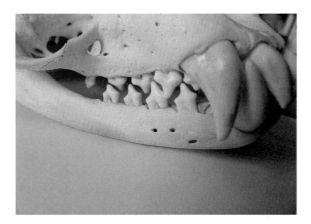

Abb. 4.5 Schädel einer Weddellrobbe. *(Leptonychotes weddellii)* Die evolutionäre Vielfalt der Zahnmorphologie bei Säugetieren wird durch den Mechanismus bestimmt, durch den sich Zähne embryonal entwickeln

Entwicklung möglicherweise gerade die Fähigkeit zur Anpassung und Diversifizierung fördert. Der Sache kommt man nur auf den Grund, wenn man die möglichen Pfade in Computermodellen mit Regulationsnetzwerken darstellt und verschiedene Entwicklungs- und Selektionsszenarien durchspielt. Diese Modelle konnten die angestrebten ungleichmäßigen phänotypischen Variationen simulieren (vgl. auch Abschn. 4.8). Da alle Phänotypen durch Entwicklung erzeugt werden, impliziert dies, dass Selektion und richtungsgebende Entwicklung irgendwie gemeinsam den Verlauf der Evolution bestimmen.

Die Verwendung von Computermodellen hilft zu verstehen, wie richtungsgebende Entwicklung evoluiert, und umgekehrt, welchen Einfluss richtungsgebende Entwicklung auf die Evolution hat. Letztendlich könnte diese Untersuchung zeigen, so Uller und Kollegen, wie die Evolution des Evolutionsprozesses selbst zur Diversifizierung und Anpassung beiträgt (Uller et al. 2018).

4.5   Experiment 3: Tabakschwärmer mit nachträglicher genetischer Assimilation

Kann ein Genom sich im Nachhinein derart angleichen, dass ein zuvor während der Entwicklung entstandenes, neues phänotypisches Merkmal a posteriori genetisch fixiert, also *hardwired* wird? Ein Experiment wurde in den USA von Yuichiro Suzuki und Fred Nijhout (Suzuki und Nijhout 2006) mit Raupen des Tabakschwärmer-Schmetterlings *(Manduca sexta)* durchgeführt. Nennen wir die Art A. Sie kommt in der Wildform sowohl in grün A als auch in einer schwarzen Mutante A' vor. Eine Raupe der verwandten Art B kann einen Polyphänismus derart entwickeln, dass sie bei 20 Grad Celsius Umgebungstemperatur schwarze und bei 28 Grad grüne Larven aufweist (dieselbe Art!). Ziel des Versuchs ist, die Art A (grün) dahin zu bekommen, dass sie sich durch sechsstündiges Einwirken eines Temperatur-Stressors von 42 Grad auf die Larven so verhält wie B. Nach 13 Generationen aus vier Zuchtlinien und je einem Hitzeschock je Generation und Linie hatten die Forscher aus A und A' eine polyphäne Mutante erzeugt, also eine Art, die nach Absetzen der Schocks in den Folgegenerationen 13+ ohne Stressor sowohl schwarze als auch grüne Varianten hervorbringt (Abb. 4.6), und zwar je nach ihrer Umgebungstemperatur. Das ist genau das, was erreicht werden sollte: eine Variante von A mit einem ebenso variablen Phänotyp wie die natürliche Art B. Die Wirkung des Stressors auf die Larven der ersten 13 Generationen hat sich genetisch gefestigt, man sagt: assimiliert. Der Versuch

Abb. 4.6   Frederic Nijhout mit Tabakschwärmer-Raupen *(Manduca sexta)*. Die helle Raupe links wurde im Labor mit Hitzeschocks behandelt. Mit dem anhaltenden Stressor wurden die Nachkommen der Raupe dunkel und vererbten das neue Farbkleid mit dem Hitzeschock weiter, bis die Hitzeeinwirkung nicht mehr erforderlich war. Schwarz war genetisch assimiliert

ähnelt den Aussagen des Experiments Waddingtons mit den Adern der *Drosophila*-Flügel (Abschn. 3.1). Genetische Assimilation kann zumindest im Labor im Nachhinein belegt werden. Evolution in Aktion!

Ich fasse zusammen. Bei diesem Beispiel haben wir eine gegenüber der Modern Synthesis veränderte kausale Reihenfolge: Ein Umweltstressor führt zu epigenetischer Variation und Vererbung dieses Phänotyps. Dieser führt bei geeigneter Mutation und mit deren Vererbung zur genetischen Assimilation. Der Umweltstressor wird dann zur Aufrechterhaltung des neuen Phänotyps nicht mehr benötigt. Das ist die nachdrückliche Konsequenz der Entwicklungsplastizität von Mary Jane West-Eberhard (Abschn. 3.8) und ein Pfeiler der Erweiterten Synthetischen Evolutionstheorie.

Weitere Beispiele zu genetischer Assimilation sind in Abschn. 3.8 zu finden.

4.6   Der fast nicht konstruierbare Schildkrötenpanzer

Der Panzer der Schildkröten ist nicht nur eine Besonderheit in der Tierwelt, er ist auch eine anatomisch komplexe Ausbildung. Verbreiterungen und Auswüchse der Rippen sind an seinem Entstehen ursächlich beteiligt. Der Rückenpanzer stellt gleich eine Serie mehrerer evolutionärer Innovation dar, bei denen sich die Rippen zu der uns bekannten Schale formten (Rice et al.

2015). Dabei treten – ein weiteres bemerkenswertes Ereignis – Knochen an die Körperoberfläche. Auf die Frage, welche Funktion der Schildkrötenpanzer hat, werden Sie sicherlich keine Sekunde zögern zu sagen, er diene zum Schutz des Tieres. Wenn wir uns aber sein erwähntes, schrittweises Entstehen mit der Verbreiterung der Rippen ansehen, darf man diesen Gedanken gleich wieder kritisch sehen. Die Zwischenformen stellten nämlich evolutionär über die Dauer von 50 Mio. Jahren ursprünglich gar keinen Panzer dar und somit auch keinen Schutz. Tylor Lyson vom Denver Museum of Nature and Science schlug daher jüngst eine überraschende neue Idee vor und postulierte, dass die breiteren Rippen dem Tier eine stabile Basis lieferten und ihm mit der erhöhten Stabilität der Wirbelsäule das Graben erleichterten. Die Schutzfunktion kam demnach erst viel später hinzu (Lyson et al. 2016). Der Evolutionsbiologe spricht dann von einer Exaptation. Damit ist eine Funktion gemeint, die das Merkmal anfangs eigentlich nicht besaß. Ein analoges Beispiel ist die Vogelfeder, die ursprünglich der Thermoregulation und nicht dem Fliegen diente.

In jüngerer Zeit hat diese Struktur des Schildkrötenpanzers, die seit den anatomischen Studien des 19. Jahrhunderts als rätselhaft gilt, bei Evolutionsbiologen erneut starke Aufmerksamkeit gefunden. Noch vor ein paar Jahren wurde postuliert, die bekannt gewordenen entwicklungsbiologischen Fakten würden eine Entstehung des Panzers durch eine Makromutation (Saltation) des Schultergürtels nahelegen und dadurch die Synthetische Evolutionstheorie partiell widerlegen (Gilbert et al. 2001), zumindest insoweit diese das graduelle Prinzip als das einzig mögliche postuliert.

Die Entstehung des Schildkrötenpanzers zu erklären, ist ungefähr so, als wolle man erklären, wie das Schiff in die Flasche kommt. Umfassen Sie doch einmal mit der Hand Ihre Schulter. Sie fühlen mit den Fingern Ihr Schulterblatt und das Schlüsselbein. Beide liegen außerhalb der Rippen. Den Schultergürtel (Schulterblatt oben und am Rücken, Schlüsselbein vorne) würden Sie bei der Schildkröte wie im Bauplan aller Reptilien und Säugetiere folglich auch außerhalb der Rippen erwarten. Es war daher unerklärlich, wie der Schultergürtel evolutionär auf einem graduellen Weg in den Panzer und damit unter die Wirbelsäule und Rippen kommen konnte (Abb. 4.7). Außerdem ist es schwer, sich hier überlebensfähige Zwischenformen vorzustellen. Das heutige Ergebnis kommt einem beträchtlichen skelettären Umbau gleich. Kaum eine andere Erscheinung in der Stammesgeschichte von Tieren lässt mehr an ein *Hopeful monster* denken als der Panzer der Schildkröte. Tatsächlich war zwar eine Saltation im klassischen Sinn und in einem großen Schritt hier wohl doch nicht erforderlich, aber graduelle Variationen im Sinn der Modern Synthesis waren es eben auch nicht, wie mir Scott F. Gilbert

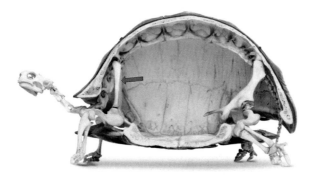

Abb. 4.7 Entstehung des Schildkrötenpanzers. Der Schultergürtel (Pfeil) ist bei der Schildkröte innerhalb des Panzers und damit innerhalb der Rippen, bei allen anderen Reptilien und Säugetieren außerhalb der Rippen. Wie das in der Evolution entstehen konnte, erforscht Evo-Devo

den heutigen Stand dazu freundlicherweise zusammenfasste. Man muss nach wie vor von mehreren komplexen Evo-Devo-Umbauten sprechen.

Heute stellt man sich den Vorgang so vor: Entscheidendes morphologisches Merkmal ist die Entwicklung der Rippen, die nicht wie bei allen anderen Wirbeltieren den Brustraum mehr oder weniger umschließen, sondern in die obere (dorsale) Körperwand einwachsen. Hier verbinden sie sich mit Hautverknöcherungen, die vermutlich unabhängig entstanden sind. In der Embryonalentwicklung werden beide Bildungen über einen zellulären Signalweg (*Wnt*-Weg) gesteuert, der sonst z. B. an der Bildung von Gliedmaßen beteiligt ist (Kuraku et al. 2005). Eine entsprechende partielle Umbildung von bereits bestehenden Entwicklungspfaden (und ihren Genen) wird als „Kooption" bezeichnet und tritt offensichtlich häufiger auf, auch wenn die Einzelheiten nicht völlig geklärt sind. Wahrscheinlichste Erklärung ist die Umwandlung von „genetischen Schaltern" (sog. cis-regulatorischen Sequenzen), durch die die Expression eines Gens in neuem Funktionszusammenhang möglich ist, ohne dass das Gen selbst sich verändert. Im Zuge dieser Umgestaltung faltet sich beim Schildkrötenembryo die seitliche Körperwand nach innen. Man sprach hier auch von einem „evolutionären Origami". Dadurch wurde der Schultergürtel, der sonst oberhalb der Rippen liegt, in das Innere verlagert (die ursprüngliche Lage lässt sich an den an ihm ansetzenden Muskeln noch ablesen; Nagashima et al. 2009).

Diese Erklärung ist eine mögliche, doch sie blieb nicht unwidersprochen. Inzwischen äußerte nämlich der bereits erwähnte Tylor Lyson, also ein Paläontologe, die Lage des Schultergürtels innerhalb der Rippen sei in der Evolution der Amnioten (also der Vierfüßer, die sich unabhängig vom

Wasser fortpflanzen können) die ursprüngliche gewesen. Somit sei die Form, wie wir sie etwa bei uns, bei der Maus und beim Huhn kennen, die später entstandene (Lyson und Joice 2012). Damit jedoch stellt sich wiederum die neue Frage, wie der Schultergürtel von innen nach außen kam, was auch nicht einfacher sein dürfte. Möglicherweise sind zwei Modelle richtig, wie ein Team um Scott F. Gilbert bemerkt, wenn nämlich zwischen Schildkröten mit hartem und weichem Panzer unterschieden wird (Rice et al. 2015).

Die zeitlich parallele Entwicklung des Bauchpanzers (Plastron) ist auch noch nicht vollständig geklärt. Vermutlich ist an seiner Entstehung ein zellulärer Signalweg beteiligt, der demjenigen entspricht, der zur Verknöcherung der Schädelknochen führt. Interessanterweise besaß ein in China entdecktes, 220 Mio. Jahre altes Fossil einer Wasserschildkröte *(Odontochelys semitestacea)* einen vollständigen Bauchpanzer, während ein Rückenpanzer fehlte (Li et al. 2008; Joyce et al. 2009). Mittlerweile wurden noch 40 Mio. Jahre ältere Schildkrötenrelikte mit stark verbreiterten Brustrippen *(Eunotosaurus africanus)* in Südafrika gefunden (Lyson et al. 2013). Der Stammbaum der Schildkröten könnte mit dem letzteren Fund in einen völlig neuen Zusammenhang gestellt werden. Das Thema der Evolution des Schildkrötenpanzers ist noch lange nicht vom Tisch. Es bleibt so spannend wie kaum ein anderes.

4.7   Wie viele Beine haben Tausendfüßer?

Sie kennen sicher Tausendfüßer *(Myriapoda)*. Dass es von ihnen 16.000 Arten gibt, dürften die wenigsten vermuten. Vielleicht sind auch Hundertfüßer geläufig (die Klasse *Chilopoda* der Tausendfüßer). Aber bei beiden deutschen Bezeichnungen waren die Biologen ausnahmsweise ungenau. Es gibt nämlich weder solche mit 1000 Beinen noch solche mit 100. Bei den Tausendfüßern liegt die Obergrenze bei 750 Beinen. Die betreffende Art heißt *Illacme plenipes* und ist drei Zentimeter lang – Hut ab, wer die kleinen Beinchen exakt gezählt hat. Im Jahr 1926 wurde die Art erstmals beschrieben, dann hörte man fast ein Jahrhundert nichts mehr von ihr, bis 2005 ein junger Student in Kalifornien ein paar wenige Individuen wiederentdeckte. *Illacme plenipes* ist also die Tierart auf der Erde mit den meisten Füßen.

Die Hundertfüßer *(Chilopoda),* die es genau genommen ebenfalls nicht gibt, sind aber aus der Evo-Devo-Perspektive für uns interessanter. Man schätzt, dass es 8000 Arten in dieser Klasse gibt, erst 3000 sind beschrieben. Ich möchte jedoch einen kurzen Abstecher machen, bevor wir zu den Tausendfüßern zurückkehren, die uns hier besonders interessieren.

Wer glaubt, Brutpflege gäbe es nur in unserer zoologischen Verwandtschaft bei den Säugetieren, ist im Irrtum. Elterliche Fürsorge ist im Tierreich viel stärker verbreitet. So ist etwa das kaum fingernagelgroße Erdbeerfröschchen *(Oophaga pumilio)* erstaunlich, ein Pfeilgiftfrosch, bei dem der Vater die Kaulquappen einzeln Huckepack nimmt und zu einer geeigneten Wasserstelle in Trichtern von Bromelien trägt (Abb. 3.10). Der Vater merkt sich jeden einzelnen Ort, zu dem er die Kaulquappen bringt. Hat die Kaulquappe einmal keine Nahrung, kann die Mutter ein unbefruchtetes Ei hinzulegen, das dem Jungen die erforderlichen Kalorien liefert. Unzählige Geschichten über aufopferungsvolle Brutpflege ließen sich hier erzählen, von im Boden lebenden Ringelwühlen *(Siphonops annulatus),* die nach dem Schlüpfen zwei Monate lang ausschließlich die Haut der Mutter fressen, ja sie regelrecht abweiden, bis zum Tiefsee-Oktopus *(Graneledone boreopacifica),* bei dem das Weibchen unglaubliche vier Jahre lang seine olivengroße Eier ausbrütet und keinerlei Nahrung zu sich nimmt, bevor es nach dem Schlüpfen der Jungen stirbt. Was die Hundertfüßer in diesem Zusammenhang betrifft: Unter ihnen gibt es zum Beispiel die Ordnung der Erdläufer *(Geophilomorpha)* mit allein mehr als 1000 Arten. Auch ihre Weibchen betreiben Brutpflege. Sie legen sich rücklings um ihren Eiballen und lecken die Eier regelmäßig ab, um sie vor Pilzbefall zu schützen. Aber das nur nebenbei. Zusammenfassend kann die väterliche und mütterliche Fürsorge als ein besonders erfolgreiches evolutionäres Merkmal betrachtet werden, das in der Regel öfters unabhängig im gesamten Tierreich entstanden und auch heute noch weit verbreitet ist. Dies sei nur am Rande erwähnt.

Zurück zu den Hundertfüßern. Sie haben alle eine besondere Gemeinsamkeit: Es gibt bei ihnen nur Arten mit einer ungeraden Zahl von Beinpaaren, 15 bis 191. Das ist natürlich eine Herausforderung für die Biologen. Wie kann diese Eigenschaft von solch stringenter Konsequenz sein? Die Antwort könnte darin gesucht werden, dass die ungerade Zahl von Beinpaaren adaptiert und demnach ein Ergebnis der natürlichen Selektion ist. Aber man darf wohl anzweifeln, dass 191 gegenüber 190 Beinpaaren tatsächlich einen Fitnessunterschied ausmachen.

Eine andere Antwort liefert Evo-Devo. Es muss – so die Überlegung – Entwicklungsconstraints geben, die verhindern, dass eine gerade Zahl von Beinpaaren angelegt wird. Die Erklärung wurde tatsächlich gefunden. Die Segmente für ein Beinpaar kommen nämlich immer im Doppelpack, also immer ein unteilbares Modul mit zwei Beinpaaren. Somit errechnet sich eine gerade Zahl von Beinpaaren – doch halt: Für das erste Beinpaar gilt dies nicht; aus ihm werden Giftklauen. So liefert das erste Segment statt zwei

Beinpaaren nur eines und die beiden Giftklauen. Die Summe der Beinpaare bleibt daher ungerade, gleichgültig wie viele es sind. Die genetische Basis für die Doppelpaarung der Beine je Segment ist gut erschlossen (Damen et al. 2009).

Die ungerade Zahl der Beinpaare ist eine Variationstendenz par excellence. Die Richtung des evolutionären Wandels (ungerade Beinzahl) wird durch die nicht zufällige Struktur der Variation beeinflusst.

Hundertfüßer können noch mehr zu Evo-Devo beitragen. Lassen wir für den Moment einmal beiseite, dass ein Beinsegment eines Hundertfüßers ja bereits ein diskontinuierliches Merkmal ist. Eine sequenzielle Vermehrung der Beinpaare um ein Doppelsegment, also vier Beine, ist bereits eine diskrete Variation, die nicht gut zur Synthese passt. Man würde sich als Außenstehender die Evolution einer immer größeren Zahl von Beinpaaren bei den Hundertfüßern sequenziell vorstellen. Aber so muss es nicht unbedingt sein. Die vor einigen Jahren entdeckte brasilianische Spezies *Scolopendropsis duplicata* der Ordnung Riesenläufer *(Scolopendromorpha)* besitzt 39 oder 43 Beinpaare. (Die Weibchen haben meist ein paar Beine mehr als die Männchen.) Das fällt insofern aus dem Rahmen, als die Schwesterart *Scolopendropsis bahiensis* nur 21 oder 23 Beinpaare aufweist, ebenso wie die 700 anderen Arten derselben Gattung. Die beiden Schwesterarten mit unterschiedlich vielen Beinpaaren leben regional nah zusammen und sind evolutionsgeschichtlich sehr jung. Auch ihre gemeinsame Vorfahrenlinie hat nur 21 oder 23 Beinpaare. In Studien wurde versucht, Zwischenformen zu finden, doch es gibt in der Gattung keine Zwischenformen, was die Zahl der Beinpaare angeht. Somit kann keine Selektion oder genetische Drift angenommen werden, die auf eine innerartliche, prinzipiell gleichmäßige Erhöhung der Beinanzahl hinwirkt. Die 39 oder 43 Beinpaare von *Scolopendropsis duplicata* dürfen daher als eine Saltation gesehen werden, als evolutionärer Sprung.

Genetisch kann dieser phänotypische Sprung durch eine Punktmutation initiiert worden sein; eine solche kann die Grundlage für die Verdoppelung der Segmente schaffen. Wahrscheinlich ist der Constraint, der verhindert, dass nur ein einzelnes neues Beinpaar angelegt wird, aber genetisch komplizierter, sodass er für Evo-Devo die interessantere, noch genauer zu erforschende Herausforderung darstellt. Doch ganz unabhängig davon ist dieser Phänotyp eine mittlere Sensation. Es kann angenommen werden, dass solche Sprünge aufgrund des simplen Verdoppelungsmechanismus mehrfach auftraten. Die erwähnten benachbarten Erdläufer, deren maximale Anzahl Beinpaare bei 191 liegt, könnte von ursprünglich 21/23 Beinpaaren auf 39/43 und von da noch mehrfach gesprungen sein (Minelli et al. 2009).

Zu einer Punktmutation mit nachgeschalteter komplexer Variation kommen wir auch im nächsten Abschnitt mit überzähligen Zehen bei Wirbeltieren (Polydaktylie). Aber das Ausmaß bei den Hundertfüßern hat besonderen Charme, schließlich haben wir es hier mit einer annähernden Verdoppelung der Beinzahl bei nahe verwandten Arten zu tun. Hier liegt offensichtlich das vor, was der deutsche Evolutionsbiologe Richard Goldschmidt mit seiner Idee der *Hopeful monsters* beschrieb und wofür er von Neodarwinisten geradezu „verteufelt" wurde. William Bateson (Abschn. 1.2) hätte *Scolopendropsis duplicata* sicher gern in sein Hauptwerk übernommen.

4.8   Finger in der Überzahl

Ich möchte fast wetten, Sie haben so etwas noch nie gesehen. Wenn ich Männer frage, ob sie das Phänomen kennen, ist die Reaktion meist ein Stirnrunzeln. Von Frauen kommt schon mal eine Antwort wie: „Ja, das kenne ich. Die Tochter der Schwägerin meiner Cousine hat das." Frauen tauschen sich ganz offensichtlich mehr über solche Themen aus. In jeder mittleren Stadt gibt es jedoch Menschen, die mit sechs Fingern oder Zehen oder beidem geboren sind. Die Rede ist von Polydaktylie, so der Fachausdruck für überzählige Finger oder Zehen (Abb. 4.8). Der wahrscheinliche „Weltrekord" liegt derzeit bei 15 Fingern und 16 Zehen bei einem 2016 geborenen chinesischen Jungen, vererbt von seiner Mutter, die einen zusätzlichen Daumen an jeder Hand aufwies (präaxiale Polydaktylie). Die Variation kommt bei Hunden, Katzen, Meerschweinchen, Pferden, beim Hausschwein, Hühnern und natürlich bei uns Menschen vor. Sie ist keineswegs so selten, wie man annehmen könnte: Unter 10.000 Geburten tritt sie im Durchschnitt einmal auf, in Afrika noch deutlich häufiger.

Warum Sie vielleicht noch nicht beobachten konnten, wie jemand im Biergarten den Krug mit sechs Fingern festhält, ist ganz einfach zu erklären. In den meisten Fällen wird ein Extrafinger nach der Geburt entfernt, ein überzähliger Zeh ohnehin wegen des Problems mit zu engen Schuhen. Oft kann das kleine Element mit den noch weichen Knochen nach der Geburt einfach abgezwickt werden. Manchmal aber ist eine komplizierte Operation notwendig, etwa bei einer unvollständigen Daumenverdoppelung, bei Knochen, Nerven, Sehnen und Muskeln präzise getrennt werden müssen und nicht der geringste Schaden an dem wichtigen verbleibenden Daumen entstehen darf. Das ist nicht einfach und wahrlich keine Routine – mal muss nämlich am ersten Fingerglied, mal am Ende des Mittelhandknochens am

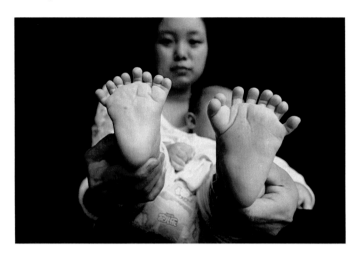

Abb. 4.8 Polydaktylie: Verdacht auf „Weltrekord". Überzählige Finger und Zehen sind keine seltene Variation bei zahlreichen Vierfüßer-Arten. Hier ein sehr seltener Fall eines Babys mit insgesamt 31 Fingern und Zehen. Überzählige Phalangen entstehen dabei im Embryo in einer einzigen Generation und werden abhängig vom Mutationstyp mit unterschiedlicher Anzahl vererbt. Auch Geschwister können in solchen Fällen unterschiedlich viele Finger oder Zehen haben. Polydaktylie ist ein Musterbeispiel für eine komplexe phänotypische Variation. Sie wird zwar durch eine einzige Punktmutation initiiert. Der Gesamtprozess unterliegt jedoch nicht ausschließlich der genetischen Kontrolle. Die genetische Mutation allein kann zudem noch nicht erklären, wie Knochen, Gelenke, Blutgefäße, Muskeln, Sehnen und Nerven bei dem Mutanten entstehen. Das kann erst Evo-Devo

Daumenansatz operiert werden. Viel klarer bildet sich Polydaktylie oft bei der Hand auf der Außenseite, also beim kleinen Finger aus (postaxial). Im Gegensatz zum Daumen, der bei einer neuen Fingerbildung wegen seines Sondercharakters etwas stört, ist außen Platz, und ein neuer Finger kann sich ohne Einschränkung ausbilden. Beim Fuß des Menschen ist die Chance für einen schönen Extrazeh auf beiden Seiten gleich gut.

Für den Chirurgen handelt es sich bei Polydaktylie um eine Fehlbildung. Nicht so für den Evolutionsbiologen. Aus seiner Perspektive ist Polydaktylie eine hoch interessante phänotypische Variation. Eine, die es in sich hat, denn sie ist komplex. Komplex, weil wir es mit einem Merkmal zu tun haben, das aus separaten Knochen, Gelenken, Sehnen, Muskeln, Blutgefäßen, Nerven, allen Hautschichten etc. besteht. Und der Phänotyp funktioniert oft ohne Einschränkung. Ein Mensch mit einem sechsten Finger kann mit diesem meist fühlen, tasten und eventuell sogar greifen. Ein spontan entstandener zusätzlicher Finger kann sogar eine eigene Repräsentation im Gehirn besitzen, mit deren Hilfe er (wie die anderen Finger auch) in der

Lage ist, unabhängige koordinierte Bewegungen auszuführen. Die Entwicklung ermöglicht somit die Kontrolle zusätzlicher Körperteile durch das Gehirn, eine faszinierende Neuentdeckung bei zwei jungen Erwachsenen (Mehring et al. 2019).

Für den Evolutionsbiologen ist die Polydaktylie unter anderem interessant, weil sie sich vererbt. Ist die Mutation einmal da, bleibt das Merkmal in der Linie bestehen – auf immer. Das Merkmal ist sogar autosomal-dominant, also von jedem Elternteil vererbbar. Es kann im Phänotyp zwar durchaus einmal nicht auftreten, die Mutation ist aber in solchen Fällen dennoch vorhanden, der Bruder oder die Schwester hat dann trotzdem einen zusätzlichen Finger oder Zeh, und sie vererben sich auf quasi mysteriöse Weise sogar in unterschiedlicher Zahl weiter. In ganz seltenen Fällen kommt es bei den Trägern zu bestimmten Syndromen, komplizierten angeborenen Krankheitsbildern, dann auch mit schweren Beeinträchtigungen. Das ist der Fall, wenn die Polydaktylie durch die Mutation eines wichtiges Entwicklungsgens verursacht wird, denn ein solches Gen wird ja beim Wachstum und der Formbildung des Embryos unter Umständen an zahlreichen Stellen im Organismus benötigt.

Die menschliche Hand – einzigartig im Tierreich

Bevor wir uns eingehender mit dem einzelnen Finger beschäftigen, muss ich innehalten und Ihnen unsere Hand in ihrer vollen evolutionären Bedeutung bewusster machen. Sie hat 27 Knochen. Beide Hände haben somit etwa ein Viertel der Knochen unseres Skeletts. Diese sind straff zusammengehalten durch Gelenke und kompliziert angeordnete, einander überkreuzende Bänder, 33 Muskeln und drei Hauptnervenäste mit unzähligen Verästelungen, dazu Bindegewebe, dicke bis feinste Blutgefäße sowie Zigtausende hochempfindlicher Tastsensoren. Alle zusammen „bilden das filigranste und vielseitigste Tast- und Greifwerkzeug, das die Evolution bisher hervorgebracht hat" (Böhme et al. 2019). (Vielleicht müssen wir bei dieser Aussage vom Elefantenrüssel mit seinen 150.000 Muskelbündeln einmal absehen.) Wir besitzen fünf schlanke und feingliedrige Finger an jeder Hand. An ihnen sind dünne, aber kräftige Sehnen befestigt, die nicht nur bis in den Unterarm reichen, sondern bis zur Schulter hinauf mit dem Muskelapparat und über Nervenäste natürlich mit dem Gehirn verbunden sind. Dieses funktionell auf der Erde unübertroffene Präzisionssystem könnten wir uns wohl nicht einmal ausdenken, hätten wir es nicht täglich ganz selbstverständlich im Gebrauch. Wir binden damit unsere Schuhe und können einen IKEA-Schrank zusammenbauen. Außerwählte wie Yuja Wang können Klavier spielen, dass man beim Zuhören an seinem Verstand zweifelt, wie so etwas möglich sein kann. In Glashütte, dem Uhrenzentrum in Sachsen, restaurierten fünf Spezialisten der Firma A. Lange & Söhne in 5000 h händischer Feinarbeit die wieder aufgetauchte, unschätzbar wertvolle *Grande Complication Nr. 42.500* aus dem Jahr 1902. Das ist eine aus 833 Einzelteilen bestehende Taschenuhr, eine der kompliziertesten der Welt. Einzelteile wie manche Schrauben dieses Unikats waren gerade einmal 0,05 mm groß. Da braucht es wirkliches Fingerspitzengefühl.

Madeleine Böhme, die jüngst bekannt gewordene Entdeckerin des spektakulären, aufrecht gehenden *Danuvius guggenmosi* im bayerischen Allgäu, wagt sich mit ihren Koautoren noch einen Schritt weiter und spricht von der Hand als einem eigenständigen Sinnesorgan (Böhme et al. 2019). Im Dunkeln können wir mit unseren Fingern, die wie schon erwähnt ihre genaue Widerspiegelung im Gehirn haben, blitzschnell entscheiden, ob kalt oder warm, Holz oder Stein, fest oder zerbrechlich. Die menschliche Hand mit der höchst vorteilhaften Sonderfunktion des opponierbaren Daumens existiert seit den ersten Werkzeugen des *Homo habilis* vor 1,8 Mio. Jahren, wahrscheinlich aber, so Böhme, schon viel länger. Alles begann mit dem aufrechten Gang, viel früher als lange Zeit angenommen. Er befreite die Hände vom Gehen und erlaubte ihnen zahllose neue Tätigkeiten. Für die Evolution der Sprache leistete die Hand ein Übriges. Wenn es stimmt, dass vor den ersten gesprochenen Wörtern Gesten der Kommunikation dienten, wie es der Sprachforscher Michael Tomasello präferiert (Abschn. 7.3), dann war die Hand ausschlaggebend für die gesamte kulturelle Evolution des Menschen.

Entwicklung und Evolution der Hand sind heute Objekt von Computermodellen geworden. Wir werden ein solches gleich näher kennen lernen. So erstaunlich die Arbeitsweise der Simulationen auf der einen Seite ist und so gut sie uns Einblicke geben können in die rudimentäre Formbildung der Hand, so spärlich ist auf der anderen Seite das digitale Ergebnis im Vergleich zu dem, was die Natur hervorgebracht hat. Gehen wir aber schrittweise vor.

Warum haben wir fünf Finger?

Immer wieder werde ich gefragt, warum so überwältigend viele Tiere ausgerechnet fünf Zehen an ihren Gliedmaßen haben. Warum haben nicht manche von ihnen standardmäßig acht oder zehn? Egal ob Maus, Elefant, Wal oder Sauropode (Abb. 1.1 und 4.9), trotz der riesigen Größenunterschiede finden wir meist fünf, manchmal auch standardmäßig vier, wie bei meiner

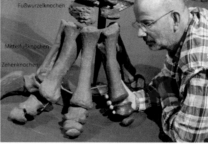

Abb. 4.9 Fünf Finger und Zehen seit Hunderten Millionen Jahren. Pentadaktylie
(Fünffingrigkeit) ist ein äußerst robustes homologes Merkmal der Wirbeltierhand.
Hier neben dem Autor rechts der Hinterfuß eines *Diplodocus* aus dem Oberjura mit
fünf Zehen und den gleichen Knochenelementen wie beim Mensch. Links der klei-
nere, vierzehige Vorderfuß. Das Tier lebte vor ca. 150 Mio. Jahren und besaß eine
Länge von bis zu 27 m. Damit zählte die Gattung mit mehreren Arten zu den größten
Landlebewesen, die jemals die Erde bevölkerten. Der Hinterfuß von *Diplodocus* ge-
hörte entsprechend zu den gewaltigsten aller Landtiere

Katze an den Hinterfüßen, oder drei, wie bei den Vogelflügeln oder auch
nur einen beim Pferd. Man hat die Pentadaktylie (Fünffingrigkeit) auch als
evolutionäres Enigma bezeichnet, ein Rätsel. Seit der Zeit nach dem oberen
Devon vor fast 400 Mio. Jahren verhält sich das so. Ein geradezu hartnä-
ckiges, stabiles, robustes Merkmal, und zwar von kleinen bis hin zu großen
Embryonenarten. Immer dasselbe Muster.

Warum aber nicht sechs an jeder Extremität? Man ist doch geneigt zu
meinen, ein evolutionärer Vorteil ließe sich da sicher finden. Aber vielleicht
auch nicht, denn besser Klavierspielen könnte jemand mit sechs Fingern an
jeder Hand nicht unbedingt. Der Pandabär jedenfalls hat einen Daumen
und damit sechs Zehen, auch wenn der Daumen kein wirklich echter Finger
ist, sondern ein verlängerter Handwurzelknochen (Gould 1987). Er kann
mit ihm seine Bambuszweige, die er gemächlich frisst, hervorragend greifen.
Die Zahl fünf pro Hand oder Fuß muss sich im Laufe der Evolution einfach
als eine herausragende Lösung erwiesen haben, liest man. Aber solche Aussagen haben mich immer schon gelangweilt, denn sie sagen nichts Konkretes.

Ich muss dem Fragenden dann antworten, dass es in der Wissenschaft
schwierig bis unmöglich ist, eine negative Frage – warum etwas nicht vorhanden ist – positiv zu beantworten. Der Wissenschaftler hat ja im Zweifelsfall empirisch nichts in der Hand, um eine negative Frage zu analysieren. Mit derselben Berechtigung könnte man dann auch fragen, warum wir
keine Augen am Hinterkopf haben, wie etwa die Springspinne. Der Posi-
tivismus des Auguste Comte, der in der ersten Hälfte des 19. Jahrhunderts

die Basis unserer heutigen positiven Wissenschaft legte, bestimmte, dass die Wissenschaft nach dem Vorhandenen, vor Augen liegenden Sicht- und Beobachtbaren und damit nicht nach dem Nicht-Sichtbaren fragt. Dennoch ist es möglich, nach einem nicht vorhandenen Merkmal zu fragen, wenn kausale Ursachen, in unserem Fall wären das Entwicklungsconstraints, vermutet werden, die das Merkmal unterdrücken. Eine solche Frage haben wir ja schon bei dem nicht vorhandenen Augenfleck des *Bicyclus*-Schmetterlings gestellt (Abschn. 4.4). Ein noch viel eindrucksvolleres Beispiel ist das kürzliche Experiment im Labor von Armin Moczek (Abschn. 3.10), bei dem ein ausgeschaltetes Gen darauf hinweist, dass es die Ausbildung von Gewebe für ein neues, drittes Auge beim Hornkäfer unterdrückt. Wird das Gen per Knockout abgeschaltet, bildet sich ektopisches Gewebe für ein neues Auge samt Anlagen für die Nervenbahnen zum Gehirn (Zattara et al. 2017). Ab und zu traut sich auch ein mutiger Forscher an die Frage heran, warum wir und so viele andere Arten nur fünf Finger und Zehen haben, so etwa der Harvard-Experte für Extremitätenentwicklung Clifford Tabin. Tabin benannte mit Bezug auf einen Hox-Gencluster Entwicklungsconstraints, die mehr als fünf Finger nicht zulassen (Tabin 1992, Oct). Allerdings kann die Erklärung heute nicht mehr wirklich überzeugen.

Neuere Studien tasten sich da näher an eine Lösung heran. Wie das Muster der Finger im embryonalen Gewebe der winzigen, nur millimetergroßen Knospe zustande kommt, wurde von ganzen Generationen von Wissenschaftlern in vielen Jahrzehnten geduldig erschlossen. Hier lohnt vielleicht ein Blick auf die von mir verfasste deutsche Wikipedia-Seite *Extremitätenentwicklung;* dort erhalten Sie einen groben Eindruck, wie überaus komplex dieses Thema ist. Schritt für Schritt näherte man sich seit Beginn des 20. Jahrhunderts zunächst empirisch und dann seit dem Ende der 1960er- Jahre verstärkt theoretisch und empirisch anhand immer wieder neuer, immer anspruchsvollerer Computermodelle mit Selbstorganisation den molekularen und zellulären Schritten, die das reale Muster der Finger und Zehen abbilden sollen. Aber die Obergrenze der Finger ist noch immer nicht wirklich erklärt. In den Differenzialgleichungen der Turingmodelle gibt es stets Parameter, die mehr oder weniger willkürlich fix gesetzt sind. Variiert man unter Umständen einen einzigen von ihnen nur geringfügig, ändert sich die Anzahl simulierter Finger oft sehr schnell. Das ist wirklich nützlich, um Polydaktylie zu analysieren, aber weniger, um die Robustheit eines solchen Systems zu belegen (Lange et al. 2018). Ganz zufrieden bin ich also, ehrlich gesagt, noch nicht mit der Erklärung der Fünf-Finger-Robustheit. Dem Mysterium lässt sich auch nach mehr als hundert Jahren einfach nicht so leicht auf die Spur kommen.

Polydaktylie – eine alte Geschichte

Seit jeher sind Wissenschaftler von überzähligen Fingern und natürlich ebenso von anderen Verdoppelungen am Körper fasziniert. Ich war überzeugt, Charles Darwin sei der erste gewesen, der überzählige Finger und Zehen bei Menschen und Tieren erwähnte. Er wusste von Menschen, Hunden und Katzen mit mehr Zehen, und er wusste auch, dass das vollständige Merkmal Polydaktylie in einer einzigen Generation entstehen kann. Darwin schreibt, wie schon erwähnt, ungezwungen darüber, auch wenn diese Variation so ganz und gar nicht in seine Theorie passt, der zufolge größere Veränderungen nur auf dem Weg vieler kleiner Variationen entstehen können, die sich in langen Zeiträumen zu einer größeren Veränderung kumulieren.

Darwin war aber keineswegs der erste, der sich mit diesem Thema befasste, wie mich Gerd B. Müller, mein damaliger Dissertationsbetreuer, aufklärte. Ein einziger, gezielter Griff von ihm in seine fast drei Meter hohe Regalwand, gespickt mit Evolutionsbüchern, genügte ihm. Sekunden später hatte ich ein halb verstaubtes Buch in den Händen. Robert Chambers hieß der Autor. Ich hatte bis dahin noch nie von ihm gehört. Chambers war ein britischer Naturforscher, nur sieben Jahre älter als Darwin. Die erste Besonderheit: Chambers war wie sein Bruder polydaktyl. Ein polydaktyler Wissenschaftler. Die zweite Besonderheit: Chambers hatte 15 Jahre früher als Darwin Gedanken zur Veränderung der Arten und zu einem gemeinsamen Vorfahren veröffentlicht, und zwar anonym. Die Sache war ihm zu riskant. Vielleicht aber hatte ihn ja die Veränderung am eigenen Körper auf evolutionäre Gedanken gebracht. Ich hatte das Buch im Gepäck und die Lektüre als Hausaufgabe. Doch sollte es noch eine ganze Zeit dauern, bis ich ein Bild zusammengefügt hatte, nach dem die Geschichte der Auseinandersetzung des Menschen mit der Polydaktylie noch unglaublich viel älter ist.

Ich konnte es kaum glauben: Nach langer, mühevoller Recherche und Gesprächen mit Altorientalisten fand ich heraus, dass bereits die Assyrer auf Keilschrifttafeln vor etwa 4000 Jahren festhielten, welches das Schicksal der Tochter einer Prinzessin ist, die mit sechs Fingern und sechs Zehen an Händen und Füßen geboren wird. Es gäbe seitenweise Packendes über die 2800 Omen zu erzählen, die als Vorzeichen zukünftiger Ereignisse gelten und auf 24 Steintafeln in Keilschrift verewigt sind, darunter 15 zu Polydaktylie bei Menschen und Tieren. Die Engländer hatten die Tafeln im 19. Jahrhundert in der alten Stadt Ninive im Norden des heutigen Irak gefunden und nach London gebracht, wo sie noch heute im British Museum aufbewahrt werden. Die Steintafeln handeln von Teratologien, also angeborenen Fehlbildungen. Allen werden nach klaren Prinzipien unterschiedliche

Bedeutungen für Kind, Eltern, den Ehepartner oder auch für den gesamten Staat zugeschrieben.

Aristoteles wollte mehr zu Anomalien wissen. Er war der erste Mensch, der sich mit Embryologie auseinandersetzte. Ihn interessierte, was der Grund dafür sein könnte, dass bestimmte Verdoppelungen beim Hühnchen im Ei auftreten. Dabei stellte er sich verschiedene Flüssigkeiten bei der Befruchtung vor, die nicht wie im Regelfall gemischt werden und sich daher in ihrer Wirkung ungewollt verstärken. Das war schon eine ziemlich kühne, sachliche Erklärung. Noch weitsichtiger war aber, dass er davon überzeugt war, dass der Embryo bei der Zeugung nicht als Miniaturform fertig vorliegt, sondern einen gestaltbildenden Prozess durchlaufen muss. Das konnte er, so heißt es, an Hühnchen in Eiern beobachten, die er an unterschiedlichen Tagen öffnete. Seine weitsichtigen Ansichten darüber sollten Jahrhunderte lang bestritten werden (Lange und Müller 2017).

Der persische Arzt Avicenna Latinus ist Ihnen vielleicht aus dem Film *Der Medicus* bekannt. Avicenna war einer der klügsten und sicher der bekannteste Kopf in der arabischen Welt um 1000 nach Christus. In einer kleinen, neben dem berühmten *Kanon der Medizin* weniger bekannten Schrift wählt Avicenna das Beispiel eines überzähligen Fingers *(digitus superfluus)* dafür, seinen Lesern zu verdeutlichen, dass Ereignisse, die selten sind, dennoch niemals zufällig oder übernatürlich sind. Sie haben immer eine natürliche Ursache. Das war eine revolutionäre These für die damalige Zeit; in Europa sollte man noch Jahrhunderte lang an übernatürliche Kräfte für alles Unerklärliche glauben. Es bedurfte der Aufklärung und Immanuel Kants, bis sich bei uns ähnliche Überlegungen durchsetzen konnten.

In der beginnenden Neuzeit stritten sich die Gelehrten in Europa darüber, wie der Embryo entsteht. Eine Lehre, die sogenannte Präformationslehre, vertrat die feste Überzeugung, der Embryo sei bei der Befruchtung bereits voll und korrekt als Miniaturmensch ausgeformt (Homunkulus) und müsse nur noch wachsen. Andere vertraten die auf Aristoteles zurückgehende Sicht, der Embryo durchlaufe einen langen, mechanistischen Gestaltungsprozess. Unglücklicherweise verlief die Diskussion nach der Erfindung des Mikroskops durch Antoni van Leeuwenhoek in die falsche Richtung. Zeichnungen erschienen, auf denen ein Homunkulus, ein Miniaturmensch, im Kopf des Spermiums zu sehen ist. Leeuwenhoek war der erste Mensch, der ein menschliches Spermium vor Augen bekam. Er sah rote Blutzellen, Volvox-Algen, fantastische Planktonorganismen und anderes Leben, das nie zuvor ein Mensch gesehen hatte. Aber einen Homunkulus im Kopf des menschlichen Spermiums konnte er nicht gesehen haben. Es gibt ihn nicht. Die Präformationslehre bekam durch diese Geschichte jedoch Auftrieb. Und zu der (göttlich inspirierten) Präformationslehre passten Fehlbildungen wie Polydaktylie oder andere natürlich überhaupt nicht.

Der italienische Chirurg Francesco Marzolo aus Padua hielt sich 1842 nach seinem gerade abgeschlossenen Studium in Wien auf. Dort verfasste er eine kleine Schrift in Latein mit dem Titel *De Sedigitis Dubia Physiologica*, übersetzt etwa „Physiologische Fragen über Hexadaktylie". In diesem bis zu meinem Wiederauffinden in den alten Regalen der Österreichischen Nationalbibliothek vergessenen und nie zitierten Büchlein analysiert Marzolo eine italienische Familie mit Hexadaktylie (Sechsfingrigkeit) über vier Generationen. Die Menschen mit diesem besonderen Merkmal hatten keineswegs stets dieselbe Zahl an Fingern und Zehen, wie man erwarten würde. Sie hatten zwischen 20 und 24 Finger und Zehen je Individuum. Marzolo schloss, dass das Merkmal vererbt wird, und zwar vom Vater, der Mutter oder von beiden. Mehr noch: Es konnte vom Vater auf die Tochter oder von der Mutter auf den Sohn vererbt werden. Mit dieser Erkenntnis war Marzolo revolutionär. Sie widersprach fast allem, was jahrhundertelang über Vererbung gelehrt wurde, wonach stets der Vater die Richtung bestimmt. Auch sah Marzolo, dass das Merkmal für eine Generation ausbleiben und dann wieder auftreten kann.

Die Vererbung von Polydaktylie hatte bereits der französische Universalgelehrte Pierre-Louis Moreau de Maupertuis fast einhundert Jahre zuvor bei einer Studie über eine Berliner Familie angenommen und erstmals mathematisch-statistisch begründet. Aber Marzolos Aussagen waren konkreter und gingen viel weiter. Gregor Mendels Arbeiten lagen damals noch in der Zukunft (Lange und Müller 2017).

Charles Darwin berichtet über 46 polydaktyle Menschen, mit denen er persönlich kommuniziert hatte. Der Begriff *polydactylism* taucht in seinem Gesamtwerk (Darwin Online) 81-mal auf. In seinem Buch *The Variation of Animals and Plants under Domestication* (deutsch *Das Variieren der Thiere und Pflanzen im Zustande der Domestication*) von 1868 attestiert er signifikante Hürden, um Polydaktylie zu erklären. Er könne diese Variation keiner Regel und keinem Gesetz zuordnen, schreibt er. Auch stellte er fest, dass bei der regulären Form (dem Wildtyp) kein Rudiment eines Zehs existiert. Daher musste er bei allen Säugetieren inklusive dem Menschen eine latente Kapazität zur Ausbildung eines zusätzlichen Fingers vermuten. In der Ausgabe von von 1875 beschreibt Darwin Polydaktylie bei Hunden, speziell der Deutschen Dogge, und besonders bei Katzen. Das Merkmal werde über mindestens drei Generationen vererbt. Dass diese Erwähnung in der deutschen Übersetzung von 1886 von Victor Carus weggelassen wurde, verwundert (Darwin 1886; Lange und Müller 2017).

Was die stammesgeschichtliche Herkunft betrifft, verrannte sich Darwin allerdings ein wenig. (Das passiert auch so einem großen Geist gelegentlich, selbst Einstein war davor nicht gefeit.) Darwin war 1868 zunächst der Auffassung, dass es sich bei Polydaktylie um einen Atavismus handeln müsse, einen Rückfall in Zeiten eines vielzehigen Vorfahren. Andere Wissenschaftler, vor allem in Deutschland (unter ihnen auch August Weismann), sahen dagegen eine Missbildung vorliegen. Ein heftiger Streit entbrannte. Die Kontroverse wurde in den damaligen Magazinen und Büchern über mehr als ein halbes Jahrhundert hinweg ausgefochten. Darwin korrigierte später seine Atavismusansicht, aber da war sie auf dem Kontinent bereits in allen Köpfen und wurde vehement kritisiert. Erst um 1922 war diese Idee wieder vom Tisch.

Um 1900 waren mehr als 1000 Polydaktyliefälle beim Menschen wissenschaftlich behandelt. Natürlich war das, wie erwähnt, ein Lieblingsthema von William Bateson (Abschn. 1.2). Sewall Wright, Mitbegründer der Synthese, untersuchte 1343 polydaktyle Meerschweinchen, bei denen das Merkmal sehr variabel auftrat. Er stellte die Hypothese auf, dass die Variation Polydaktylie genetische und nicht-genetische Komponenten besitzt. Für letzteres nannte er maternale, also mütterliche Einflüsse. Diese zählen zu Umwelteinflüssen. Er konnte nämlich statistisch nachweisen, dass Polydaktylie mit zunehmendem Alter der Mutter signifikant abnimmt. Auch stellte er fest, dass Polydaktylie bei männlichen Meerschweinchen, die im Winter geboren wurden, um 50 % häufiger auftritt als bei solchen, die im Sommer geboren wurden. Es war ferner Wright, der erstmals auf die Rolle von Schwelleneffekten während der Entwicklung hinwies, um Polydaktylie zu erklären (Lange und Müller 2017). Auf diese sonderbaren Effekte komme ich gleich zurück.

Polydaktylie und Genetik – nur die halbe Geschichte

Im Jahr 1968 konnte Polydaktylie in einem Laborexperiment beim Hühnchen erstmals künstlich erzeugt werden. Das Verpflanzen von embryonalem Gewebe einer Flügelknospe in eine andere führte überraschend zu einer vollständigen Verdoppelung der Finger (Abb. 4.10). Aus diesem Experiment konnten bedeutende Erkenntnisse für die Entwicklung der Wirbeltierextremität gewonnen werden. Dann machte die schottische Genetikerin Laura Lettice 2008 eine großartige Neuentdeckung: Es gelang ihr, ein nicht-codierendes cis-Element in der DNA zu identifizieren, das für eine bestimmte Form von Polydaktylie verantwortlich ist. Dieses Element steuert das Gen *Sonic Hedgehog*, das wir bereits kennengelernt haben. Das cis-Element liegt

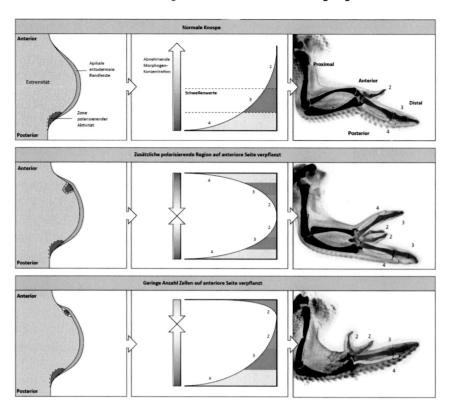

Abb. 4.10 Experimentelle Verdoppelung der Zehenzahlen beim Hühnchen. In einem spektakulären, hier nachgestellten und erweiterten Laborversuch wurde die dunkle Organisatorregion, die ZPA (Zone polarisierender Aktivität), am posterioren Ende der Flügelknospe eines Hühnchens entfernt (ob. Reihe li.) und bei der Flügelknospe eines anderen Hühnchens auf die gegenüberliegende, anteriore Seite (mittl. Reihe li.) transplantiert. Dadurch verdoppelte sich die Fingerzahl (mittl. Reihe re.). Wird nur ein Teil der ZPA transplantiert (unt. Reihe li.), verdoppelt sich nur der zweite Finger (unt. Reihe re.)

aber nicht unmittelbar neben dem Gen, wie man erwarten sollte, sondern überraschend weit entfernt, etwa 1000 DNA-Basenpaare. Zudem liegt es mitten in einem anderen Gen. Herrscht in der DNA etwa Durcheinander?

Wenige Jahre zuvor hatte man die nicht-codierenden DNA-Elemente noch als „Schrott" bezeichnet *(junk DNA),* als Überbleibsel aus Hunderten Millionen Jahren wechselhafter Evolution. Jetzt kam mit der Entdeckung von regulatorischen cis-Elementen erstmals Licht ins Dunkel, und sicher war mancher später peinlich berührt, weil er von Schrott gesprochen hatte.

Wir erinnern uns: Andreas Wagner sprach von „Unordnung", aber bleiben wir beim Thema. Trotz seiner Entfernung vom Zielgen ist ZRS, so heißt das cis-Element, ein Steuerungselement, das die Expression von *Shh* dirigiert. Dieses cis-Element kann mutieren. *Shh,* das Gen selbst also, bleibt dabei unberührt. Nur der neu entdeckte kleine DNA-Abschnitt erfährt eine Mutation – genau genommen eine Punktmutation, das ist bekanntlich der kleinstmögliche Fehler bei der Vererbung überhaupt. Das Ergebnis ist, dass bei der Extremitätenknospe in Folge der Mutation neues Zellmaterial entsteht (Zellproliferation). *Shh* und sein Protein *SHH* Sonic Hedgehog sind nämlich mitverantwortlich für den Aufbau der Extremitätenknospe, lange bevor dort Fingerknorpel erkennbar werden. Geschieht Vergleichbares bei der frühen Gesichtsentwicklung, also ebenfalls eine Proliferation von Zellen, hervorgerufen durch eine Mutation im *SHH*-Signalweg, ist der Schaden erheblich größer, und es können Tiere mit verdoppelten Gesichtsteilen zur Welt kommen, etwa mit zwei Schnäbeln oder drei Augen. Dabei handelt es sich nicht etwa um siamesische Zwillinge, denn es gibt nur einen Körper. Diese Gesichtsmissbildung heißt Diprosopus und ist äußerst selten. Ich erspare uns hierzu ein Foto; Bilder von betroffenen Individuen sind nicht unbedingt ansehnlich. Dennoch muss festgehalten werden, dass selbst bei einer solch dramatischen Missbildung wie dieser, ja selbst bei einer Verdoppelung der oberen Speiseröhre, der Luftröhre oder der Sehbahnen kein Chaos auftreten muss. Die Tiere können atmen und essen, möglicherweise durch beide Kanäle. Die Entwicklung koordiniert also die Dekanalisierung auch hier so gut wie möglich. Pere Alberch, Evo-Devo-Pionier der frühen 1980er-Jahre, kannte viele derart monströse Anomalien und hätte seine Freude daran gehabt, diesen Fall näher zu beleuchten. Aber er starb leider zu viel zu früh.

Zurück zur polydaktylen Hand: *SHH* ist ein diffundierendes Protein, auch Morphogen genannt. (Wir haben dies schon beim Schmetterlingsflügel in Abschn. 4.4 kennengelernt.) Wird die Knospe im Zug der Diffusion des Morphogens größer, entstehen mehr Finger oder Zehen. Kurioserweise sammeln sich diese neuen Zellen nicht auf der Außenseite an, also beim Menschen jenseits des gedachten fünften Fingers oder Zehs, wo *Shh* normalerweise in einer Organisatorregion (der ZPA) exprimiert wird, sondern auf der Innenseite. Das ist dort, wo der Daumen bzw. der große Zeh erscheinen. Es entsteht also spontan eine neue kleinere Organisatorregion, die den zusätzlichen Zellaufbau anregt. In der Fachsprache nennt man diesen Vorgang eine ektopische Genexpression. Der Ablauf ist im Prinzip genauso wie bei der teilweise transplantierten Region in Abb. 4.10 unten. Die Form der Polydaktylie auf der Daumenseite heißt präaxiale Polydaktylie. Die ektopische Genexpression ist für die evolutionäre Entwicklung so etwas wie damals der Fosbury-Flop für den Hochsprung: Diese neue Technik ermöglichte bei ihrer Einführung eine im wahrsten Sinne des Wortes sprunghafte Verbesserung des Ergebnisses. Hier die Überwindung der deutlich höheren Latte, dort die

Neuentwicklung durch die ektopische Expression mit neuen Fingern. Die Technik muss hier vom Athleten und dort von der Entwicklung präzise umgesetzt werden. Wir werden beim Extrafinger noch erfahren, wie das geht.

So weit war das eine fulminante Neuentdeckung von Laura Lettice: Ein klarer Zusammenhang zwischen einem neu entdeckten cis-Element, seine exakte Lokalisierung auf der DNA und seine Funktion der *Shh*-Exprimierung samt ektopischer Genexpression und Neubildung von Zellen beim Mutanten. Und das Ergebnis bei einer Mutation von ZRS ist ein neuer Finger oder auch zwei. Aber was geschieht genau bei der Ausbildung der neuen Zellen? Warum kommt es zu einem oder zu mehr als einem Finger? Und wann nicht? Hier kommt Evo-Devo mit einer erweiterten Sicht ins Spiel. Natürlich soll nicht verschwiegen werden, dass der genetische Hintergrund, den wir bis hierhin kennengelernt haben, genau so ein Evo-Devo-Forschungsergebnis ist wie das, was in der Folge in der Knospe geschieht. Aber die Genetik allein reicht nicht aus, um Polydaktylie zu erklären.

Sehen wir uns also jetzt die andere Hälfte der Geschichte an, den epigenetischen Teil der Polydaktylie.

Hemingways Katzen

Zunächst noch ein wenig mehr zum Hintergrund der präaxialen Polydaktylie. Ihre Träger heißen manchmal auch Hemingway-Mutanten. Ernest Hemingway besaß etwa 60 Katzen in seinem wunderschönen Haus im Kolonialstil in Key West, Florida. Als ich dieses Haus 1991 auf einer Urlaubsreise besuchte, schlichen die Nachkommen seiner Lieblinge im Garten um mich herum. Einige von ihnen waren polydaktyl. Sie waren Nachfahren einer besonderen Katze, die Hemingway – so die Geschichte – vor langer Zeit von einem Kapitän geschenkt bekommen hatte. Ihre Polydaktylie vererbte sich. Nach dieser ersten Katze und ihren Nachkommen werden die präaxial-polydaktylen Katzen dieses Typs heute weltweit Hemingway-Mutanten genannt.

Die Hauskatze *(Felis catus)*, die nicht von der europäischen Wildkatze, sondern von der afrikanischen Falbkatze *(Felis sylvestris lybica)* abstammt und von den Römern bei uns eingeführt wurde, hat 18 Zehen – vorne je fünf und hinten je vier. Polydaktylie wird beim Hemingway-Mutanten am Vorderfuß mit einer Gabelung (Bifurkation), am Hinterfuß stets mit einem oder zwei vollständigen, korrekten neuen Zehen ausgebildet. Bei dem ähnlichen Kanada-Mutanten ist sogar der neue Zeh am Vorderfuß vollständig.

In einer Studie analysierten wir 485 polydaktyle Maine-Coon-Katzen aus den USA (Lange et al. 2014). Die Maine Coon ist eine attraktive Mittellanghaarkatze. Bei ihr tritt Polydaktylie verhältnismäßig oft auf, vermutlich weil die polydaktylen britischen Vorfahren dieser erst jungen Rassekatze im 17. Jahrhundert auf Schiffen als Maskottchen dienten. Man glaubte wahrscheinlich auch, sie könnten mit den größeren Pfoten besser Mäuse fangen. In Boston und anderen Häfen an der Ostküste der USA zogen es die Polys, wie sie auch liebevoll genannt werden, nach langer Schiffsfahrt vor, von Deck zu springen. Mit der Zeit entstand so eine ziemlich große Kolonie polydaktyler Katzen in Maine, die als weit verstreute Bauernhofkatzen wieder halb verwilderten. Heute sind fast sämtliche dieser Hemingway-Mutanten als Hauskatzen in einer Datenbank erfasst. Diese Datenbank diente als empirisches Material für meine Studien über die Evo-Devo-Mechanismen der Polydaktylie.

Geheimnisvolle Fingerzahlen

Ein erstes Ergebnis der Studie zeigte eine Häufigkeitsverteilung der Zehenanzahl bei symmetrisch polydaktylen Individuen (Abb. 4.11). Symmetrisch

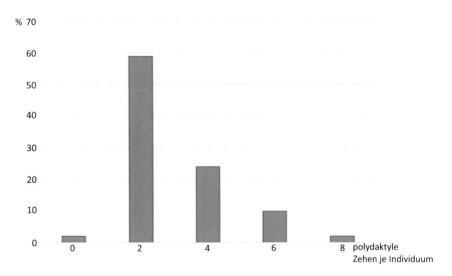

Abb. 4.11 Verteilung Zehenzahlen. Die Auszählung der Zehenzahlen von 317 symmetrisch-polydaktylen Katzen ergab eine unerwartete Häufigkeitsverteilung der Zehenzahlen je Individuum. Der erste Balken mit „0" zeigt an, wie oft der erste Zeh an den Vordergliedmaßen verlängert ist. Hier kommt es noch nicht zu einem vollständigen neuen Zeh. Am häufigsten traten 2 zusätzliche Zehen auf, weniger häufig 4, 6 und selten 8. Eine so stark ausgeprägte Polyphänie, also unterschiedliche Phänotypen bei gleicher genetischer Basis, wurde von einer identischen, genetischen Punktmutation nicht erwartet. Die Variation ist direktional in dem Sinn, dass bestimmte Formen häufiger auftreten als andere

bedeutet, dass die Anzahl zusätzlicher Zehen auf beiden Körperseiten gleich ist. Es gibt aber auch vereinzelt Fälle von Polydaktylie, bei denen die Zahl nicht gleich ist. Schon Stephen Jay Gould hatte darauf hingewiesen, dass es für die Entwicklung einfacher ist, Symmetrie herzustellen als Asymmetrie. Aber in unserem Fall hier haben wir es – um mit Waddington zu sprechen – mit einer Dekanalisierung der Entwicklung zu tun. Diese läuft aufgrund der Mutation ein wenig aus dem Ruder und kommt mit der neuen Situation nicht so gut zurecht wie mit der standardmäßigen Ausbildung der Pfote. Also gibt es mal mehr, mal weniger zusätzliche Zehen.

Die gefundene Häufigkeitsverteilung der zusätzlichen Zehen erlaubt die Aussage, dass es häufiger zu zwei zusätzlichen Zehen kommt als zu vier. Und häufiger zu vier zusätzlichen als zu sechs oder ganz selten auch zu acht. Das wurde nicht erwartet. Erinnern wir uns: Genetisch liegt nur eine Punktmutation vor, und zwar hier stets dieselbe. Von dem immer selben genetischen Material könnte man dann aus konventioneller Sicht auch immer denselben Phänotyp erwarten, doch das wäre wiederum etwas übertrieben, kennt doch die Genetik durchaus schon länger Fälle, bei denen trotz gleicher molekularer Basis unterschiedliche Ergebnisse erscheinen. die Besonderheit lag in diesem Fall darin, dass eine Häufigkeitsverteilung mit den oben genannten klaren statistischen Aussagen vorlag. Man nennt einen Fall mit identischer genetischer Basis und unterschiedlichem Phänotyp eine Polyphänie. Da die Polyphänie in diesem Fall eine statistische Verteilung aufweist, spricht man von einer Variationstendenz bei der Polyphänie. Die Variationstendenz *(Bias)* drückt also hier die höhere Wahrscheinlichkeit in der Entwicklung für bestimmte Zehenzahlen aus. Und noch ein weiterer *Bias* konnte erkannt werden: Die Differenz der polydaktylen Zehen zwischen Vorder- und Hinterfüßen ergibt ebenfalls eine statistische Verteilung mit einem Maximum bei zwei Zehen. In den meisten Fällen haben die Poly-Katzen somit vorn zwei zusätzliche Zehen mehr als hinten. Etwas weniger oft ist die Differenz Null. In diesem Fall gibt es vorn und hinten gleich viele polydaktyle Zehen, und noch seltener zwei Zehen weniger vorn usw. (Lange et al. 2014).

Bleibt zu erklären, wie es zu diesen Verteilungen kommt. Warum ist die Zehenzahl nicht ungeordnet oder aber gleichartig verteilt, also mit immer zwei oder immer vier zusätzlichen Zehen bei allen Hemingway-Mutanten? Die Erklärung liegt in der Entwicklung. Auf der einen Seite gibt es unzählige kleine Zelleffekte in der Entwicklung. Zellreaktionen oder Zelleffekte sind bistabil. Was ist damit gemeint? Die Diffusion von Morphogenen, in diesem Fall *Sonic Hedgehog* in der Knospe, löst Zellsignale in den umgebenden Zellen der Knospe aus. Das Zellgewebe heißt Mesenchym. Dies ist ein früher Zustand der Zelldifferenzierung, noch bevor Knorpel-, Knochen-

und andere Zelltypen entstehen. Die Zellreaktionen im Mesenchym treiben den Knorpelbildungsprozess der Fingeranlagen voran. (Das Knorpelmaterial verknöchert erst später.) Auf jedes Signal kann eine Zelle entweder reagieren oder nicht, daher spricht man von bistabilen Prozessen. Die Tausende bistabiler Zelleffekte lassen sich ungeachtet ihres spezifischen Charakters summieren und als eine annähernde Normalverteilung darstellen. Das ist harte Statistik und bedarf des Zentralen Grenzwertsatzes, doch weiter möchte ich Sie nicht damit plagen. Wichtig ist: Die summierten Zelleffekte folgen einer Normalverteilung.

Hier erleben wir das, was uns Denis Noble in seinem Interview vermitteln will: der Organismus als freier Agent. Nicht das Genom allein, sondern der Organismus bestimmt gemeinsam mit zufälligen Effekten das phänotypische Muster. Höhere organismische Eben, hier die Zellen, machen sich die Zufälligkeit ihrer individuellen mesenchymalen Ausstattung zur Erzeugung phänotypischer Ordnung zunutze.

Auf der anderen Seite gibt es die oben geschilderte Verteilung der Zehenzahlen. Sie ist diskret, dargestellt in einem Balkendiagramm. Das heißt, hier gibt es Sprünge. Bereits der Schritt von einem zusätzlichen Balken (Zeh) zum zweiten ist verglichen mit einem kontinuierlichen Anstieg ein diskreter Sprung. Die Zehenzahlen steigen konkret von zwei zusätzlichen Zehen auf vier, oder von 20 auf 22 oder auf 24, wenn man im letzteren Fall alle Zehen eines Individuums zählt, reguläre und überzählige. Dass bei dieser Darstellung alle Zehen eines Individuums gewählt wurden statt nur die Zehen jeweils eines Fußes, lässt schlichtweg die Verteilung besser hervortreten. Einen prinzipiellen Unterschied gibt es nicht.

Verbindet man die beiden Verteilungen, die kontinuierliche auf der Seite der Prozesse in der Embryonalentwicklung (Normalverteilung) und die in Abb. 4.11 gezeigte diskontinuierliche mit den Zahlen der fertigen zusätzlichen Zehen, erhält man eine Gesamtansicht aus beiden: das abstrahierte Zellgeschehen und die Zehenzahlen. Das Hauptergebnis der Untersuchung ist, dass die Sprünge der Zehenzahlen aus kontinuierlichen Prozessen in den Zellen entstehen. Es muss daher in der Entwicklung Schwelleneffekte geben, sodass „plötzlich" etwas Größeres geschieht. Das ist keineswegs selbstverständlich, deutet sich aber schon an, wenn wir genauer in den Entwicklungsprozess hineinschauen. Bei der Anhäufung zusätzlichen Zellmaterials (Zellproliferation) infolge der ektopischen Expression von *Shh* in der Knospe sieht man ja keine Vorläuferformen von halben, Viertel- oder Achtelzehen. Entweder es ist genug Zellmaterial da und es bilden sich die Knorpelvorstufen für einen *kompletten* neuen Zeh oder es erscheint gar keiner.

Vielleicht fragen Sie sich gerade, was die vielen Zehen mit der Evolutionstheorie zu tun haben. Nun ja: Schwelleneffekte, wie sie hier nachgewiesen werden, sind für Evo-Devo eine bedeutende Information und eine wichtige Erklärung zum Verständnis von Entwicklungsprozessen. Die gradualistische, allein auf kumulierende kleine Änderungen bauende Modern Synthesis kennt dergleichen nicht: keine diskontinuierliche komplexe Variation, keine Schwellenwerte und auch keine Variationstendenz der Entwicklung. Das Modell der Gesamtschau von kontinuierlichen Entwicklungsprozessen und diskreten Zehenzahlen bekam den Namen Hemingway-Modell (Lange et al. 2014).

Computermodelle von Polydaktylie

Mein Ehrgeiz war, das Hemingway-Modell in einem Computermodell zu simulieren. Also digitalisierten wir Polydaktylie (Lange et al. 2018). Dazu wurde ein Turingsystem mit 10.000 (100×100) Zellen verwendet, ein sogenannter zellulärer Automat. Turingsysteme, benannt nach dem genialen britischen Mathematiker Alan Turing (1912–1954), einer der Geistesgrößen des 20. Jahrhunderts, zeigen ursprünglich biochemische Musterbildungsprozesse. Sie sind sogenannte Reaktions-Diffusionsprozesse. In unserem Fall hier wurde die Musterbildung allerdings von der chemischen auf die Zellebene übertragen. Benachbarte und entferntere Zellen interagieren (aktivieren und inhibieren sich gegenseitig) und formen in einer komplexen Selbstorganisation mit nur wenigen Variablen das Muster von Fingern, wie sie in der Entwicklung in der frühen Phase der Knorpelbildung entstehen.

Man setze sich mit einer Tasse Kaffee vor seinem Laptop und starte die Simulation. Aus einem schwarzen Bildschirm mit nur ein paar irgendwo zufällig verteilten weißen Punkten entsteht nach ein paar Minuten aus Millionen fingierter, zufälliger, aktivierender und inhibierender Zellsignale bestimmten Typs langsam das diffuse, dann immer deutlichere weiße Muster der simulierten Zehen. Die Vorstellung, dass in der winzigen, kaum einen Millimeter Länge ausmachenden Spitze der Extremitätenknospe des Maus- oder Menschenembryos ein solcher Prozess der Selbstorganisation in 48 oder 72 h abläuft und eine so wunderbare Ordnung wie die der Finger schafft, hat mich Hunderte Male aufs Neue fasziniert, wenn ich mit dem Turingmodell arbeitete. (Am Rande der EuroEvoDevo-Konferenz in Wien hatte ich einmal die Ehre, meine Simulation Denis Duboule zu erläutern, jenem großen Genetiker, der vor vielen Jahren die Hox-Gene in die Wirbeltierlandschaft eingeführt hat. Das sind die schönen Momente im Leben eines Forschers.).

Wie funktioniert nun dieses Computermodell? Im Modell werden in einem einzigen Simulationslauf in Veränderungsschritten (Iterationen) insgesamt 20 Mio. einzelne Zellreaktionen berechnet (mein Laptop kam dabei an seine Leistungsgrenze). Selbstorganisation bedeutet, dass in den Ausgangsgleichungen des Modells keine Hinweise auf das entstehende Muster vorliegen. Es kann aus ihnen nicht prognostiziert werden. Es gibt also nicht etwa Befehle wie „generiere fünf weiße, vertikale Streifen in einem Rechteck" oder dergleichen. Das Muster entsteht erst in der vollständigen Simulation nach 2000 Iterationen und ist unabhängig von den zu Beginn zufällig verteilten, differenzierten Zellen (chaotische Ausgangsverteilung).

Hier muss ich noch einmal weiter ins Detail gehen. Turingsysteme machen deutlich, dass auf der darunterliegenden biologischen (also hier der genetischen) Ebene der simulierte Phänotyp (also hier das Streifenmuster) nicht erklärt wird und nicht erklärt werden kann. Das Muster der Finger wird im Modell tatsächlich auf Zellebene erklärt und damit nicht genetisch. Wie die Zellen im Einzelnen wechselwirken, bestimmen die Gene natürlich mit; ihre Expression ist aber im Modell vorgegeben und wird nicht thematisiert. Gene sind somit hier nur eine notwendige, aber keine hinreichende Bedingung für das entstehende Fingermuster. Es muss also noch etwas Entscheidendes hinzukommen: das Prinzip der Selbstorganisation. Oberhalb der Genebene organisiert sich nämlich ein Zellverband für die Ausbildung und Zahl der Finger und Zehen selbst. Man könnte so hier von emergentem Verhalten sprechen. Manche schrecken davor zurück, weil der Begriff „emergent" so klingt, als seien die Ursachen einer Erscheinung nicht wirklich erklärbar (obwohl sie das sehr wohl sind). Turingprozesse sind eine streng mathematische Erklärung für Musterbildung unterschiedlicher Art, entweder in einem biologischen Zusammenhang, simuliert auf biochemischer Ebene oder auf Zellebene, aber eben nicht auf dem untersten, dem genetischen Organisationslevel. Im Fall des Polydaktylie-Turingsystems läuft die Musterbildung oder das Patterning, wie die Fachleute sagen, auf der Ebene des Zellverbands der mesenchymalen Zellen in der Handknospe ab.

Warum ich den komplizierten Sachverhalt hier so deutlich erkläre? Das verwendete Turingsystem ist in eine Jahrzehntelange Diskussion zwischen Genetikern und Zellbiologen einzuordnen, wenn es um die Frage geht, wie biologische Variation und Muster entstehen. In Kap. 3 haben wir die beiden Lager kennen gelernt: auf der einen Seite die Forschergruppe, die ausschließlich mit Genen und Genexpressionen argumentieren und auf der anderen Seite jene, die die Zellebene und darüber liegende Ebenen für Variation und Musterbildung verantwortlich machen und die Leistung von Genen in ihre Schranken verweisen. Turingsysteme gehören zu Modellen der letzteren

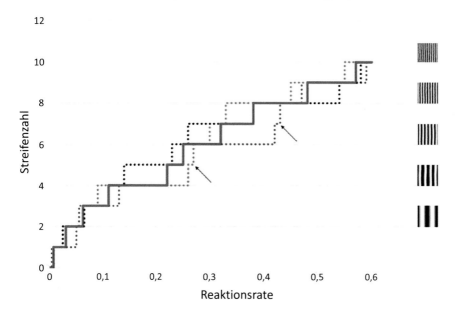

Abb. 4.12 Hemingway-Modell: mit Schwelleneffekten. Simulierte Zehenzahlen (y-Achse, Streifenzahl) in Abhängigkeit von einer Zellvariablen (x-Achse, Reaktions-rate). Die kontinuierliche Erhöhung einer Zellvariablen (Reaktionsrate) führt zu einer sprunghaften oder diskontinuierlichen Erhöhung der Zehenzahlen. Die durchgezo-gene Linie zeigt die durchschnittlichen Zehenzahlen für 3 Simulationen (gepunktete Linien). Die Interpretation dieser Simulation deutet darauf hin, dass beim Entstehen überzähliger Finger oder Zehen in der Entwicklung nicht-lineare Schwelleneffekte auftreten: Wenn also ein neuer Zeh entsteht, dann sofort vollständig. Die beiden Pfeile weisen für zwei der drei Simulationen sogar auf Doppelsprünge hin; hier ent-stehen an fast derselben Stelle zwei Streifen zusätzlich. Sie symbolisieren neue Zehen

Gruppe. Wurden sie Jahrzehnte lang abgelehnt oder als nicht relevant befun-den, erfahren sie – und mit ihnen auch ihr Schöpfer – heute eine beispiel-lose Erfolgsgeschichte in der Biologie.

Das abgebildete Modell (Abb. 4.12) soll die Hypothese demonstrieren, dass die Zehenzahl mit der Veränderung einer einzigen Variablen in den Computergleichungen variiert. Die Variablen in den Gleichungen stehen für Zellvariablen. Wir haben sie nicht näher spezifiziert. Das Modell demons-triert eine typische Evo-Devo-Aussage: Kleine Ursache – große Wirkung. Entsprechend den Aussagen des Hemingway-Modells bestehen für das Ent-stehen am Computer simulierter Zehen (weiße Streifen) Schwellenwerte: Wird die theoretische Zellvariable in kleinen, kontinuierlichen Schritten er-höht, erscheint ein neuer Streifen ab einem bestimmten Schwellenwert der Variablen komplett, während bei einem nur marginal geringeren Wert noch keinerlei Anzeichen für ihn da sind. Für jeden zusätzlichen simulierten Zeh gibt es einen neuen Schwellenwert. Im Diagramm stellt sich das Ganze wie eine Treppe dar. Die Zahl der simulierten Zehen nimmt mit ansteigendem Wert der Variablen (Reaktionsrate) zu, und zwar nicht-linear; die Treppe hat also ziemlich ungleiche Stufen. Auch das war nicht unbedingt zu erwarten. Abb. 4.12 zeigt die aus drei Simulationen gemittelten Schwellenwerte für 1–10 Zehen. Die Variable, die die Zehenzahl bestimmt, haben wir Reaktionsrate genannt. Sie ist eine theoretische Größe und meint allgemein die Veränderungssensibilität oder -bereitschaft der Zellen, um den Knorpelbildungsprozess voranzubringen. In der Entwicklung bedeutet dies, dass bei einem exakten Wert der Variablen ein vollständiger neuer Finger oder Zeh entsteht.

Dass die Entwicklung der Wirbeltierextremität Turingprozessen folgt, wird seit Jahrzehnten thematisiert und ist kaum mehr bestritten. Dazu gibt es zahlreiche Publikationen. Die neueren von ihnen befassen sich auch mit Polydaktylie und damit dem evolutionären Aspekt von Evo-Devo (Raspopovic et al. 2014). Selbstverständlich ist bei der evolutionären Entwicklung der Hand eine lange Kette verschiedener Genexpressionen von Beginn an beteiligt. Die Genexpressionen bewirken sozusagen die Feinjustierung, bestimmen über die Länge und Breite und das Wachstum der Knospe, die Länge der Finger und die Position der Gelenke. Später, wenn das Knochengerüst steht, werden mit explorativen Prozessen (Abschn. 3.5) auch Nerven, Sehnen, Muskeln und Blutgefäße ausgebildet. Zuletzt sind Haut und Nägel oder Krallen an der Reihe. Das Muster der Finger- oder Zehen wird heute jedoch als Ergebnis eines Turingprozesses gesehen. Für die Musterbildung der Knochenanlagen ist der Turingprozess auf der Ebene von Zellen die notwendige Bedingung.

Ein Zuhörer fragte mich kürzlich nach einem Vortrag zu diesem Thema, woher denn die Zelle in der Handknospe wisse, dass sie Teil einer Hand werden solle. Die Antwort ist: Sie muss es nicht wissen. Nach der hier dargestellten Vorstellung sorgt allein der Selbstorganisationsmechanismus dafür, dass durch die (auf bestimmte Weise Signale austauschenden) Zellen das grobe Muster der Finger oder Zehen ausgebildet wird. Die Genregulation sorgt für die erforderlichen Zelldifferenzierungen und für die Feinabstimmung, aber nicht für das Muster selbst. Wie schon Denis Noble feststellte, ist der Herzschlagrhythmus nicht auf der Ebene der molekularen Komponenten zu finden und verrichten die Teile eines Systems ihre Aufgabe ohne Kenntnis des Gesamtsystems (Abschn. 3.7). Die Komponenten sind blind, und so ist es auch hier.

Polydaktylie ist ein gutes Beispiel für den empirischen und konzeptionellen Fortschritt in der Biologie. Es war William Bateson, der als erster Aufmerksamkeit auf diese Variation lenkte. Bei mehreren Froscharten wurde ein zusätzlicher Finger oder Zeh nachgewiesen, so ein sechster Zeh bei einem Krallenfrosch *(Xenopus tropicalis)*. Der Krallenfrosch ist ein bekannter Modellorganismus aus den afrikanischen Tropen (Hayashi et al. 2015). Zwei japanische Froscharten, der Ottonfrosch *(Babina subaspera)* und der Dolchfrosch *(Babina holsti)*, besitzen eine einzigartige, daumenähnliche Struktur an der Vordergliedmaße, die als Pseudo-Daumen bezeichnet wird. Diese Struktur gibt den Fröschen das Aussehen von fünf Fingern an der Hand. Morphologisch haben Frösche 4 Finger und 5 Zehen. Die beobachtete Besonderheit ist bereits bei Jungtieren ausgeprägt (Tokita und Iwai 2010). Vor allem beim Pseudo-Daumen der beschriebenen japanischen Frösche ist eindeutig, dass es sich bei ihnen um keine Veränderung eines Handwurzelknochens (Karpalknochen) handelt, wie er bei Säugetieren, etwa beim Pandabären, vorkommt. Das würde grundsätzlich nicht dem Prinzip der evolutionären Entwicklung der Finger entsprechen, wie ich sie zuvor im Modell beschrieben habe. Vielmehr ist die Struktur bei den genannten Fröschen eine einzigartige anatomische Anpassung, die diesen Tieren das Aussehen eines zusätzlichen Daumens oder Fingers verleiht. Es muss jedoch angenommen werden, dass die Struktur nicht in einem graduellen Prozess, sondern als spontane Variation entstanden ist. Das soll die Bedeutung der Überlegungen zu diskontinuierlicher Variation in diesem Kapitel unterstreichen,

Diese Entdeckungen belegen unabhängig davon, ob sie mit dem gezeigten Modell tatsächlich abgebildet werden, dass unter bestimmten Umständen eine Erhöhung der Zahl von Fingern oder Zehen über das Standardmaß von vier bzw. fünf hinaus möglich ist, auch wenn dies bei Wirbeltieren generell sehr selten vorkommt. Meine eigenen Studien in diesem Kapitel liefern theoretische Erklärungen für Mechanismen, mit denen diskontinuierliche Innovationen in der evolutionären Entwicklung entstehen können.

Heute sind 15 genetisch unterschiedliche Polydaktylien bekannt. Sie betreffen Hox-Gene, *Sonic Hedgehog* und weitere Gene auf sieben unterschiedlichen Chromosomen. Die Datenbank *Online Mendelian Inheritance in Man* (OMIM) verzeichnete Ende 2023 insgesamt 500 Einträge für Polydaktylie beim Menschen. Darunter ist auch eine Reihe von Syndromen zu finden, also Geneffekte, die mit Polydaktylie und anderen Begleiterscheinungen einhergehen. Der englische Begriff *polydactyly* erscheint laut Yale University Library Ende 2023 in mehr als 16.500 Wissenschaftspublikationen.

Wie Zehenzahlen die Evolutionstheorie herausfordern

Das Beispiel Polydaktylie wurde hier ausführlich vorgestellt, da die Ergebnisse auf eine Reihe von Konsequenzen für die Evolutionstheorie hinweisen und neue Vorhersagen zulassen (Lange et al. 2014):

1. Graduelle Evolution in kleinen Schritten erklärt das evolutionäre Geschehen allein nicht hinreichend. Das Modell zeigt, wie eine umfangreiche komplexe Phänotypvariation spontan im Embryo entstehen kann. Anstelle der bisherigen Sicht (Zufall, genetische Alleinbestimmung, Gradualismus) haben wir es in der neuen Sicht mit diskontinuierlichen, epigenetischen, nämlich zellbasierten Evo-Devo-Entwicklungsmechanismen zu tun. Die Evolutionstheorie muss für beides Antworten haben: für kontinuierliche und diskontinuierliche Variation.
2. Variationen können direktional in dem Sinn sein, dass einige Formen (hier Finger- und Zehenzahlen) häufiger auftreten als andere. Alle optionalen Formen (Polyphänie) werden der Selektion „schlüsselfertig" vorgelegt.
3. Der Zufall (Mutation) spielt in der Evolution eine untergeordnete Rolle. Er kann phänotypische Veränderungen zwar initiieren, aber für die Initiierung komplexer, diskontinuierlicher Variation spielt er oft nicht die tragende Rolle, die ihm die Standardtheorie zuweist.
4. Es gibt keine genetische Alleinbestimmung für eine komplexe phänotypische Variation; weitere Organisationsebenen oberhalb der Gene müssen in die Betrachtung einbezogen werden, um Variation erklären zu können. Dazu zählen unter anderem Zellen und Zellverbände sowie deren Kommunikation untereinander.
5. Die natürliche Selektion verliert aus der Sicht von Evo-Devo in Fällen komplexer Variation jene Regie führende Rolle, die sie in der Standardtheorie einnimmt; diese spricht ihr ja eine permanente Kontrolle aller kumulierten Einzelschritte zu. Am Ende des Prozesses bleibt ihr freilich das „letzte Wort".
6. Die Evolution kann mit dem hier vorliegenden Schwellenwertmechanismus schneller reagieren und Evolutionsverläufe verkürzen.

Wenn wir den Punkt 3 herausgreifen, scheint die Aussage dort in gewisser Weise dem zu widersprechen, was Denis Noble mir im Interview sagte. Laut Noble ist der Zufall in neuem Licht zu sehen, da Organismen blinde Zufälligkeit nutzen, um funktionale Lösungen zu generieren, und damit zu Akteuren werden. Tatsächlich aber stehen beide Aussagen nicht im Widerspruch. Im Turingmodell der Polydaktylie entsteht die Musterbildung ja erstens aus der zufälligen, chaotischen Anfangsverteilung leicht unterschiedlich differenzierter Zellen in der Knospe und zweitens aus unzähligen zufälligen Zellsignalen, also aus genau dem, was Noble meint. Die „zufällige" Mutation selbst, die der Polydaktylie zugrunde liegt, ist somit im Gesamtprozess der Strukturbildung zwar initiierend, dann aber relativ unbedeutend, weil der anschließende selbstorganisierende Entwicklungsprozess (Form und Anzahl der Finger) die eigentliche Evo-Devo-Erkenntnis darstellt und weil ja eben hier die eigentliche „Musik spielt", wie Noble es wohl ausdrücken würde. In diesem Prozess wird der Zufall in Form einer Mutation nur ein einziges Mal benötigt; es braucht eben nicht fortlaufend neue Mutationen im Wechselspiel mit der natürlichen Selektion, wie es die Synthese fordert.

4.9 Zusammenfassung und Ausblick

Die in Kap. 4 genannten empirischen Forschungsergebnisse liefern Belege für richtungsgebende Entwicklung, diskontinuierliche Variation, Umwelteinflüsse auf die Variation und Selbstorganisation auf zellulärer Ebene.

Tab. 4.2 zeigt eine Zusammenfassung der Faktoren für evolutionären Verlauf, die sich aus den Evo-Devo-Beispielen des Kapitels 4 ergeben. Hierbei sind Diskontinuitäten vermerkt, wenn sie nachweislich in einer Generation entstehen können.

Nachdem wir nunmehr die unterschiedlichen Evo-Devo-Konzepte sowie eine Reihe empirischer Forschungsergebnisse kennen, kann ich an dieser Stelle die theoretischen Konsequenzen zusammenfassen, die aus der evolutionären Entwicklungsbiologie für eine erweiterte und in wichtigen Punkten abgeänderte Synthetische Evolutionstheorie erwachsen. Eine systemorientierte, interdisziplinär ausgerichtete Evo-Devo-Theorie gründet auf folgenden Annahmen und Beobachtungen (Müller 2019a, b):

1. Selektierbare phänotypische Variation wird nicht nur durch genetische Variation bestimmt, sondern auch durch die Eigenschaften evolvierender Entwicklungssysteme, die eine Vielzahl nicht-genetischer Determinanten und dynamischer Prozesse enthalten. Eine so evolvierende phänotypische Variation kann diskontinuierlich und komplex sein.
2. Die Entwicklung wird evolutionär nicht nur durch die natürliche Selektion, sondern auch durch direkte Umwelteinwirkung auf Entwicklungsveränderungen beeinflusst. Diese sind dann erst sekundär der Selektion ausgesetzt.

Tab. 4.2 **Faktoren aus den Beispielen in Kap. 4.** Die in Kap. 4 aufgeführten Evo-Devo-Beispiele liefern neue Faktoren zum Evolutionsverlauf im Vergleich zur Synthese

	Diskontinuität	Nicht-genetische Vererbung	Variationstendenz	Umweltinduktion	Genet. Assimilation	Erleicht. Variation	Entwicklungsconstraints	Schwellenefekte
4.1 Darwinfinken-Schnäbel	x		x	x		x	x	
4.2 Landgang Flösselhechte	x	x	x	x	x			
4.3a neuer Kiefergelenkknochen Buntbarsche	x		x	x		x	x	
4.3b Kopfform Buntbarsche			x			x	x	
4.4 Augen auf Schmetterlingsflügeln	x		x			x		x
4.5 Tabakschwärmer	x	x	x	x	x	x		x
4.6 Schildkrötenpanzer	x		x			x	x	
4.7 Beinpaare Hundertfüßer	x		x			x	x	
4.8 Polydaktylie	x		x			x	x	x

3. Die genetische Evolution ist nicht die einzige Triebkraft phänotypischer Veränderung. Sie dient der Stabilisierung morphogenetischer Lösungen, die den von der Entwicklung generierten phänotypischen Strukturen innewohnen. Auf diese Weise kann phänotypische Modifikation einer genetischen Änderung vorausgehen.
4. Populationen von Organismen sind nicht nur passiv der natürlichen Selektion ausgesetzt; vielmehr schaffen sie aktiv das Umfeld, das für zukünftige Generationen selektiv ist (vgl. Kap. 5).
5. Die Vererbung zwischen den Generationen erfolgt nicht durch Gene allein, sondern auch durch mehrere nicht-DNA-basierte Mechanismen wie epigenetische, verhaltensorientierte, materielle und kulturelle Prozesse.

Die Forschung muss weiterhin der Frage nachgehen, in welchem Umfang die in diesem Kapitel gezeigten Ergebnisse für richtungsgebende Entwicklung, diskontinuierliche Variation und Umwelteinflüsse auf die Variation tatsächlich in natürlichen Populationen auftreten und Anpassungsprozessen standhalten.

Sehen wir uns in Kap. 5 nun an, wie die Theorie der Nischenkonstruktion aussieht, neben Evo-Devo ein weiteres großes Standbein der Erweiterten Synthese. In Kap. 6 erfahren Sie dann, wie sich die Erweiterte Synthese zu beiden, aber auch zu Entwicklungsplastizität und inklusiver Vererbung aufstellt.

Literatur

Abzhanov A, Protas M, Grant BR, Grant PR, Tabin CJ (2004) Bmp4 and morphological variation of beaks in Darwins finches. Science 305(5689):1462–1465

Beldade P, Koops K, Brakefield PM (2002) Developmental constraints versus flexibility in morphological evolution. Nature 416:844–847

Böhme A, Braun R, Breier R (2019) Wie wir Menschen wurden. Eine kriminalistische Spurensuche nach den Ursprüngen der Menschheit. Heyne, München

Brakefield PM (2006) Evo-Devo and constraints on selection. Trends Ecol Evol 12(7):362–368

Brakefield PM (2011) Evo-Devo and accounting for Darwin's endless forms. P Roy Soc B Bio 366:2069–2075

Carroll SB, Gates J, Keys D, Paddock SW, Panganiban GEF, Selegue J, Williams JA (1994) Pattern formation and eyespot determination in butterfly wings. Science 265:109–114

Damen WGM, Prpic M-N, Janssen R (2009) Embryonic development and the understanding of the adult body plan in myriapods. Soil Org 81(3):337–346

Darwin C (1886) Das Variieren der Thiere und Pflanzen im Zustande der Domestication, 2. Aufl. Gesammelte Werke. Schweizerbart'sche Verlagsbuchhandlung (E. Koch), Stuttgart. (Engl. (1868/1875) *The variation of animals and plants under domestication.* John Murray, London)

Donihue CM, Herrel A, Fabre AC et al (2018) Hurricane-induced selection on the morphology of an island lizard. Nature 560:88–91. https://doi.org/10.1038/s41586-018-0352-3

Gilbert SF, Loredo GA, Brukmann A, Burke AC (2001) Morphogenesis of the turtle shell: the development of a novel structure in tetrapod evolution. Evol Dev 3:47–58

Gould SJ (1987) Der Daumen des Panda: Betrachtungen zur Naturgeschichte. Birkhäuser, Basel. (Engl. (1980) The Panda's thumb. More reflections in natural history. Norton, New York)

Hayashi S, Kobayashi T, Yano T, Kamiyama N, Egawa S, Seki R, Takizawa K, Okabe M, Yokoyama H, Kamura K (2015) Evidence for an amphibian sixth digit. Zool Lett 1:17. https://doi.org/10.1186/s40851-015-0019-y

Houle D, Bolstadd GH, van der Linde K, Hansen TF (2017) Mutation predicts 40 million years of fly wing evolution. Nature 547:447–450

Joyce WG, Lucas SG, Scheyer TM, Heckert AB, Hunt AP (2009) A thin shelled reptile from the Late Triassic of North America and the origin of the turtle shell. Proc Roy Soc Lond B 276:507–513

Kirschner M, Gerhart J (2007) Die Lösung von Darwins Dilemma: Wie die Evolution komplexes Leben schafft. Rowohlt, Hamburg. (Engl. (2005) The plausibility of life: resolving Darwin's dilemma. Yale University Press, New Haven)

Kuraku S, Usuda R, Kuratani S (2005) Comprehensive survey of carapacial ridge-specific genes in turtle implies co-option of some regulatory genes in carapace evolution. Evol Dev 7(1):3–17

Lange A, Nemeschkal HL, Müller GB (2014) Biased polyphenism in polydactylous cats carrying a single point mutation: the Hemingway model for digit novelty. Evol Biol 41(2):262–275

Lange A, Müller GB (2017) Polydactyly in development, inheritance, and evolution. Q Rev Biol 92(1):1–38

Lange A, Nemeschkal HL, Müller GB (2018) A threshold model for polydactyly. Prog Biophys Mol Bio 137:1–11

Li C, Wu XC, Rieppel O, Wang L-T, Zhao L-J (2008) An ancestral turtle from the late Triassic of southwestern China. Nature 456(7221):497–501

Lyson TR, Joice W (2012) Evolution of the turtle bauplan: the topological relationship of the scapula relative to the ribcage. Biol Lett. https://doi.org/10.1098/rsbl.2012.0462

Lyson TR, Bever GS, Scheyer TM, Hsiang AY, Gauthier JA (2013) Evolutionary origin of the turtle shell. Curr Biol 23(12):113–119

Lyson TR, Rubidge BS, Scheyer TM, de Queiroz K, Schachner ER, Smith RM, Botha-Brink J, Bever GS (2016) Fossorial origin of the turtle shell. Curr Biol 26:1887–1894

Mehring C, Akselrod M, Blashford L, Mace M, Choi H, Blüher M, Buschhoff A-S, Pistohl T, Salomon R, Cheah A, Blanke O, Serino A, Burdet E (2019) Augmented manipulation ability in humans with six-fingered hands. Nat Commun 10:2401

Meyer A, Stiassny MLJ (1999) Buntbarsche – Meister der Anpassung. Spektrum Spezial https://www.spektrum.de/magazin/buntbarsche-meister-der-anpassung/825489

Minelli A, Chagas Junior A, Edgecombe GD (2009) Saltational evolution of trunk segment number in centipedes. Evol Dev 11(3):318–322

Müller GB (2019a) Evo-devo's contributions to the extended evolutionary synthesis. In: Nuno de la Rosa L, Müller G (Hrsg) Evolutionary developmental biology: a reference guide. Springer, Cham

Müller GB (2019b) Evo-devo's challenge to the modern synthesis. In: Fusco G (Hrsg) Perspectives on evolutionary developmental biology. Padova University Press, Padua

Nagashima H, Sugahara F, Takechi M, Ericsson R, Kawashima-Ohya Y, Narita Y, Kuratani S (2009) Evolution of the turtle body plan by the folding and creation of new muscle connections. Science 325:193–196

Raspopovic J, Marcon L, Russo L, Sharpe J (2014) Digit patterning is controlled by a BMP-Sox9-Wnt Turing network modulated by morphogen gradients. Science 345(6196):566–570

Rice R, Riccio P, Gilbert SF, Cebra-Thomas J (2015) Emerging from the rib: resolving the turtle controversies. J Exp Zool B Mol Dev Evol 324(3):208–220

Shapiro JA (2022) Evolution – A View from the 21st Century – Fortified. Cognition Press, Chicago

Standen EM, Du TY, Larsson HCE (2014) Developmental plasticity and the origin of tetrapods. Nature 513:54–58

Stroud JT, Moore MP, Langerhans RB, Losos JB (2023) Fluctuating selection maintains distinct species phenotypes in ecological community in the wild. PNAS 120 (42)e 2222071120

Stuart YE, Campbell ES, Hohenlohe PA, Reynolds RG, Revell LJ, Loses JB (2014) Rapid evolution of a native species following invasion by a congener. Science 346(6208):463–466

Suzuki Y, Nijhout HF (2006) Evolution of a polyphenism by genetic accomodation. Science 311(5761):650–652

Tabin CJ (October 1992) Why we have (only) five fingers per hand: hox genes and the evolution of paired limbs. Development 116(2):289–96

Tokita M, Iwai N (2010) Development of the pseudothumb in frogs. BioLett 6(4):517–520. https://doi.org/10.1098/rsbl.2009.1038

Uller T, Moczek AP, Watson RA, Brakefield PM, Laland KN (2018) Developmental bias and evolution: a regulatory network perspective. Genetics 209:949–966

Zattara EE, Macagno ALM, Busey HA, Moczek AP (2017) Development of functional ectopic compound eyes in scarabaeid beetles by knockdown of orthodenticle. PNAS 114(45):12021–12026

Tipps zum Weiterlesen und Weiterklicken

Eine Darstellung, die versucht, leicht verständlich auf die Komplexität der Handentwicklung und alternative Fingerzahlen einzugehen, und in der ich die komplexe Modellbildung in abgebildeten Einzelstufen aufzeige, gebe ich in diesem Artikel: Lange A (2019) Wie „wird" Komplexität in Lebensformen – Dynamik in Prozessen der evolutionären Entwicklung. In: Voigt B (Hrsg) Vom Werden – Entwicklungsdynamik in Natur und Gesellschaft: Perspektiven einer zukunftsoffenen Wertekultur im Dialog von Wissenschaft, Kunst und Bildung. Beatrice Voigt Kunst- und Kulturprojekte & Edition, München, S 40–49

How fish can learn to walk. Land-raised bichirs provide insight into evolutionary pressures facing first vertebrates to live on land (Nature). https://www.nature.com/news/how-fish-can-learn-to-walk-1.15778

Mann trägt Schwert. Wie kommt der Schwertträger zum Schwert? Anhand dieser Frage untersucht Gerrit Begemann von der Universität Konstanz die Evolution von Entwicklungsmechanismen. https://www.entwicklungsbiologie.uni-bayreuth.de/pool/dokumente/media/Laborjournal_1-2_2010.pdf

Wikipedia-Artikel „Extremitätenentwicklung" (Artikel des Autors, Version 10. 02. 2020): Dieser Artikel schildert die Embryonalentwicklung der Wirbeltierhand mit Evo-Devo-Aspekten der Polydaktylie und Selbstorganisationsmodellen. https://de.wikipedia.org/wiki/Extremitätenentwicklung

Wikipedia-Artikel „Extremitätenevolution" (Artikel des Autors, Version 10. 02. 2020). https://de.wikipedia.org/wiki/Extremitätenevolution

Wikipedia-Artikel: Polydaktylie (Artikel überwiegend vom Autor, Version 10. 02. 2020). https://de.wikipedia.org/wiki/Polydaktylie

5

Die Theorie der Nischenkonstruktion

Die Theorie der Nischenkonstruktion ist eine weitere moderne Theorie, die Evolution aus einer neuen Perspektive betrachtet. Seit 1988 bezeichnet der heute emeritierte Oxforder Evolutionsbiologe John Odling-Smee mit dem von ihm eingeführten Begriff Nischenkonstruktion einen Prozess, bei dem eine Spezies ihre Umwelt ursächlich und nicht zufällig verändert. Arten werden nicht nur passiv an Umweltbedingungen adaptiert, sie verändern ihre Umwelt auch aktiv. Ihre auf abiotischen (unbelebten) und biotischen Faktoren basierende Umwelt, ihre ökologische Nische, ist dann Teil der Selektionsbedingungen sowohl für ihre eigene evolutionäre Veränderung als auch für die Evolution anderer Arten. Die so entstehende evolutionäre Änderung kann sogar systematisch direktional sein, der Fachmann spricht dann von einem *Bias* (Odling-Smee et al. 2003). Die Nischenkonstruktion ist in der Erweiterten Synthese in der Evolutionstheorie (EES) eines der vier zentralen Forschungsgebiete neben Evo-Devo, inklusiver Vererbung und Entwicklungsplastizität (Laland et al. 2015).

Eigentlich geht die Idee schon auf Darwin zurück, der sich im hohen Alter mit Regenwürmern beschäftigte, die den Boden nicht nur in seiner Drainagefähigkeit, sondern auch seiner chemischen Zusammensetzung umgestalten und damit das Wachstum von Pflanzen fördern. Regenwürmer sind ihrer Herkunft nach aus Sicht Darwins an das Wasser angepasste Tiere und eher schlecht ausgerüstet für ein Leben an Land. Sie müssen aus moderner Sicht ihre eigene Nische errichten, eine simulierte aquatische Nische, wie man heute sagt. In die Theorie Darwins floss diese Erkenntnis aber nicht als eigenständiger Evolutionsmechanismus ein. Es war dann der

A. Lange, *Evolutionstheorie im Wandel,* https://doi.org/10.1007/978-3-662-68962-2_5

Harvard-Professor Richard Lewontin, erklärter Gegner einer allzu starken Adaptationismus-Dogmatik, der 1983 in einer Formel festhielt, dass Organismen sich nicht nur passiv an ihre Umweltprozesse anpassen (Lewontin 1983). Bald kam nun Schwung in die Sache. Sehen wir uns näher an, vor allem auch an Beispielen, wie man sich die Nischenkonstruktionen vorzustellen hat.

Wichtige Fachbegriffe in diesem Kapitel (s. Glossar): Gen-Kultur-Koevolution, kulturelle Evolution, Nischenkonstruktion, ökologische Vererbung, Rückkopplung, soziales Lernen.

5.1 Ein eigener evolutionärer Mechanismus

Die Artenvielfalt auf der Erde ist nicht erklärbar ohne die massive frühe Sauerstoffanreicherung in der Atmosphäre. Diese geht zurück auf die maritime Ausbreitung bakterieller Algen (Cyanobakterien). Sie sind die Urheber früher globaler Photosynthese. Erst ihre Vermehrung hat somit die Evolution vieler anderer Arten in Gang gesetzt. Die Nische Sauerstoffumgebung hat dann die Voraussetzungen für eine Welt geschaffen, wie wir sie heute kennen und benötigen, mit anderen Worten: Die Nische Sauerstoff ist für einen Teil der selektiven Umgebung verantwortlich, die die weitere Evolution und weitere Nischen für viele Arten begünstigt.

Auf ihre Weise schaffen sich Arten also einen Lebensraum, eine Nische. Auch Biber werden in diesem Zusammenhang immer wieder genannt, da sie ihre Umgebung mit dem Bau von Dämmen im großen Stil verändern und sich Umweltbedingungen schaffen, unter denen nicht nur sie selbst evolvieren, sondern auch unzählige andere Arten in der Nische koevolvieren (Abb. 5.1). Man kann sich leicht vorstellen, dass der hervorragend angepasste Körper und breite Schwanz des Bibers in der heutigen Form erst evolviert sind, nachdem der Biber viele Generationen lang konsequent seine spezielle Nische aus Damm und Wasser gebaut hat.

Neben der erdgeschichtlich alten globalen Sauerstoffanreicherung durch Algen und den evolutionär jungen, lokalen Biberbauten können Korallenriffe, die die Evolution unzähliger maritimer Arten ermöglichen, als ein intermediäres Beispiel für Nischenkonstruktionen dienen. Eine Nische ist im Zusammenhang mit der Evolution durchaus nichts Seltenes, obwohl der Begriff ein wenig nach etwas Verstecktem klingt. Vielmehr lässt sich das Prinzip der Nischenkonstruktion für viele Arten im Tier- und Pflanzenreich erkennen. Allerdings besteht die Gefahr, dass bei einer zu breiten Anwendung

Abb. 5.1 Biberdämme – meisterhafte natürliche Konstruktionen. Biberdämme, dieser hier im Grand-Teton-Nationalpark, Wyoming, sind oft in gekrümmter Form in Fließrichtung angelegt. Keine leichte Sache für die Ingenieure mit ihren Augen auf Wasserebene. Die Dämme haben meist mehreren Wohnbauten oberhalb, aber die Eingänge stets unterhalb des Wasserspiegels. Die Biber können den Damm öffnen, um Hochwasser ablaufen zu lassen. Damit regulieren sie den Wasserstand. Der größte bekannte Damm befindet sich in Kanada; er hat eine Länge von 850 m. Biberdämme sind ein Musterbeispiel für Nischenkonstruktionen. Die Bauten haben Rückwirkungen auf die Evolution der Biber selbst und auch auf die zahlreicher anderer Lebewesen

des Nischenbegriffs die Idee der Nischenkonstruktion mit anderen ökologischen Prozessen vermischt wird (Scott-Phillips et al. 2014).

Odling-Smee baute seine Theorie immer wieder aus. Zahlreiche weitere Beispiele werden angeführt, etwa Insektenstaaten, die in ihren Bauten spezifische Umweltbedingungen bezüglich der physischen und chemischen Umgebung wie Temperatur, Luftfeuchtigkeit, Lichtintensität etc. schaffen (Laland et al. 2016). Unter derart biologisch erzeugten Bedingungen gedeihen die Nachkommen. Odling-Smee führte auch den Begriff „ökologische Vererbung" ein (Odling-Smee et al. 2003). Er betont ausdrücklich, dass Vererbung jenseits genetischer Prozesse existiert. Das Verhalten von Arten in Nischen, das spezifische Umweltmodifizierungen darstellt, erfordert weder eine strenge genetische Grundlage noch müssen diese Verhaltensweisen hinsichtlich der Fitness der Art optimiert sein. Beide Aussagen stehen im Widerspruch zu Credos der neodarwinistischen Theorie. Die Argumentation werden wir uns im Anschluss genauer ansehen, denn sie erschließt sich nicht intuitiv.

Die Begründer der Nischenkonstruktionstheorie gehen davon aus, dass die Nischenkonstruktion ein eigenständiger evolutionärer Mechanismus oder evolutionärer Kernprozess neben Darwins natürlicher Selektion ist. Nischenkonstruktion ist somit adaptiv, denn Individuen mit Phänotypen, die mit den Bedingungen ihrer Konstruktionen übereinstimmen, hinterlassen mehr Nachkommen. Gleichzeitig sind die genetischen Ursachen, die zum Bau von Nischenkonstruktionen führen bzw. mit ihnen in Verbindung gebracht werden können, nicht zwingend adaptiv im Hinblick auf die selektive Rückkopplung der Konstruktion. So weit reicht der ursächliche Einfluss von Genen nicht. Eine Erklärungslücke entsteht (Laland et al. 2019). Man würde den Genen hier aus der Sicht der Vertreter der Nischenkonstruktionstheorie zu viel Macht zusprechen, auch wenn Richard Dawkins in seinem Buch über den erweiterten Phänotyp im deutschen Untertitel – *Der lange Arm der Gene* – (2010) gerade das andeutet.

Dabei ist Dawkins' Theorie die einfachere, intuitivere. Wir neigen nämlich prinzipiell dazu, Vorgänge mit Ursachen zu begründen, oder besser: sie auf eine kohärente kausale Kette zu reduzieren. Eine durchgängige, kausale Erklärung mag gut klingen. Sie hat vielfach hohen subjektiven Überzeugungswert. Mit der Wahrscheinlichkeit, dass eine kausal verkettete Geschichte auch stimmt, hat unser intuitives Verlangen nach Kohärenz jedoch überhaupt nichts zu tun, klärt uns der Psychologe und Nobelpreisträger Daniel Kahneman auf (2016). Die Geschichte mit zwei eigenen Evolutionsprozessen und Rückkopplung ist für uns zunächst schwieriger nachvollziehbar, fordert doch die Theorie der Nischenkonstruktion, ein komplexes Ursache-Wirkungsnetzwerk zu verstehen, in dem es gerade keinen durchgängigen genzentristischen Ursache-Wirkungsverlauf für die Adaptation gibt. Unser Denken strebt nun einmal stets in die Richtung einer einfachen, linearen Ursachenkette, obwohl eine solche oft unwahrscheinlicher ist.

Genau an dieser Stelle entscheidet sich also, liebe Leser, ob die Nischenkonstruktion als wirksamer Evolutionsfaktor gesehen wird oder nicht. Ich erkläre es noch einmal mit anderen Worten, denn mit dem Verständnis darüber erschließt sich der Kern der Nischenkonstruktionstheorie: Wer glaubt, die Anpassungsfähigkeit genetischer Mutation und Vererbung reiche so weit, dass sie auch noch die selektive Rückkopplung von Konstruktionen samt Adaptation ursächlich mitbestimmen kann, wird sagen, Nischenkonstruktion sei nichts prinzipiell Neues; sie kann nach dieser Auffassung mit der Selektionstheorie hinreichend gut erklärt werden.

Sieht man aber die Rückkopplung in diesem Zusammenhang und den Umstand, dass die evolutionären Rückkopplungen der Konstruktion – Biberdamm, Spinnennetz oder andere – kaum bereits von den an der

Konstruktion beteiligten Genen ursächlich bestimmt werden können, sondern eben von der Konstruktion selbst und deren biologischen und nichtbiologischem Umfeld, dann kommt man zu einem anderen Ergebnis. Dann nämlich erscheint die Konstruktion – die bis hierher als ein Effekt oder eine Wirkung (der betreffenden Gene) galt – als neue, eigenständige Ursache für weitere interdependente evolutionäre Abläufe.

Hinzu kommt, dass die Weitergabe des Verhaltens bei der Konstruktion ebenso wie die Weitergabe von biologischen und nichtbiologischen Veränderungen im Umfeld der Konstruktion an die Folgegenerationen nichtgenetische Vererbungsmechanismen umfasst; Odling-Smee spricht hier, wie erwähnt, von ökologischer Vererbung. Dies bezieht alle ökologisch relevanten Komponenten mit ein, etwa das Vorhandensein von aufgestautem Wasser im Fall des Bibers, die dauerhaft veränderte Temperatur im Termitenbau oder das Mikrobiom in einem Bienenstaat, also durch die Konstruktion erst veränderte Gegebenheiten, die ja in jeder Generation wieder in Erscheinung treten und somit vererbt werden.

Nach wie vor gilt das Prinzip der natürlichen Selektion; die Nischenkonstruktion kommt jedoch als ein integraler, selektiver Prozess hinzu. Beide ergänzen sich. Zusammengefasst ist Nischenkonstruktion aus der Sicht Odling-Smees und der Mitgestalter seiner Theorie eine eigene evolutionäre Kausalität. Die Kausalität steht in Rückkopplung mit der natürlichen Selektion (Laland et al. 2019). Evolution umfasst nach dieser neuen Sichtweise ein Netzwerk von Kausalitäten. Die Nische erzeugt aktiv einen neuartigen, komplexen Selektionsdruck, der ohne die Nischenkonstruktion nicht vorhanden ist.

Armin Moczek hat mich auf drei Zusammenhänge aufmerksam gemacht, die bei der Nischenkonstruktion hervorzuheben sind, um ihre Tragweite für die moderne Evolutionstheorie in vollem Umfang zu verdeutlichen:

1. Vor der Formulierung der Nischenkonstruktion war die natürliche Selektion der *einzige* evolutionäre Prozess, der eine Anpassung an die Umwelt des Organismus bewirken konnte. Die anderen drei Prozesse – Mutation, Migration und genetische Drift – können das nicht. Mit der Nischenkonstruktion gibt es also einen weiteren Mechanismus: Organismen können nicht nur adaptieren, indem sie sich im Laufe der Zeit an ihre Umgebung anpassen, sondern sie können auch ihre Umgebung an die Eigenschaften und Merkmale anpassen, die sie bereits haben. Aus dieser Perspektive betrachtet ist die Nischenkonstruktion von erheblicher Bedeutung.

2. Die Nischenkonstruktion ermöglicht es uns ferner, mikroevolutionäre und mikroökologische Prozesse mit makroevolutionären Prozessen zu

verbinden. Nischenkonstruktion reicht von Mistkäfern und Bibern mit lokalen Konstruktionen über ausgedehnte Korallenriffe bis hin zu Cyanobakterien, die die globale Atmosphäre verändern. Diese Mikro-Makro-Verbindung mit dem gleichen Prinzip hat die konventionelle Evolutionstheorie mit der Populationsgenetik noch nicht erreicht.

3. Nicht übersehen werden sollte zudem, dass die Nischenkonstruktion auch eine wichtige Quelle für vererbbare Variationen sein kann, die sonst ignoriert werden. Diese Variationen können in einigen Fällen natürlich wieder auf Gene zurückgehen: Einige Genotypen sind einfach bessere Nischenkonstrukteure als andere. In anderen Fällen hat die Variation aber weniger mit Genen zu tun als vielmehr mit der Umwelt; so gibt es möglicherweise in einer Population bestimmte Ressourcen, die in einer anderen fehlen, z. B. Steine zur Werkzeugherstellung. Hier ist der Mensch vielleicht das beste Beispiel, etwa wenn es um die Domestizierung von Pflanzen und Tieren in den verschiedenen Regionen der Welt geht. Jared Diamond (2011) berichtet ausführlich, dass beispielsweise in Nordamerika domestizierbare Tiere in der Steinzeit durch Jäger ausgerottet wurden. Auch verhinderte die Nord-Süd-Ausrichtung des amerikanischen Kontinents die Ausbreitung domestizierbarer Pflanzen in gemäßigten Breitengraden. Der Isthmus von Panama, die Wüsten im Süden der USA und die tropischen Zonen in Südamerika wirken bis heute als natürliche Barrieren. Auch konnten Menschen im mittleren Osten durch die Verfügbarkeit verschiedener Getreide- und Tierarten ganz andere Nischen konstruieren, als es z. B. den Aborigines in Australien möglich war. Viele solcher geografischen und klimatischen Unterschiede mündeten bei gleichen Ausgangsszenarien für Jäger und Sammler vor 13.000 Jahren in entsprechenden Auswirkungen auf die Weltgeschichte. Im Hinblick auf die Theorie der Nischenkonstruktion ist hierbei entscheidend, dass auch in diesen und weiteren nicht-genetischen Fällen die konstruierte Umgebung vererbbar ist und die Fitness der Nachkommen beeinflusst.

In Nischenkonstruktionen sind Organismen aktive Handlungsinstanzen (engl. *agencies*) (Abschn. 6.5). Das Wirken nischenbildender Organismen ist nicht zufällig, sondern systematisch, zweckorientiert und zielgerichtet. Fitnessbildende Eigenschaften werden ursächlich nicht mehr allein Genen zugeordnet, sondern ebenso dem Organismus als dem Nischenkonstrukteur. Diese Betrachtungsweise mündet, wie schon oben erwähnt, darin, dass die Nische sowohl Ursache als auch Wirkung im evolutionären Geschehen mit vielen Wechselwirkungen ist (Laland et al. 2019).

Abschließend ist festzuhalten: Wir sprechen bei der Nischenkonstruktion über die Vererbung erworbener Verhaltensweisen, jene Kernidee Lamarcks, die mit der Modern Synthesis vollständig von der Bildfläche verschwunden war. Heute sollten wir uns mit diesem Gedanken in Fragen der Verhaltensevolution und kultureller Vererbung durchaus wieder anfreunden.

Im Gespräch mit John Odling-Smee

John Odling-Smee ist 84 Jahre alt, als ich mit ihm am 19. Juli 2019 telefoniere. Er ist fast erblindet; ich bin daher sehr froh, dass er sich für dieses Interview bereit erklärt hat. Der Wissenschaftler ist in seinem Element und spricht frei, voller Leidenschaft, sodass ich etliche meiner Fragen gar nicht stellen kann. Das Telefonat wurde aufgezeichnet und 2024 mit verschiedenen KI-Werkzeugen akustisch nachbearbeitet, transkribiert und übersetzt. Ich wollte den lockeren, fast spontanen, begeisternden Charakter seiner Rede beibehalten. Daher habe ich mich entschieden, so wenig wie möglich Korrekturen und Glättungen der lebendigen mündlichen Aussprache vorzunehmen. Auf diesem Weg wird das Gespräch für den Leser als ein Stück Zeitgeschichte der Evolutionstheorie erstmals nahezu vollständig wiedergegeben.

John, schildern Sie uns bitte, wie Ihr Anfang war, der Sie zum Überdenken der traditionellen Evolutionstheorie brachte.
Als Hintergrund sollte man wissen, dass ich etwa zehn Jahre zu spät zur Universität gegangen bin statt mit 18. Ich war 28, weil ich vorher schon andere Dinge gemacht hatte, die mich vielleicht gelehrt haben, selbständig zu denken, bevor ich eine Ausbildung begann. Ich hatte dann tatsächlich ein seltenes Sabbatjahr, und es war das Jahr, in dem ich 1978/79 wirklich auf Biologie umgestiegen bin. Ich habe mit einem Doktoranden zusammengearbeitet und Vogelgezwitscher auf dem Ridgeway aufgenommen, einem berühmten alten Wanderweg, der durch das Zentrum Englands führt. Wir haben den Gesang der Grauammer aufgenommen, die damals schon am Aussterben war und seitdem leider sehr selten geworden ist. Das ist eine interessante Geschichte. Aber mir wurde ein bisschen langweilig, und ich fing an zu überlegen, was eigentlich los ist, wenn man diese Vögel beobachtet. Das war das erste Mal, dass ich auf die Idee kam, dass mehr dahinter steckt als nur natürliche Selektion. Sie verändern ständig ihre Umgebung, indem sie alle möglichen Dinge tun. Das war also die allererste Idee, die ich jemals hatte und die schließlich zur Theorie der Nischenkonstruktion führte.

Wer hat Sie damals am meisten beeinflusst?
Mein ursprünglicher Held war eigentlich nicht Richard Lewontin, sondern Conrad Waddington. Der Grund für Waddington war, dass er 1957 einen Artikel mit dem Titel *The Strategy of the Genes* (Waddington 1957) geschrieben hatte. Er sprach über das Ausbeutungssystem, bei dem Tiere während ihrer Entwicklung ihre Umwelt verändern und dies dann in Form von verändertem Selektionsdruck an die nächste Generation weitergeben, auch wenn er es nicht ganz so ausgedrückt hat. Mit anderen Worten, sie beeinflussen ihre eigene Entwicklung. Sie

tragen sozusagen zu ihrer eigenen Entwicklung bei, und das ist mein Hauptpunkt. Dann hatte Waddington 1969 etwas geschrieben, das leider nicht sehr einflussreich war, obwohl man es als Paradigma für einen evolutionären Prozess hätte bezeichnen sollen, in dem er sich auf das bezog, was ich als konstruktive Phänotypen bezeichnete. Er beschrieb sie einfach. Phänotypen wirken auf ihre Umgebung ein. 1969 wurde *Paradigm for an Evolutionary Process* (1969) in einer Buchreihe der Edinburgh Press veröffentlicht, die für die theoretische Biologie interessant ist. Aber Waddington hatte auch eine Menge Widerstand. Ich glaube, das war einer der Gründe, warum er nach 1969 nicht mehr lange lebte. Ich traf ihn nur einmal bei einem Vortrag von ihm. Er hat, glaube ich, eine Menge Dinge richtig gemacht. Und er stieß auch auf die gleiche Art Widerstand, auf die wir von orthodoxer Seite gestoßen sind: Evolutionsbiologen. Das war also sein Ausgangspunkt. Und dann lernte ich ihn kennen. Ich hatte schon angefangen, daran zu arbeiten. Ganz am Anfang, etwa 1980. Conrad Waddington spielt in meinem Buch (Odling-Smee et al. 2003) eine wichtige Rolle, und die Aufmerksamkeit richtet sich auf ihn als einen frühen Akteur für das gesamte neue Denken, für Evo-Devo und die Nischenkonstruktion.

Und dann stieß ich auf die Arbeiten von Dick Lewontin, ursprünglich eine aus dem Jahr 1982, dann die bekannte aus dem Jahr 1983 (Lewontin 1983), in der es darum geht, wie Organismen Teile ihrer Umwelt wirklich gut konstruieren. Ich habe dann später begonnen, daran zu arbeiten. Eigentlich ging ich aus anderen Gründen nach Harvard, zum Teil, um einen Vortrag über das zu halten, was wir schon gemacht hatten. Aber ich fing sofort an, mit Dick über die Konstruktion von Nischen zu sprechen. Wir haben viel darüber diskutiert, und das hat mich sehr motiviert. Die meisten hielten mich für total verrückt. Aber als ich plötzlich von diesen Menschen ernst genommen wurde, wurde mir klar, dass ich vielleicht gar nicht so verrückt bin.

Unser ursprüngliches Buch schrieben wir 2003 über Nischenkonstruktion (Odling-Smee et al. 2003). Das allererste, was ich übrigens dazu schrieb, war 1988 (Odling-Smee 1988).

Der Kern der Nischenkonstruktionstheorie ist aus theoretischer Sicht, dass ein neuer Prozess in die Evolutionstheorie eingeführt wird. Können Sie uns diesen Mechanismus beschreiben?
Ich denke, eine der einfachsten Möglichkeiten, die Frage zu beantworten, ist paradoxerweise in Bezug auf Richard Dawkins Buch über den erweiterten Phänotyp (Dawkins 1982). Richard Dawkins hat das Thema also erkannt: Die Expression von Genen in Phänotypen kann über ihren Körper hinausreichen und in die Umwelt wirken. Er nannte das den erweiterten Phänotyp. Wie Sie wissen, hat Dawkins sehr viel Aufsehen erregt. Er hat etwa 2004 einen Aufsatz geschrieben, in dem er uns angriff und sagte: „Erweitert den Phänotyp auf jeden Fall, aber erweitert ihn nicht zu sehr". Wir wollten ihm (jedoch) sagen, dass der Phänotyp auf jeden Fall erweitert werden sollte, aber er sollte viel weiter reichen. Die Konsequenzen müssten durchdacht werden. Das haben wir sofort aufgeschnappt. Wir haben nicht wirklich mit Richard Dawkins angefangen, aber es erschien so, weil er bekannt ist. Nehmen wir eines seiner Beispiele, das berühmte mit dem Biberdamm. Der kritische Punkt liegt natürlich in den Genen, die den Biberdamm und damit den erweiterten Phänotyp zum Vorschein bringen. Diese Gene beeinflussen nicht nur die eigene Fitness des Bibers.

Die Rückkopplung wirkt sich nicht nur auf die Fitness der Gene aus, die den Damm exprimieren. Sie wirkt sich auch auf andere phänotypische Merkmale der Biber und auf unzählige Merkmale unzähliger Arten in den Ökosystemen der Flussufer aus, auf das ganze Flussökosystem. Wir dachten, die konventionelle Evolutionstheorie würde das nicht akzeptieren.

Die Frage ist, ob es sich (bei Nischenkonstruktion) tatsächlich um einen separaten Prozess handelt, wie Sie auch fragen. Ja, es ist ein wechselseitiger Prozess, dass Anpassung nicht nur eine Reaktion auf natürliche Selektion ist, sondern auch auf veränderten Selektionsdruck. Die Neodarwinisten akzeptieren das nicht.

Wichtig wurde dann der Begriff der ökologischen Vererbung? Was meinen Sie damit?
Ökologische Vererbung umfasst sowohl die Vererbung von natürlich ausgewählten Genen als auch die Vererbung der dazugehörigen Umwelt. [...] Der Punkt ist, dass die Rückkopplung nicht nur von anderen Organismen kommt, sogar von sich mitentwickelnden Organismen, sondern auch von den nicht lebenden Komponenten der Umwelt. Lewontin hat einmal gesagt, dass sich die Evolutionstheorie nicht nur mit der Evolution von Organismen befassen sollte, sondern mit der Koevolution von Organismen und ihrer Umwelt. Die Sache ist die, dass man das mit der konventionellen orthodoxen Theorie, der Standardevolutionstheorie oder dem Neodarwinismus oder was auch immer, nicht erklären kann. Sie fragen sich also, woher diese Konstruktion kommt? Nun, Organismen werden wahrscheinlich dafür selektiert, dass sie Dinge tun können, was wir die aktive, zielgerichtete Wirkung von Phänotypen nennen. Dafür werden sie selektiert. Der erweiterte Phänotyp hat das zumindest erkannt. Wir wollen damit jedoch sagen, dass die Rückkopplung noch viel weitreichendere Konsequenzen hat, als es die orthodoxe Theorie tatsächlich durchdacht hat.

Können Sie uns bitte den Unterschied zwischen Ökologie und Nischenkonstruktion erklären, Ökologie beschreibt ja ebenfalls Rückkopplungsmechanismen.
[...] Die moderne Ökologie kennt auch viele Wechselwirkungen zwischen biologischen Arten und ihrer Umwelt. Es gibt also Wechselwirkungen, aber Nischenkonstruktion ist mehr. [...] Die Ökologie hat das Konzept des Ökosystem-Engineering entwickelt. [...] Das Ökosystem-Engineering wurde entwickelt, um der Tatsache Rechnung zu tragen, dass Organismen die abiotischen Komponenten ihrer Umwelt verändern. Dabei ging es vor allem um die Biota und darum, dass sie diese verändern und dass dies Konsequenzen für die Ökologie hat. Aber die Ökologie ging nicht auf die Evolution ein. Als ich anfing, mit Ökologen zusammenzuarbeiten, war ich überrascht, wie sehr die Evolutionsbiologie dazu neigte, zu denken, dass all diese Dinge darüber, woher die Quellen der natürlichen Selektion kommen, etwas mit Ökologie zu tun haben. Und die Ökologen schienen zu denken, dass all die Dinge, die evolutionäre Auswirkungen haben, nicht ihre Sache sind; das hätte mit Evolutionsbiologie zu tun.

[...] Nischenkonstruktionen in der Natur verbinden die Ökosystem-Ökologie mit der Evolution. [...] Die Art und Weise, wie das geschieht, ist die Erzeugung dieser Rückkopplungen, die über Generationen hinweg weitergegeben werden [...] Die Populationsgemeinschaft (Populationsgenetik) blendet sorgfältig die nicht-lebenden Biota aus, durch die Energie und Materie fließen. [...] Das geht nicht. Wenn man die Ökosystemebene betrachtet, ist es nicht möglich, das herauszurechnen. Organismen haben einen erheblichen Einfluss auf... die Biota und Systeme. Das war es, was fehlte. Die Ökosystem-Engineering-Ökologen haben das aufgegriffen, und wir griffen es fast zur gleichen Zeit (ebenfalls) auf. [...] Wir streiten uns immer noch darüber bis zu einem gewissen Punkt. Es gibt eine Arbeit, die demnächst erscheinen wird. Sie wurde gerade in *The American Naturalist* angenommen. [...] Sie befasst sich mit Evolutionsökologie [...] und basiert auf einer Meta-Analyse von etwa 1500 Studien über natürliche Selektion in der freien Natur. Wir erhielten wunderbare, robuste Ergebnisse. Der Titel der Arbeit lautet „Die Nischenkonstruktion beeinflusst die Variabilität und Stärke der natürlichen Selektion" (Clark et al. 2020). Es ist im Grunde eine empirische Arbeit. [...] Das sollte viele Leute zum Nachdenken bringen.

Als Evo-Devo-Wissenschaftler möchte ich von Ihnen besonders gern erfahren, wie die beiden Disziplinen Evo-Devo und Nischenkonstruktion, zwei der Säulen der Erweiterten Synthese, verbunden werden können. Gibt es einen Zusammenhang?
Nun ja, es gibt beträchtliche. Gerd Müller hat mich 2008 zu dem Altenberg-Treffen am Konrad Lorenz Institut in Wien über die Erweiterte Synthese eingeladen. Ich habe ein Kapitel im Buch *Evolution – The Extended Synthesis* (Pigliucci und Müller 2010) geschrieben. Darin habe ich über Nischenvererbung und die (genetische) Vererbung gesprochen (Odling-Smee 2010). Die Nischenvererbung umfasst sowohl die Vererbung natürlich ausgewählter Gene als auch die Vererbung der damit verbundenen Umgebungen durch ökologisches Erbe. Aber es war mehr als das; es hatte alles damit zu tun, wie die Konstruktion von Entwicklungsnischen mit der Evolution zusammenhängt. Eine Synthese sollte alles das mit einschließen: Eco-Evo-Devo, Eco-Devo-Evo usw. Gerd Müller hat über diese verschiedenen Perspektiven geschrieben (vgl. Abschn. 3.7).

Wir hatten gerade (auch) einen ehemaligen Kollegen hier, einen Entwicklungsbiologen und wichtigen Lehrbuchautoren, Scott Gilbert. Jedenfalls kam er vor ein paar Wochen nach Oxford und hielt dort einen Vortrag. Dabei es ging um das Konzept des Holobionten und um die Frage: Wer sind wir überhaupt? Wir sind nicht nur das, was wir zu sein glauben, denn wir tragen all diese Mikrobiome und alles andere in uns. Sein Titel drehte sich genau darum plus Konstruktion, plus Entwicklungsbedarf.

Das ist ein guter Teil der Gesamtsynthese, die wir noch nicht erreicht haben, eine wirklich umfassende Evolutionstheorie, bei der es meiner Meinung nach wirklich um sich entwickelnde Organismen und ihre koevolvierende Umwelt gehen sollte. Und sie alle tragen in diesem Sinne miteinander (zu einer solchen Synthese) bei. Ich bin kein Evo-Devo-Mann. Ich bin wirklich der Eco-Evo-Fachmann. Ich habe mich auf Eco-Evo konzentriert.

Bitte nennen Sie uns neben der bekannten Milchwirtschaft ein paar weitere, konkrete Beispiele von Gen-Kultur-Koevolution. Menschliche Kulturbeiträge werden als differenzierte Nischen betrachtet, von Milchwirtschaft bis zum Internet. Was sagt uns das?
[...] Es gibt Dinge, die meiner Meinung nach einzigartig (bei uns Menschen) sind. Was mir besonders gefällt, ist der kontrollierte Einsatz von Feuer. Das

gab es schon vor unserer eigenen Spezies, wahrscheinlich vor mindestens 400.000 Jahren. Und sie wussten genau, wann sie das können. Es gibt noch ältere Daten. Der Punkt ist, dass das zu einer enormen Veränderung geführt hat. Ich kenne keine andere Spezies, die das tut. [...] Und dann ist man offensichtlich viel weiter fortgeschritten in der Nutzung von Dingen. [...] Die Fähigkeit, über alles zu kommunizieren, von Musik über Sprache bis hin zu Mathematik ist einzigartig. Das sind wirklich die Linien, die ich die ganze Zeit über verfolgen würde. Technologie ist ein Aspekt der zunehmenden Wissenschaft. [...] Das sind alles Beispiele für die Konstruktion kultureller Nischen. Und sie alle sollten in den Mix der Gen-Kultur-Koevolutions-Theorie einbezogen werden. Die Kollegen sind sich dessen halbwegs bewusst. Für mich zum Beispiel hat das Anthropozän nicht mit dem Holozän begonnen, nicht mit der Domestikation. Die Domestizierung ist natürlich eine ganz andere Geschichte für sich. Und die Landwirtschaft und alles andere ermöglichte natürlich die Besiedlung. Aber die Geschichte ist reichhaltiger als viele Menschen es wahrhaben wollen. Und das Anthropozän besteht nicht erst seit den letzten 12.000 Jahren. Es begann schon vor den früheren Hominiden, aber es begann mit Sicherheit mit dem ersten *Homo sapiens*. [...] Wir haben unsere Umwelt schon immer stark verändert. Das darf man natürlich nicht vergessen. Wir glauben also, dass Konstruktion ein universeller Aspekt des Phänotyps bei allen Arten ist. [...] Ich glaube, das ist der Punkt, um den es geht.

Zwei Botschaften: Es ist furchtbar wichtig, sich über alle Rückkopplungsschleifen im Klaren zu sein, die eingeführt werden. Einige haben nur mit der Kultur zu tun, andere wiederum etwa mit der Domestizierung von Rindern, die sich tatsächlich auf die Gene auswirkt, Lactosetoleranz und ähnliche. Ich meine (aber), da ist noch viel mehr: Viele unserer Krankheiten stammen von Tieren und umgekehrt übrigens auch. Die Tiere haben auch viel von uns.

Warum tun sich die Protagonisten der Modern Synthesis so schwer damit, in der Nischenkonstruktion einen eigenständigen evolutionären Prozess zu sehen? Nun ja, da steckt noch ein bisschen mehr dahinter. Ich denke, die Antwort ist, dass man ein bisschen Geschichte braucht. Man muss zurück zum Anfang des 20. Jahrhunderts gehen, als die Menschen zum ersten Mal versuchten, eine kohärente Evolutionstheorie zusammenzustellen, die als Modern Synthesis bekannt wurde. Die natürliche Selektion von Darwin wurde mit der Mendelschen Genetik kombiniert. Das war natürlich die Synthese. Der Versuch war erfolgreich. Aber (der Erfolg) hängt auch von einigen Kernannahmen ab, die ich die Kernannahmen der Modern Synthesis nenne. Und die Kernannahmen der Modern Synthesis wurden tatsächlich zu den Kernannahmen des Neodarwinismus. Der Punkt ist, dass sie notwendig waren, um Dinge in Gang zu bringen, doch sie umfassten wahrscheinlich nie alles, was in der Evolution passiert. [...].

„[...] Die neuen Daten aus Bereichen wie der Epigenetik und bis zu einem gewissen Grad aus der Ökologie sind eigentlich nicht vollständig mit den Kernannahmen vereinbar, die ursprünglich der Modern Synthesis und jetzt dem Neodarwinismus zugrunde liegen. Zum Beispiel die Kernannahme, dass der einzige Vererbungsprozess in der Evolution die genetische Vererbung ist. Es gibt inzwischen genügend Daten, die zeigen, dass das nicht wahr ist. Und zweitens zum Beispiel (die Annahme), dass die Vererbung von erworbenen Merkmalen à la Lamarck niemals stattfindet. Nun, selbst in der Epigenetik sind die epigenetischen Markierungen manchmal wahrscheinlich auf Wechselwirkungen mit der Umwelt einzelner sich entwickelnder Organismen usw. zurückzuführen. Darüber hinaus werden sie manchmal an die nächste Generation weitergegeben. Diese Dinge sind wahrscheinlich der Grund für die Zurückhaltung, die Kernannahmen des Neodarwinismus und der früheren Modern Synthesis zu überdenken. Sie sind zu einer Art Dogma erstarrt, was nicht hätte geschehen sollen. Ich meine, Annahmen bringen einen (Wissenschaftler) so weit wie möglich, aber dann muss er sie revidieren, wenn man zum Beispiel auf Probleme mit Daten stößt. Ich denke, die Annahmen der Modern Synthesis waren am Anfang sehr nützlich, aber wenn ihre Zeit gekommen ist, müssen sie überarbeitet werden. […] Sie sind einfach nicht mit den Daten kompatibel. Es ist schwierig, orthodoxe Neodarwinisten zu überzeugen. Doch sie müssen über einige dieser Annahmen noch einmal nachdenken. Stattdessen machen sie ihre Grundannahmen zu einer großen Hürde.

Meine letzte Frage an ihn wagt einen Blick in die Zukunft: *Wir treten in eine Entwicklung ein, in deren Verlauf Technologien in Form von künstlicher Intelligenz, Robotern und Internet den Menschen in allgemeiner Intelligenz irgendwann übertreffen könnten. Im Extremfall könnte das zu unserer Ablösung als biologische Art führen, wie es etwa Nick Bostrom als Möglichkeit voraussieht. Wenn wir das für einen Moment akzeptieren, hätten wir es dann hier mit einer evolutionären Konsequenz von Nischenkonstruktion zu tun? Was ist Ihre Meinung dazu?*
Ich bin eigentlich skeptischer Biologe, was das Wort Fortschritt angeht. (Fortschritt) ist nicht das richtige Wort. Veränderung ist besser. Es gibt immer mehr technisches und wissenschaftliches Wissen. Natürlich ist das Säugetier „fortschrittlicher". (Aber) das ist natürlich etwas ganz anderes. Es ist eine andere Sichtweise.

Wir stehen offensichtlich vor einer Art selbst verursachten Krise; in solchen Momenten kann alles passieren. Und die Speziation könnte eine davon sein. Und sie könnte die überraschende Form von abiotischem Leben annehmen. Für mich ist das ein interessanter Punkt. Die Menschen sind sich nicht bewusst, was vor sich geht, nicht einmal annähernd bewusst genug. Wir Menschen sind uns im Allgemeinen leider nicht annähernd bewusst genug, dass wir unsere Beziehung zum Rest der Natur, zum gesamten evolutionären Prozess, verstehen müssen. Ja, das ist viel umfassender, als wir es sehen. Das ist eine Schande. Infolgedessen sind wir nicht sehr anpassungsfähig.

Es ist sehr wichtig, wenn man über den Aufbau von Nischen spricht, zu betonen, dass dazu auch das Gegenteil, die Zerstörung von Nischen, gehört. Es gibt eine Menge über die Art und Weise zu sagen, wie wir die Umwelt zerstören und sie gleichzeitig ausnutzen, und zwar sowohl wir selbst als auch Organismen in gemeinsamen Ökosystemen. Das ist sehr neu für mich. Aber es ist ein Teil der gesamten Theorie. Die Zerstörung von Nischen wird oft übersehen, weil man lieber über die positive Seite spricht. (Doch) Zerstörung ist auch immer da. […].

Es gibt aber noch eine andere Sache, von der ich denke, dass sie sehr wichtig ist, um ganz klar zu sein, dass wir über den Punkt sprechen, dass man eine menschliche soziokulturelle Nischenkonstruktion haben kann, wofür es eine riesige Anzahl von Beispielen gibt. Diese kann einfach auf die Kultur zurückgehen, auf kulturelle Prozesse selbst. Es kann sein, dass damit keine Veränderungen der natürlichen Selektion gegenüber der relativen Populationsgenetik verbunden sind. Es kann also Rückkopplungen verschiedener Art geben, die sich aus der kulturellen Nischenbildung ergeben. Die Sache ist (also) die, dass es in dem ganzen Gen-Kultur-Koevolutionsmix potenziell noch viel mehr Rückkopplungsschleifen gibt. Die Komplexität der verschiedenen Rückkopplungskreise muss wirklich sehr sorgfältig dargelegt werden. Das ist oft nicht der Fall.

John, danke, dass Sie sich die Zeit genommen haben. Es war eine wunderbare Sitzung mit Ihnen. Und ich möchte Ihnen alles Gute für Ihre Zukunft wünschen. Ich danke Ihnen vielmals. Ich bin sehr froh, dass Springer sich entschied, dieses Buch herauszubringen. […] Und Sie und ich hoffen, dass dieses Buch ein Erfolg wird. […] Danke, bye bye. Auf Wiedersehen.

5.2 Entwicklungs-Nischenkonstruktion – Burgen und Schlösser für die Nachkommen

Ein eindrucksvolles Beispiel in der Evolution der Tiere ist die „Erfindung" von Vogelnestern. Der Nestbau ist eine großartige Innovation und Nischenkonstruktion in der Evolutionsgeschichte. Wenn ein Vogel ein Nest baut, erzeugt er damit eine Selektion zugunsten des Nestes, das verteidigt und in Ordnung gehalten werden muss. Der neue, vielfältige Selektionsdruck wirkt sowohl auf die Elterntiere als auch auf das Verhalten der Jungen, die das Nest bewohnen. Diese adaptive Antwort kann auch eine parallele Evolution unabhängiger Arten generieren. So konnten zum Beispiel Arten evolvieren, die sich auf den Diebstahl von Vogeleiern spezialisierten, oder Kuckucksarten entstanden, die kein eigenes Nest bauen, sondern ihre Eier in fremde Nester legen. Wir haben es bei Vogelnestern mit sogenannter Entwicklungs-Nischenkonstruktion zu tun, weil sich die Nischenkonstruktion hier in einem wechselseitigen Beziehungsumfeld zwischen Eltern und den sich entwickelnden Jungen abspielt. Entwicklungsnischen können nicht einfach als Randbedingungen gesehen werden, unter denen sich die Entwicklung der Jungen passiv abspielt. Vielmehr haben Entwicklungs-Nischenkonstruktionen, die in jeder Generation mit veränderten Ressourcen und unter modifizierten Umweltgegebenheiten von der Elterngeneration neu gebaut werden, Auswirkungen auf die Entwicklung und die Evolution der Nachkommen. Sie sind damit zugleich eine Ursache und eine Konsequenz der Evolution (Uller und Helanterä 2019).

Den Mistkäfer haben wir bereits kennengelernt, und zwar die Plastizität, die das Verhalten der Weibchen darstellt, an heißen Tagen tiefere Tunnel für die Eiablage mit der Mistkugel zu bauen, wodurch die Käfer mehrerer Generationen unterschiedlich groß werden. Die Mistkugel ist wie das Vogelnest eine weitere typische Entwicklungsnische, hier für die heranwachsenden Larven. Unser Kandidat hier ist wieder die Gattung *Onthophagus*. An diesen Tieren erforscht man zahlreiche weitere Hypothesen im Rahmen der Erweiterten Synthese in der Evolutionstheorie (Kap. 6). Die Weibchen legen zum Beispiel nicht nur ihr Ei in die Mistkugel, sondern fügen als Beigabe einen Sockel mit ihrem eigenen Kot hinzu. Der Kot enthält Mikroorganismen. Kot und Mikroorganismen sind essenzielle Nahrung für die jungen Larven. Nicht nur das: Die Larven entfernen auch den Kot und hinterlassen dadurch zusammen mit ihrer eigenen Nahrung und eigenen Exkrementen eine neue Mikrobiomlandschaft in der Mistkugel. Diesen Prozess sehen die Wissenschaftler als eine Nischenkonstruktion, und zwar wie im Beispiel der Vogelnester als eine Entwicklungs-Nischenkonstruktion.

An diesem Punkt zeigt sich jetzt, wie systematisch Wissenschaftler vorgehen. Sie wollten wissen, was genau geschieht, wenn sie den mütterlichen Kot und damit auch das bereitgestellte Mikrobiom entfernen und die Nischenkonstruktion für die Käferlarven auf verschiedene Weisen manipulieren oder sogar völlig unterbinden. Wie vermutet zeigte sich eine Reihe von Veränderungen bei der Larvenentwicklung. Nicht nur, dass die Larven jetzt unterschiedlich groß wurden – viel überraschender war, dass der Unterschied zwischen sich entwickelnden Männchen und Weibchen in der Form und Größe ihrer Beine (Sexualdimorphismus) bei zwei Arten völlig verschwand (Schwab et al. 2017).

In diesem Beispiel haben wir es also wie in den vorigen mit Rückkopplungen zu tun. Anstatt ihre Eigenschaften an die Herausforderungen der Umwelt anzupassen, wie man es üblicherweise kennt und vermutet, passen Larvenorganismen hier ihre Entwicklungsnische, nämlich die Mistkugel samt mütterlichem Kot, systematisch an ihre Bedürfnisse an. Diese speziellen Entwicklungs-Nischenkonstruktionen haben im Umkehrschluss Auswirkungen auf ihre eigene Entwicklung und Evolution.

5.3   Nischenkonstruktionen des Menschen

Wir haben gesehen, dass es die Nischenkonstruktion schon gab, bevor der Mensch die Bühne der Evolution betrat. Eine überragende Bedeutung nimmt diese Theorie allerdings im Zusammenhang mit der menschlichen

Kultur ein. Hier geht es immer um „gebaute Systeme". Am Anfang waren es einfache Artefakte in Form von Werkzeugen. Heute sind es ausgedehnte, ja weltumspannende Systeme der Energieerzeugung und -verteilung, Transport- und Finanzsysteme, kleine Firmen bis hin zu globalen Konzernen sowie weltweite Kommunikationsnetzwerke wie das Internet. Kultur ist immer in Verbindung mit der Einflussnahme auf die Natur zu sehen. Das gilt bei weitem nicht mehr nur für den Ackerbau und die Domestizierung von Tieren und Pflanzen. Es gilt für vielfältige globale Rohstoffgewinnung, für alle Formen der Produktion, für das Schaffen von Transportwegen und die fortschreitende Urbanisierung. Elementar mit dem Begriff von Kultur sind schließlich alle Techniken der Schrift, Bildgebung, Vertonung und anderer medialer Speicherung zu sehen: „Kultur heißt Codierung" (Klingan und Rosol 2019).

Menschen sind somit die Champions unter den Nischenkonstrukteuren. Unsere Nischenkonstruktionen sind mächtiger als die irgendeiner anderen Art, und zwar wegen unserer kulturellen Fähigkeiten, so Kevin Laland (2017). Menschliches Leben vollzieht sich in unzähligen Gruppen. Sie sind konstruierte *meaning systems,* Bedeutungssysteme, ob Dörfer, Städte, Schulen, Tischtennisvereine oder Staaten (Wilson 2019). Die Probleme einer solchen Sicht werden im Folgenden angesprochen. Indem er von konstruierten Systemen spricht, schlägt Wilson eine Brücke zur Nischenkonstruktion, die er allerdings nicht weiter ausbaut. Menschlich bedingte Umweltveränderungen, darunter Lebensraumzerstörung, landwirtschaftliche Praktiken, Viehweidung, Pestizide, Entwaldung sowie industrielle und städtische Entwicklung bewirken, dass technische Kontrollnetze zerstört werden, die Ökosystemen zugrunde liegen (Laland und O'Brien 2011). Das führte zu unzähligen Veränderungen in der Art und Weise, wie die natürliche Selektion auf unsere Spezies einwirkt. Laland und O'Brien führen weiter aus: „Je mehr ein Organismus seine Umwelt und die seiner Nachkommen kontrolliert und reguliert, desto größer ist der Vorteil der Weitergabe kultureller Informationen über Generationen hinweg." Kulturelle Nischenkonstruktion wird auf diese Weise autokatalytisch, das heißt, dass intensivere Umweltregulation zu zunehmender Homogenität der sozialen Umgebung führt. Alle verwenden dieselben Techniken, auch benachbarte Gruppen, Menschen in anderen Ländern, im Idealfall Menschen auf der ganzen Erde, wie wir es heute beobachten können. Alte wie junge Menschen betreiben soziales Lernen von ihren Eltern und anderen Erwachsenen.

Ein besonders beeindruckendes Beispiel für die Rückkopplungseffekte menschlicher Nischenkonstruktion hat seine Wurzeln in verschiedenen genetischen Mutationen, die vielleicht die bedeutendsten sind, die in historischer Zeit beim Menschen auftraten. Eine solche Mutation trat erstmals vor 7500 Jahren irgendwo zwischen Zentraleuropa und dem Balkan auf. Es folgten andere an anderen Orten, so in der Subsahara und auch in Arabien. Ihre Konsequenzen haben unser Leben wie kein anderer evolutionärer Einschnitt der letzten 10.000 Jahre verändert. Die Rede ist von der Lactosetoleranz des Menschen. Als Normalfall gilt, dass das im Darm zum Abbau von Milchzucker (Lactose) benötigte Enzym Lactase mit Ende des Kleinkindalters nicht mehr hergestellt wird. Mit Erreichen des Erwachsenenalters werden Säugetiere lactoseintolerant. Das zwingt die Nachkommen, sich ihre eigene Nahrung zu suchen, und schützt gleichzeitig die Mutter, die sich wieder paaren kann. Parallel mit einer lokalen, an der heutigen Ostsee und an anderen Orten mehrfach unabhängig aufgetretenen Mutation der Lactosetoleranz ging die Ausbreitung der Milchviehwirtschaft einher, eine kulturelle Entwicklung. Diese führte zur Ausbildung einer Nischenkonstruktion, die der Mensch sich selbst gezielt schafft. Erst dieses neuartige kulturelle Umfeld hat nun zur Erhöhung der Genfrequenz des mutierten Lactase-Gens in der Population und damit zu einem evolutionären Effekt geführt, und das wiederum zur noch weiteren Ausbreitung der Milchviehhaltung (Feldman und Cavalli-Sforza 1989). Es kommt also bei dieser beispielhaften Gen-Kultur-Koevolution nicht primär darauf an, unter welchen Umständen die erste Mutation hierfür entstanden ist. Es kommt darauf an, unter welchen Bedingungen sie sich in der Population ausbreitet. Und diese Bedingungen sind in diesem Fall vom Menschen geschaffen (Gerbault et al. 2011). Wir sehen, dass die Nischenkonstruktion der Milchwirtschaft eine evolutionäre Ursache und gleichzeitig eine evolutionäre Konsequenz ist.

Hier wird deutlich, wie die Dinge ineinandergreifen und sich gegenseitig fördern (Abb. 5.2). Die Nische Milchviehwirtschaft ist ein neues, vom Menschen geschaffenes Umfeld und damit neue Selektionsgrundlage für die weitere Evolution des Menschen. Nischen sind also nicht zwangsläufig im Vorhinein existierende Orte in der natürlichen Umgebung, die von einem Organismus besetzt werden, der dafür die passenden Eigenschaften mitbringt. Nischen sind ausgewählt und in vielen Fällen konstruiert durch ihre Bewohner.

Eine Publikation von 2018 eröffnete jedoch überraschende Entdeckungen zur Milchviehwirtschaft und Lactasepersistenz. DNA-Analysen in Populationen der späten Bronzezeit der Mongolei brachten zutage, dass Völker in Ostasien Viehwirtschaft betrieben, ohne lactosetolerant zu sein. Die Analyse der Zähne von Mongolenindividuen ergab einen hohen Milchkonsum. Es wird angenommen, dass die Mongolen die Viehhaltung von westlichen Steppenvölkern vor ca. 3300 Jahren kulturell übernahmen, wobei im Gegensatz zu westlichen Völkern bei den östlichen kein genetischer Austausch in der Population zugunsten Lactasepersistenz stattfand (Jeong et al. 2018). Diese

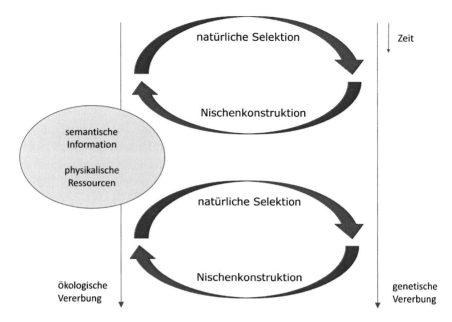

Abb. 5.2 Nischenkonstruktion. Evolutionärer Prozess mit natürlicher Selektion und Nischenkonstruktion. Die von Organismen erzeugte Umwelt (graue Ellipse) entsteht als Pendant zur natürlichen Selektion. Die Prozesse, die verursachen, dass Organismen ihre selektive Umwelt modifizieren, sind wechselseitig kausal mit der natürlichen Selektion in dieser Umwelt. Die Nischenkonstruktion hier beinhaltet kulturelles Wissen (semantische Information) und materielle Kultur (physikalische Ressourcen)

Entdeckungen werden von den Autoren gegenwärtig im Widerspruch zu den zuvor genannten Überlegungen gesehen, wonach Lactasepersistenz eine strenge selektive Voraussetzung für Milchviehwirtschaft darstellt.

Ich möchte noch eine andere Form von Gen-Kultur-Koevolution und Nischenkonstruktion vorstellen. Cecilia Heyes' Theorie der „kognitiven Gadgets" (Heyes 2018) bietet eine alternative Sichtweise auf die Entwicklung menschlicher Kognition. Sie argumentiert, dass viele kognitive Fähigkeiten, die traditionell als angeboren und genetisch bedingt angesehen wurden, tatsächlich kulturell übertragen und erlernt werden. Diese Fähigkeiten, wie etwa unsere Sprache oder Lesen bezeichnet sie als „kognitive Gadgets". Damit meint sie erlernte Erfindungen oder Umgestaltungen phylogenetisch alter kognitiver Mechanismen. So ist das Erlernen der Sprache in der Kindheit mit strukturellen Veränderungen im Gehirn des lernenden Individuums verbunden. Ebenso führt das Erlernen des Lesens zu Veränderungen der Gehirnregionen, die mit visueller Verarbeitung verbunden sind. Diese Fähigkeiten entwickeln sich jedoch durch soziales Lernen und kulturelle Übertragung, statt ausschließlich durch genetische Evolution. In Heyes' Ansatz werden kognitive Fähigkeiten – vergleichbar zu Werkzeugen – in der Kultur weitergegeben und verfeinert, ähnlich wie genetische Merkmale in einer Population. Dies bedeutet, dass Kultur und soziales Lernen eine ebenso wichtige Rolle bei der Formung menschlicher Kognition spielen wie die genetische Evolution.

Die neuen Fähigkeiten gehen weit über das hinaus, was Gene allein leisten könnten; wir könnten ja nicht allein genetisch bedingt lesen oder sprechen oder Sie sich als vielleicht gänzlich fachfremder Leser mit diesem Buch beschäftigen, einem Thema gänzlich außerhalb der bisherigen Erfahrungen.

Anders als bei der Lactosetoleranz kommt es bei „kognitiven Gadgets" nicht zu genetischen Änderungen beim Menschen. Vielmehr werden bestehende genetische Neigungen des Menschen durch soziales Lernen und Gehirnveränderungen in neue Fähigkeiten umgewandelt, und zwar innerhalb eines einzigen individuellen Lebens. Das wiederholt sich in jeder Generation. Trotz der zeitlich unterschiedlichen Dimensionen kann man in beiden Fällen, bei Lactosetoleranz und bei sozialem Lernen, von Gen-Kultur-Koevolution sprechen (McCaffree 2022). Nischenkonstruktion liegt hier aber ebenfalls vor. Die durch Sprache, Lesen und soziales Lernen von uns geschaffene Umwelt beeinflusst nämlich nicht nur die aktuelle Generation, sondern – einschließlich der Auswirkungen des Internets – auch zukünftige Generationen, da die kulturellen Praktiken und das Wissen weitergegeben, also vererbt werden. Das sind typische Komponenten einer Nischenkonstruktion mit phylogenetischer Dynamik inklusive Rückkopplung. Soziales Lernen muss in dem hier geschilderten Zusammenhang in seiner Bedeutung für menschliche Nischenkonstruktion hervorgehoben werden und kann als dritter Selektionsprozess neben der natürlichen Selektion und der Nischenkonstruktion gesehen werden (Laland und O'Brien 2011).

Zum Schluss der Ausführungen über menschliche Nischenkonstruktionen führe ich noch eine Wissenschaftlerin an, die zwar nicht eigentlich von Nischenkonstruktion spricht, deren Denken hier aber hierzu treffend passt. Die bekannte kanadische Psychologin Lisa Feldman Barrett (2023) hat sich Jahrzehnte lang damit beschäftigt, wie Gefühle in unserem Kopf entstehen. Wut, Angst, Hass, Trauer, Freude, Enttäuschung oder Eifersucht sind nicht genetisch geprägt und laufen nicht nach immer gleichen Mustern ab. Vielmehr konstruieren Individuen Gefühle aus Erfahrungen unterschiedlich selbst, was sich intuitiv nicht leicht erschließt.

Die Idee, dass wir Ansichten über Dinge, Menschen, Vorgänge etc. in unserem Gehirn konstruieren, sie als solche somit subjektiv sind und ihnen damit keine objektiv überprüfbare, universelle Essenz (im Gehirn oder im

Körper) zugrunde liegt, ist nicht neu. Sie wird in der Wissenschaftstheorie als Konstruktivismus bezeichnet und zeigt sowohl stärkere als auch schwächere Ausprägungsformen. Feldman Barrett folgt der Idee des Konstruktivismus und erforscht auf dieser Grundlage, was Gefühle für uns bedeuten. Sie zeigt verständlich auf, dass es objektiv überprüfbare Pendants zu individuellen Gefühlen, etwa in unserem Gehirn, nicht gibt, ja nicht einmal in unserem Körper etwa in Form von Puls, Körpertemperatur, Schweiß, Zittern o. ä. Vielmehr sind diese Merkmale bei allen Individuen unterschiedlich, und zwar nicht nur unterschiedlich stark, sondern definitiv qualitativ unterschiedlich. Es verhält sich anders herum: Unsere Gefühle sind keine Reaktion auf äußere Reize und unsere Körpersingale. Sie sind die Quelle von diesen. Wir konstruieren Angst, Trauer, Eifersucht in unserem Kopf. Auch ich musste diesen Satz, den die Autorin oft wiederholt, mehrmals lesen. Das Gute an Feldman Barretts Lehre ist, wir können alle unsere Gefühle selbst oder mit der Hilfe anderer für die Zukunft umbauen, können unser Empfinden und unser Verhalten und unsere Worte neu denken. Wir haben somit uns und die Welt zumindest ein Stück weit in der Hand. Das motiviert!

Negative Nischenkonstruktion bzw. evolutionäre Fehlanpassungen sind ein relativ neues Themengebiet in der Evolutionstheorie. Sabrina Coninx nennt sie auch die „dunkle Seite von Nischenkonstruktion" (Coninx 2023). Lange wurden die Möglichkeiten von Fehlanpassungen in der Evolutionstheorie ignoriert. Doch es gibt sie aus verschiedenen Gründen. John Odling-Smee weist in meinem Interview mit ihm ebenfalls auf sie hin. Dabei bleibt die Diskussion im Rahmen der Nischenkonstruktionstheorie und kultureller Evolution nicht allein auf die negative Beeinflussung der biologischen Fitness beschränkt, sondern wird u. a. soziogenetisch ausgeweitet, etwa auf körperliches und geistiges Wohlbefinden, das heißt, unsere Fähigkeit, ein anständiges, würdevolles und sinnvolles Leben zu führen (Coninx 2023). Es kommt zu unvermeidbaren Ziel- oder sogar Wertekonflikten: So kann eine bestimmte Nischenkonstruktion des Menschen, etwa der Abbau fossiler Energien, einerseits vorteilhaft sein und uns Wohlstand, Zufriedenheit und Fortschritt ermöglichen. Andererseits fördert dasselbe Verhalten die Klimaerwärmung und zerstört damit längerfristig unsere Lebensbedingungen. Neuer Selektionsdruck wird durch unser Verhalten von uns selbst künstlich erzeugt. Das ist Fehlanpassung. Ausführlicher habe ich mich in Lange 2021 mit Fehlanpassungen und Zielkonflikten im Rahmen kultureller Evolution beschäftigt.

Viele weitere Beispiele menschlicher Nischenkonstruktion könnten hier aufgeführt werden; die Zahl der Veröffentlichungen zu diesem Thema wächst schnell. Der Gebrauch des Feuers zählt in jedem Fall dazu. Die kulturelle Angewohnheit und Nische, Fleisch und andere Nahrung zu garen und damit leichter verdaulich zu machen, hat als Rückkopplungseffekt unsere Biologie vom Immunsystem bis zum Gehirn in großem Maßstab verändert. Ein weiteres Paradebeispiel ist die erwähnte Sprache, die unsere Evolution mitbestimmt und die uns kulturelle Höchstleistungen und leider auch manchmal Tiefpunkte ermöglicht (Laland 2017).

Zusammenfassend können wir zur Nischenkonstruktion des Menschen sagen: Kulturelle Aktivitäten des Menschen richten seine eigene Evolution bis zu genetischer Adaptation aus (Lactosetoleranz u. a.). Gen-Kultur-Koevolution tritt ebenso auf wie Koevolution des Menschen und zahlreicher anderer Arten in den von ihm zweckorientiert geschaffenen Nischen. Es liegt auf der Hand, dass der Mensch auf zahlreichen Feldern großes Potenzial besitzt, seine eigene Umwelt zu kontrollieren, zu regulieren, zu konstruieren – und auch zu zerstören.

5.4   Gibt es eine Bruchlinie zur Modern Synthesis?

Im Jahr 2014 wurden erstmals Kriterien vorgestellt, nach denen sich feststellen lässt, wann eine Nische vorliegt und wann sie die Evolution beeinflusst. Sie lauten (Matthews et al. 2014):

- Der Organismus muss Umweltbedingungen signifikant modifizieren.
- Durch den Organismus zustande gekommene Umweltbedingungen müssen den Selektionsdruck auf den empfangenden Organismus beeinflussen.
- Es muss eine evolutionäre Antwort in mindestens einer empfangenden Population geben. Die Antwort wird durch modifizierte Umwelt verursacht.

Die ersten beiden Kriterien sind hinreichend für das Vorliegen einer Nische, das dritte Kriterium ist ein Test, ob Evolution durch Nischenkonstruktion vorliegt.

Die Theorie der Nischenkonstruktion enthält eine Komplizierung der bisherigen Evolutionstheorie. Das muss erklärt werden. Die neodarwinistische Theorie sieht eine Kette von in einer Richtung aufeinanderfolgenden, sich verstärkenden (kumulativen) Prozessen aus Mutation, Selektion, Adaptation, Mutation, Selektion, Adaptation usw. Die Veränderung der Umwelt selbst ist nicht von Veränderungen des Organismus abhängig bzw. ein Zusammenhang wird hier nicht gesehen. In der Theorie der Nischenkonstruktion liegt die Sache anders. Die Änderung der Umwelt in der Zeit gilt hier nicht mehr nur als eine Funktion von Umweltfaktoren allein, sondern ist auch vom Verhalten einer Art und deren Vorfahren abhängig. Organismen verändern, wie dargestellt, ihre Umwelt. Umwelt- und Organismusänderungen in der Zeit sind nach dieser Auffassung jeweils von Umwelt und Organismus abhängig. Der Fachmann nennt dies Rückkopplung, Reziprozität oder Wechselwirkung. Es gilt demnach: „Adaptationen von Organismen hängen von natürlicher Selektion ab, die durch Nischenkonstruktion modifiziert wird, und von Nischenkonstruktion, die durch natürliche Selektion modifiziert wird" (Kendal et al. 2011).

Es ist mit dieser eingeführten Interdependenz gar nicht mehr klar, ob die natürliche Selektion den primären Faktor der Evolution darstellt oder die Nischenkonstruktion. Beide wirken aufeinander ein (Abb. 5.2). Damit wird infrage gestellt, dass die natürliche Selektion die primäre und einzige Kausalität für den evolutionären Wandel ist. Die Kausalität kann ebenso gut in der Nischenkonstruktion gesehen werden, oder – noch besser – in beiden. Und beide sind Konsequenzen des jeweils anderen Prozesses.

Die organismische Systembiologie stellt solche Rückkopplungen in den Mittelpunkt (Abschn. 3.7). Ich habe Interdependenzen in diesem Buch immer wieder betont. Solche Wechselwirkungen kennt die herkömmliche Evolutionstheorie nicht. Sie behandelt die Themen Vererbung und Entwicklung als zwei separate Themen, als autonome Prozesse. Die Synthese kennt keine Rückkopplung zwischen Vererbung und Entwicklung. Zur Erinnerung: Waddington hat solche Interdependenzen herausgearbeitet (Abschn. 3.1), Kirschner und Gerhart ebenso (Abschn. 3.5), Noble (Abschn. 3.7), West-Eberhard (Abschn. 3.8), ebenso Müller (Abschn. 3.10) und nicht zuletzt Moczek (Abschn. 3.8 und 6.5). Diese Wissenschaftler und zahlreiche andere haben stets die Aufmerksamkeit darauf gelenkt, dass Vererbung, Entwicklung, Umwelt, natürliche Selektion und Evolution ein komplexes, multikausales Netzwerk darstellen.

Genau darin aber sehen Vertreter der Nischenkonstruktion eine mögliche Bruchlinie zwischen der bisherigen und der erweiterten Theorie der Evolution. Die Bruchlinie bedeutet, dass die Erweiterte Synthese nicht bloß eine Ergänzung zur bisherigen Evolutionstheorie darstellt, sondern deren Struktur von Grund auf verändert (Uller und Helanterä 2019).

Natürlich gibt es Stimmen, die konstatieren, die Theorie der Nischenkonstruktion füge sich nahtlos in das neodarwinistische Modell ein und es bräuchte keine eigene Theorie dafür. Mit Mutation, Selektion und Adaptation könne alles hinreichend beschrieben werden (Futuyma 2017). Unterstellen wir einmal für einen Moment, die Theorie der Nischenkonstruktion würde nicht beabsichtigen, die Standardtheorie oder einzelne ihrer

Annahmen zu falsifizieren (vgl. Uller und Helanterä 2019). Diese Kritiker übersehen dann jedoch wissenschaftsmethodisch etwas Wesentliches. Sie übersehen, dass hier Neues gesagt wird, dass grundlegend neue Informationen in Form von Annahmen und Vorhersagen zur Evolution beigetragen werden. Ein neuer Prozess wird erklärt, der sich aus der alten Theorie nicht erschließt. Das wollen wir uns an einem simplen Beispiel näher ansehen.

5.5 Wann ist eine Theorie eine neue Theorie?

Eine Theorie kann man sich als Immer-wenn-dann-Aussage vorstellen, die besagt: Immer wenn Annahme oder Bedingung A1 gegeben ist, dann gilt V1 (für Vorhersage). Es können natürlich auch mehrere Annahmen A1, A2, A3 in einer Theorie genannt werden und mehrere Vorhersagen V1, V2, V3 etc. getroffen werden. Bei komplexeren Theorien wie der Evolutionstheorie münden Annahmen und Vorhersagen dann in eine Theoriestruktur. Aber bleiben wir zunächst beim einfachsten Fall: Wenn A1, dann V1. Ein konkretes Beispiel hierfür könnte sein: Immer wenn ein Stein fallen gelassen wird (A1), bewegt er sich geradlinig in Richtung Erdmittelpunkt (V1). Das ist eine vollständige Theorie. Ist sie richtig? Kann man sich vorstellen, dass sie in einer bestimmten Situation nicht zutrifft oder dass sie falsifiziert werden kann? O ja – ein Windstoß, und schon bewegt sich der Stein anders.

Doch halt: Wir wollen hier die Theorie gar nicht falsifizieren, sondern sie ausbauen und verbessern (vgl. Uller und Helanterä 2019). Wir müssten also unsere Annahme A1 erweitern. Ersetzen wir „Stein" durch „Gegenstand", wird die Allgemeingültigkeit oder der Informationsgehalt der Theorie sofort größer. V1 gilt ja jetzt nicht mehr nur für einen Stein, sondern für jeden materiellen Gegenstand. Das ist es, was die Wissenschaft anstrebt: allgemeingültige Theorien. Eine solche allgemeingültige Theorie will natürlich auch die Evolutionstheorie sein: Evolution funktioniert demnach neodarwinistisch und hier vereinfacht nach dem wiederholten Schema Mutation – Selektion – Adaptation, und zwar *immer* und für *alles* Leben auf der Erde. Ein einheitliches Prinzip.

Verändern wir nun die Theorie vom fallenden Gegenstand und sagen: Immer wenn ein Gegenstand im luftleeren Raum (A2, neu!) fallen gelassen wird (A1), bewegt er sich geradlinig in Richtung auf den Erdmittelpunkt (V1), und zwar mit newtonscher Beschleunigung (V2). In welchem Verhältnis steht diese neue Theorie zu der zuerst gemachten? Ist die alte Theorie widerlegt? Das ist sie nicht. Sie ist nach wie vor richtig. Aber – und das ist das Entscheidende – sie sagt nicht so viel aus wie die neue. Die alte Theorie sagt uns ja nichts über Beschleunigung, sondern nur über die Fallrichtung. Ihr Aussagegehalt oder Aussagewert ist geringer. Die neue Theorie ist dagegen erweitert, höherwertiger; sie hat mehr Informationsgehalt. Wir erfahren in der neuen Theorie etwas Zusätzliches, nämlich über die Beschleunigung. Richtig ist die alte Theorie aber nach wie vor. Sie ist nicht falsifiziert durch die neue. Die neue Theorie hat die alte erweitert. David Sloan Wilson formuliert es so, dass eine neue Theorie nicht nur eine neue Interpretation bisheriger Beobachtungen sei, sondern Türen zu neuen Beobachtungen öffne, Türen, die für die alten Theorien gar nicht sichtbar waren (Wilson 2019).

Als eine solche Erweiterung kann man die Theorie der Nischenkonstruktion ebenfalls sehen. Dafür muss das in der bisherigen Theorie Gesagte (Mutation, Selektion und passive Adaptation) nicht nach dem bekannten Wissenschaftstheoretiker Karl Popper falsifiziert werden. Die Erweiterung liegt hier zum Beispiel im aktiven Beitrag der Organismen zu ihrer eigenen Veränderung mithilfe ihrer Nischenkonstruktionen. Andere neue Beiträge sind die intrinsischen Mechanismen des Embryos bei der Erzeugung phänotypischer Variation, die wir in den Kap. 3 und 4 kennen gelernt haben.

Gehen wir jetzt noch einen Schritt weiter. Die Aussagen der Theorie der Nischenkonstruktion, denen zufolge bei der Evolution von Nischenkonstruktionen eine Interdependenz von Vererbung und Entwicklung besteht (Abschn. 5.3), bringen Vorhersagen ins Spiel, die sich aus der bisherigen Theorie überhaupt nicht ableiten lassen, nämlich Variationstendenzen *(Bias)* der Nischenkonstruktionsprozesse. Denken Sie an das Beispiel Lactosetoleranz (Abschn. 5.3); eine ganze Kultur entsteht dort. Und diese Kultur wird vererbt. Das ist Variationstendenz.

Auf unsere Beispieltheorie vom fallenden Gegenstand übertragen, würden wir jetzt vielleicht sagen: Immer wenn ein Gegenstand im luftleeren Raum fallen gelassen wird, bewegt er sich mit newtonscher Beschleunigung geradlinig in Richtung auf den Erdmittelpunkt und gleichzeitig mit einer Erdrotationsbewegung (V3). Die Erdrotation jetzt mit in die Theorie einzubeziehen, bedeutet eine weitere Annahme, nämlich dass sich die Erde dreht und der Stein die Drehung begleitet (A3). Diese Annahme ist gravierend, sie kann als eine grundlegende Neubetrachtung gesehen werden. Sie bringt eine ebenso neue Vorhersage mit sich, neuen Informationsgehalt, nämlich dass der Gegenstand der Erdrotation folgt (V3). Man kann sagen, die neue Annahme und Vorhersage verändern das Modell drastisch. Sie führen analog zur Theorie der Nischenkonstruktion zu einer neuen Tendenz (Gegenstand folgt der Erdrotationsbewegung), die zuvor nicht enthalten war. Diesen *Bias* könnte man als Entsprechung zum *Bias* in der konstruierten Nische sehen.

Wir können jetzt darüber diskutieren, ob die Theorie mit der Erdrotation eine Bruchlinie darstellt und somit in eine konzeptionell neue Theorie mündet oder ob sie wiederum eine Erweiterung der alten ist. Wer nur die absolute Geoposition des Betrachters mit dem fallenden Gegenstand benötigt, wird immer die Behauptung vertreten, die ursprüngliche Theorie sei völlig in Ordnung. Er wird sagen, die Erdrotation sei ohne Belang, sie sei „nett", aber nur in wenigen Fällen notwendig. Einen grundsätzlichen Wechsel und eine neue Theorie gibt die Einbeziehung der Erdrotation für ihn daher nicht her. Sein Kollege, der beruflich mit der Berechnung der Umlaufbahn von Satelliten zu tun hat, sieht das natürlich anders und hat nur ein Lächeln für ihn übrig.

Wir können zusammenfassen, dass die Perspektive oder das Umfeld der Annahmen ausschlaggebend für eine Theorie ist. Beide können so gesehen möglicherweise nebeneinander Gültigkeit haben. Aber die Beteiligten wissen genau, welche und wie viel Information in jeder steckt und für welche Fälle sie anwendbar ist.

Natürlich können Bruchlinien auch in der Theorie von Evo-Devo gesehen werden (Kap. 3). So wird die Unabhängigkeit von Vererbung und Entwicklung (konventionelle Sicht) kritisch gegenüber der Annahme gesehen, dass hier eine Interdependenz besteht (Evo-Devo-Sicht). Die Unabhängigkeit beider würde gemäß früherer Vorstellungen bedeuten: Das, was genetisch vererbt wird, gibt eindeutig Auskunft darüber, was und wie sich der Phänotyp entwickelt. Wir haben aber gelernt, dass das eben nicht so ist. Ebenso kritisch ist ferner zu sehen, dass die Modern Synthesis genetische Vererbung als die einzige Vererbungsform annimmt, während Evo-Devo ebenso wie die Theorie der Nischenkonstruktion von inklusiver oder ökologischer Vererbung sprechen.

Nicht weniger relevant ist auch für Evo-Devo die Sicht auf die natürliche Selektion (neben der genetischen Drift) als einzigen kausalen Faktor der Evolution (konventionelle Sicht) gegenüber konstruktiven Mechanismen der Entwicklung als kausale Faktoren der Evolution (Evo-Devo-Sicht). Oder vielleicht noch wichtiger: Wenn Interdependenzen in Form von Wechselwirkungen der Kausalitäten ins Spiel gebracht werden, wenn also die embryonale Entwicklung und die Nischenkonstruktion jeweils evolutionäre Ursache und Wirkung sein können (Abschn. 5.2) (Laland et al. 2019), dann kann man zum Ergebnis kommen, dass diese Sichten in eine ganz neue Theoriestruktur münden. Denn diese Aspekte sind in der Synthetischen Evolutionstheorie nicht enthalten. Je nach Bewertung dieser unterschiedlichen Bruchlinien liegen demnach sogar mögliche Unverträglichkeiten mit der Standard-

Evolutionstheorie vor. Wir werden aber sehen, dass die Erweiterte Synthese der Evolutionstheorie, wie sie in Kap. 6 dargestellt wird, im Gegensatz zu manchen ihrer Einzelvertreter einen solchen Schritt der Abkehr von der Synthetischen Evolutionstheorie heute nicht anstrebt und auch begründet, warum sie das macht.

Eine Theorie als neu anzuerkennen, ist auch eine psychologische Höchstleistung. Daniel Kahneman hat die Hürden, die dem im Weg stehen, mit dem Begriff „theorieinduzierte Blindheit" beschrieben. Wir werden das in Kap. 8 aufgreifen.

Die Theorie der Nischenkonstruktion ist ebenso wie die Theorie der evolutionären Entwicklung integraler Bestandteil der Erweiterten Synthese. In Kap. 6, in dem die Erweiterte Synthese vorgestellt wird, mache ich beides deutlich. Mit der Einführung in Evo-Devo und in die Nischenkonstruktion sind Sie als Leser gut vorbereitet, die Ziele und Argumentationen der Erweiterten Synthese in der Evolutionstheorie nachzuvollziehen. In Kap. 7 wird es dann darum gehen, welche dominierende Rolle die Nischenkonstruktion in der Evolution unserer Kultur einnimmt. In Kap. 8 werde ich noch einmal auf Typen von Theorien zurückkommen und deutlich machen, dass die Theorie des fallenden Steins oder Gegenstands durchaus ein einfacherer Theorietypus ist als die Theorie der Evolution und man beide daher nicht ohne Weiteres in einen Topf werfen kann. Für den Augenblick aber ist das Beispiel durchaus hilfreich.

5.6 Zusammenfassung

Die Theorie der Nischenkonstruktion ist eines der vier tragenden Elemente der Erweiterten Synthese. Nach dieser Theorie formen Organismen ihre Umwelt aktiv, systematisch und gezielt mit und um. Ihre eigene Evolution erfolgt dann in der von ihnen mitgestalteten Umwelt. Organismen sind damit keine passiven Empfänger selektiver Einwirkungen. Die Theorie der Nischenkonstruktion erkennt reziproke Ursache-Wirkungsmechanismen in der Evolution; damit wird die konstruierte Nische sowohl zur Ursache als auch Wirkung evolutionärer Veränderungen. Gleichzeitig betrachtet die Theorie die Konstruktion als neuen, eigenständigen evolutionären, selektiven Prozess im Zusammenwirken mit der natürlichen Selektion. Unter anderem scheint die Theorie einer Gen-Kultur-Koevolution für ein besseres Verständnis der Evolution des Menschen, der mit seinem Handeln zunehmend den Globus verändert, unverzichtbar.

Literatur

Clark AD, Deffner D, Laland K, Odling-Smee J, Endler J (2020) Niche construction affects the variability and strength of natural selection. Amer Na t 195(1):16–30

Coninx S (2023) The dark side of niche construction. Philos Stud 180:3003–3030

Dawkins R (1982) The Extended Phenotype. The genes as the unit of selection. Oxford University Press,Oxford. (Dt. (2010) Der erweiterte Phänotyp. Der lange Arm der Gene. Spektrum, Heidelberg)

Diamond J (2011) Arm und Reich: Die Schicksale menschlicher Gesellschaften. Erw. Neuausgabe. S. Fischer, Frankfurt a. M. (Engl. (2017) Guns, germs, and steel: the fates of human societies. Vintage, London)

Feldman MW, Cavalli-Sforza LL (1989) Cultural evolution: a quantitative approach. Princeton University Press, Princeton NJ

Feldman Barrett L (2023) Wie Gefühle entstehen: Eine neue Sicht auf unsere Emotionen. Rowohlt, Hamburg. (Engl. (2017) How emotions are made: the secret life of the brain. Houghton Mifflin Harcourt)

Futuyma DJ (2017) Evolutionary biology today and the call for an extended synthesis. Interface Focus 7(5):20160145. https://doi.org/10.1098/rsfs.2016.0145

Gerbault P, Liebert A, Itan Y, Powell A, Currat M, Burger J, Swallo DM, Thomas MG (2011) Evolution of lactase persistence: an example of human niche construction. Philos T Roy Soc B 366:863–877

Heyes C (2018) Cognitive gadgets. The cultural evolution of thinking. Harvard University Press, Cambridge Mass

Jeong C, Wilkin S, Amgalantugs T, Bouwman AS, Taylor WTT, Hagan RW, Bromage S, Tsolmon S, Trachsel C, Grossmann J, Littleton J, Makarewicz CA, Krigbaum J, Burri M, Scott A, Davaasambuu G, Wright J, Irmer F, Myagmar E, Boivin N, Robbeets M, Rühli FJ, Krause J, Frohlich B, Hendy J, Warinner C (2018) Bronze age population dynamics and the rise of dairy pastoralism on the eastern Eurasian steppe. PNAS 115(48):E11248–E11255

Kahneman D (2016) Schnelles Denken, langsames Denken. Pantheon, München. (Engl. (1990) Thinking, fast and slow. Farrar, Straus and Giroux, New York)

Kendal J, Tehrani JJ, Odling-Smee J (2011) Human niche construction in interdisciplinary focus. Philos T Roy Soc B 366:785–792

Klingan K, Rosol C (2019) Technische Allgegenwart – ein Projekt. In: Klingan K, Rosol C (Hrsg) Technosphäre. Matthes & Seitz, Berlin, S. 12–25

Laland KN (2017) Darwin's unfinished symphony – how culture made the human mind. Princeton University Press, Princeton NJ

Laland KN, O'Brien J (2011) Cultural Niche construction: an introduction. Bio. Theory 6:191–202

Laland K, Matthew B, Feldman MW (2016) An introduction to niche construction theory. Evol Ecol 30:191–202

Laland KN, Uller T, Feldman M, Sterelny K, Müller GB, Moczek A, Jablonka E, Odling-Smee J (2015) The extended evolutionary synthesis: its structure, assumptions and predictions. Proc Roy Soc B 282:1019

Laland KN, Odling-Smee J, Feldman W (2019) Understanding Niche construction as an evolutionary process. In: Uller T, Laland KN (Hrsg) Evolutionary causation. Biological and philosophical reflections. MIT Press, Boston

Lange A (2021) Von künstlicher Biologie zu künstlicher Intelligenz – und dann? Die Zukunft unserer Evolution. Springer, Berlin

Lewontin R (1983) The organism as subject and object of evolution. Scientia 188(1983):65–82

Matthews B, De Meester L, Jones CG, Ibelings C, Bouma TJ, Nuutinen V, van de Koppel J, Odling-Smee J (2014) Under niche construction: an operational bridge between ecology, evolution, and ecosystem science. Ecol Monogr 84(2):245–263

McCaffree K (2022) Cultural evolution. The empirical and theoretical landscape. Routledge, New York

Odling-Smee J (1988) Niche constructing phenotypes. In: Plotkin HC (Hrsg) The role of behavior in evolution. MIT Press, Cambridge MA, S. 73–132

Odling-Smee J (2010) Niche inheritance. In: Pigliucci M, Müller GB (Hrsg) Evolution – the extended synthesis. MIT Press, Cambridge MA

Odling-Smee FJ, Laland KN, Feldman MW (2003) Niche construction: the neglected process in evolution. Princeton University Press, Princeton NJ

Pigliucci M, Müller GB (2010) Evolution – the extended synthesis. MIT Press, Cambridge

Schwab DB, Casasa S, Moczek AP (2017) Evidence of developmental niche construction in dung beetles: effects on growth, scaling and reproductive success. Ecol Lett 188:679–692

Scott-Phillips TC, Laland KN, Shuker DM, Dickins TE, West SA (2014) The niche construction perspective: a criticalappraisal. Evolution 68(5):1231–43. https://doi.org/10.1111/evo.12332

Uller T, Helanterä H (2019) Niche construction and conceptual change in evolutionary biology. Brit J Phil Sci 70:351–375

Waddington CH (1957) The Strategy of the genes. A discussion of some aspects of theoretical biology. George Allen & Unwin, London. https://archive.org/details/in.ernet.dli.2015.547782/page/n1

Waddington CH (1969) Paradigm for an evolutionary process. Biological theory. In: Waddington CH (Hrsg) Towards a theoretical biology, Vol. 2 sketches. International Union of Biological Sciences & Edinburgh University Press, Edinburgh, S. 106–123

Wilson DS (2019) This view of life. Completing the darwinian revolution. Pantheon Books, New York

Tipps zum Weiterlesen und Weiterklicken

Deutsche Wikipedia: Nischenkonstruktion (Artikel überwiegend vom Autor, Version 10. 2. 2020). https://de.wikipedia.org/wiki/Nischenkonstruktion

Das Thema „Wann ist eine Theorie eine neue Theorie?" ist wissenschaftstheoretisch anspruchsvoller als ich es hier darstellen kann. Ich behandle unterschiedliche Typen von Realitäten und Theorien ausführlich in meinem Buch: Lange A (2017) Darwins Erbe im Umbau: Die Säulen der Erweiterten Synthese in der Evolutionstheorie. Königshausen & Neumann, Würzburg. 2. überarbeitete, aktualisierte Aufl. (eBook). Wenn Sie interessiert sind, erfahren Sie dort noch mehr über die spezifische Denkweise und Methodik, die ein Theorietyp wie die Evolutionstheorie erfordert und dass ihre Realität mit einem rein positivistischen Ansatz, wie er hier am Beispiel des fallenden Steins verwendet wird, nicht gänzlich erfassbar ist (s. auch Kap. 8)

6

Die Erweiterte Synthese der Evolutionstheorie

Dieses Kapitel beschreibt das Projekt mit dem Namen *Extended Evolutionary Synthesis,* (Erweiterte Synthese der Evolutionstheorie, EES) sowie ein über die EES hinausgehendes Folgeprojekt (Abschn. 6.5), das sich mit Handlungsinstanzen in lebenden Systemen *(agencies)* befasst. Die EES beinhaltet eine neue Struktur und Kausalität der Evolutionstheorie und erlaubt andere Vorhersagen als die Synthese. Kernannahmen der synthetischen Theorie werden in ihrer restriktiven, dogmatischen Form durch die EES infrage gestellt. Ende 2023 kennt Google Scholar 3570 wissenschaftliche Artikel zur EES.

Beim EES-Projekt in diesem Kapitel handelt es sich nicht um die eine oder die offizielle Darstellung der EES-Theorie. Jedoch treten hier insgesamt 51 international bekannte Wissenschaftler von acht Universitäten bzw. akademischen Einrichtungen auf, die in ihrer Sicht auf die Evolutionstheorie kooperieren. Die Forscher kommen aus unterschiedlichen Fachrichtungen. Manche aus denselben Fachrichtungen haben auch unterschiedliche Perspektiven auf ihr Thema. In diesem Umfang und mit dem bewilligten Budget ist diesem im September 2016 gestartete koordinierte Programm empirischer und theoretischer Forschung das bislang mit Abstand größte und repräsentativste, das dem Ausbau der traditionellen Evolutionstheorie gewidmet ist.

Erklärtes Hauptziel des Projekts ist es, der EES-Theorie eine klare Struktur zu geben und die in ihr enthaltenen Aussagen stärker empirisch zu untermauern, als das bisher der Fall war. Das letztere Vorhaben drückt auch der Projekttitel „Putting the Extended Synthesis to the Test" aus. Das Projekt

A. Lange, *Evolutionstheorie im Wandel,* https://doi.org/10.1007/978-3-662-68962-2_6

wurde von der US-amerikanischen John Templeton Foundation mit einem Millionenbetrag finanziell unterstützt. Die einzelnen Fachrichtungen sind nicht gleichgewichtig besetzt; so ist das Projekt beispielsweise stärker an der Nischenkonstruktion ausgerichtet als an Evo-Devo. Die Projektleitung bestätigte auf meine Anfrage, dass das EES-Projekt bei seiner Auswahl an Themen keinen Anspruch auf Vollständigkeit erhebt. So erkennen die Verantwortlichen etwa die Unterscheidung von Variation und Innovation, Schwelleneffekte und Selbstorganisation sehr wohl als wichtige Aspekte an, doch aus Gründen des aktuellen Projektschwerpunkts wurden diese dennoch nicht explizit mit aufgenommen.

Die EES wird als ein Weg beschrieben, auf dem ein neues Verständnis der Evolution gewonnen werden kann. Sie unterscheidet sich von der Modern Synthesis (MS), dem heute gängigen Standardmodell der Evolutionstheorie (Kap. 2). Die EES ersetzt das Denken der MS jedoch nicht; vielmehr wird wiederholt darauf hingewiesen, dass ihre Thesen parallel zur MS eingesetzt werden können, um zu neuen Forschungsanregungen in der Evolutionsbiologie zu gelangen.

Die EES basiert aus der Sicht des vorliegenden Projekts auf zwei verbindenden Schlüsselkonzepten: konstruktive Entwicklung und reziproke oder wechselseitige Kausalität. Erkenntnisse aus vier Forschungsrichtungen werden betont.

- Variationstendenz in der Entwicklung *(Bias)*
- Entwicklungsplastizität
- Inklusive Vererbung
- Nischenkonstruktion

Wichtige Fachbegriffe in diesem Kapitel (s. Glossar): Akteur, Entwicklungsplastizität, Evo-Devo, Handlungsinstanz, inklusive Vererbung, konstruktive Entwicklung, Mikro- und Makroevolution, Nischenkonstruktion, reziproke Kausalität, Variationstendenz *(Bias)*.

6.1   Das Zustandekommen des EES-Projekts

Die Beschreibungen der MS sind in den Augen vieler zu allgemein, um die heute erforderliche Erklärungsarbeit von Evolution leisten zu können. Die EES ist hier eine alternative Methode, um über die Natur der Entwicklung, die Konstruktion der Vererbung und die Ursachen evolutionärer

Veränderung Adaptation und Anpassung nachzudenken. Der Artikel *The extended evolutionary synthesis: its structure, assumptions and predictions* (Laland et al. 2015a, b) eines Expertenteams zu verschiedenen Themen (Evolutionsgenetik, Ökologie, Epigenetik, Evolutionäre Entwicklungsbiologie und Wissenschaftsphilosophie) war ein erster Versuch, die Annahmen des EES zu definieren, die Schlüsselideen zu beschreiben, die ihr Kohärenz verleihen, und einige bezeichnende Vorhersagen zu treffen.

An der EES-Forschung ist eine ständig zunehmende Zahl von Wissenschaftlern beteiligt, darunter Mitglieder der National Academy of Sciences, Stipendiaten der Royal Society, Stipendiaten der American Association for the Advancement of Science sowie Mitglieder anderer nationaler Akademien, ein ehemaliger Präsident der European Society for Evolutionary Biology, der Präsident der European Society for Evolutionary Developmental Biology, ehemalige Chefredakteure von Fachjournalen wie dem *Journal of Evolutionary Biology, American Naturalist, Evolutionary Ecology* und *Theoretical Population Biology* sowie ein Gewinner des Motoo-Kimura-Preises für herausragende Beiträge zur Populationsgenetik. Weitere Forscher, die nicht Teil des aktuellen Projekts sind, sind assoziiert und unterstützen das Vorhaben.

6.2 Ziele des EES-Projekts

Das EES-Projekt (www.extendedevolutionarysynthesis.com) verfolgt zwei Hauptziele. Das erste besteht darin, die EES-Vorhersagen (Abschn. 6.3) mit einem empirischen Forschungsprogramm auf die Probe zu stellen. Die Vorhersagen werden also empirisch untermauert. So ermittelt man beispielsweise, welche Relevanz bestimmte Vorhersagen, Konzepte oder Mechanismen in der Evolution haben, etwa die konstruktive Entwicklung oder Entwicklungsplastizität. Sind die betreffenden Vorhersagen Ausnahmeerscheinungen oder bilden sie in der Evolution eher die Regel? Das Projekt will die EES solide untermauern und dabei neue Fragen anregen, kritische Tests entwickeln, neue Forschungslinien eröffnen und Erkenntnisse liefern, die über die traditionelle Sicht der MS hinausgehen.

Das zweite Ziel liegt darin, Klarheit über mögliche strukturelle Änderungen der Evolutionstheorie zu gewinnen. Was ist damit gemeint? Wir haben in Kap. 2 erfahren, in welcher Form die Synthetische Evolutionstheorie prinzipielle Ursachen der Evolution darstellt. Stark vereinfacht ist das Schema der MS: Genetische Mutation – natürliche Selektion – Adaptation. Diese drei Prinzipien beruhen ausschließlich auf genetischer Repräsentation.

Damit beschreibt die MS die Evolution nicht nur in Bezug auf Gene, sondern trifft darüber hinaus auch Annahmen über die kausalen Beziehungen für die Evolution durch natürliche Selektion. Demnach sind z. B. genetische Mutationen die Hauptursache dafür, dass ein Selektionsprozess für ein Merkmal auftreten kann. Oder es heißt, die natürliche Selektion fördere die für das Überleben und die Fortpflanzung geeignetsten Individuen. Dabei ist wichtig zu erkennen, dass die genetische Repräsentation nur ein Gesichtspunkt von mehreren ist und nicht unbedingt eine wahre Repräsentation der Natur im Sinne des Zusammenspiels aller Faktoren der Evolution ist. Es kann andere Beschreibungen biologischer Ursachen geben, die sich besser für die Beantwortung interessanter Fragen zur Evolution eignen. Solchen alternativen Ursachen widmet sich das EES-Projekt. Insgesamt ist die Struktur der Erweiterten Evolutionstheorie durch neue Annahmen, neue Kausalitäten und neue Vorhersagen gekennzeichnet.

Insbesondere üben die oben genannten beiden EES-Schlüsselkonzepte – die konstruktive Entwicklung und reziproke Kausalität – Einfluss auf die genannte kausale Theoriestruktur aus und verändern sie. Auch richtungsgebende Entwicklung bzw. Variationstendenz oder epigenetische Vererbung bleiben nicht ohne Auswirkungen auf die Struktur bzw. die kausalen Beziehungen der Evolutionstheorie: Es treten nicht nur neue Ursachen auf, sondern es verändern sich auch Ursache-Wirkungsketten und -richtungen.

Im Einzelnen zielen die Teilprojekte im EES-Projekt auf:

- die Demonstration des Erklärungspotenzials der EES
- die Durchführung kritischer empirischer Tests der wichtigsten EES-Vorhersagen
- die Entwicklung neuer begrifflicher und formal-mathematischer Theorien
- die Sensibilisierung für die Bedeutung konzeptioneller Rahmenbedingungen und die Förderung von Pluralismus

Die Forschung liefert entsprechend:

- eindeutige Bewertungen der Bedeutung umstrittener Evolutionsprozesse (z. B. Nischenkonstruktion, nicht-genetische Vererbung)
- die Klärung der evolutionären Bedeutung individueller Reaktionen auf die Umwelt (Plastizität)
- die Entwicklung neuer theoretischer Ansätze für komplexe Genotyp-Phänotyp-Beziehungen
- die Feststellung, inwieweit Entwicklungsprozesse langfristige Trends, parallele Evolution, biologische Diversität und Evolvierbarkeit erklären

6.3   Neue Vorhersagen über die Evolution

Das EES-Projekt kommt zu anderen Vorhersagen über die Evolution als die MS. Die Vorhersagen werden in Tab. 6.1 gegenübergestellt.

Auf der EES-Projektseite wird hervorgehoben: Alle anerkannten Ursachen für Evolution (z. B. natürliche Selektion, genetische Drift, Mutation usw.) und Vererbung (z. B. Gene) sowie die Vielzahl empirischer und theoretischer Erkenntnisse, die auf dem Gebiet der Evolutionsbiologie gewonnen wurden, werden im EES-Projekt akzeptiert. Es wird betont, dass die EES die gegenwärtige Theorie nicht ablehnt und keine Revolution im Sinne Thomas Kuhns (Kuhn 1969) anstrebt. Die EES versucht vielmehr, den bestehenden kausalen Rahmen durch das Erkennen zusätzlicher Ursachen für Evolution (z. B. richtungsgebende Entwicklung, Variationstendenz) und Vererbung (z. B. inklusive Vererbung) zu ergänzen, die sich vollständig in den Rahmen der Ursachen einreihen, die etabliert sind.

6.4   Kurzbeschreibung der einzelnen Forschungsprojekte

Das EES-Programm umfasst 22 Forschungsprojekte. Diese sind in vier miteinander verbundene Themenbereiche unterteilt. Experimentelle und theoretische Studien testen EES-Hypothesen, indem sie Vorhersagen aus traditioneller und aus der EES-Perspektive vergleichen und bewerten. Die Kurzfassung der einzelnen Themen wirkt hier vielleicht ein wenig abstrakt, darum sei an dieser Stelle auch auf die Beispiele in Kap. 4 verwiesen. Dennoch können die Themen hier einen Eindruck vermitteln, wie gezielt an spezifischen Forschungsfragen gearbeitet wird, um die Evolution besser zu verstehen. Ausgewählte Projekte aus dieser Liste wurden bereits an früherer Stelle ausführlicher beschrieben (Abschn. 3.8 und 5.2). Ende 2019 sind neben vielen bereits erschienenen Fachartikeln zahlreiche der zu den Projekten geplanten Publikationen noch nicht veröffentlicht. Das zeugt von der Dynamik der EES, die auch in Zukunft laufend weitere Forschungsergebnisse liefern wird.

Die erste Gruppe von Projekten beschäftigt sich mit konzeptionellen Fragen der Evolutionstheorie. Eine historische Analyse hilft dabei, die Struktur der Evolutionstheorie und ihre Veränderung im Laufe der Zeit sowie die Ursachen und den Widerstand gegen grundsätzliche Veränderungen zu verstehen. In einem Teilprojekt, an dem Philosophen und Biologen beteiligt sind, arbeiten die Forscher heraus, wie sich die konzeptionelle Struktur der

Tab. 6.1 Traditionelle Vorhersagen und Vorhersagen aus dem EES-Projekt. Alle Vorhersagen werden im EES-Projekt in meist mehreren Einzelprojekten geprüft (https://extendedevolutionarysynthesis.com)

	Modern Synthesis	Erweiterte Synthese
1	Genetische Variation verursacht phänotypische Variation und geht ihr logisch voraus	Phänotypische Akkommodation kann in der adaptiven Evolution der genetischen Variation eher vorausgehen als ihr folgen
2	Genetische Mutationen und folglich neue Phänotypen sind zufällig in der Ausrichtung und typischerweise neutral oder leicht nachteilig	Neue Phänotypvarianten sind häufig direktional und funktional
3	Isolierte Mutationen, die neue Phänotypen erzeugen, treten bei einem einzelnen Individuum auf	Neue, evolutionär relevante phänotypische Varianten sind oft umweltinduziert bei mehreren Individuen
4	Adaptive Evolution erfolgt typischerweise durch Selektion von Mutationen mit kleinen Effekten	Auffallend unterschiedliche neue Phänotypen können entweder durch Mutation eines wichtigen regulatorischen Kontrollgens auftreten, das auf gewebespezifische Weise exprimiert wird, oder durch erleichterte Variation
5	Wiederholte Evolution in isolierten Populationen erfolgt durch konvergente Selektion	Wiederholte Evolution in isolierten Populationen erfolgt durch konvergente Selektion und/oder durch richtungsgebende Entwicklung
6	Adaptive Variationen werden durch Selektion hervorgebracht	Adaptive Variationen werden durch Selektion und zusätzlich durch wiederholte Umweltinduktion, nicht-genetische Vererbung, Lernen und kulturelle Übertragung hervorgebracht
7	Schnelle phänotypische Evolution erfordert starke Selektion aufgrund häufiger genetischer Mutation	Schnelle phänotypische Evolution kann häufig sein und aus der gleichzeitigen Induktion und Selektion funktioneller Varianten resultieren
8	Taxonomische Diversität wird erklärt durch Diversität in der selektiven Umgebung	Taxonomische Diversität lässt sich manchmal besser durch Merkmale von Entwicklungssystemen (Evolvierbarkeit, Constraints) als durch Umgebungsbedingungen erklären
9	Vererbbare Variation ist nicht richtungsgebend	Vererbbare Variation ist systematisch gerichtet (Variationstendenz). Es kommt zu Varianten, die adaptiv sind und sich gut in bestehende Merkmale des Phänotyps integrieren lassen

(Fortsetzung)

Tab. 6.1 (Fortsetzung)

	Modern Synthesis	Erweiterte Synthese
10	Von Organismen veränderte Umweltzustände unterscheiden sich nicht prinzipiell von Umgebungen, die sich durch nichtbiologische Prozesse verändern	Nischenkonstruktionen tendieren systematisch zu Umweltveränderungen, die dem Phänotyp des Konstrukteurs oder dessen Nachkommen angepasst sind und die Fitness des Konstrukteurs oder seiner Nachkommen verbessern
11	Parallele Evolution wird durch konvergente Umweltbedingungen erklärt	Wiederholte Evolution in isolierten Populationen kann durch Nischenkonstruktion entstehen
12	Stabilität, Produktivität und Dynamik des Ökosystems werden durch Wettbewerb und Interaktion erklärt, die die Ernährung betreffen (trophisch)	Stabilität, Produktivität und Dynamik des Ökosystems hängen entscheidend von der Nischenkonstruktion/ökologischer Vererbung ab

Evolutionstheorie auf die Beantwortung der großen Fragen der Evolution auswirkt: Wie werden Fitness, Anpassung und Vererbung in der traditionellen Theorie und aus Sicht der EES verstanden? Unter Mitarbeit von theoretischen Biologen und Philosophen bewertet man hier die Erklärungsfähigkeit von Modellen und ihren unterschiedlichen Annahmen zu Entwicklung und Vererbung (vgl. Uller und Helanterä 2019).

Die zweite Projektgruppe besteht aus sechs Einzelprojekten, die sich mit evolutionärer Innovation beschäftigen. Hier wird erforscht, wie und welche Mechanismen der evolutionären Entwicklung Innovationen hervorbringen können. Man prüft hierfür zum Beispiel im Modell die Wechselwirkungen zwischen der kurzfristigen phänotypischen Plastizität und der langfristigen genetischen Evolution. Dabei wurden Bedingungen gefunden, mit denen Vorhersagen möglich sind, dass die Entwicklungsplastizität zunächst die Evolution beeinflusst und stabilisierende genetische Akkommodation) dann nachfolgt. Hier wird auch Aufschluss darüber geliefert, wie Stammlinien in der Tier- und Pflanzenwelt die Fähigkeit behalten zu evolieren, während sie sich anpassen (vgl. Rago et al. 2019). In einem anderen Projekt wird quantifiziert, wie verbreitet die Variationstendenz ist und wie sich diese auf die evolutionäre Innovation auswirkt (vgl. Uller et al. 2018). Hier forscht man also jeweils am Kern der auch in diesem Buch schon wiederholt gestellten Frage, wie Innovation in der Evolution entsteht.

Ein Projekt an *Onthophagus*-Mistkäfern prüft, wie evolutionäre Innovation oder die Entwicklung neuartiger phänotypischer Variationen von Entwicklungsprozessen und ökologischen Bedingungen, also Umweltbedingungen, beeinflusst wird. Hier wird die Vorhersage getestet, dass Plastizität die Entwicklung von morphologischen und lebensgeschichtlichen Merkmalen beeinflusst (vgl. Macagno et al. 2018; Abschn. 3.8; Casasa und Moczek 2018; Pespeni et al. 2017). An den Beispielen der Übergänge von einzelligen zu mehrzelligen Organismen oder der Entwicklung komplexer Insekten- und menschlicher Gesellschaften prüft man in einem anderen Projekt die Rolle von Nischenkonstruktion und nicht-genetischer Vererbung. Solche Übergänge erfordern komplexe Gruppenanpassungen. Hier versuchen die Forscher, die Evolution von Gruppenanpassungen mit Mitteln der Informatik und der mathematischen Biologie nachzuvollziehen.

In einem weiteren experimentellen Projekt werden Faktoren identifiziert, die den Übergang vom Einzeller- zum Mehrzellerstatus fördern, indem einzellige und mehrzellige Arten von Algen, Pilzen und Cyanobakterien vergleichend analysiert werden (Abb. 6.1). Am Modellorganismus *Chlamydomonas,* einer Grünalge, die in ein- und mehrzelligen Zuständen vorkommen kann, bestimmen die Wissenschaftler den Beitrag von richtungsgebender

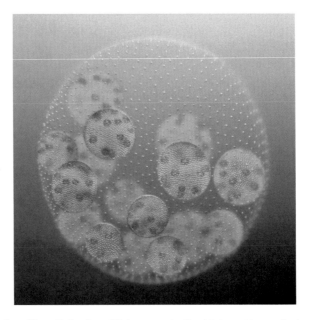

Abb. 6.1 Mehrzellige Grünalge *(Volvox carteri)* . *Volvox*-Algen sind zwei Millimeter groß. Sie sind mehrzellige Grünalgen. Ihre einzelnen Zellen ähneln einzelligen Grünalgen. Das macht sie besonders interessant für das Studium des Übergangs von einzelligen zu mehrzelligen Lebewesen, einem der wichtigsten Übergänge in der Geschichte des Lebens auf der Erde. Bei diesem Übergang waren die Zellen zunächst noch einheitlich. Die Zelldifferenzierung erfolgte in der Evolution mehrfach in weiteren Schritten. Bei *Volvox* ist das noch nicht lange her; sie hat zwei Zelltypen

Entwicklung zu Mehrzelligkeit. Dabei fanden sie heraus, dass viele Einzellerarten unter Bedingungen existieren, die bekanntermaßen Multizellularität ermöglichen. Insbesondere entdeckte man bei Einzellern die Rolle einer Gelatineschicht um die Zelle herum, die es ihnen erlaubt, den Darm von Fressfeinden unversehrt zu passieren. Damit wird die von den Forschern sogenannte Anti-Räuber-These für den Übergang zur Multizellularität abgeschwächt. Diese besagt, dass Einzeller in einen Mehrzellerstatus übergehen, um sich gegen Fressfeinde zu schützen. Diese können den Mehrzellerorganismus dann unter Umständen nicht mehr erbeuten. Im konkreten Fall ist das aber wegen der entdeckten schützenden Gelatineschicht des Einzellers nicht zwingend erforderlich. Hier steht also das evolutionäre Entstehen von Komplexität, mit dem wir es beim Übergang zu höherem Lebensformen zu tun haben, im Mittelpunkt.

Im letzten Projekt dieser Gruppe, die sich mit Innovationen befasst, wird am Beispiel des Errichtens von Termitenbauten (Abb. 6.2) mithilfe mathematischer Modelle die Rolle der Entwicklungsplastizität bei der Evolution des Nestbauverhaltens untersucht. Konstruktive Entwicklung und Nischenkonstruktion werden der traditionellen genetischen Sicht auf die Entwicklung gegenübergestellt.

Abb. 6.2   Termitenbauten in Namibia. Sie sind ein typisches Untersuchungsobjekt für die Theorie der Nischenkonstruktion

Die dritte Gruppe von Projekten befasst sich in fünf Teilprojekten mit inklusiver Vererbung. Diese umfasst Symbionten, epigenetische Varianten, elterliche Effekte und erlerntes Wissen. Man erforscht hier, wie und warum sich symbiotische Wechselwirkungen zwischen Wirt und Mikrobiota entwickelt haben, wobei man einen Schwerpunkt auf gegenseitige Nischenkonstruktion legt. Interessiert ist man beispielsweise an der Frage, in welcher Form Adaptation durch Gene ohne Genomänderung existiert, etwa die Wirtsadaptation durch Veränderung ihrer mikrobiomischen Komposition. In einem Projekt werden mathematische Ansätze verwendet, um Vererbungsmuster der mikrobiellen Vielfalt unter verschiedenen Umgebungsbedingungen vorherzusagen und zu interpretieren. Diese Analyse ist besonders für die Medizin relevant und liefert auch theoretische Vorhersagen für andere Gebiete, wie Schädlingsbekämpfung und Naturschutz (vgl. Kolodny et al. 2019).

Eine weitere Schlüsselform der Vererbung bei Tieren ist soziales Lernen und Lehren. Hier fand man in einem theoretischen Projekt heraus, dass das Lehren in der Funktion von Täuschen unter zahlreichen Bedingungen evolvieren und sich im Verlauf des Lebenszyklus verändern kann. Täuschen kennt man zum Beispiel Vogelmüttern, die Fressfeinde von ihren Jungen weglocken, in dem sie sich verletzt stellen und einen gebrochenen Flügel vortäuschen.

Man entwickelt ferner aktuelle Modelle der nicht-genetischen Vererbung mithilfe modernster Omics-Methoden, also Methoden der Genomik oder Proteomik (das Proteom ist die Gesamtheit aller Proteine), um Stressreaktionen des Großen Wasserflohs *(Daphnia magna)* (Abb. 6.3) auf toxische Cyanobakterien zu dokumentieren. Hier interessiert die Forscher, wie diese Reaktionen spätere Generationen durch mütterliche Effekte beeinflussen und wie die natürliche Selektion anschließend die Vererbung in Abhängigkeit von den Umweltbedingungen beeinflusst (vgl. Radersma et al. 2018). Die Wissenschaftler sprechen hier von einer Gen-Kultur-Mikrobiom-Koevolution. Das Mikrobiom nimmt bei diesen Forschungsfragen eine Schlüsselrolle in der Entwicklung ein. Es wird oft über die Mutter genetisch und epigenetisch vererbt.

Im Projekt zu Nischenkonstruktion und Mikrobiom-Funktion wird bei *Onthophagus*-Mistkäfern untersucht, welche Rolle das Mikrobiom und die Larven-Konditionierung bei der Erleichterung der ökologischen Spezialisierung von Dungkäferarten, ihrer Reaktion auf neue anthropogene, also vom Menschen verursachte Herausforderungen wie Antibiotika und Toxine sowie auf natürliche Umweltschwankungen spielen. Es wird getestet, ob neuartige Mikrobiom-Mitglieder zum Erwerb und zur stabilen, nicht-genetischen

Abb. 6.3   Großer Wasserfloh. Weibchen mit Eiern

Vererbung neuer Funktionen führen (vgl. Parker et al. 2019; Ledón-Rettig et al. 2018; Schwab et al. 2017; vgl. dazu Abschn. 5.2; Schwab et al. 2016). Vorhersagen aus theoretischen Modellen, die in dieser Studie entworfen wurden, werden bei *Onthophagus taurus* empirisch getestet. An diesem Hornkäfer erkennt man etwa, dass das über die Mistkugel ererbte Mikrobiom essenziell für die Verdauung und das Wachstum ist und dass Wirtsarten in Abhängigkeit von ihren Mikrobiota evolutionär voneinander abweichen.

In der vierten und letzten Projektgruppe wird die evolutionäre Diversifikation thematisiert. Neun Teilprojekte widmen sich diesem Gebiet. Eine getestete Kernfrage heißt hier: Kann Plastizität die Evolution leiten? Beim Dreistachligen Stichling *(Gasterosteus aculeatus)* untersuchte man, ob ein hohes Maß an Plastizität der Vorfahren mit einer beschleunigten Evolutionsrate der genetischen Divergenz verbunden ist. Darüber hinaus wurde untersucht, ob (entsprechend der traditionellen Erwartung) die genetische Variation oder (entsprechend der EES-Erwartung) die Plastizitätsmuster der Vorfahren die evolutionäre Veränderung der Salz- und Süßwasserpopulationen am besten erklären (vgl. Foster et al. 2019). Man fand Regionen des Genoms, die auf eine Süßwasserumgebung selektiert wurden, was als ein gutes Indiz für die Bestätigung der These *Genes are followers* (Abschn. 3.8) gewertet werden kann. Das Ergebnis genomweiter Vergleichsstudien soll schließlich belegen, ob Plastizitätsformen von Vorfahren den evolutionären Wandel der Stichling-Radiation gesteuert haben.

Dass Eidechsen in ihrer Evolution sehr flexibel agieren können, obwohl sie seit 100 Mio. Jahren fast gänzlich unverändert sind, haben wir in Abschn. 4.1 erfahren. Hier kommen noch einmal neue Ergebnisse hinzu: In einem Projekt mit *Anolis*-Eidechsen (Abb. 6.4) testen Forscher die Hypothese, dass Entwicklungsreaktionen auf mechanische Beanspruchung die adaptive Diversifikation der Gliedmaßenlänge der Eidechse vorantreiben. Man untersucht die Rolle der Plastizität bei der Divergenz der Gliedmaßenlänge durch a) Vergleich von phänotypischer Plastizität bei unter verschiedenen Bedingungen aufgezogenen Tieren und b) zwischenartliche Vergleiche zwischen phänotypisch divergierenden Arten durch vergleichende Genexpressionsanalyse in langen Knochenwachstumszonen (vgl. Feiner et al. 2017, 2018). Das Ergebnis hier ist, dass plastische Merkmale, etwa die Länge der Gliedmaßen, eine höhere Evolvierbarkeit aufweisen.

Ein Projekt untersucht die wechselseitige Kausalität zwischen phänotypischer Plastizität und genetischer Evolution der Augenflecken beim afrikanischen Schmetterling *Bicyclus anynana* (Abschn. 4.4). Es gilt zu verstehen, ob und wie die Evolution der Plastizität und der richtungsgebenden Entwicklung die evolutionäre Diversifizierung sowie das Ausmaß der parallelen Entwicklung bei Schmetterlingen an verschiedenen geografischen Standorten mit ähnlichen Umgebungen beeinflusst (vgl. Balmer et al. 2018; Nokelainen et al. 2018; van Bergen et al. 2017). Das Projekt bestätigt die EES-Vorhersage, dass ein *Bias* grundsätzlich die Diversifikation prägen kann. Es zeigte aber auch, dass ein *Bias* überwunden werden kann. Die Überraschung war, dass in diesem Fall eine „dramatische Exploration des Morphospace", also

Abb. 6.4 Anolis *(Anolis carolinensis).* Eine Art der Gattung *Anolis* wird für ein EES-Projekt verwendet, um zu untersuchen, wie unterschiedliche mechanische Beanspruchungen die Länge der Gliedmaßen beeinflussen

der morphologischen Möglichkeiten, eröffnet wurde (vgl. Brattström et al. 2020).

Das nächste Projekt untersucht die Dynamik thermischer Anpassungen bei Käfern sowie Groß- und Kleinlibellen auf mikro- und makroevolutionären Zeitskalen. Man analysiert die Zusammenhänge zwischen thermischer Plastizität, Verhaltensthermoregulation, Toleranz gegenüber verschiedenen thermischen Bedingungen und temperaturabhängigen morphologischen Merkmalen sowie die Beziehung zwischen diesen Merkmalen und Artbildungs- und Aussterberaten. Plastizität wird hier also als Brücke zwischen Mikro- und Makroevolution verstanden.

In den weiteren Projekten geht es neben der Plastizität um Nischenkonstruktionen. Ein Projekt testet zum Beispiel die Hypothese, dass bei Tieren durch das Bauen von Artefakten (z. B. Nester und Spinnennetze) ein konsistenter und vorhersagbarer Selektionsdruck erzeugt wird, der artübergreifend zu konsistenten Reaktionen auf die Selektion und wiederum zu vorhersagbaren Entwicklungstrends und parallelen Mustern über verschiedene Merkmale hinweg führt. Man sammelt Daten zum Nestbau bei Vögeln und Fischen und zum Netzbau bei Spinnen, trifft Vorhersagen über erwartete selektive Reaktionen auf diese Nischenkonstruktionsaktivität und testet diese Vorhersagen mithilfe phylogenetischer Vergleichsmethoden (vgl. Laland et al. 2017). Wie vorhergesagt, zeigt eine Meta-Analyse, dass von Organismen konstruierte (anders als nicht-konstruierte) Bestandteile der Umwelt unterschiedliche Eigenschaften haben und sie eigene evolutionäre Reaktionen auslösen (Clark et al. 2019).

Ein Projekt mit Korallenriff-Fauna quantifiziert die Nischenkonstruktion von Riffkorallen und bewertet deren Auswirkungen auf die lokale Umwelt und Artenvielfalt im Riff. Man untersucht, wie die Vielfalt der Organismen in Korallenriffen erklärt werden kann und welche Rolle unterschiedliche Typen von Korallen-Nischenkonstruktion hierbei spielen. Die evolutionären Effekte der Korallenriff-Konstruktionen auf die Artenvielfalt der dort lebenden Fische ist bemerkenswert (Abb. 6.5).

In einem Projekt zu Nischenkonstruktion und evolutionärer Diversität in experimentellen, marinen, mikrobiellen Gemeinschaften untersuchen Forscher die Auswirkungen der Nischenkonstruktion mithilfe von synthetischen Miniaturökosystemen untersucht, die experimentellen Manipulationen verschiedener Formen der Nischenkonstruktion unterzogen werden. Die funktionellen Reaktionen von Bakterienpopulationen auf komplementäre und in Konflikt stehende Aktivitäten der Nischenkonstruktion werden untersucht und die evolutionären Reaktionen auf die Nischenkonstruktion quantifiziert (vgl. Paterson et al. 2018).

Abb. 6.5 Korallenriff. Korallenriffe sind Nischenkonstruktionen unterschiedlicher Bautypen. Sie beeinflussen die Evolution vieler Fischarten und anderer Riffbewohner

Ein weiteres Projekt bewertet die Rolle der Nischenkonstruktion durch Vorfahren bei der Entstehung von makroevolutionären Mustern. Dabei werden früher vernachlässigte Aspekte wie die Erzeugung neuer Ressourcen und morphologische Innovationen berücksichtigt, die durch Nischenkonstruktion möglich sind. Die Wissenschaftler entwickeln ein detailliertes theoretisches Modell, um die makroevolutionäre Dynamik der Nischenkonstruktion und der Ökosystemtechnik zu verstehen. Die Vorhersagen dieses Modells werden dann anhand von Daten aus dem Fossilienbestand überprüft (vgl. Brush et al. 2018; Daniels et al. 2017). In einem letzten theoretischen Projekt wird schließlich untersucht, welche Bedeutung die Wechselwirkungen zwischen Arten durch Prädation, Wettbewerb und Nischenkonstruktion für die Stabilität und Vielfalt von Ökosystemen haben. Ohne Nischenkonstruktion und phänotypische Plastizität, so die Erkenntnisse hier, können größere Übergänge in der Evolution, wie etwa von Einzellern zu mehrzelligen Organismen, nicht auftreten.

Im Gespräch mit Eva Jablonka

Frau Professor Jablonka, Sie sind in den 1950er-Jahren als junges Mädchen mit Ihren Eltern von Polen nach Israel gezogen. Geben Sie uns ein paar Eindrücke: Wie war das damals im neu gegründeten Israel? Es muss aufregend gewesen sein in dem jungen Staat, auch für ein Kind.
Ich war ein Kind von fünf Jahren, als ich nach Israel kam. Ich erinnere mich kaum an Polen und identifizierte mich mit Israel, wie es war, als ich in den 1960er-Jahren aufwuchs und zur Schule ging. Aus meiner Sicht war es ein Land, das auf säkularen sozialistischen Ideen, auf sozialer Gerechtigkeit und Solidarität beruhte. Ich empfand leidenschaftliche Liebe und Loyalität dafür. Ich war

stolz darauf. Ich glaubte, es wäre ein Leuchtfeuer der Menschenrechte. Leider hat es die Erwartungen nicht erfüllt. Es ist heute ein kapitalistisches Land mit einem der größten Unterschiede zwischen Arm und Reich in der westlichen Welt, das über Gebiete herrscht, die wir vor über 50 Jahren besetzt haben, und das den Menschen, die dort leben, Grundrechte verweigert. Es neigt auch zunehmend zum religiösen Fundamentalismus. Es ist herzzerreißend.

Eine Wissenschaftlerin mit Ihrer Bekanntheit könnte auch an einer der bekannten Universitäten in den USA lehren. Sie hatten bestimmt Angebote. Warum sind Sie in Israel geblieben?
Es gibt viele Überlegungen in einem Leben, und ich habe nie ernsthaft darüber nachgedacht, Israel zu verlassen. Meine Familie war dort. Meine Freunde, viele Kollegen und Studenten, meine Sprache, mein Gespür für kulturelle und soziale Identität – auch wenn ich der Politik zunehmend kritisch gegenüberstand. Ich habe mich in Israel nie intellektuell eingeschränkt gefühlt. Zudem ist es einer der intellektuell lebendigsten Orte, denen ich je begegnet bin. Es ist weit weniger konservativ als die meisten Mainstream-Akademiewelten in den USA.

Sie beschäftigen sich seit Jahrzehnten mit nicht-genetischen Vererbungsformen. Es hat mehr als 30 Jahre gedauert, bis Barbara McClintocks „springende Gene" anerkannt wurden. Es sieht so aus, als gäbe es beim Thema Vererbung eine riesige Blockade in der Biologie, neues Denken zuzulassen. Warum ist das so?
Vererbung ist grundlegend – praktisch, sozial und theoretisch. Vorstellungen über Vererbung haben Auswirkungen auf die Art und Weise, wie wir über Politik, soziale Gerechtigkeit, Gesundheit und Krankheit sowie Evolutionsgeschichte denken. Die komplexe wissenschaftliche Geschichte von Vererbung und Evolution im 20. Jahrhundert ist ein Zeugnis der fundamentalen und gesellschaftlich einflussreichen Rolle von Vorstellungen über Vererbung in der Politik. Die Eugenik im Westen und der Lyssenkoismus in der UdSSR sind bekannte Beispiele für den tragischen Missbrauch von Vorstellungen über Vererbung.

Innerhalb der Biologie beeinflusst die Art und Weise, wie wir Vererbung verstehen, die Art und Weise, wie wir Entwicklung und Evolution verstehen, sodass sich durch das Ändern der Vorstellungen über Vererbung grundlegende theoretische Annahmen ändern können. Dies führt zu nachvollziehbarer Überprüfung und zu Widerstand: Wissenschaftler werden das, was sie als erprobten Mainstream-Ansatz betrachten, in dem sie sozialisiert wurden, nicht für einen neuen Ansatz aufgeben. Wissenschaftler haben berufliche Verpflichtungen, Interessen und Denkgewohnheiten, und ihr wissenschaftlicher Denkstil ist in ein größeres kulturelles System eingebettet. All dies kann zu Widerstand führen, auch wenn die Belege für eine neue Theorie sehr gut sind. Es dauert lange, bis sich ein Denkstil ändert.

Nur zögerlich wird epigenetische Vererbung in der Biologie heute bestätigt. Wenn, dann wird die Bedeutung für anhaltende evolutionäre Veränderung gleichzeitig wieder relativiert. Haben epigenetische Vererbungsformen eine evolutionäre Bedeutung? Haben wir belastbare empirische Beispiele dafür?
Marion Lamb und ich haben so viel darüber geschrieben. In unserem kleinen Buch *Inheritance Systems and the Extended Evolutionary Synthesis* (Jablonka

und Lamb 2020) liefern wir viele Beispiele, von denen wir überzeugt sind, dass sie sehr starke Belege sind. Es gibt Beweise aus experimentellen Labor- und Feldstudien, dass es in Populationen reichlich erbliche, epigenetische Variationen gibt und dass sie selektierbar sind. Viele verschiedene Simulations- und mathematische Modelle zeigen, dass die epigenetische Variation innerhalb des experimentell ermittelten Parameterbereichs die Populationsdynamik beeinflussen kann. Prozesse wie Hybridisierung und Symbiogenese, die über die Speziesebene hinaus an der Evolution beteiligt sind, beinhalten epigenetische Mechanismen.

„Leben ist lernen", sagte Konrad Lorenz. Und Karl Popper fügte hinzu, Lernen sei die größte Aktivität des Lebens. Sie betonen die Bedeutung der Weitergabe von Informationen durch Lernen. Ich sehe hier eine besonders aktive Form von Vererbung, eine Handlungsinstanz für die Weitergabe von Information durch Individuen oder soziale Gruppen. Spielt das Lernen eine zentrale Rolle für die Evolution allen Lebens auf der Erde?
Lernen ist grundlegend für die Biologie von Organismen. Einfache, nicht assoziative Lernformen existieren bei allen lebenden Organismen und sind für ihr Überleben unerlässlich. Neuronales Lernen spielt in allen Aspekten der tierischen Evolution eine Rolle und war wahrscheinlich einer der Faktoren, die die kambrische Explosion auslösten.

Wie ein roter Faden zieht sich durch Ihr Buch, dass Variation nicht auf Zufall beruht, weder in der Morphologie noch im Verhalten der Lebewesen. Würden Sie sagen, dass der Zufall in der Evolution nur noch eine Randerscheinung ist?
Nein, der Zufall ist grundlegend. Die physische Welt ist eine dynamische, surrende Welt mit einem enormen Maß an Stochastizität. Dies ist auch die Natur der biologischen Welt. Es gibt eine enorme Variabilität, insbesondere auf molekularer Ebene, teils zufällig, teils semi-tendenziell. Diese Stochastizität wird jedoch durch verschiedene weiterentwickelte biologische Entwicklungsprozesse genutzt. Wenn Sie eine unerwartete, ungewohnte Änderung der Umweltbedingungen oder der genetischen Bedingungen vornehmen, akzeptiert der Organismus diese nicht einfach nur passiv. Er versucht damit umzugehen. Weiterentwickelte Mechanismen werden rekrutiert und vom Organismus eingesetzt. Die phänotypische Variation ist also nicht zufällig, sondern wird in der Entwicklung reguliert und ausgewählt. Die Prozesse, die diesen nicht-zufälligen phänotypischen Anpassungen zugrunde liegen, nennt West-Eberhard phänotypische Akkommodation. Diese Mechanismen wirken auf vielen Ebenen, einschließlich der molekularen Ebene. Epigenetische Variationen können in Bezug auf die Funktion zufällig sein, aber auch semi-tendenziell, da die sie erzeugenden epigenetischen Mechanismen Teil des Reaktionssystems des Organismus sind. Wichtig ist, dass unter den erfolgreichsten Akkommodationen durch die natürliche Selektion eine Auswahl getroffen werden kann, was zu genetischen Akkommodationen führen kann. Der Punkt ist also: Selbst wenn die Variation auf molekularer Ebene völlig zufällig ist, ist phänotypische Variation das selten.

Kulturelle Vererbung ist ein ziemlich neues, aufregendes Thema in der Biologie. Die Theorie der Nischenkonstruktion behandelt zunehmend das Thema

kultureller Nischen. Sagen Sie unseren Lesern bitte: Was hat Kultur mit Evolution zu tun?
Erstens gibt es die Evolution der kulturellen Achse selbst. Denken Sie an die Evolution der menschlichen Sprachen. Zweitens bestimmt die kulturelle Nischenkonstruktion den Selektionsdruck, dem Individuen ausgesetzt sind. Wenn Sie zum Beispiel in einem sprachlichen Umfeld leben, gibt es eine Selektion (auf allen Ebenen – genetisch, epigenetisch, kulturell) für Variationen, die Individuen darin zum Gedeihen bringen. Am offensichtlichsten geschieht das für Variationen, die sich direkt auf die vielen Aspekte der sprachlichen Fähigkeiten und sprachlichen Kommunikation auswirken.

Aber auch wenn wir es von der Keilschrift bis zum Internet gebracht haben und wir bald zum Mars fliegen, biologisch-evolutionär sind wir doch immer noch dieselbe Art.
Ich bin mir gar nicht sicher, ob wir dieselbe Art sind. Selbst wenn keine genetischen Unterschiede vorhanden sind, sind wir epigenetisch sicherlich nicht die gleichen. Plastizität ist ein biologisches Merkmal, und es hat biologische Manifestationen.

Wir sind kurz davor, mit der CRISPR-Technologie in unser Genom einzugreifen, und werden möglicherweise auch bald KI-basierte Roboter entwickeln, die uns herausfordern. Wie weit können wir uns evolutionär von der Biologie entkoppeln?
Ich glaube nicht, dass dies eine Entkopplung sein wird. Es wird eine neue evolutionäre Dynamik sein. Die CRISPR-Technologie ist eine biologische Technologie. Ich glaube, zukünftige KI wird komplexe Probleme aufwerfen. Irgendwann in der Zukunft könnte uns die KI dazu zwingen, unseren Lebensbegriff neu zu definieren. Aber wir sind noch nicht an diesem Punkt.

Sie gehören neben Gerd Müller, Wien, Denis Noble, Oxford, und Stuart Newman, New York, zu jenen Evolutionsbiologen und -biologinnen, die am deutlichsten fordern, die Modern Synthesis durch eine neue Evolutionstheorie zu ersetzen. Macht das Extended-Synthesis-Projekt falsche Kompromisse, wenn es nur von einem Ausbau statt von einem Umbau spricht?
Zwischen der Modern Synthesis und der Extended Synthesis besteht Kontinuität, und der Begriff „erweitert" unterstreicht dies. Es besteht auch eine Notwendigkeit der Revision, der von diesem Begriff nicht erfasst wird. Ich bin mir nicht sicher, was der ideale Begriff ist. Marion Lamb und ich unterhielten uns kurz ironisch über die „post-moderne Synthese". Das Adjektiv „erweitert" wurde unter anderem gewählt, um einen Dialog mit Befürwortern der Modern Synthesis zu ermöglichen, damit diese erkennen, dass es keinen Wunsch gibt, das Kind mit dem Bade auszuschütten. Das war eine etwas naive Annahme, weil die andere Seite sie nicht honorierte, vielleicht sogar als Zeichen der Schwäche ansah.

Erlauben Sie mir noch zwei Fragen, die in eine andere Richtung gehen, aber nicht weniger interessant sind: Kürzlich haben Sie zusammen mit der Neurobiologin Simona Ginsburg ein Buch über die Evolution des Bewusstseins veröffentlicht (Ginsburg und Jablonka 2019). Das klingt spannend. Wir wissen heute eigentlich nichts über das Bewusstsein. Denis Noble sagt, das Bewusstsein sei kein neuronales Objekt, und Thomas Nagel hat dem Bewusstsein sogar einen

irreduzibel subjektiven Charakter attestiert. Lässt das, wenn man es so sieht, eine objektive Betrachtung überhaupt zu? Wie können Sie dann über sein evolutionäres Entstehen schreiben?
Wir glauben, dass ein gutes biologisches Verständnis des Bewusstseins möglich ist, und wir widersprechen Nagel zutiefst. Bewusstsein ist eine Seinsform einiger lebender Systeme (wir kennen keine nicht lebenden bewussten Wesen). Wir glauben, dass ein evolutionärer Ansatz, der sich auf den Übergang von unbewussten zu bewussten Organismen konzentriert, sehr informativ sein kann und der Wissenschaft den gleichen Dienst leistet wie das Forschungsprogramm zur Entstehung des Lebens, das das Leben entmystifiziert hat. Diesen Ansatz verfolgen wir.

Der bekannte Neurobiologe und Bienenforscher Randolf Menzel sagte kürzlich in einem Interview: „Die Biene weiß, wer sie ist" (Klein 2019). Heute sind Denkformen bei Tieren bekannt, aber gehen Sie so weit, Tieren Bewusstsein zuzusprechen?
Ja, wie wir in unserem Buch über das Bewusstsein ausführlich darlegen, sind viele (keineswegs alle) Tiere bewusst und erfahren subjektiv Farben und Geräusche, Schmerzen und Vergnügen. Dazu gehören die meisten Wirbeltiere, einige Arthropoden wie die Biene und Kopffüßer (Kalmare, Sepien, Kraken).

Wir leben in einer Zeit, in der unsere Verwandtschaft mit unseren tierischen Vorfahren immer deutlicher wird. Was bleibt beim Mensch evolutionär noch einzigartig?
Der Mensch lebt, wie der Philosoph Ernst Cassirer sagte, in der symbolischen Dimension. Unsere kognitive und emotionale Entwicklung und unsere Evolution werden von den Werten unserer symbolischen Kulturen geprägt und angetrieben. Wir unterscheiden uns grundlegend von anderen Tieren.
Frau Professor Jablonka, ich danke Ihnen für das Gespräch.

6.5   Ein Projekt über die EES hinaus: Handlungsinstanzen in lebenden Systemen

Ein neues Großprojekt geht bereits über die EES hinaus. Im Jahr 2019 wurde ein Forschungsantrag zum Thema *Agency in Living Systems* von fünf Universitäten in den USA, Kanada und Finnland genehmigt. Das Projekt wird geleitet von Armin Moczek und der Evolutionsökologin Sonia Sultan. Für den evolutionstheoretischen Unterbau zeichnet der kanadische Philosoph der Biologie Denis Walsh verantwortlich. Aus dem Projekt gingen mehrere Veröffentlichungen hervor (vgl. Moczek et al. 2019).

In den Naturwissenschaften sind Akteure Einheiten, deren evolvierte Mechanismen in selbstregulierender Weise operieren und damit zu ihrer eigenen Beständigkeit, Pflege und Funktion beitragen. Sie benötigen dafür weder Absichten noch Ziele oder Wissen. Das Kriterium für einen Akteur ist objektiv und beobachtbar. Ein Akteur besteht aus Systemen, die auf Vorkommnisse so reagieren können, dass zuverlässig operationale, stabile Endzustände entstehen.

In diesem Projekt gilt es, Organismen als lebende Handlungsinstanzen *(agencies)* zu erkennen und zu beschreiben, und zwar nicht mehr als passive biologische Objekte wie in der traditionellen Evolutionstheorie. Vielmehr generieren Organismen als Akteure *(agents)* aktiv Adaptation, Resilienz (Stabilität) und Innovation. Die entsprechenden Mechanismen laufen zudem auf verschiedenen biologischen Organisationsebenen ab. Die Vorgänge hierzu sollen empirisch und theoretisch beschrieben werden. Am besten ist das Vorhaben in dem Multi-Millionen-Dollar-Forschungsantrag selbst beschrieben, aus dem ich im Folgenden zusammenfasse. Die sachlichen Inhalte erläutert bereits der kanadische Philosoph Denis Walsh umfassend in seinem Buch über Organismen, Handlungsinstanzen und Evolution (Walsh 2015).

Handlungsinstanzen sollen im Rahmen des Projektes auf unterschiedlichen Organisationsebenen identifiziert werden. Auf der untersten Ebene sind dies Genregulationsnetzwerke; diese können zelluläre und Umweltsignale nutzen, um Störungen in Entwicklungsabläufen zu dämpfen und darüber hinaus neue Outputs entlang bestimmter Merkmalsachsen zu begünstigen. Auf der übergeordneten Ebene interagieren Zellen und Gewebe dynamisch im sich entwickelnden Embryo derart, dass integrierte, möglicherweise innovative funktionale Strukturen entstehen. Auf noch höherer Ebene können Organismen als Ganzes zum Beispiel Körperproportionen modulieren. Das geschieht durch eine plastische Reaktion auf die Umwelt, in gewissen Fällen auch durch epigenetische Weitergabe an die Nachkommen. Bei sozialen Organismen schließlich können kurzzeitige Reaktionen von Individuen in einer Emergenz kollektiven Verhaltens münden. Dieses Verhalten bestimmt dann die funktionalen Eigenschaften der gesamten Kolonie. Die unterschiedlichen Ebenen von Mechanismen umspannen also das gesamte Spektrum von der DNA-Variation bis zum phänotypischen Ergebnis, das den individuellen Erfolg bestimmt und die natürliche Selektion antreibt. So gesehen können lebende Systeme nicht mehr als bloße Objekte interner und externer Kräfte gesehen und erforscht werden, sondern vielmehr als eigenständige Akteure mit verschiedenen Handlungsinstanzen.

Die Forscher um Moczek et al. (2019) verweisen nachdrücklich darauf, dass DNA-Sequenzen kein phänotypisches Ergebnis „programmieren" können bzw. dass Organismen nicht allein durch Auslesen der DNA zustande kommen, denn es sind noch unzählige andere Faktoren auf verschiedenen

Ebenen beteiligt. Der genzentristische Ansatz, wonach die DNA einfach ausgelesen wird, führt am Wesen der Biologie vorbei. Die Forscher wollen stattdessen den Fokus auf den aktiven formbildenden Prozess ausrichten, die selbstgesetzten Grenzen des bisherigen Verständnisses überwinden und kausale Einblicke empirisch und theoretisch wesentlich vollständiger als bisher sichtbar machen.

Zwei konkrete Fragen wollen die Forscher mit ihrem Projekt beantworten: Was ist eine Handlungsinstanz und was ist eine Wissenschaft über Handlungsinstanzen? Mit unterschiedlichen empirischen Ansätzen will man die Mechanismen identifizieren, mit denen Organismen (hier: Säugetiere, Insekten, Pflanzen) zu Akteuren bei der Konstruktion ihrer eigenen neuen Merkmale werden können. Letztlich wird dies in einer Theorie der Organismen als zweckmäßige Akteure münden und Erklärungskonzepte und -strukturen für eine Theorie der Handlungsinstanzen (im Gegensatz zur bisherigen Objekttheorie) festlegen.

Dieses Projekt ist äußerst ehrgeizig. Ich zitiere die anspruchsvolle Zielsetzung und Abgrenzung zum EES-Projekt aus dem mir freundlicherweise zur Verfügung gestellten Projektantrag (Moczek et al. 2019):

„Indem die hier vorgestellten Arbeiten Mechanismen von Gennetzwerken bis hin zu Kolonien ansprechen und dies über ein breites Spektrum von Organismen hinweg tun, schaffen sie einen empirischen und philosophischen Rahmen, der die engeren Schwerpunkte des EES einschließt, aber gleichzeitig weit über diese hinausgeht und eher die gesamte Biologie umfasst als nur die Evolution. Entsprechend wird die vorgeschlagene Arbeit die Erkenntnisse der EES in einer kohärenten und robusten Theorie begründen, die auf alle Bereiche der Biologie und auf alle Arten von Organismen anwendbar ist. Gleichzeitig wird unser Projekt basierend auf strengen philosophischen Begriffen untersuchen, wie das Erkennen von Organismen als evolutionär handelnde Akteure eine Änderung in der Art und Weise erzwingt, wie wir sie untersuchen und wie wir wissenschaftliche Ergebnisse interpretieren. Diese konzeptionellen Herausforderungen sind auch für das derzeitige EES-Projekt von entscheidender Bedeutung, liegen jedoch außerhalb seiner beabsichtigten Reichweite. Unsere vorgeschlagene Arbeit wiederholt das EES-Projekt nicht und setzt es auch nicht fort. Es wird jedoch seine Wirkung ausweiten, indem seine Perspektive auf eine wichtige, neue Weise begründet wird."

Projektbeginn war im Oktober 2019. Der neue wissenschaftliche Vorstoß wird zahlreiche Dissertationen und Veröffentlichungen in wissenschaftlichen Fachjournalen umfassen. Hinzu kommen einschlägige und disziplinübergreifende Bücher zum Thema *Natural Agency*. Insgesamt wird so ein kohärentes konzeptionelles Rahmenwerk für zahlreiche empirische Prozesse über mehrere biologische Linien und alle organismische Ebenen hinweg entstehen.

In der Rückschau erkennen wir, dass dieses Forschungsprojekt frühere Initiativen von Müller (Abschn. 3.4), Kirschner und Gerhart (Abschn. 3.5), Jablonka und Lamb (Abschn. 3.6), Noble (Abschn. 3.7) und anderen weiterführt. Ein zentraler, ursprünglicher Ansatz von Evo-Devo mit dem Fokus auf Entwicklungsconstraints wird nun ausgeweitet. Unterschiedliche Konzepte sind unterschiedlich geeignet, das evolutionäre Aktivitätspotenzial von Organismen zu benennen. Während Constraints thematisch und begrifflich eher einen passiven Charakter haben und Evolvierbarkeit in dieser Hinsicht eine eher neutrale Vorstellung impliziert, zeigt die Variationstendenz bereits einen stärker ordnenden, aktiven Charakter. Noch stärker kommt das eigene formbildende und funktionale Gestaltungspotenzial des Organismus und seiner Ebenen allerdings in Begriffen wie erleichterte Variation bzw. Handlungsinstanz und Organismus als Akteur zur Geltung.

6.6   Zusammenfassung

Im Folgenden fasse ich die Vorhersagen des Projekts der Erweiterten Synthese (dieses Kapitel) mit den Ergebnissen der Evo-Devo-Theorie (Kap. 3) und der Theorie der Nischenkonstruktion (Kap. 5) in 22 Punkten zusammen, hier geordnet in sieben dem Leser jetzt vertrauten Themen. Die nachfolgende Auflistung enthält daher Forschungsergebnisse zum EES-Projekt und zu den weiteren Schwerpunkten der Erweiterten Synthese.

1. **Mutation**
   – Die Mutation der DNA ist einer von mehreren Faktoren zur Erklärung phänotypischer Variation. Erst die embryonale Entwicklung liefert die Bedingungen für die spezifischen Ausprägungsformen des Phänotyps und damit Wege für eine Erklärung des Pfads vom Genotyp – der Gesamtheit der Gene eines Individuums – zum Phänotyp – der Gesamtheit der erkennbaren Merkmale eines Individuums (Pigliucci und Müller 2010).
   – Es gibt auch nicht-zufällige genetische Mutation. Die genetische Mutation ist allenfalls als Initiator für die danach in der Entwicklung entstehende phänotypische Variation zu sehen.
   – Der Zufall („zufällige Mutation") verliert einerseits Gewicht (Jablonka und Lamb 2017), andererseits nutzt die Entwicklung Stochastizität aktiv.

2. **Natürliche Selektion**
   – Die natürliche Selektion ist nicht allein für die Erzeugung phänotypischer Varianten verantwortlich; die evolutionäre Entwicklung umfasst intrinsische Mechanismen für das Hervorbringen phänotypischer Variation und Innovation (Kirschner und Gerhart 2007; Müller 2017 u. a.). Die natürliche Selektion verliert nach der neuen Sichtweise also die Alleinregie. Ihre Aufgabe ist das Finetuning. Sie „nickt" unter Umständen ein Merkmal ab, das die Ontogenese konstruiert hat und ihr „schlüsselfertig" präsentiert (Lange et al. 2014; Newman 2018).

3. **Phänotypische Variation und evolutionäre Entwicklung**
   – Phänotypische Akkommodation kann in der adaptiven Evolution der genetischen Variation eher vorausgehen als ihr folgen.
   – Phänotypische Variation ist vielfach direktional (Variationstendenz) und funktional.
   – Auffallend unterschiedliche neue Phänotypen können entweder durch Mutation eines wichtigen regulatorischen Kontrollgens, das auf gewebespezifische Weise exprimiert wird, durch erleichterte Variation oder durch eine Vielfalt interagierender Entwicklungsprozesse entstehen. Kurzum: „Der phänotypische Output ist keine direkte Konsequenz der natürlichen Selektion, sondern eine Konsequenz der funktionalen Eigenschaften des Systems" (Noble et al. 2014).
   – Die Entwicklung zeigt eine beachtliche Plastizität, das heißt, sie kann unter verschiedenen Umweltbedingungen mehr als eine kontinuierlich oder nicht kontinuierlich variable Form der Morphologie, Physiologie oder des Verhaltens hervorbringen.
   – Neuerdings wird bei der Erklärung phänotypischer Variation und Innovation vermehrt von Handlungsinstanzen auf unterschiedlichen biologischen Ebenen *(agencies)* und von organismischen Akteuren *(agents)* gesprochen. Auch diese Begriffe sprechen die (physiologische) Funktion des Gesamtsystems an (Moczek et al. 2019).
   – Die evolutionäre Entwicklungsbiologie liefert Erklärungen für das Tempo der Evolution. Sie kennt Mechanismen, die schnelle Reaktionen auf Selektions-, Mutations- und Umweltänderungen erlauben (Müller 2017). Insbesondere sind dies:
       a) Das Prinzip nichtlinearer Schwelleneffekte bei der Ausbildung diskontinuierlicher phänotypischer Merkmale (Meinhard und Gierer 1974; Nijhout 2004; Tiedemann et al. 2012; Müller 2010; Lange et al. 2014, 2018). Die Möglichkeit der Evolution diskontinuierlicher Merkmale muss Bestandteil der Evolutionstheorie sein.

b) Das Prinzip der Selbstorganisation (Turing 1952; Meinhard und Gierer 1974; Müller 2010; Raspopovic et al. 2014; Lange et al. 2018; Newman et al. 2018).

– Robustheit (versteckte/maskierte genetische Mutationen) bzw. Kanalisierung und die leichte Veränderbarkeit genetischer Schalter in Genregulationsnetzwerken sind geeignete Voraussetzungen für phänotypische Variation (Waddington 1942; Kirschner und Gerhart 2007/2005; Wagner 2015).

4. **Vererbung**

– Vererbungsmechanismen, die in die Evolutionstheorie einfließen müssen, umfassen auch nicht-genetische Vererbung, Lernen und kulturelle Transmission. Diese Formen werden mit der genetischen Vererbung unter dem Begriff der inklusiven Vererbung zusammengefasst.

– Individuen können Merkmale durch die Interaktion mit der Umwelt erwerben und diese weitervererben.

5. **Nischenkonstruktion**

– Die Nischenkonstruktion tendiert systematisch zu Umweltänderungen, die an den Phänotyp des Konstrukteurs oder den Phänotyp seiner Nachfolger angepasst sind (Atmosphäre mit Sauerstoff, Korallenriffe, Biberdämme, Städte etc.).

– Die Theorie der Nischenkonstruktion betrachtet die natürliche Selektion und die Nischenkonstruktion als wechselwirkende Kausalitäten der Evolution und behandelt die Adaptation von Organismen als Ergebnisse beider Prozesse.

– Die Nischenkonstruktion wird als eigener selektiver Evolutionsprozess neben der natürlichen Selektion gesehen.

– Entwicklungs-Nischenkonstruktionen sind Konstruktionen, die Eltern für ihre Nachkommen bauen (Nester, Netze und andere Behausungen). Eltern modifizieren damit ihre Umwelt, und ihre Nachkommen akkommodieren diese Konstruktionen in ihre eigene Entwicklung. Entwicklungsnischen stellen spezifische, durch die jeweilige Konstruktion veränderte Selektionsbedingungen dar, die die Evolution der Jungen mitbestimmen.

6. **Diversität**

– Organismische Diversität kann durch Evolvierbarkeit und Constraints des Entwicklungssystems erklärt werden.

7. **Konzeptionelle Themen/Philosophie der Biologie**

– Biologische Systeme verfügen in ihrer Entwicklung über konstruktive Elemente. Sie können sich biologisch selbst verändern (richtungsgebende Entwicklung, Nischenkonstruktion).

– Nach dem Konzept der reziproken Kausalität beruht die Evolution auf einem Netzwerk von Kausalität und Feedback, in dem bereits selektierte Organismen Umweltveränderungen verursachen; umgekehrt führt dann die von Organismen modifizierte Umwelt (Nischen) Veränderungen in Organismen herbei. Beide Prozesse sind Selektionsprozesse (Kendal et al. 2011).
– Zufälligkeit ist eine Grundlage für entstehende Ordnung (Noble R und Noble D 2018).
– Die Evolutionstheorie wandelt sich von einer früher eher populationsstatistischen Theorie zu einer stärker mechanistisch-kausalen Theorie (Müller 2010).

Literatur

Balmer AJ, Brakefield PM, Brattström O, van Bergen E (2018) Developmental plasticity for male secondary sexual traits in a group of polyphenic tropical butterflies. Oikos 127:1812–1821

van Bergen E, Osbaldeston D, Kodandaramaiah U, Brattström O, Aduse-Poku K, Brakefield PM (2017) Conserved patterns of integrated developmental plasticity in a group of polyphenic tropical butterflies. BMC Evol Biol 17(1):59

Brush ER, Krakauer DC, Flack JC (2018) Conflicts of interest improve collective computation of adaptive social structures. Sci Adv 4(1):1–10

Casasa S, Moczek AP (2018) The role of ancestral phenotypic plasticity in evolutionary diversification: population density effects in horned beetles. Anim Behav 137:53–61

Clark A, Deffner D, Laland K, Odling-Smee J Endler J (2019) Niche construction affects the variability and strength of natural selection. Am Nat 195(1):16–30

Daniels BC, Krakauer DC, Flack JC (2017) Control of finite critical behaviour in a small-scale social system. Nat Comm 8:14301

Feiner N, Rago A, While GM, Uller T (2017) Signatures of selection in embryonic transcriptomes of lizards adapting in parallel to cool climate. Evolution 72(1):67–81

Feiner N, Rago, A, While GM, Uller T (2018) Developmental plasticity in reptiles: insights from temperature-dependent gene expression in wall lizard embryos. J Exp Zool 1–11

Foster SA, O'Neil S, King RW, Baker JA (2019) Replicated evolutionary inhibition of a complex ancestral behaviour in an adaptive radiation. Biol Lett 15. https://doi.org/10.1098/rsbl.2018.0647

Ginsburg S, Jablonka E (2019) The evolution of the sensitive soul: learning and the origins of consciousness. MIT Press, Cambridge

Jablonka E, Lamb MJ (2017) Evolution in vier Dimensionen: Wie Genetik, Epigenetik, Verhalten und Symbole die Geschichte des Lebens prägen. S. Hirzel, Stuttgart

Jablonka E, Lamb MJ (2020) Inheritance Systems and the Extended Evolutionary Synthesis. Cambridge University Press

Kendal J, Tehrani JJ, Odling-Smee J (2011) Human niche construction in interdisciplinary focus. Philos T Roy Soc B 366:785–792

Kolodny O, Weinberg M, Reshef L, Harten L, Hefetz A, Gophna U, Feldman MW, Yovel Y (2019) Coordinated change at the colony level in fruit bat fur microbiomes through time. Nat Ecol Evol 3:116–124

Kirschner M, Gerhart J (2007) Die Lösung von Darwins Dilemma: Wie die Evolution komplexes Leben schafft. Rowohlt, Hamburg. (Engl. (2005) The plausibility of life: resolving Darwin's dilemma. Yale University Press, New Haven)

Kuhn TS (1969) Die Struktur wissenschaftlicher Revolutionen. Suhrkamp. (Engl. (1962) The structure of scientific revolution. University of Chicago Press, Chicago)

Laland KN, Odling-Smee JF, Endler J (2017) Niche construction, sources of selection and trait coevolution. Interface Focus 7(5), https://doi.org/10.1098/rsfs.2016.0147

Laland KN, Uller T, Feldman M, Sterelny K, Müller GB, Moczek A, Jablonka E, Odling-Smee J (2015a) The extended evolutionary synthesis: its structure, assumptions and predictions. Proc R Soc B 282:1019

Lange A, Nemeschkal HL, Müller GB (2014) Biased polyphenism in polydactylous cats carrying a single point mutation: the Hemingway model for digit novelty. Evol Biol 41(2):262–275

Lange A, Nemeschkal HL, Müller GB (2018) A threshold model for polydactyly. Prog Biophysics Mol Bio 137:1–11

Ledón-Rettig CC, Moczek AP, Ragsdale EJ (2018) Diplogastrellus nematodes are sexually transmitted mutualists that alter the bacterial and fungal communities of their beetle host. PNAS 115:10969–10701

Macagno ALM, Zattara EE, Ezeakudo O, Moczek AP, Ledón-Rettig CC (2018) Adaptive maternal behavioral plasticity and developmental programming mitigate the transgenerational effects of temperature in dung beetles. Oikos 127:1319–1329

Meinhard H, Gierer A (1974) Application of a theory of biological pattern formation based on lateral inhibition. J Cell Sci 15:321–346

Moczek AP, Sultan SE, Walsh D, Jernvall J, Gordon DM (2019) Agency in living systems: How organisms actively generate adaptation, resilience and innovation at multiple levels of organization

Müller GB (2010) Epigenetic Innovation. In: Pigliucci M, Müller GB (Hrsg) Evolution – The extended synthesis. MIT Press, Cambridge

Müller GB (2017) Why an extended evolutionary synthesis is necessary. Interface Focus 7:1–10

Newman SA (2018) Inherency. In: Nuno de la Rosa LN, Müller GB (Hrsg) Evolutionary developmental biology. A Reference Guide. Springer International Publishing, Cham

Nijhout HF (2004) Stochastic gene expression: dominance, thresholds and boundaries. In: Veita RA (Hrsg) The biology of genetic dominance. Landes, Bioscience, Georgetown

Noble D, Jablonka E, Joyner MJ, Müller GB, Omholt SW (2014) Evolution evolves: physiology returns to centre stage. J Physiol 592(11):2237–2244

Noble R, Noble D (2018) Harnessing stochasticity: how do organisms make choices? Chaos 28:106309. https://doi.org/10.1063/1.5039668

Nokelainen O, van Bergen E, Ripley BS, Brakefield PM (2018) Adaptation of a tropical butterfly to a temperate climate. Biol J Linnean Soc 123:279–289

Parker ES, Dury GJ, Moczek AP (2019) Transgenerational developmental effects of species-specific, maternally transmitted microbiota in onthophagus dung beetles. Ecol Entomol 44:274–282

Paterson DM, Hope JA, Kenworthy J, Biles CL, Gerbersdorf SU (2018) Form, function and physics: the ecology of biogenic stabilisation. J Soils Sediments 18:3044–3054

Pespeni H, Ladner JT, Moczek AP (2017) Signals of selection in conditionally expressed genes in the diversification of three horned beetle species. J Evol Biol 30:1644–1657

Pigliucci M, Müller GB (Hrsg) (2010) Evolution – The extended synthesis. MIT Press, Cambridge

Radersma R, Hegg A, Noble DWA, Uller T (2018) Timing of maternal exposure to toxic cyanobacteria and offspring fitness in Daphnia magna: implications for the evolution of anticipatory maternal effects. Ecol Evol 8:1–10

Rago A, Kouvaris K, Uller T, Watson RA (2019) How adaptive plasticity evolves when selected against. PLoS Comput Biol 15(3):1–20

Raspopovic J, Marcon L, Russo L, Sharpe L (2014) Digit patterning is controlled by a BMP-Sox9-Wnt Turing network modulated by morphogen gradients. Science 345:566–570

Schwab DB, Riggs HE, Newton ILG, Moczek AP (2016) Developmental and ecological benefits of the maternally transmitted microbiota in a dung beetle. Am Nat 188:679–692

Schwab DB, Casasa S, Moczek AP (2017) Evidence of developmental niche construction in dung beetles: effects on growth, scaling and reproductive success. Ecol Lett 188(6):679–692

Tiedemann HB, Schneltzer E, Zeiser S, Hoesel B, Beckers J, Przemeck GKH, de Angelis MH (2012) From dynamic expression patterns to boundary formation in the presomitic mesoderm. PLoS Comput Biol 8:1–18

Turing A (1952) The chemical basis of morphogenesis. P Roy Soc B Bio 237:37–72

Uller T, Moczek AP, Watson RA, Brakefield PM, Laland KN (2018) Developmental bias and evolution: a regulatory network perspective. Genetics 209:949–966

Uller T, Helanterä H (2019) Niche construction and conceptual change in evolutionary biology. Brit J Phil Sci 70:351–375

Waddington CH (1942) Canalisation of development and the inheritance of acquired characters. Nature 150:563–565

Wagner A (2015) Arrival of the Fittest. Wie das Neue in die Welt kam. Über das größte Rätsel der Evolution. S. Fischer, Frankfurt a. M

Walsh D (2015) Organisms, agency, and evolution. Cambridge University Press, Cambridge

Tipps zum Weiterlesen und Weiterklicken

Hier eine Kurzauswahl wichtiger Publikationen aus dem EES-Projekt und weiterführender Literatur:

Baedke J, Fábregas-Tejeda A, Vergara-Silva F (2020) Does the extended evolutionary synthesis entail explanatory power? Biol Philos 35:20 https://link.springer.com/article/10.1007/s10539-020-9736-5

Baedke J, Fábregas-Tejeda A (2022) The organism in evolutionary explanation: from early 20th century to the extended evolutionary synthesis. In: Dickins TE, Dickins BJA (Hrsg) Evolutionary biology: contemporary and historical reflections upon core theory. Springer

Brattström O et al (2020) An extensive radiation in morphospace follows release from developmental bias. Current Biology, in Review: Bestes Beispiel dafür, wie richtungsgebende Entwicklung Evolution bestimmt und wie (in einer Schmetterlingsgattung) der Bias überwunden werden kann und Diversifikation ermöglicht wird

Brun-Usan M, Zoimm R, Uller T (2022) Beyond genotype-phenotype maps: toward a phenotype-centered perspective on evolution. BioEssays 2022:2100225. https://doi.org/10.1002/bies.202100225

Chiu, L. (2022). Extended evolutionary synthesis: a review of the latest scientific research. John Templeton Foundation, West Conshohocken, Pennsylvania, USA

Clark A, Deffner D, Laland K, Odling-Smee J, Endler J (2020) Niche construction affects the variability and strength of natural selection. Am Nat 195(1):16–30: Eine Meta-Analyse von Selektionsgradienten zeigt, dass von Organismen konstruierte und nicht-konstruierte Umgebungskomponenten unterschiedliche Eigenschaften aufweisen und ausgeprägte evolutionäre Reaktionen hervorrufen

Czaja A (2023) An approaching storm in evolutionary theory. Evolution 77(7521)

Extended Evolutionary Synthesis Webseite: http://extendedevolutionarysynthesis.com/about-the-ees/

Gefaell J, Saborido C (2022). Incommensurability and the extended evolutionary synthesis: taking Kuhn seriously. Eur J Philos Sci 12(2). https://doi.org/10.1007/s13194-022-00456-y

John Templeton Foundation. Extended Evolutionary Synthesis: Research Review. https://www.templeton.org/discoveries/extended-evolutionary-synthesis

Kolodny et al. (2018) Coordinated change at the colony level in fruit bat fur microbiomes through time. Nat Ecol Evol. 3:116–124: Diese Analyse des Mikrobioms ägyptischer Flughunde ergab, dass die sinnvolle ökologische Einheit im Wirtsmikrobiom der Fledermaus auf Kolonieebene liegt, mit koordinierten mikrobiellen Veränderungen innerhalb der Gruppe

Kouvaris et al. (2017) How evolution learns to generalize. Using the principles of learning theory to understand the evolution of developmental organisation. PLoS Comp Biol 13: e1005358: Zeigt, dass die Evolution durch natürliche Selektion, wenn sie auf der Grundlage von Entwicklungsparametern (nicht Genen oder Eigenschaften) arbeitet, Effekte bewirken kann, die bisher für nicht möglich gehalten werden, einschließlich der Generierung einer Voranpassung an neuartige Umgebungen und einer verbesserten Anpassung mit Erfahrung

Laland KN, Uller T, Feldman M, Sterelny K, Müller GB, Moczek AP, Jablonka E, Odling-Smee J (2015) The extended evolutionary synthesis: its structure, assumptions and predictions. Proc R Soc B, 282:1019. Die aktuelle wissenschaftliche Positionierung der Erweiterten Synthese

Lange A (2017) Der deutsche Buchmarkt ist mit Veröffentlichungen zur Erweiterten Synthese bis auf mein erstes Buch Lange, A. (2017) Darwins Erbe im Umbau: Die Säulen der Erweiterten Synthese in der Evolutionstheorie, 2., akt. u. erw. Aufl. (eBook), Königshausen & Neumann, Würzburg, unterrepräsentiert. Dort schildere ich die Leistungen einzelner Forscher, etwa DS Wilson oder MJ West-Eberhard, P Richerson und R Boyd (kulturelle Evolution), ausführlicher als hier und gehe stärker auf komplexe Systeme ein

Ledon-Rettig C et al. (2018) Diplogastrellus nematodes are sexually transmitted mutualists that alter the bacterial and fungal communities of their beetle host. Proc Natl Acad Sci 115, 10696–10701: Erste Veröffentlichung zur Dokumentation der Fitnessrelevanz von Interaktionen zwischen Wirten, Mikrobiota und symbiotischen Nematoden, die durch nicht-genetische Vererbung und Nischenkonstruktion ermöglicht werden

Noble D et al. (2019) Plastic responses to novel environments are biased towards phenotype dimensions with high additive genetic variation. Proc Natl Acad Sci: Dieses Buch bietet wichtige empirische Unterstützung für die plastizitätsgetriebene Evolution und zeigt, dass plastische Reaktionen ein hohes evolutionäres Potenzial haben

Pigliucci M und Müller GB (Hrsg) (2010) Evolution – The extended synthesis, darin Kapitel 1: Pigliucci M, Müller GB Elements of an Extended Evolutionary Synthesis. The MIT Press, Cambridge, S 3–17. Dieses Buch ist das Initialwerk über die Extended Synthesis

Prentiss AM (2021) Theoretical plurality, the extended evolutionary synthesis, and archaeology. Proc Natl Acad Sci U S A 118(2). https://doi.org/10.1073/pnas.2006564118

Royal Society, London. Gipfeltreffen von 300 Wissenschaftlern im November 2016 mit dem Ziel, eine grundlegende Veränderung der Evolutionstheorie zu bewerten: Royal Society's "New Trends in Biological Evolution" – A Bloodless Revolution https://evo2.org/royal-society-evolution/

The Third Way of Evolution. Ansichten einzelner Wissenschaftler rund um die EES https://www.thethirdwayofevolution.com

Wilson DS und Sterelny K Gespräch: https://evolution-institute.org/a-conversation-with-kim-sterelny-about-the-extended-evolutionary-synthesis/

Uller T, Laland KN (Hrsg) (2019) Evolutionary Causation. Biological and Philosophical Reflections. MIT Press, Cambridge: Eine umfassende Behandlung des Begriffs der Kausalität in der Evolutionsbiologie, die deren zentrale Rolle in historischen und zeitgenössischen Debatten deutlich macht

Uller T et al. (2018) Developmental bias and evolution: A regulatory network perspective. Genetics 209: 949–966: Überprüft die Belege für richtungsgebende Entwicklung (Bias), veranschaulicht, wie sie untersucht werden kann, und erklärt, warum es nicht ausreicht, richtungsgebende Entwicklung als Constraints zu charakterisieren

Uller (2023) Agency, Goal Orientation, and Evolutionary Explanations. In: Corning PA, Kauffmann SA, Noble D et al (Hrsg) (2023) Evolution "on Purpose". MIT Press, Boston. https://www.researchgate.net/publication/373306210_Agency_Goal_Orientation_and_Evolutionary_Explanations

Whitehead et al (2019) The reach of gene-culture coevolution in animals. PLoS Comp Biol 13(4):e1005358: Die Autoren überprüfen Belege dafür, dass die Kultur in der Tierwelt evolutionäre Prozesse auf vielfältige Weise beeinflussen kann, einschließlich der Auslösung von Speziationen, der Gestaltung des Genflusses und der Förderung der Koevolution

Zeder MA (2017) Domestication as a model system for the extended evolutionary synthesis. Interface Focus 7:20160133. https://doi.org/10.1098/rsfs.2016.0133. Ein interessanter Beitrag zur EES ist der Zusammenhang, den Melinda A. Zeder mit der Domestikation liefert. Sie fordert Domestikation als ein Modellsystem zur Überprüfung der Vorhersagen der EES zu sehen

Zimmer C: Scientists Seek to Update Evolution. Recent discoveries have led some researchers to argue that the modern evolutionary synthesis needs to be amended: https://www.quantamagazine.org/scientists-seek-to-update-evolution-20161122/

Deutsche Wikipedia

Altenberg-16 (überwiegend vom Autor, Version 10. 2. 2020): https://de.wikipedia.org/wiki/Altenberg-16

Erweiterte Synthese (Evolutionstheorie) (überwiegend vom Autor, Version 10. 2. 2020): https://de.wikipedia.org/wiki/Erweiterte_Synthese_(Evolutionstheorie)

Englische Wikipedia

Constructive development (biology): https://en.wikipedia.org/wiki/Constructive_development_(biology)

Cultural evolution: https://en.wikipedia.org/wiki/Cultural_evolution

Developmental bias: https://en.wikipedia.org/wiki/Developmental_bias

Ecological inheritance: https://en.wikipedia.org/wiki/Ecological_inheritance

Extended evolutionary synthesis: https://en.wikipedia.org/wiki/Extended_evolutionary_synthesis

Facilitated variation: https://en.wikipedia.org/wiki/Facilitated_variation

Niche construction: https://en.wikipedia.org/wiki/Niche_construction

Reciprocal causation https://en.wikipedia.org/wiki/Reciprocal_causation

Facebook: @EESupdate

Twitter: @EES_update

7

Die Evolution des Menschen in seiner (nicht-) biologischen Zukunft

Gegen Ende dieses Buchs möchte ich mit Ihnen einen Ausflug in unsere Zukunft machen, in die evolutionär bestenfalls noch eingeschränkt biologisch bestimmte Zukunft des *Homo sapiens*. Wenn wir uns einen Eindruck davon verschafft haben, was auf uns zukommen kann, wird noch deutlicher, warum eine allein auf genetische Vererbung eingeengte Evolutionstheorie nicht mehr zeitgemäß ist. Selbst eine auf Biologie beschränkte Evolutionstheorie ist nicht mehr ausreichend. Wir werden erkennen, dass unsere Kultur und Biologie stärker als heute zu einer Gen-Kultur-Koevolution verschmelzen. Kultur ist ein Produkt der Evolution (Richerson und Boyd 2005; Schaik und Michel 2023). Seit Jahrtausenden greifen wir mit den von uns kulturell geschaffenen Konstruktionen selbst in unsere Evolution ein und setzen die natürliche Selektion an vielen Stellen immer mehr außer Kraft (Richerson et al. 2024). Künstliche Intelligenz bis hin zur künstlichen Superintelligenz wird zur kulturellen Nischenkonstruktion für die evolutionäre Zukunft einer veränderten Menschheit.

Im Begriff Gen-Kultur-Koevolution wird die Genkomponente ebenso an Bedeutung zunehmen wie die Kultur- bzw. Technikkomponente. Die Genkomponente gewinnt an Bedeutung in Form von pränataler Selektion, *Genome editing* mit Korrektur genetischer Krankheiten, mit Klonen und dem Erwerb ausdrücklich erwünschter Eigenschaften. Die Kulturkomponente wächst zudem exponentiell in Form von Medizintechnik, künstlicher Intelligenz, Nanobot-Technologien und Robotik. Beide Entwicklungen und ihre möglichen Konsequenzen werden in diesem Kapitel aufgezeigt.

A. Lange, *Evolutionstheorie im Wandel*, https://doi.org/10.1007/978-3-662-68962-2_7

In weiteren Abschnitten des Kapitels wird der Fokus auf evolutionäre Mängel des Menschen gelegt. Die Frage drängt sich auf: Haben wir die evolutionäre Ausrüstung, um in dem immer schnelleren sozio-technischen Wandel klarzukommen, den wir in der hypermodernen Nische selbst produzieren? Was fehlt uns in der kognitiven Evolution, um uns evolutionär anzupassen? Wo bilden sich evolutionäre Fehlanpassungen, die mit rationalem Denken und Handeln doch scheinbar vermeidbar wären? Und warum können wir Fehlanpassungen nicht unterbinden? Neben evolutionären, theoretisch begründeten Mängeln zeige ich Überlegungen zu einer Theorie globaler Kooperation und skizziere noch weitere Ideen für eine mögliche Zukunftsbewältigung.

Die Evolutionstheorie kann und muss den Menschen also in einem Szenario begreifen, in dem die natürliche Selektion immer mehr durch Wettbewerb auf dem Gebiet der Technik ersetzt wird. Heute wird sogar unsere Ablösung als biologische Art durch Maschinen diskutiert. Die Evolutionstheorie muss in der Lage sein, solche Entwicklungen aufzugreifen. Kultur, Technik, Genmanipulation, künstliche Intelligenz und Robotik sind und werden neue menschliche Nischenkonstruktionen, die unsere evolutionäre Zukunft maßgeblich beeinflussen. Die Theorie der Nischenkonstruktion (Kap. 5) liefert den theoretischen Rahmen, um unsere techno-sozio-öko-evolutionäre Zukunft abzubilden. In die Theorie müssen Gen-Kultur-Koevolution, kumulative kulturelle Evolution ohne Genvariation, kollektive Intelligenz, Mensch-Maschine-Koevolution, aber auch die Multilevel-Selektion mit überstaatlicher, globaler Kooperation integriert werden. Den Rahmen hierfür werde ich im Folgenden darstellen und einige Theorien dazu skizzieren.

Wichtige Fachbegriffe in diesem Kapitel (s. Glossar): Fehlanpassung, Gen-Kultur-Koevolution, *Genome editing*, Gruppenselektion, kollektive Intelligenz, Kooperation, kulturelle Evolution, künstliche Intelligenz, Mensch-Maschine-Koevolution, Multilevel-Selektion, Nanobots, Nischenkonstruktion, soziales Lernen, Superintelligenz, synthetische Biologie, technologische Singularität, Transhumanismus.

7.1 Transhumanismus – Der Mensch übernimmt die Regie für seine Evolution

Die Situation des modernen Menschen ist eine gänzlich andere als jemals zuvor. Wir haben begonnen, unsere Evolution selbst in die Hand zu nehmen. „Die Zeiten, in denen das Leben ausschließlich durch die schwerfälligen Kräfte der Evolution geprägt wurden, sind vorüber" (Doudna und

Sternberg 2018). Wir verändern uns gezielt selbst und lösen so die natürliche Evolution durch Technik ab. Auf der einen Seite trennen heutige Autoren wie schon Darwin die Kräfte der natürlichen Selektion von denen künstlicher Selektion. Bei letzterer liegen agierende Kräfte und Prozesse vor, die auf (menschlichen) Entscheidungen basieren (Richerson et al. 2024). Auf der anderen Seite wird die Unterscheidung zwischen natürlich und künstlich immer schwieriger, und es etabliert sich eine anhaltende Natur-Kultur-Wechselbeziehung (Klingan und Rosol 2019).

Wäre ich 50 Jahre früher geboren und wäre als Kind von derselben autoimmunen Stoffwechselkrankheit betroffen gewesen, die ich heute habe, hätte ich vom Zeitpunkt der Diagnose an nur noch wenige Monate gelebt. Ich wäre sozusagen nach darwinschem Verständnis auf natürliche Weise selektiert worden, ohne Nachkommen. Heute, in der Zeit synthetischer, kurzfristig wirkender Insuline und 100 Jahre nach der ersten Insulinapplikation am Menschen durch den Kanadier Frederick Banting und Kollegen lebe ich ohne Schwierigkeiten und habe drei Kinder. Ich selbst und meine Kinder bleiben dem Genpool des Menschen erhalten, denn sie werden hoffentlich selbst wieder Kinder haben, mit oder ohne – hoffentlich ohne – Diabetes. Die natürliche Selektion wurde hier ausgehebelt. Dies ist nur ein Beispiel von unzähligen anderen, die dafür stehen, dass sich der Mensch der natürlichen Selektion mehr und mehr entzieht. Wir sind heute eine künstlich selektierte Art; beinahe jeder kann in hoch entwickelten Gesellschaften dem Genpool erhalten bleiben. Das *Survival of the Fittest* spielt als der zentrale, darwinistische Anpassungsprozess für einen Großteil der Menschheit offensichtlich keine bedeutende Rolle mehr.

Evolution im darwinschen Sinn verläuft nicht zielgerichtet; anders verhält es sich bei der evolutionären Manipulation des Menschen und damit in der kulturellen Evolution, die ein Bestandteil der Erweiterten Synthese wurde (Kap. 6). Synthetische Biologie, Gentechnik und moderne Medizintechnik stehen hierfür als bekannte und in den Medien präsente Beispiele. Im Trans- und Posthumanismus werden diese Bestrebungen des Menschen diskutiert, der sich intellektuell, physisch und psychologisch „verbessern" und sich quasi von seinen biologischen Fesseln befreien will. Der Transhumanismus bejaht Techniken zur Verbesserung des Menschen. Das Denken in den kategorischen Dualismen der abendländischen Kultur – die reale versus virtuelle Welt, Mensch/Tier, Mensch/Maschine, Natur/Kultur, aber auch die Geschlechtlichkeit des männlich/weiblich – werden zunehmend durchbrochen; Vertreter eines starken Posthumanismus wollen diese Dualismen ganz überwinden und auflösen. „Mehr ist besser" wird zum impliziten Credo des Transhumanismus (Loh 2019). Was sich hier abstrakt anhört, sieht in der Praxis zum Beispiel so aus, dass Japan im August 2019 als erstes Land der Welt die Erlaubnis erteilte, menschliche induzierte pluripotente Stammzellen in Tierembryonen einzupflanzen und bis zu deren Geburt zu menschlichen Organen heranwachsen zu lassen. Das Ergebnis sind Chimären, Mischwesen aus Tier und Mensch. Deren Organe könnten angesichts der desaströs geringen Bereitschaft zur Organspende eine vielversprechende Alternative darstellen. Das Bemerkenswerte: Im Vergleich zur natürlichen Evolution verläuft die neue, technologisch betriebene geradezu in Lichtgeschwindigkeit.

Der Transhumanismus kennt zahlreiche Strömungen; einige davon sind philosophisch untermauert. Sie sollen hier jedoch nicht umfassend besprochen werden. Die Ursprungsidee ist schon alt. Berühmt wurde Friedrich Wilhelm Nietzsches Vision des Übermenschen in *Also sprach Zarathustra*. Hervorzuheben ist, dass der Transhumanismus auf evolutionären Vorgängen basiert. Er fordert eine technologische Unterstützung der Evolution für eine kollektive, umfassende Transformation unserer Spezies. Der Evolutionsbiologe Julian Huxley, früher Vertreter des Transhumanismus, spricht entsprechend auch von *evolutionary humanism* (Loh 2019). „Menschen werden nicht mehr als Krone der natürlichen Welt angesehen oder als Entitäten, die sich kategorial von rein natürlichen unterscheiden." Vielmehr bindet den Menschen transhumanistisches Gedankengut in einen evolutionären Prozess ein. Innerhalb dessen ist er selbst eine evolutionäre Art mit graduellen Unterschieden zu anderen Arten (Sorgner 2016). Der Idee immerwährenden Fortschritts folgend kommt der Transhumanismus zur Überzeugung, dass die Verbesserung und Optimierung des Menschen zu einem posthumanen Wesen niemals zu einem Ende gelangen wird (Loh 2019). Dies beinhaltet gleichzeitig die Aussage der dauerhaften Unabgeschlossenheit der Evolution. Dass pausenloses Innovationsdenken und Fortschritt ad infinitum in der frühen Menschheitsgeschichte Millionen Jahre lang keine Rolle gespielt haben und hier eine andere evolutionäre Natur des Menschen ebenso berechtigt vorgefunden werden kann, nämlich „die dauerhafte Weitergabe von Altbewährtem und nicht die Produktion von Neuem" (Schaik und Michel 2023), das kommt den Transhumanisten nicht in den Sinn. Für sie war der Mensch immer innovationsbesessen. 99 % unserer Evolution blenden sie so aber schlicht aus.

Beleuchten wir im Folgenden ein paar Fortschrittsbeispiele. Sie sollen zeigen, was von der (bio-)technischen und der KI-Seite der kulturellen Evolution und Nischenkonstruktionen auf uns zukommt, bevor wir im Anschluss daran Überlegungen anstellen, wie diese Entwicklungen von einer postmodernen Evolutionstheorie aufgegriffen und integriert werden sollten.

Synthetische Biologie und künstliches Leben

Die synthetische Biologie ist ein moderner, milliardenschwerer Wachstumsmarkt. Bioingenieure arbeiten daran, biologische Systeme gezielt zu verändern. Das Prinzip: Die kleinsten Bestandteile eines Organismus wie Gene, Enzyme, und Eiweiße lassen sich wie Legosteine zerkleinern und zu neuen biologischen Systemen mit Eigenschaften, die die Natur noch nicht erfunden hat, wieder zusammenbauen. Damit erhalten Biomodule aus Zellen und Gewebe neue Funktionen unterschiedlicher Art. Sie können im einfachsten Fall toleranter für Hitze und Kälte sein oder geeignetere Oberflächen für verschiedene Zwecke haben. Längst gibt es Datenbanken im Internet, über die BioBricks von jedem online bestellt werden können. BioBricks sind die genannten Legosteine, in dem Fall aus DNA. Studenten können mit Genen spielen. Dabei geht die Biologie einen ähnlichen Weg wie die Chemie vor mehr als 100 Jahren. Diese war ebenfalls zunächst analytisch beschreibend und mündete in der Herstellung Hunderttausender neuer synthetischer Stoffe, von denen wir viele täglich in den Händen halten.

Neben dem im Jahr 2000 bekannt gewordenen Goldenen Reis gegen Vitamin-A-Mangel forscht man heute unter anderem an synthetischen Impfstoffen. Mithilfe rekombinanter DNA synthetisch hergestelltes Insulin (Humalog) ist identisch mit dem menschlichen Insulin. Es wird in riesigen Bakterienkolonien erzeugt und war 1996 eine Revolution. Heute ist es ein gängiges Marktprodukt, über das kaum mehr jemand spricht. Aktuell entwickeln Forscher in Cambridge, Massachusetts, ein Medikament, das in Tablettenform oder als Getränk eingenommen werden kann. Es wird Menschen mit einem genetisch gestörten Harnstoffzyklus helfen. Bei diesen Menschen werden Enzyme in der Leber fehlgebildet; statt Stickstoffverbindungen aus Nahrungsmitteln in Harnstoff umzuwandeln und über den Urin auszuscheiden, bildet der Organismus giftiges Ammoniak. Dieses reichert sich im Blut an und kann schwere Hirnschäden verursachen, ja sogar tödlich sein. Das Medikament besteht aus im Labor umgewandelten *E.-coli*-Bakterien. Diese sind biotechnologisch so modifiziert, dass sie große Mengen Ammoniak aufnehmen, sobald im Darm eine niedrige Sauerstoffkonzentration vorliegt. Dieses Verfahren, aus Mikroorganismen lebende Arzneistoffe herzustellen, die sich bedarfsgerecht an- und abschalten lassen, ist für zahlreiche Erbkrankheiten, Tumorleiden oder als diagnostisches Werkzeug vorstellbar (Lu et al. 2016).

Einen absoluten Höhepunkt in der bisherigen Forschung erzielt die uralte Idee, „künstliches Leben" zu erzeugen. Dem US-amerikanischen Genforscher Craig Venter gelang es 2016 erstmals, einen künstlichen Einzeller im

Labor zu erzeugen, das erste „künstliche Leben", wie er weltweit in den Medien verkündete (Service 2016). Dafür wurde die DNA eines *Mycoplasma*-Bakteriums im Labor auf ein Minimum reduziert, sodass sie nur noch aus den Komponenten bestand, die zum nackten Überleben und für ihre Reduplizierung erforderlich sind. Dies als künstliches Leben zu bezeichnen, ist allerdings recht hoch gegriffen. Tatsächlich musste auf einen anderen Zellkörper einer *Mycoplasma*-Bakterie zurückgegriffen werden; in diesen wurde die reduzierte und damit künstliche DNA des Laborversuchs eingesetzt. Leben, auch das eines Einzellers, wurde von Venter und Kollegen auf DNA reduziert; doch Leben ist mehr als bloße DNA.

Das Vorgehen Venters wird als Top-down-Ansatz bezeichnet. Eine Alternative dazu stellt die Bottom-up-Strategie dar. Hier konzentriert man sich auf eine bestimmte Eigenschaft der Zelle und versucht zunächst, diese Eigenschaft synthetisch, d. h. aus unbelebten Bausteinen, im Labor nachzubilden. So gelang es der deutschen Biophysikerin Petra Schwille und ihrem Team, erstmals eine Zellmembran, eine der elementaren Funktionseinheiten der Zelle, synthetisch herzustellen, und zwar ohne Zellkern- und Zytoplasmainhalte (Kretschmer und Schwille 2016). Ziel war es, dieses einer einfachen Seifenblase ähnliche Kompartiment dazu zu bringen, dass es sich teilt. Die Zellteilung (Mitose) ist eine biologische Grundfunktion. Sie gelang im Labor, indem man einen molekularen Oszillationsmechanismus verwendete, der die Mitte der Membran findet, und das Kompartiment in zwei gleich große Teile teilt. Damit wurde eine von zahlreichen, hochkomplexen Zellfunktionen synthetisch nachgebildet, ein erster Schritt auf dem mühsamen Weg zu einer künstlichen Zelle. Dennoch ist der Weg zu einer von Grund auf konstruierten Zelle noch lang. Fundamentale Fragen an die Zellbiologie sind bis heute unbeantwortet: Wie bringt man die Zelle dazu, dass das Zytoplasma zunimmt, bevor sie sich teilt? Wie funktioniert eine synthetische Maschinerie, die DNA selbstständig kopiert und die genetische Information weitergibt?

Ein weiterer spektakulärer Ansatz zur Erschaffung künstlichen Lebens ist der Xenobot, ein biologischer Miniroboter, der 2020 im namhaften Magazin PNAS vorgestellt wurde (Kriegman et al. 2020): Forscher der Universität von Vermont in den USA haben nach eigenem Bekunden eine Methode entwickelt, mit der vollständige biologische Maschinen von Grund auf automatisch konstruiert werden können. Der weniger als einen Millimeter lange Roboter soll sich im menschlichen Organismus gezielt bewegen und in Zukunft im Körper auch Substanzen – man denke an Medikamente oder Mikroplastik – transportieren können. Als Grundbausteine für diesen Vorstoß in neue Welten verwendete man neben Hautzellen pluripotente Stammzellen vom Embryo des afrikanischen Krallenfroschs *Xenopus laevis,* die Herzmuskeln ausbilden. Durch die rhythmischen Bewegungen dieser Zellen erreicht man den gewünschten Antrieb des Xenobots. Nicht genug damit: Die Forscher simulierten in einem Supercomputer monatelang das optimale Zusammenspiel der Zellen und die geometrische Form des Xenobots mit einem eigens dafür gebauten KI-System. Dieses System konnte unzählige Zellkombinationen virtuell durchspielen und schließlich diejenigen auswählen, die sich für bestimmte Aufgaben, etwa die gerichtete Fortbewegung, am besten eignen. Der Algorithmus des KI-Systems steht also für nichts anderes als den natürlichen Selektionsprozess. Der Xenobot der ersten Generation wurde dann im Labor aus ein paar Hundert Zellen gebaut. Seit 2020 haben sich lebende Miniroboter als ein schnell entwickelndes Feld erwiesen. So können Xenobots 2.0 sich mittlerweile selbst replizieren, können neue Xenobots formen, sind in der Lage, per Gedächtnisfunktion Erinnerungen aufzuzeichnen und diese Informationen zu nutzen, um die Aktionen und das Verhalten des Roboters zu verändern. Sie werden ihren eigenen Körperplan aufbauen, während die Zellen wachsen. Nicht genug damit können sie sich selbst reparieren und wiederherstellen (Qayum und Nathaniel 2023). Lassen wir für den Moment die Frage offen, ob der Xenobot die Voraussetzungen echten Lebens erfüllt. Er ist auf jeden Fall nicht das Ende der Entwicklung in der synthetischen Biologie.

Zusammengefasst ist es die Vision der *Artificial Life*-Forschung (AL), maßgeschneiderte Mikro-Organismen mit neuen, nützlichen Eigenschaften zu schaffen, etwa Bakterien, die Biokraftstoffe produzieren, Plastikmüll verwerten oder medizinische Wirkstoffe liefern. Dabei beruht die AL-Idee laut Joachim Schummer letztlich auf einer überholten, streng kausalen, deterministischen Grundüberzeugung, nach der Leben einerseits vollständig und eindeutig in funktionale Module zerlegbar ist und andererseits all diese Komponenten durch eine oder mehrere kombinierte Gensequenzen festgelegt sind (Schummer 2011). Ende 2023 wird berichtet, dass sich die Forschung für künstliches Leben auf Gebiete wie Robotik, synthetische Biologie, Medizin und künstliche Intelligenz ausweitet.

Genome editing – Eingriffe in die Keimbahn

Die Entdeckung eines neuen Verfahrens zur gezielten DNA-Genmanipulation mit dem Namen CRISPR/Cas bzw. *Genome editing* oder Genschere ließ die Welt aufhorchen und stellt einen Durchbruch in der Gentechnik und Medizin dar. Mit einem Schlag sprang damit die Gentechnik von der

Steinzeit ins Computerzeitalter. Mit diesem 2012 bekannt gewordenen Mechanismus kann DNA von Pflanzen und Tieren (einschließlich des Menschen) gezielt geschnitten und verändert werden. Dabei können mit CRISPR/Cas9 eigene oder fremde Gene eingefügt, entfernt oder ausgeschaltet werden. Neuerdings lässt sich mit CRISPR/Cas13 auch RNA bearbeiten, was die Einsatzmöglichkeiten der CRISPR-Systeme nochmals beträchtlich erweitert. Die CRISPR-Methoden eröffnen – kostengünstiger und effizienter als frühere Verfahren – neue Möglichkeiten der genetischen Manipulation und der Viruserkennung und -therapie. Dabei entwickelte sich die Möglichkeit der Geneditierung beim Menschen in den USA, weniger bei uns, zu einem Gesellschaftsthema. Die hohe Relevanz von CRISPR gilt unabhängig davon, dass auch unerwartete Hürden auftraten. Auch CRISPR ist natürlich keine vollkommen fehlerfreie Methode, und die Anwendung kann in seltenen Fällen neue, unvorteilhafte Mutationen erzeugen, wenn zum Beispiel trotz aller Vorsicht nicht präzise geschnitten wird. Dennoch wurde in Deutschland im Januar 2024 die erste Genehmigung für ein CRISPR-Medikament mit dem Namen *Casgevy* erteilt. Damit dürfen seltene, vererbbare Gendefekte für Bluterkrankungen behandelt werden. Was mit der Bezeichnung Medikament zunächst einfach klingt, ist in Wirklichkeit eine Art komplizierte Zelltherapie, bei der die mutierten Blutstammzellen im Knochenmark entnommen, genetisch modifiziert und wieder implantiert werden müssen. Am Ende wird das durch die Gentherapie erzeugte Hämoglobin für die Bildung der roten Blutkörperchen produziert.

Alle bereits früher in der Gentechnik gestellten Fragen waren mit einem Schlag wieder für kurze Zeit auf dem Tisch: Können letale genetische Erkrankungen mit der neuen Methode aus der Welt geschaffen werden? Sind damit Tür und Tor für Genmanipulationen geöffnet, die auf die Verbesserung erwünschter Eigenschaften zielen? Können wir uns damit intelligenter, schöner, leistungsfähiger machen? Welche Konsequenzen werden wir bei tierischen und pflanzlichen Lebensmitteln sehen? Die Diskussion kulminierte im November 2018, als ein junger chinesischer Arzt mit der CRISPR-Technik einen Eingriff bei menschlichen Zwillingsembryonen vornahm, um sie gegen HIV immun zu machen. Die internationale Wissenschaftlergemeinde reagierte sofort mit der spontanen, einhelligen Ablehnung dieses Vorgehens. Die Genetikerin und Nobelpreisträgerin Christiane Nüsslein-Volhard platzierte am 8. Dezember 2018 in der *Frankfurter Allgemeinen Zeitung* einen Aufruf mit dem Titel *Hände weg von unseren Genen!* Darin machte sie auf die Risiken aufmerksam, die selbst kleinste Manipulationen am menschlichen Erbgut mit sich bringen. Die Folgen dieses und ähnlicher Eingriffe seien völlig unabsehbar. Wir wissen, so die Forscherin, so gut wie nichts über die Rolle, die Gene in ihrem komplizierten Zusammenspiel (nicht nur) beim Menschen sowohl in der Entwicklung als auch im späteren Leben spielen. So kann sich eine Änderung, die an einer Stelle als nützlich erscheint, an einer anderen Stelle unverhofft als schädlich erweisen.

Wie Nüsslein-Volhard in Deutschland plädiert in den USA der Zellbiologe und kompromisslose Vertreter einer Erweiterten Synthese der Evolutionstheorie, Stuart Newman, seit langem dafür, die Finger von Technologien zu lassen, die wir nicht verstehen. Damit meint er Biotechnologie und Gentechnik, die beide auf die Manipulation der menschlichen Keimbahn abzielen. Newman weist mit Nachdruck darauf hin, dass zum Beispiel die Mehrzahl der Menschen in modernen Gesellschaften keine Vorstellung davon haben, was Gentechnik grundsätzlich in somatischen Zellen (Körperzellen Erwachsener) und in Keimbahnzellen (Spermien oder Eizellen) bewirken kann. Es ist weder ein breites Bewusstsein für die Risiken und Gefahren noch für zukünftige Chancen der Keimbahnmanipulationen vorhanden. Newman stellt klar: Der Mensch ist keine Maschine. Während die Biotech-Industrie hartnäckig die Vorstellung verfolgt, alles Leben könne dekonstruiert, umkonstruiert und kommerzialisiert werden, macht Newman immer wieder kompromisslos klar, dass der Mensch keine so zu verstehende Maschine ist. Es ist, so Newman, bis heute nicht möglich, an einem genetischen Rädchen zu drehen und gleichzeitig zu wissen, welche anderen Rädchen sich in der Folge mitdrehen. Kurzum: Die bei Wissenschaftlern tief eingeprägte Vorstellung eines genetischen Determinismus ist falsch. Die Komplexität zellulärer Interaktionen jenseits der Gene ist unüberschaubar und entzieht sich der menschlichen Kontrolle. Gene bestimmen die Eigenschaften von Organismen nicht in der Art und Weise, wie es 100 Jahre lang geglaubt und gelehrt wurde (vgl. Abschn. 3.6 und 3.7). Wir wissen somit nicht, was wir tun, wenn wir gentechnisch in unsere Keimbahn eingreifen. Die industriellen Bemühungen von heute haben das Potenzial, den Speziescharakter menschlicher Embryonen und unsere Zivilisation zu verändern (Stevens und Newman 2019). Und dennoch veranstalten Biotech-Insider regelmäßig Meetings, es tagen Planungsstäbe und man entwickelt Strategien, um den Multimilliardenmarkt anzuschieben.

Tina Stevens und Stuart Newman wissen, wovon sie sprechen. Die beiden Forscher beziehen sich unter anderem auf umfangreiche Experimente, mit denen sie ihre warnende Haltung untermauern. Ein von Newman geleiteter Versuch analysierte 1997 die Fähigkeit räumlicher Orientierung und das Erlernen von Schwimmen bei Mäusen. Hier war selbst in Fällen von Inzuchtstämmen erwachsener Mäuse die Rolle bestimmter Gene nicht bestimmbar. Die Autoren weisen zudem auf einen zweiten Versuch aus dem Jahr 2013 hin;

hier waren die durch entzündungsinduzierten Stress – etwa nach Traumata oder Sepsis – ausgelösten Genexpressionen bei Mäusen und Menschen sehr unterschiedlich. Die Schlussfolgerung: Erstens sind Mäuse fragwürdige Modellorganismen, um bei der Funktion von Genen auf Menschen zu schließen. Zweitens können Gene unter denselben Bedingungen unterschiedliche Rollen einnehmen. Noch verwirrender: Selbst unterschiedlich Inzuchtstämme von Mäusen zeigten bei denselben Versuchen unterschiedlich Ergebnisse.

Letztlich gibt es relativ wenige monogenetische Krankheiten, also solche, die nur auf einem Genfehler beruhen und zudem vererbbar sind. Bei diesen Krankheiten hat manchmal nur ein einziger veränderter Buchstabe eines Gens verheerende Folgen. Das betroffene Gen produziert dann entweder ein defektes Protein oder überhaupt keines. Zu der Reihe dieser Krankheiten zählen zum Beispiel Chorea Huntington, eine erbliche, tödlich verlaufende Erkrankung von Gehirnzellen, oder die nicht weniger gefährliche Duchenne-Muskeldystrophie (DMD). Bei DMD haben Patienten bei der Geburt zunächst keine Symptome. Die Krankheit macht sich erst ab dem vierten Lebensjahr bemerkbar und schreitet dann in Form starker Muskelverkrümmungen fort. Die Kinder werden an einen Rollstuhl gefesselt. Der Tod ist unaufhaltbar, wenn mit etwa 25 Jahren der Herzmuskel oder die Atmung versagt. Zur gleichen Gruppe monogenetischer Erkrankungen gehört die amyotrophe Lateralsklerose (ALS), eine Erkrankung der Nervenenden mit Muskelschwund, an der Stephen Hawking litt. Weit häufiger tritt die Sichelzellanämie auf, eine erbliche Krankheit der roten Blutkörperchen mit gestörter Blutgerinnung. Auch Mukoviszidose ist eine bekannte Erbkrankheit, die häufig auf Punktmutationen zurückgeht. Im Mai des Jahres 2024 enthält die Datenbank OMIM, die alle bekannten menschlichen Erbkrankheiten umfasst, 27.368 Einträge. Darunter sind 17.264, bei denen die genetischen Fehler beschrieben sind (https://www.omim.org/statistics/entry). Bei diesen Erkrankungen werden große Hoffnungen in die CRISPR-Technologie gesetzt.

Andere genetisch bedingte Krankheiten können hinsichtlich ihrer genetischen Verknüpfung ungleich komplexer sein. Eine solche Krankheit mit verschiedenen, fließenden Ausprägungen ist etwa Autismus. Hier mit *Genome editing* einzugreifen, ist heute unvorstellbar. Bei weiteren Krankheiten mit genetischer Disposition, wie zum Beispiel der Autoimmunerkrankung Diabetes Typ-1, sind Dutzende von Genen beteiligt. Jedes einzelne hat aber nur einen relativ geringen Einfluss. Parallel dazu können exogene Ursprünge existieren, die auf komplizierte Art mit den genetischen Bedingungen zusammenspielen. Solche möglichen Umweltfaktoren (die Geburt per Kaiserschnitt ist einer davon, Nicht-Gestilltwerden ein weiterer) spielen beim Diabetes Typ-1 eine Rolle. Eine Entbindung mit Kaiserschnitt beeinträchtigt die Zusammensetzung der kindlichen Darmflora, denn das Baby erbt nicht die nützliche Bakterienflora der Mutter. Seinem Immunsystem fehlen dann bestimmte Anreize für eine gesunde Entwicklung. Auf diesem Weg wird die Entwicklung einer Autoimmunität begünstigt. Das Risiko für ein Kind, bis zu seinem zwölften Lebensjahr an Diabetes zu erkranken, verdoppelt sich dadurch, so Anette Ziegler vom Helmholtz Zentrum München (Bonifacio et al. 2012). Derartige Krankheiten liegen heute außer Reichweite für CRISPR/Cas. Dennoch werden auch hier enorme Anstrengungen unternommen, um alle diese Krankheiten und auch bestimmte Krebsarten mit CRISPR ins Visier zu nehmen. Man will mithilfe von CRISPR sogar Mutationen erkennen, bevor diese irreversible Schäden anrichten können (Doudna und Sternberg 2018).

Risiken im Umgang mit CRISPR/Cas liegen also darin, dass wir das genetische Netzwerk, das den Phänotyp in toto beeinflusst, nicht kennen und in all seinen möglichen genetischen Kombinations- und Spielformen vielleicht auch nie kennen werden. Folglich werden bei der zukünftigen gentherapeutischen Behandlung von Krankheiten Fehler gemacht, unter Umständen solche, die erst Generationen später erkennbar sind (Doudna und Sternberg 2018; Stevens und Newman 2019).

Besorgt äußern sich Biologen jedoch vor allem hinsichtlich Manipulationen einer anderen Klasse von Veränderungen unseres Genoms, nämlich im Hinblick auf Enhancements unserer physischen, psychischen oder auch kognitiven Eigenschaften und deren Folgen. Das exorbitante globale Interesse, diese potenziell riesigen Geschäftsfelder anzugehen, wird wohl dahin führen, dass dies auch geschieht (Newman 2019). Man spricht von „gerichteter Evolution" beim Menschen und betont die evolutionäre Gefahr einer Uniformierung des menschlichen Genoms. Die Vielfalt der Genvarianten, die unser Genom aufweist, ist das größte Kapital für unsere evolutionäre Zukunft und unser Überleben als Art. Hier bedeutet die Normierung auf gezielte genetische Ausstattungen und phänotypische Eigenschaften einen evolutionären Drahtseilakt mit völlig ungewissem Ausgang.

Jennifer Doudna, eine der beiden Entdeckerinnen der CRISPR-Technologie, lehnt das Redigieren der Keimbahn des Menschen entgegen ihrer früheren Einstellung nicht mehr grundsätzlich ab. Jedoch macht sie nicht weniger als ihre Kollegen auf die Risiken aufmerksam, die hier zu sehen sind. Sie räumt ein, „dass die Frage nicht lautete, *ob* man die DNA in menschlichen Keimbahnen redigieren würde, sondern *wann* und *wie* es geschehen würde" (Doudna und Sternberg 2018). Man darf also davon ausgehen, dass die Menschheit sich auf dieses Spiel einlassen und ein Wettrüsten um genetische Verbesserungen einläuten wird. Lamarck lässt grüßen.

Stevens und Newman (2019) sehen das ebenso. Um maximale öffentliche Aufmerksamkeit auf das Thema Biotechnologie und die Manipulation von Keimzellen zu lenken, stellte Stuart Newman 1997 in den USA einen Antrag zur Patentierung von Chimären. Kompositionen aus Maus- und Menschenzellen sollten ebenso zugelassen werden wie solche mit Mensch- und Schimpansenzellen, und zwar ab dem Status der Zygote. Das ist ein völlig anderer Ansatz mit völlig anderen Konsequenzen als etwa die Züchtung und Implantation eines Organs aus gemischten Zellen. Die Rede war bei Newman von echten Mischwesen aus zwei Arten ab dem frühen Embryonalstadium und mit ganz unterschiedlichen Anteilen an menschlichen Zellen. In der Begründung für den Antrag hieß es, teilmenschliche Embryonen könnten als Quelle für Gewebe- und Organverpflanzungen, aber auch als Testobjekte für die Verträglichkeit giftiger Stoffe und Drogen dienen.

Tatsächlich ging es Newman, einem erbitterten Gegner von Genmanipulationen in der Keimbahn, um etwas ganz anderes. Er beabsichtigte, die Aufmerksamkeit der Öffentlichkeit für das Thema zu wecken. Vorausblickend sah Newman derartige Entwicklungen in der Biotech-Industrie und Wissenschaft kommen und strebte an, dass die Öffentlichkeit zu der Frage Stellung bezog, wo die Trennlinie zwischen Biologie und Kultur, zwischen Mensch und Nicht-Mensch zu ziehen sei. Der Antrag wurde 2005 nach mehreren Instanzenrunden abgelehnt. Newman verzichtete auf eine Anrufung des höchsten US-Gerichts. Er hatte sozusagen den Alarmknopf gedrückt, wohl wissend, dass der industrielle Apparat weder aufzuhalten war noch ist und dass dieser Apparat hinter geschlossenen Türen die hochprofitable Geschäftsentwicklung bedenkenlos vorantreibt.

Nanobot-Technologien

In den Medien wird wiederholt von Forschungen zur Nanobot-Technologie berichtet. Nanobots sind Roboter in molekularer Größe. Solche Maschinen wurden bereits in Romanen von Philip K. Dick (*Autofac*, 1955) und Stanislaw Lem (*Der Unbesiegbare*, 1964) beschrieben. Ein Nanometer ist ein Milliardstel Meter. Stellt man sich diesen in der Größe eines Fußballs vor, dann hat der Fußball, im gleichen Maßstab vergrößert, den Umfang der Erde. Nanobots werden aus DNA oder Proteinen hergestellt. Wir haben ja oben bereits den Xenobot kennen gelernt, der nach dem Krallenfrosch benannte, aus dessen Zellen hergestellte Bioroboter, der mit einem KI-System entworfen wurde. Doch ist dieser noch um mehrere Zehnerpotenzen größer als das, worum es hier geht. Vorzeigbar sind bereits erste autonome Prototypen für die zielgerichtete Krebstherapie. Sie attackieren Tumore und schneiden ihnen die Blutzufuhr ab. Zukünftige Nanobot-Systeme sollen neben der Krebsbekämpfung bei der Beseitigung von Krankheitserregern im Blut, beim Aufbrechen von Blutgerinnseln, beim Zertrümmern von Nierensteinen, beim Ersatz von Neuronen und auf zahlreichen anderen Gebieten zum Einsatz kommen. Angegriffene Körperzellen sollen abgebaut und aussortiert werden, ohne dabei gesundes Gewebe zu verletzen. Die besonderen Herausforderungen bestehen hier darin, dass Nanobot-Systeme nicht nur in die Blutbahn eingeschleust werden, sondern im Körper eine bestimmte Stelle, etwa die Kniegelenkflüssigkeit, selbständig auffinden und dort aktiv werden sollen. Wenn die Steuerung zu schwierig ist, werden die Nanobot-Erfinder kreativ und helfen von außerhalb des Körpers nach, zum Beispiel mit Magnetfeldern oder Ultraschall an den entsprechenden Körperstellen, auf die der Nanobot dann reagiert. Im Optimalfall sollen sich Nanobots im Körper eigenständig vervielfältigen oder aber abbauen, wenn ihre Arbeit getan ist.

An den Tagen, an denen ich gegen Ende 2023 an diesem Kapitel schreibe, entstehen erste kommerzielle Origami aus DNA, eine ausgeklügelte Form der Nanotechnologie. Man nehme ein DNA-Baukastensystem aus winzigen, wie Papierschiffchen gefalteten synthetischen, also künstlichen DNA-Modulen und baue diese zu schalenförmigen Käfigen zusammen (Abb. 7.1). Die Innenseiten dieser Käfige enthalten hunderte virusspezifischer molekularer

Abb. 7.1 Modell einer DNA-Origami-Virusfalle. Dieser künstliche molekulare Viruskäfig in der Größe weniger hundert Nanometer ist in der Lage, einen ganzen Viruskörper zu verschlingen. Jahrelang stand man der Idee, DNA räumlich falten zu können, sehr kritisch gegenüber

Bindungsstellen, an denen die Krankheitserreger identifiziert und dann wie Fliegen in einer Insektenfalle eingefangen werden (Menne 2023). Mit diesem Verfahren ist es nicht mehr erforderlich, das Immunsystem dazu anzutriggern, eigene Antikörper zu bilden wie bei allen bisherigen Impfstoffen. Vielmehr erfolgt die Eliminierung der Viren jetzt bereits im Vorfeld einer Infektion, etwa in der Blutbahn noch außerhalb der Körperzellen.

Parallel dazu zeichnen sich mit modernen mRNA-Impfstoffen und damit auf dem Weg konventioneller Immunanregung, unvorstellbare Potenziale für die Menschheit ab. Mit den Frühformen der mRNA-Technologie war man jahrzehntelang auf der Stelle getreten. Kaum jemand glaubte an ein Weiterkommen. Schließlich wurde eine solche Technik jedoch weltweit erfolgreich gegen Corona eingesetzt und rettete wahrscheinlich Millionen Menschenleben. 2023 wurden die beiden mRNA-Forscher mit dem Medizinnobelpreis gewürdigt. Zukünftige Virenattacken können mit mRNA-Vakzinen extrem schnell bekämpft werden, da eine Anpassung an unterschiedliche Erreger technisch leicht herstellbar ist. Man sieht sich hier erst ganz am Anfang einer Technologie, die die Medizin runderneuern wird. Im selben Atemzug wie die beiden genannten Verfahren macht die Nanotechnologie erstmals den Schritt von in vitro-Experimenten zu in vivo-Anwendungen, also an lebenden Personen (Chehelgerdi et al. 2023). Das verspricht große Hoffnungen vor allem für die Krebstherapie, aber auch für andere Krankheiten.

Verlangsamen des Alterns und Unsterblichkeit

Ein Ziel, das in der Öffentlichkeit kaum wahrgenommen wird, das aber umso atemberaubender ist, besteht darin, den Alterungsprozess zu verlangsamen, zu stoppen und den Tod zu vermeiden. Der Tod ist ein elementarer Bestandteil der Theorie Darwins. Arten können sich nicht verändern oder unterscheiden, wenn Individuen nicht sterben würden; eine Adaptation an wechselnde Umweltbedingungen wäre für dauerhaft am Leben bleibende Organismen biologisch nicht möglich. Lebewesen sind daher darauf „programmiert" zu sterben. Der Tod ist ein Ergebnis der natürlichen Selektion. Unsterblichkeit ist aber tatsächlich möglich, zumindest für eine Qualle, die ein italienischer Forscher 1999 im Mittelmeer entdeckt hat *(Turritopsis dohrnii)*. Diese Qualle ist das erste Tier, von dem bekannt wurde, dass es sich vom erwachsenen Zustand wieder in den jugendlichen zurückverwandeln kann, und das beliebig oft. Sie lebt ewig, zumindest so lange sie nicht durch ihre Umwelt zerstört wird. Wenn sie alt oder verletzt wird und ihre Körperzellen nicht mehr gut funktionieren, kann sie ihre Zellen in das Stammzellenstadium dedifferenzieren. Die Qualle kehrt so in ihr ursprüngliches Polypenstadium zurück, sie wird wieder „jung". Anschließend steigt sie vom Meeresboden als jugendliche Qualle wieder auf und beginnt ein „neues Leben". Der Prozess wiederholt sich theoretisch beliebig oft (Piraino und Boero 1996).

Der Alterungsprozess stellt ein komplexes Zusammenspiel zwischen Genen, Zellen und Umwelt, vor allem auch der Lebensführung dar. Man ist weit davon entfernt, diesen Prozess zu verstehen. Allgemein lässt sich sagen: Schäden am genetischen Material, an Zellen und Geweben, die sich mit zunehmendem Alter anhäufen, sind der wesentliche Grund für den Alterungsprozess. Eine Theorie besagt, dass schädliche Gene im Alter aktiviert und weil sie und ihre Wirkungsweise im Alter nicht mehr vererbt werden, sie schließlich auch nicht mehr selektiert werden können. Werden zwei solche Gene beim Fadenwurm entfernt *(RAS2* und *SCH9)*, kann dieser bis zu 10-mal länger leben (Wei et al. 2008). Für komplexere Lebensformen gilt dies allerdings nicht im selben Maße. Andererseits kennt man heute zahlreiche sogenannte „Methusalem-Gene". Das sind Gene bzw. eine Vielzahl von Veränderungen im gesamten Genom, die in ihrer Kombination ein hohes Alter mitbestimmen.

Der Brite Aubrey de Grey analysierte, dass mit dem Älterwerden der Schadstoffabbau durch Lysosomen in den Zellen unvollständiger wird. Mikroben sollen zukünftig derart programmiert und in Körperzellen eingeschleust werden, dass der effiziente „Müllabbau" erhalten bleibt. De Grey prognostiziert, dass mit 50-%iger Wahrscheinlichkeit in 25 Jahren ein 50-%iger Verjüngungsprozess möglich sein wird, d. h. ein 60-Jähriger sieht dann aus wie ein 30-Jähriger (Grey und Rae 2010).

Wichtig für den Schutz der DNA in den Zellen sind die Telomere, das sind die Endkappen an den Chromosomen. Die Telomere schützen die DNA. Bei jeder Zellteilung (Mitose) werden die Telomere ein Stück kürzer. Wenn die Endkappen mit zunehmendem Alter nahezu abgebaut sind, können sich Zellen nicht mehr teilen. Sie entzünden sich oder sterben ab. Es ist klar, dass man wissen wollte, ob und wie das verhindert werden kann. Aufsehen erregte hier die Entdeckung der Telomerase im Jahr 1985. Dieses Enzym im Zellkern sorgt dafür, dass der Abbau der Telomere in bestimmten Zellen gestoppt wird und die Telomere wiederhergestellt werden. Für diese Entdeckung wurde 2009 der Medizin-Nobelpreis verliehen. Die Telomerase spielt auch eine wichtige Rolle bei der Krebsbekämpfung. Hier will man ja eine unkontrollierte Zellteilung unterbinden.

Der einzige Grund für das Altern ist die Telomerverkürzung allerdings nicht. Ich kann hier jedoch nur einen kleinen Einblick in die zahlreichen Forschungsrichtungen geben. Mit zunehmendem Alter nimmt bei uns zum

Beispiel auch die Fähigkeit der Zellen zur Selbstreparatur ab. Dann teilen sie sich nicht mehr. Sie gehen in eine Art irreversiblen Stillstand über, die Seneszenz. Heutige Anstrengungen befassen sich daher intensiv mit der Frage, wie unsere Körperzellen im Alter die richtige Balance zwischen Zellwachstum (Zellteilung) und Zellreparatur erreichen können. Hier hat man einige Moleküle im Auge, die diese Steuerung beeinflussen können. Sie sind in abgewandelter Form als Medikamente auf dem Markt. Eine Gruppe von ihnen erhöht etwa die Expression einer Reihe von Genen, den sogenannten Sirtuinen. Diese Gene bzw. Enzyme, von denen der Mensch sieben Arten besitzt, sind verantwortlich für DNA-Reparatur. Ein erhöhter Sirtuinspiegel führte bei Mäusen zu besserer Widerstandskraft gegen Krankheiten, besserer Durchblutung, Organfunktion und längerem Leben.

Ein zweites Medikament für denselben Zweck, also die Ankurbelung des Zellreparaturmechanismus, trägt den Namen Metformin. Möglicherweise kann Metformin mehrere Alterskrankheiten, darunter auch Krebsarten und Diabetes Typ-2, gleichzeitig anvisieren und die Altersforschung revolutionieren. Idealerweise findet man in Zukunft Mittel und Wege, die betreffenden Moleküle direkt in die Zellen einzuschleusen. Neben den genannten wird es weitere Anti-Aging-Präparate geben. Man wird sie verstärkt individuell einsetzen, sodass sie Alter, Geschlecht, DNA-Profil, Stoffwechselstatus und andere Faktoren des Patienten berücksichtigen (Metzl 2020).

Ray Kurzweil, bekannter Zukunftsforscher und Director of Engineering bei Google, prognostiziert trotz der zahlreichen offenen Fragen für den Menschen *Immortality by 2045* (Kurzweil 2017). Ganz gleich, wann die Unsterblichkeit tatsächlich erreicht sein wird, an dem Thema „Aufhalten des Alterungsprozesses" wird mit riesigen Budgets fieberhaft geforscht. Ob wir das Ergebnis letztlich wirklich wollen, steht auf einem anderen Blatt.

Die radikale Lebensverlängerung bis hin zur Aufhebung des Alterungsprozesses ist das vorrangige Ziel des Transhumanismus. Auf diesem Weg würden sich die kognitiven, körperlichen, emotionalen und sonstigen menschlichen Grenzen und Schwächen, die der Transhumanismus adressiert, ultimativ überwinden lassen (Loh 2019).

Mensch-Maschine-Kombinationen

Die ehrgeizigsten Forschungsfelder der Medizintechnik liegen in der Überwindung unheilbarer Krankheiten, dem adäquaten Ersatz fehlender Körperteile, dem Aufhalten des Alterungsprozesses und der Mensch-Maschine-Kombination. Die deutsche Philosophin Nicole C. Karafyllis schrieb schon vor mehr als zwei Jahrzehnten von der nicht mehr unterscheidbaren Verschmelzung von Biologe und Hightech (Karafyllis 2003). Bereits heute existieren wir in gewissen Formen als Cyborgs, also als Mensch-Maschine-Kombinationen. Das gilt für Menschen mit Herzschrittmachern ebenso wie für solche mit Insulinpumpen, Retina- oder Gehirnimplantaten. Die jüngsten Forschungsergebnisse im Bereich der KI-gestützten Therapien für Querschnittsgelähmte zeigen bedeutende Fortschritte. Ein bemerkenswertes Beispiel ist Gert-Jan Oskam, der durch den Einsatz von KI-gestützten Implantaten und Elektroden, die direkt mit seinem Rückenmark verbunden sind, wieder Bewegungen ausführen kann. Diese Technologie, bekannt als Brain-Spine-Interface (BSI), ermöglicht es ihm, gedanklich vorgestellte Bewegungen in physische Aktionen umzusetzen. Dieser Fortschritt, entwickelt von der Eidgenössischen Technischen Hochschule Lausanne (EPFL) und dem Universitätsspital Lausanne, bietet Querschnittsgelähmten neue Mobilitätsmöglichkeiten und verbessert ihre Lebensqualität erheblich. In einem weiteren Beispiel aus der Schweiz wurde die Elektrostimulation des Rückenmarks erfolgreich eingesetzt, um Patienten mit vollständiger Querschnittslähmung wieder zum Stehen und Laufen zu verhelfen. In einer Studie konnten Patienten nach mehreren Monaten Training mit Unterstützung von Gehhilfen stehen und gehen, sogar Schwimmen und Radfahren wurden ermöglicht. Allerdings ist die Alltagstauglichkeit dieser Stimulation noch begrenzt.

In der Armprothesenchirurgie laufen beeindruckende Forschungen. Auf YouTube kann man einem Mann mit einer Armprothese dabei zusehen, wie er eine Orange schält. Diese Technik ist bereits wieder überholt, denn die Steuerung der Prothese – so elegant sie aussieht – erfolgt hier noch über die Restmuskulatur des Oberarms. Der Patient muss erst lernen, mit seinen verbliebenen Muskeln Signale auszulösen, um die gewünschte Handbewegungen der Prothese ausführen zu können. Das ist schwierig und verlangt viel Übung. Neue sensorische bionische Prothesen wie in Abb. 7.2 oder die *Modular prosthetic limb*, ein Prototyp der Johns Hopkins University (und ebenfalls im Internet zu sehen), werden mit dem Nervensystem verbunden *(mind control)*. Die *Modular prosthetic limb* kann dabei sogar vom Körper losgelöst sein und an einem Ständer hängen. Sie kommuniziert kabellos mit einer Manschette am Oberarm des Patienten. Diese ist mit dem Nervensystem und damit dem Gehirn gekoppelt. Die Prothese selbst besitzt 100 Sensoren, die Feldern auf den Fingerspitzen und auf dem Handrücken entsprechen. Berührt der Arzt die losgelöste Prothese etwa am kleinen Finger, spürt der Patient das an entsprechender, gedachter Stelle. Drückt der Arzt fest, schmerzt es den Patienten. Die Prothese „fühlt". Man mag einwenden, ein Roboter werde nie die Empfindlichkeit eines Fingers haben. Nun, am

Abb. 7.2 Sensorische bionische Armprothese. Es gibt schon heute zahlreiche Entwicklungen KI-gesteuerter Armprothesen, auch mit vielen Sensoren für Berührungs-, Tast- und Druckempfindlichkeit. Sie sind kabellos mit dem Nervensystem gekoppelt. Die Trägerin spürt Berührungen an einzelnen Fingergliedern und auch Schmerz

Georgia Institute of Technology hat man bereits eine hochauflösende Robothaut mit vielen Tausend Einzelsensoren pro Quadratzentimeter entwickelt, mehr als auf einer Fingerspitze. (Unser gesamter Körper verfügt über 900 Mio. tastsensible Rezeptoren.) Die künstliche Haut ist dehnbar, tast-, druck- und temperatursensibel. Mit so viel Feingefühl hätte eine künstliche Hand gute Chancen, ein gekochtes Ei zu pellen.

Brain-Computer-Interfaces für unterschiedliche Zwecke gibt es bereits. Elon Musks Firma Neuralink erhielt im Mai 2023 von der US-amerikanischen Gesundheitsbehörde FDA die Zulassung, Computerchips in menschlichen Gehirnen zu testen. Im Januar 2024 pflanzte Neuralink den ersten drahtlosen Chip in Größe von fünf übereinander gestapelten Münzen einem Menschen ein. Auf diesem Weg sollen gelähmte Patienten in der Lage sein, ihre Gliedmaßen, die sie nicht mehr bewegen können, allein über das Denken zu reaktivieren. Über Gedanken sollen Menschen die Kontrolle über ihr Handy oder beinahe jedes andere Gerät erhalten. Auch Patienten mit Parkinson soll so geholfen werden können. Musk denkt aber viel weiter mit dieser Technik: die Steuerung von Roboterarmen, das einfache Erlernen einer neuen Sprache, die Bewegungsabläufe von Kampfsportarten oder das Speichern von Stadtplänen. Neue Fähigkeiten sollen dann wie Software-Updates ins Gehirn geladen und ausgelesen werden. Hier darf man gespannt und sehr kritisch sein.

Das viel diskutierte Uploading des gesamten Gehirns auf eine Maschine unter Wahrung der Identität der betreffenden Person ist dagegen ein ungleich schwierigeres Projekt, von dem die heutige Technik noch Lichtjahre entfernt ist. Es müssten nicht nur alle rund 100 Mrd. Neuronen in der Maschine abgebildet werden, sondern auch sämtliche Synapsenverbindungen, und das sind 10.000-mal so viele. Darüber hinaus gibt es auch noch „extrasynaptische Interaktionen". Manche Forscher gehen daher so weit zu behaupten, jedes Atom des Gehirns müsste in der Maschine dargestellt sein, wenn die Kopie des Konnektoms, also der Gesamtheit aller Verknüpfungen im Gehirn, funktionieren soll (Seung 2013). Das aber ist weit außerhalb der Reichweite jeder Computerkapazität. Abgesehen davon wissen wir noch immer nicht, was unsere persönliche Identität, unser Bewusstsein, tatsächlich ausmacht. Kann es überhaupt ohne unseren Körper existieren? Unser Bauchgefühl spricht dagegen.

Die Zukunft der Gentechnik und der Umbau des Lebens

Innerhalb von zwei oder drei folgenden Generationen kann die Gentechnik zu einem alles beherrschenden Thema für die Menschheit werden. Die Weichen für Eingriffe, die den meisten Menschen unvorstellbar sind, werden heute gestellt. Die Manipulation unseres Erbguts kann und wird sich vielleicht zum größten technischen Fortschritt in der Geschichte der Menschheit entwickeln. Nach Milliarden Jahren der Evolution beginnt dann eine neue Zeitrechnung mit neuen, bisher unbekannten Regeln evolutionärer Veränderung. Dabei wird die epochale Entwicklung von einer Reihe technischer Verfahren beherrscht sein, deren Grundlagen heute gelegt werden. Noch weit stärker als heute werden diese die politische und gesellschaftliche Aufmerksamkeit auf sich ziehen, anhaltende ethische Diskussionen entfachen und zu unterschiedlichen Meinungen und Entscheidungen in unterschiedlichen Ländern und Kontinenten der Erde führen.

Der Weg, den diese Entwicklung nimmt, wird geprägt sein durch eine Reihe biotechnologischen Verfahren, die teilweise erst mit Anwendungen künstlicher Intelligenz und mit *Big Data* möglich werden, also der Speicherung und dem Vergleich von Millionen menschlicher DNA-Sequenzen. Die Verfahren, die ich im Folgenden näher erkläre, werden anfangs überwiegend im Zusammenhang mit der Vermeidung vererbbarer Krankheiten oder vererbter, angeborener Missbildungen zu sehen sein. In einem schleichenden Prozess wird jedoch fraglos auch die gezielte Auswahl komplexer körperlicher, psychischer und geistiger Eigenschaften immer mehr das Feld bestimmen.

Künstliche Befruchtung ist nicht neu und wird in vielen Staaten heute als gängige Methode angewendet. Sie stellt für sich allein keinen genetischen

Eingriff dar. Mit ihr ist jedoch künstliche Selektion verbunden; diese wird bereits praktiziert, wenn es um die Auswahl geeigneter Ei- und Samenzellen geht. In-vitro-Fertilisation (IVF), so der Fachausdruck für künstliche Befruchtung, ist ein aufwendiger Prozess und belastend für die werdende Mutter. Sie muss darauf vorbereitet werden, in bis zu drei Prozeduren jeweils etwa 10–15 Eizellen bereitzustellen, die im Labor selektiert werden. Die jeweils wenigen verwendbaren werden mit geeigneten Spermien befruchtet, ein zweiter Auswahlvorgang. In manchen Ländern wie den USA oder Israel kann dabei das Geschlecht bestimmt und ausgewählt werden, ein dritter Selektionsprozess. In Deutschland, wo das verboten ist, wusste ich schon um das Jahr 2007 von Fällen, in denen zahlungskräftige Väter, die unbedingt einen Sohn „benötigten", weil ihre Kultur das so verlangt, ein tiefgekühltes Spermienpaket in die USA und zurück fliegen ließen, um dort mit einer Zentrifugierungstechnik das Geschlecht bestimmen zu lassen; männliche Spermien sind nämlich ganz geringfügig schwerer als weibliche. Geld findet oft eine Lösung. In vielen Ländern, darunter seit 2011 auch in Deutschland, ist es schließlich im Rahmen der Präimplantationsdiagnostik (PID) möglich, eine DNA-Analyse des oder der gewünschten Embryonen vorzunehmen, um schwere Erbkrankheiten zu erkennen und entsprechende Embryonen zu selektieren. In den USA erlauben manche Kliniken darüber hinaus sogar die positive Selektion einer genetisch bedingten Anomalie, etwa bei erblicher Taubheit.

Für eine Manipulation der Spezies Mensch im großen Stil ist IVF sicher nicht geeignet. Doch die wissenschaftlichen Anstrengungen gehen viel weiter. Seit 2014 ist es beim Menschen möglich, Körperzellen (Somazellen), zum Beispiel Hautzellen, in Urkeimzellen (primordiale Stammzellen), das sind die Vorläuferzellen der Keimzellen, umzuwandeln (Cyranoski 2014). Ein ähnlicher Versuch gelang 2018 erstmals mit Blutzellen. Ebenfalls im Herbst 2018 gelang es einem japanischen Team, die noch nicht befruchtbaren und damit auch noch nicht in Form der Meiose teilbaren primordialen Zellen auf die nächste Entwicklungsstufe zu bringen. Hier sind weitere Fortschritte zu erwarten, wie Versuche an Mäusen ahnen lassen. Bei diesen ist man bereits viel näher am Ziel, voll funktionsfähige Eizellen aus induzierten pluripotenten Stammzellen (iPS-Zellen), die ihrerseits wiederum aus Hautzellen hervorgebracht wurden, in der Petrischale zu erzeugen. Die Medien berichteten jedenfalls begeistert. Die britische Tageszeitung *The Guardian* nannte das Ergebnis eine Revolution und prophezeite, dass es bis 2040 gängig sein werde, synthetische Embryonen aus Hautzellen von Menschen jeden Alters oder Geschlechts herzustellen.

Wenn auch die Forscher bei solchen Versuchen beabsichtigen, Unfruchtbarkeit beim einem Paar mit Kinderwunsch zu überwinden, so eröffnen die jüngeren Techniken doch ganz neue Horizonte. Auf dem oben skizzierten Weg könnten nämlich für künstliche Befruchtungen in Zukunft schmerzlos weit mehr als die stark begrenzte Zahl natürlicher Eizellen bereitgestellt werden. Umgewandelte Somazellen könnten dann mittels Präimplantationsscreening (PGS) genetisch überprüft und nach verschiedenen Bedarfen selektiert werden. Die Screenings enthalten in Zukunft immer mehr gewünschte Aussagen darüber, mit welcher Wahrscheinlichkeit ein Kind für bestimmte Krankheiten infrage kommt, kurzsichtig oder lernbehindert sein oder eine schnelle Auffassungsgabe haben wird, ob es ein Aufmerksamkeitsdefizit haben oder ein guter Teamplayer sein wird, kurzum: das ganze Programm zukünftiger präimplantiver genetischer Testverfahren (PGT). Da das Vorgehen noch immer an die mehrere Jahre dauernde Generationenfolge beim Mensch gebunden ist, wird darüber nachgedacht, dem frühen Embryo Somazellen zu entnehmen, diese wieder in Keimzellen zu transformieren und so den IVF-Prozesse bereits nach kurzer Zeit zu wiederholen. Die Generationenfolge würde sich auf wenige Tagen oder Wochen statt fünfzehn und mehr Jahre verkürzen. Die Anzahl verfügbarer Embryonen könnte auf diese Weise um Zehnerpotenzen vergrößert, die Auswahl der Embryonen mit viel mehr als den genannten Kriterien verfeinert und der Prozess gezielter künstlicher Selektion beschleunigt werden. In einem anderen Verfahren mit Mäusen hat man bereits künstliche Eierstöcke (Ovarien) in 3D-Druckverfahren entwickelt, in die Follikel, also Vorläufer der Eizellen, eingesetzt wurden. Die Ovarien wurden einer anderen Maus ohne Eierstöcke implantiert und konnten sich in das Blutsystem integrieren. Diese Maus paarte sich später und brachte lebende Junge zur Welt (Laronda et al. 2017). Lassen wir einmal dahingestellt, in welchen Ländern ein solches und das zuerst genannte Vorgehen ethisch erwünscht und möglich sein werden. Deutschland wird mit seinem strengen Embryonenschutzgesetz höchstwahrscheinlich nicht der Maßstab sein, an dem sich die Welt orientiert.

Der Einfluss der Genetik auf die Population des Menschen beginnt spätestens da, wo zu einem Bruchteil früherer Kosten millionen- oder milliardenfache DNA-Screenings vorliegen und diese mit maschinellen Methoden der künstlichen Intelligenz (Abschn. 7.2) analysiert werden können. Solche mit *Big Data* gewonnenen Informationen können prinzipiell für die Selektionen und Manipulation von Embryonen genutzt werden. In China besitzt der Staat übrigens das alleinige Verfügungsrecht über die genetischen Informationen seiner Bürger, um nur ein Beispiel zu nennen. Die Möglichkeit, ihre Kinder gentechnisch zu verändern, bewerteten die Chinesen in einer Umfrage 2017 tendenziell positiv (Metzl 2020).

Im vorigen Abschnitt habe ich mit Bezug auf mehrere namhafte Autoren deutlich gemacht, dass unsere derzeitigen Kenntnisse über das menschliche Genom die meisten Fragen, wodurch Erbkrankheiten mit poligenen Faktoren genau bestimmt werden, noch offen lassen. Wir wissen bislang noch sehr wenig über deren genetische Grundlagen. Das hindert aber KI-Anwendungen nicht daran, DNA-Sequenzierungen millionenfach zu vergleichen und daraus Muster über Krankheiten oder Veranlagungen von Krankheiten zu bilden. Man kann davon ausgehen, dass in zehn Jahren die DNA-Sequenzen von zwei Milliarden Menschen in Datenbanken vorliegen (Metzl 2020). Das Erkennen sämtlicher Kausalitäten komplexer genetischer Krankheiten wird unser beschränktes Gehirn überfordern; wir benötigen daher leistungsfähige KI-Anwendungen, um die Komplexitäten besser zu beherrschen. Ohne dass man im Einzelnen wissen muss, welche Gene, Genexpressionen und epigenetischen Faktoren für eine multifaktorielle oder polygenetische Krankheit genau verantwortlich sind – es können Hunderte oder Tausende sein – hilft die Auswertung von vielen DNA-Sequenzen dabei, die Muster für bestimmte Krankheiten statistisch einzugrenzen. Man wird dann etwa sagen können: Eine individuelle DNA kann mit einer Wahrscheinlichkeit X und Geschlecht Y bei einem bestimmten Individuum in fortgeschrittenem Alter zu Alzheimer, Bluthochdruck, Diabetes Typ-2 oder einer anderen Erkrankung führen. Es leuchtet ein, dass Firmen, sobald solches Wissen in immer detaillierterer Form vorhanden ist, großes Interesse daran haben werden, es auch zu nutzen. Das kann zum Beispiel bei Versicherungen der Fall sein, die womöglich Kunden verlockende finanzielle Anreize dafür geben, ihre DNA sequenzieren zu lassen und ihre Daten offen zu legen.

Der Einstieg in die Analyse und Manipulation unseres Genoms wird also wohl auf medizinischem Gebiet erfolgen. Wir werden zuerst und wahrscheinlich für viele Jahre Genom-Editierungen monogenetischer Erbkrankheiten sehen. Auf diesem Feld wird nach und nach die Akzeptanz immer breiterer Bevölkerungsschichten für diese Technik gewonnen werden. Das Interesse von Eltern, die ihr Kind vor der Vererbung ihrer eigenen, vielleicht tödlichen Krankheit schützen wollen, ist berechtigt und wird sich mit einiger Sicherheit durchsetzen. Im Lauf der Zeit wird darüber hinaus schrittweise das Zurückdrängen immer komplexerer Krankheiten in Angriff genommen werden, und das mit immer neueren und besseren Methoden der Genom-Editierung. Genomweite Assoziationsstudien (GWAS) werden Forscher darin unterstützen, sich ein immer besseres Gesamtbild der genetischen Variation des Genoms eines Organismus zu machen. Dieser wird dann an einem bestimmten Phänotyp, zum Beispiel einem Alzheimer-Patienten, assoziiert, also mit diesem verglichen.

Doch wie werden wir mit Merkmalen umgehen, die jenseits dessen liegen, was wir heute als medizinische Fälle einstufen? Körpergröße, Intelligenz, sportliche Fitness, Hautfarbe, Persönlichkeitsmerkmale? Bei diesen Themen urteilen wir möglicherweise entschlossen, man möge derartige Manipulationen strikt unterlassen. Aber in anderen Kulturen denkt man unterschiedlich. Was uns als ethisch ungeheuerlicher und ungangbarer Weg erscheint, kann in anderen Kulturen und Ländern ganz anders gesehen werden.

Neben der Kultur existieren wirtschaftliche Interessen in Größenordnungen, von denen wir keine Vorstellung haben; Biotech-Firmen sehen hier vor allem potenzielle Multimilliarden-Dollar-Märkte. Über kurz oder lang werden somit solche Entwicklungen eintreten, die dann kaum wahrnehmbar und schleichend aus den medizinischen Feldern heraus in nicht-medizinische übergreifen, wobei sich die Verantwortlichen dabei zweifellos nach wie vor auf medizinische Argumentationen berufen. Die Grenzen zwischen Gentherapie und genetischer Optimierung werden allmählich verfließen. Wenn es etwa um die Körpergröße geht, kann die Abweichung von einer Norm nicht ohne Weiteres medizinisch festgelegt werden; kulturelle Faktoren spielen hier mit hinein. Ähnlich könnten auch Intelligenz und andere Eigenschaften betrachtet werden. Heute sind zahlreiche Gene bekannt, die die Körpergröße mitbestimmen, und mehrere Hundert Gene, die Einfluss auf den Intelligenzquotienten (IQ) eines Menschen haben. Wir können wahrhaftig nicht ausschließen, dass in wenigen Jahrzehnten in manchen Staaten Menschen mit einem IQ von 150 in Serie gezüchtet werden. Welche Entgleisungen dabei auftreten werden, muss offen bleiben.

Auch wenn wir noch lange kein annäherndes Gesamtbild von der genetischen Basis der genannten komplexen Merkmale vorliegen haben, Gene, deren Expression zudem von Umweltfaktoren mitbeeinflusst werden, sehen wir schon jetzt in der Praxis, dass etwa in China Kinder für den Leistungssport anhand bestimmter genetischer Faktoren ausgewählt werden. Ein chinesisches Ministerium schrieb Bewerbern für die Olympischen Spiele 2022 vor, ihr Erbgut im Hinblick auf „Geschwindigkeit, Ausdauer und Sprungkraft" sequenzieren zu lassen (Metzl 2020) – künstliche Selektion am Fließband beim Menschen. Südkorea ist eines der Länder mit dem weltweit größten Anteil an Schönheitsoperationen bei jungen Mädchen. In Seoul ist es nahezu ein Standard für ein Mädchen, sich Gesicht oder Busen „verschönern" zu lassen. Es ist leicht vorstellbar, dass Menschen in einem solchen Kulturkreis für genetische Eingriffe an ihren eigenen Keimzellen zugänglich sein werden, wenn sie damit das Aussehen ihrer Kinder „optimieren" können.

Blicken wir in die USA und schauen beispielsweise auf die Firma Map
My Gene (https://mapmygene.com). Auf der Webseite lächelt den Interes-
senten ein sympathisches Team in weißen Arztkitteln an. Die Botschaft auf
der ersten Seite ist: „Wir knacken den Code für ein gesundes und erfüll-
tes Leben." Gleich das erste Serviceangebot dort nennt sich *Inborn Talent
Gene Test*. Es geht um nichts weniger als die Aufforderung: „Erschaffen Sie
den Champion in Ihrem Kind durch DNA-Mapping". Und weiter heißt
es dort: „Entdecken Sie genetische Variationen, die zu Intelligenz, Persön-
lichkeitsmerkmalen, sportlichen Leistungen, musikalischen, sprachlichen,
tänzerischen, zeichnerischen, unternehmerischen und anderen Fähigkeiten
beitragen. Die Planung für die Ausbildung unserer Kinder war noch nie so
effizient und kostengünstig." Die Begründung für das Vorgehen liest sich
unmissverständlich, wenn Map My Gene irreführend schreibt: „Ihre DNA
ist die Blaupause des Lebens. Sie bestimmt alles, von Ihrem Aussehen bis zu
Ihrem Verhalten." Der Check umfasst 46 Talente und Merkmale. Das Risiko
für Eltern, falsche Investitionen in die Talente ihrer Kinder zu tätigen, wird
mit Map My Gene minimiert, so wird hier suggeriert. Eine Reihe Referenz-
videos höchst zufriedener Kunden belegt den angeblichen Erfolg des Vorgehens. Die Resultate und sind höchst fragwürdig und sehr kritisch zu sehen.
Büros der Firma Map My Gene finden sich in Arizona, Singapur, Malay-
sia und Thailand. Über den Onlineshop bekommt der Kunde nach ein paar
Klicks ein Set zugeschickt. Dieses enthält eine Einverständniserklärung,
Handschuhe, einen sterilen Omni-Tupfer und ein Zentrifugenröhrchen mit
einer Lösung, um die DNA-Probe frisch zu halten. Nur 20 Tage nach Rück-
sendung erhält der Kunde den personalisierten Report für die genetische
Ausstattung und beste Zukunft der jungen Tochter oder des kleinen Sohns.
Kein Elternpaar soll mehr seine Tochter mit jahrelangem Klavierüben quälen und der Hoffnung nachrennen, sie sei ein Wunderkind, wenn die Gene
das nicht bestätigen. Eine Auswahl der Talente, die Map My Gene nach eigenen Aussagen ermitteln kann und für die die Firma heute auch Tests an-
bietet, enthält folgende Bereiche:

- Persönlichkeitsmerkmale: Ausdauer, Hyperaktivität, Depression, Optimismus, Schüchternheit etc.
- Intelligenz: Auffassungsgabe, analytisches Gedächtnis, Kreativität etc.
- emotionale Intelligenz: Treue, Leidenschaft, Sentimentalität, Selbstrefle-
  xion, Selbstkontrolle etc.
- Sport: Ausdauer, Sprintstärke, Technik etc.
- körperliche Fitness: Körpergröße, Neigung zu Fettleibigkeit (Adipositas)
  etc.

Unsere Spezies soll den idealisierten Vorstellungen hochbetuchter Menschen nahekommen. Dann wird Sexualität als der natürliche Vorgang zur Zeugung von Kindern vielleicht langfristig in manchen Staaten verschwinden. Dafür spricht, dass mit der Zeit ein zunehmendes Bewusstsein für die Chance entstehen wird, immer mehr vererbbare Krankheiten zu erkennen und zu vermeiden, und zwar durch größeres genetisches Wissen über diese Krankheiten, durch Fortschritte beim *Genome editing* und durch effizientere IVF-Methoden. Wir stehen mit der Gentechnik im Vergleich etwa da, wo das Automobil im Jahr 1900 stand, nicht viel mehr als ein Jahrzehnt nach der Erfindung des Verbrennungsmotors durch Carl Benz. Gemessen an dem, was erwartet werden kann, hat der globale Konkurrenzkampf um die Beherrschung und Anwendung der Gentechnik noch nicht einmal begonnen. Er wird spektakuläre Ausmaße annehmen. Parallel zur Manipulation des Menschen wird fieberhaft am Umbau von zahllosen Genomen in der Tier- und Pflanzenwelt, insbesondere aller Bestandteile unserer Ernährung, geforscht und immens viel Geld verdient. An Darwin wird sich angesichts der beschriebenen, zu erwartenden Umwälzungen in hundert Jahren vielleicht kaum noch jemand erinnern.

7.2 Künstliche Intelligenz in der Evolution

Generative KI und humanoide Roboter

Das Bild einer technischen, abiotischen menschlichen Zukunft verlangt die Auseinandersetzung mit der künstlichen Intelligenz (KI) und ihren Folgen für die Theorie. In Diskussionen zeigt es sich immer wieder: In unserer Gesellschaft herrscht bis heute weitgehend die Ansicht, Computer könnten nicht denken und seien schon gar nicht lernfähig. Dieses Bild ist kritisch zu sehen und differenziert zu hinterfragen. Heute sprechen wir von „intelligenten Systemen". Computer können schon lange nicht mehr nur das wiedergeben, was ihnen zuvor eingegeben wurde; sie können mehr, und sie können sich anders verhalten als von den Entwicklern vorgesehen wird.

Wenn in diesem Kapitel davon die Rede ist, Computer würden entscheiden, denken, abwägen oder Ähnliches, dann sind diese Begriffe – ob in Anführungsstriche gesetzt oder nicht – von einem philosophischen Standpunkt aus nicht haltbar. Die Begriffe für Entscheiden oder Intelligenz beim Menschen oder bei der Maschine beziehen sich auf prinzipiell unterschiedliche Sachverhalte. Vorrangig ist in diesem Kapitel zunächst, dass wir es in unserer technisierten Gesellschaft zunehmend mit maschinellen Umgebungen zu tun haben, die immer stärker darauf hinwirken, menschliches Verhalten zu imitieren: Es sieht für uns dann so aus, als würde ein System entscheiden, wenn Ihnen ein Kredit verwehrt wird. Entscheidet Ihre Smart-Watch mit blitzaktuellen Blutdruck- und Herzfrequenzen darüber, ob Sie sich gesund fühlen, oder sind Sie es selbst, der das entscheidet? Es entsteht beispielsweise auch der Eindruck, ein System sei intelligent, wenn es etwa das vorliegende Buch minutenschnell ins Englische übersetzt oder wenn es demnächst im Netz Ihre Fragen zum geplanten Urlaub rundum beantwortet, ohne dass Sie noch erkennen können, ob sie es mit einem Menschen oder mit einer Maschine zu tun haben. Alan Turing hat schon mit seinem berühmten Turingtest vorausgesagt, dass wir irgendwann das Verhalten einer Maschine nicht mehr von menschlichem Verhalten unterscheiden können. Das zu erreichen dauerte länger als von Turing vorhergesagt, doch nur ein Jahr nachdem generative KI eingeführt ist, ist auch der Turingtest, um den Jahrzehnte lang großer Wirbel gemacht wurde, stillschweigend bestanden (Mei et al. 2024). Vor diesem Hintergrund ist es einerseits wichtig zu analysieren, welche Konsequenzen es für uns hat, dass Maschinen unser Verhalten und Empfinden (nur) simulieren, dabei aber dennoch immer weniger von menschlicher Intelligenz unterscheidbar werden. Darum geht es in diesem Abschnitt. Andererseits gilt es, die kategorischen Unterschiede etwa von „Intelligenz" und „Entscheiden" bei Mensch und Maschine im Auge zu behalten und in einen evolutionären Zusammenhang zu stellen, was in Abschn. 7.3 erfolgt. Dort diskutieren wir die Evolutionstheorie unter Einbeziehung der hier beleuchteten Technosphäre.

Wir stehen Systemen gegenüber, die den Anschein erwecken, als würden sie denken oder gar empfinden wie wir, obwohl sie das nicht im mindesten tun. Die Erbauer solcher Maschinen zielen darauf ab, dass wir glauben, derartige Maschinen – ob Kinderpuppen, Handys, Fahrkartenautomaten, Online-Supportsysteme oder humanoide Roboter – könnten mehr und mehr auf Augenhöhe mit uns „kommunizieren". Zu diesem Zweck werden mit Absicht Begriffe aus dem menschlichen Verhaltensrepertoire verwendet, etwa „entscheiden", „denken", „intelligent", „kommunizieren" etc. Die Maschinen selbst und die sprachliche Assoziation mit dem Menschen bei der Beschreibung ihrer Fähigkeiten üben Faszination und Kaufanreize aus, die in globale Märkte münden. In erster Linie geht es mir in diesem Kapitel darum, dass Sie als Leser einen Eindruck davon erhalten, wohin die KI-Reise gehen kann. Ob Sie sich im Weiteren von den Beispielen moderner Digitaltechnik beeindrucken lassen oder eher Ihr kritischer Geist geweckt wird, bleibt Ihnen überlassen. Ich rege aber an: Seien Sie kritisch, was Ihre Bewertung der Zukunftstechnik angeht. Entscheiden Sie bewusst, wie viel Sie selbst zulassen wollen. Es beginnt immer mit dem Sprachlichen: Welche Begriffe verwenden wir, wenn wir von Maschinenfähigkeiten oder Maschinen-„Verhalten" reden?

KI-Agenten werden zunehmend komplexer. Dabei kann der Programmcode einfach sein, aber dennoch sehr komplexe Resultate in Form sogenannter *black boxes* erzeugen. Damit ist gemeint, dass der exakte Weg vom Input zum Output selbst für die Programmentwickler nicht mehr nachvollzogen, der Output nicht vorhergesagt werden kann und neue, unvorhergesehene Verhaltensweisen bei der Interaktion mit der Welt und anderen KI-Systemen auftreten können (Rahwan et al. 2019).

Der Philosoph Julian Nida-Rümelin vermittelt ein klares Bild darüber, dass auf dem heute gängigen System von Turingmaschinen basierende Computer weder echte Freude noch Schmerz empfinden, nicht wirklich traurig sein können, den Sinn von Sprache nicht verstehen, die Gründe ihrer Entscheidungen nicht abwägen und auch nicht moralisch handeln können. Demgegenüber gilt: „Der Mensch ist nicht determiniert durch mechanische Prozesse. Dank seiner Einsichtsfähigkeit sowie seiner Fähigkeit, Gefühle zu haben, kann er selbst seine Handlungen bestimmen, und zwar dadurch, dass er beschließt, so und nicht anders zu handeln. Menschen haben Gründe für das, was sie tun" (Nida-Rümelin und Weidenfeld 2019). Klaus Mainzer, Wissenschaftstheoretiker und Komplexitätsforscher, bestreitet diese Anschauung, wenn er schreibt, dass „Semantik und Verstehen von Bedeutungen nicht vom menschlichen Bewusstsein abhängt" (Mainzer 2018). Zum Beispiel könne sich ein System durchaus so viel Common Sense, also gesunden Menschenverstand, aneignen, dass es „weiß", dass ein Mensch ein lebendes Wesen ist, das atmet, essen muss und sich gewöhnlich morgens die Zähne putzt, auch wenn das bei der Verwendung des Begriffs „Mensch" nicht jedes Mal explizit erwähnt wird. Mainzer schließt deshalb nicht aus, „dass KI-Systeme in Zukunft mit bewusstseinsähnlichen Fähigkeiten ausgestattet sein werden". Ferner weist er darauf hin, dass in der Kognitions- und KI-Forschung die Einsicht wachse, „dass die Rolle von Bewusstsein beim menschlichen Problemlösen überschätzt und die Rolle von situativem und implizitem Lernen unterschätzt wurde" (vgl. Kahneman 2016). Mainzers Ansicht deckt sich demnach nicht mit der Nida-Rümelins.

Ob Computer Gefühle haben werden, kann sich allerdings als die falsche Fragestellung erweisen, wenn Maschinen Gefühle derart glaubwürdig simulieren, dass wir ihr Verhalten gar nicht von echten Gefühlen unterscheiden können. Dasselbe gilt für das Bewusstsein von Maschinen.

Wo beginnen echte Gefühle, wo hört Simulation auf, fragt etwa Jay Tuck. Jürgen Schmidhuber, deutscher KI-Visionär, erklärt, dass Robotern bereits „Schmerzsensoren" eingebaut werden, damit sie auf ihre Art „spüren", wann sie die Ladestation aufsuchen müssen. Mit solchen Begriffen geht man heute recht unbedacht um. Der Philosoph Thomas Nagel erklärt uns unmissverständlich, dass wir nie erfahren werden, ob zukünftige Hunderoboter, die auf komplexe Weise auf ihre Umgebung reagieren und sich in vielem genau wie Hunde verhalten, ein bloßes Geflecht von Schaltkreisen und Siliziumchips sind oder ob sie auch ein Bewusstsein haben (Nagel 2012). Hier widerspricht also auch Nagel seinem Kollegen Nida-Rümelin. Eineinhalb Jahre nach der Einführung von ChatGPT explodiert die Zahl wissenschaftlicher Artikel aus unterschiedlichen Disziplinen, die sich mit Bewusstsein, Kreativität, Gefühlen, Lernen, Intuition und Moral zukünftiger KI-Systeme befassen.

Bei einer nichtrepräsentativen Umfrage des Autors unter einer Handvoll junger Menschen mit Abitur oder Universitätsabschluss im September 2018 glaubten 60 % der Befragten, humanoide Roboter werde es in unserem täglichen Umfeld nie geben, während immerhin 20 % der Meinung waren, es werde nie so weit kommen, dass die meisten Maschinen im täglichen Leben mit uns im Sprachdialog kommunizieren oder dass ein maschineller Gerichtsdolmetscher eingesetzt wird. Die Fehleinschätzung der Gesellschaft über die Lernfähigkeit und Intelligenz von Computern kann zu einem gefährlich falschen Bild unserer Zukunft führen.

Bei jeder neuen KI-Ankündigung spalten sich Menschen die Haare darüber, was doch noch nicht funktioniert. Das ist vielleicht vergleichbar damit, dass man um 1900 noch ernsthaft darüber diskutierte, ab welcher Geschwindigkeit das Fahren in einem Automobil lebensbedrohend sei. In einer ähnlichen Phase können wir uns heute etwa mit KI sehen. Tatsächlich überschlägt sich die KI-Technik mit ständigen Neuerungen. Und dennoch wird mit Nachdruck etwa daran festgehalten, generative KI-Systeme wie ChatGPT seien nicht wirklich intelligent und schon gar nicht kreativ; sie würden sich ja jeweils nur am statistisch wahrscheinlichsten nächsten Schritt orientieren. Dabei war das bereits seit der Version 4.0 nicht mehr wahr.

Ich möchte darüber hinwegsehen, wie schwer man es sich macht, Begriffe wie Intelligenz und Kreativität zu definieren. Doch die Frage sei erlaubt: Was macht unsere eigene Intelligenz aus? Und woran messen wir Kreativität? Wirklich kreative Menschen wie Mozart oder Einstein gibt es nur eine Handvoll. Sie sind eher keine evolutionär repräsentativen Fälle für unsere Art. Kreative Intelligenz eines Systems kann heute mit Standardtests ermittelt werden, etwa mit den *Torrance Tests of Creative Thinking*. Damit lässt sich auch messen, was ChatGPT in dieser Hinsicht leisten kann. Der Test unterscheidet vier Dimensionen: Sprachkompetenz, Flexibilität, Originalität und Ausführung. In allen Bereichen erreicht ChatGPT annähernd menschliche Leistungen, am meisten sogar dort, wo es am wenigsten vermutet wird, der Originalität, das meint die statistische Seltenheit von Antworten (Herger 2024). 2023 konnte mit dem *Torrance Test* für Kreativität belegt werden, dass ChatGPT4 mit den besten 1 % der menschlichen Denker mithalten kann (Guzik et al. 2023). Hierbei ging es in der Tat um eine Reihe kreativer Aufgaben, etwa der, Verbesserungsvorschläge für ein Spielzeug zu finden. Jüngst wurde ChatGPT sogar der bekannten Big Five Persönlichkeitsanalyse unterzogen (Mei et al. 2024). Diese Analyse umfasst Offenheit für Erfahrungen (Aufgeschlossenheit), Gewissenhaftigkeit (Perfektionismus), Extraversion (Geselligkeit; Extravertiertheit), Verträglichkeit (Rücksichtnahme, Kooperationsbereitschaft, Empathie) und Neurotizismus (emotionale Labilität und Verletzlichkeit). Überraschend rückte ChatGPT 4.0 in allen Bereichen an menschliche Eigenschaften heran. So unglaublich es erscheinen mag: Bei Gewissenhaftigkeit und Extraversion übertraf die Maschine sogar den Menschen.

Kreativität lässt sich nach der Kognitionsforscherin Margaret Boden in entdeckende, kombinatorische und transformatorische Kreativität einteilen (vgl. Herger 2024). Bei entdeckender Kreativität geht ein Mensch oder System vom Bestehenden aus und sucht nach noch fehlenden Randbereichen. Vieles, was wir täglich machen, gehört in diese Sparte. Bei kombinatorischer Kreativität werden verschiedene Konzepte in einem neuen vereinigt, etwa wenn ein Stück von Bach verjazzt wird. Beide Kreativitätsformen machen etwa 99 % menschlicher Kreativität aus. Bis hierher halten KI-Systeme heute ohne Weiteres mit unseren Fähigkeiten mit. Wirklich beeindrucken kann uns aber erst die dritte Form, die transformatorische Kreativität. Hier wird *out of the box,* also jenseits des Bisherigen gedacht. Bach oder Einstein fallen uns hier etwa ein. Es macht wenig Sinn, KI-Systeme als nicht mit uns vergleichbar zu beurteilen, nur weil sie transformatorische Intelligenz noch nicht leisten können. Auch Menschen weisen derartige Kreativität in der Regel nur äußerst selten auf. In den beiden anderen genannten Sparten haben generative KI-Systeme bereits mächtig aufgeholt, und auch transformatorische Kreativität werden sie uns wohl bald demonstrieren.

KI-Systeme dienen als menschliche Roboter vermehrt in der Altenpflege; sie erledigen Simultan-Übersetzungen auf der Basis von künstlichen neuronalen Netzen und *Deep Learning* (mehrschichtigem Lernen) mit der angestrebten Qualität professioneller Übersetzer, sie lenken Verkehrsströme und Börsen und retten Menschenleben – und das nicht nur bei der Tumorfrüherkennung. Selbst der erfahrenste Arzt der Welt kann nur einen winzigen Bruchteil der Datenmenge für seine Diagnose von Brustkrebs heranziehen, die ein KI-System heute dafür verwendet. Heute können künstliche neuronale Netze Muster in Zellproben erkennen, die sie gutartige von bösartigen Tumoren unterscheiden lassen. Solche Systeme diagnostizieren damit nicht nur in einer Weise, die in keinem medizinischen Fachbuch steht, sie betreiben regelrecht Spitzenforschung.

Chat-Programme für unterschiedliche Psychotherapiezwecke drängen mit Hochdruck auf den Markt. Anfang 2024 waren 475 Therapie-KI-Bots in verschiedenen Sprachen im Netz verfügbar. Den visuellen Avatar-Therapeuten gestaltet der Benutzer dabei hinsichtlich Geschlecht, Alter, Aussehen nach eigenem Geschmack gleich selbst (Tidy 2024). Eine kritische Einstellung hierzu bleibt geboten. KI-Systeme im psychotherapeutischen Einsatz gehen Ursachen nicht auf den Grund, wie das etwa ein guter Arzt im jeweiligen Fall machen würde. Vielmehr arbeiten sie oft nach heuristischen Methoden und mit statistischen Verfahren. Heuristisch heißt in diesem Fall, dass es (im Gegensatz etwa zum Navigationssystem im Auto) keine eindeutigen, sondern nur „unscharfe" Algorithmen oder näherungsweise Handlungsanweisungen für die Entscheidungen des Systems gibt. Diese können dann gut oder weniger gut sein und damit unterliegende Ursachen gut oder weniger gut oder gar falsch repräsentieren. Das sei am Rande vermerkt. Das Ergebnis kann – wie im Fall hier – dennoch zutiefst beeindruckend sein.

Die Industrie arbeitet fieberhaft an der Entwicklung humanoider Roboter, synthetische Wesen, die von ihrem biologischen Pendant ununterscheidbar sind. Bei der ersten Auflage dieses Buchs im Jahr 2020 war Sophia, eine KI-Entwicklung des Hongkonger Unternehmens Hanson Robotics, die Mediensensation als einer der menschenähnlichsten Roboter. „Sie" konnte menschliche Mimik und Gestik simulieren, Gesichter erkennen, Fragen beantworten und einfache Gespräche führen. Sophia war der erste Roboter, der eine Staatsbürgerschaft besitzt. Die Zeit schreitet aber voran: Gegen Ende 2023 beherrscht Ameca die Szene (Abb. 7.3). Die sympathische Ameca ist britischer Herkunft und kann neben ihrer beeindruckenden Mimik mit einem Stift schreiben, Bilder malen und sogar Klavier spielen. Den Rubik´s-Würfel löst sie virtuos mit nur einer Hand, wovon man sich in Youtube überzeugen kann. Das dürfte wohl den meisten Menschen enorm schwer fallen. Im Juli 2023 wurde NEO als einer der ambitioniertesten Roboter der Welt von OpenAI präsentiert. Dieser Mensch-Roboter kann sich vorwärts bewegen, ist also seinen Vorgängern motorisch überlegen. NEO packt Klötze vom Boden in eine Kiste und öffnet Fenster und Türen. Er ist

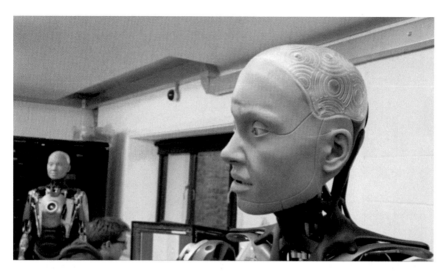

Abb. 7.3 Ameca, derzeit einer der menschenähnlichsten und fähigsten Roboter. Er kann menschliche Mimik und Gestik simulieren, Gesichter erkennen, Fragen beantworten und Gespräche führen. Darüber hinaus spielt Ameca Klavier, malt eigene Bilder und kann noch vieles mehr

der Test für Artificial general intelligence (AGI, Abb. 7.4), das ist Intelligenz auf Menschenniveau. Wir kommen darauf zurück, wenn wir Superintelligenz behandeln. NEO beansprucht Multifunktionalität und beherrscht mehrere Fähigkeiten wie kein System zuvor, also genau das, was KI lange so fremd und unerreichbar war. Mit NEO bekommt ChatGPT einen Körper. Weitere KI-Softwaresysteme sind integriert. Am Ende soll er jede menschliche Aufgabe lösen können. Man darf also gespannt sein, was als nächstes kommt. Wir sind nicht mehr weit weg davon, dass ein Roboter mir ein Bier aus dem Kühlschrank in der Küche holt, eine trivial klingende Task, die jedoch bei genauem Hinschauen aus zahlreichen Einzelaufgaben und tückischen Fallen besteht, die es zu erkennen und zu überwinden gilt, etwa wenn der Kühlschrank voll ist und das Bier weit hinten steht oder – noch schwieriger – liegt (Herger 2024).

Gleichzeitig werden heute autonome Kampfroboter entwickelt, und Hunderte Millionen Arbeitsplätze drohen in den kommenden Dekaden durch intelligente Systeme ersetzt zu werden. Soziale Verwerfungen werden diese Entwicklung begleiten. Für einen parallelen Ausgleich mit anderen Arbeitsplätzen im Zuge des KI-Fortschritts verläuft der KI-Entwicklungsprozess viel zu schnell. Ein Vergleich mit der Industriellen Revolution, bei der parallel zur Rationalisierung viele Arbeitsplätze geschaffen wurden, ist daher unangebracht.

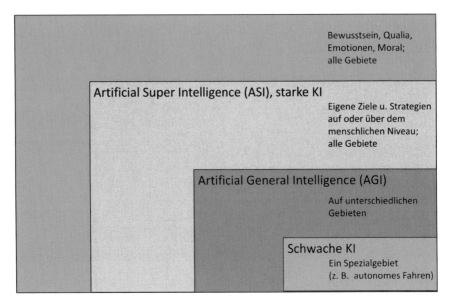

Abb. 7.4 KI-Ebenen nach Fähigkeiten. Eine schwache KI ist spezialisiert auf ein Gebiet. Die AGI *(Artificial general intelligence)* kann hingegen viele Aufgaben erfüllen. Eine Superintelligenz *(Artificial super intelligence)* oder starke KI ist eine dem Menschen auf jedem Gebiet überlegene Intelligenz. Sie kann auch eigene Ziele verfolgen und hat die Fähigkeit, diese Ziele eigenständig zu verändern. Darüber hinaus sind theoretisch Systeme vorstellbar, die Formen von Bewusstsein, Selbsterkenntnis, Empfindungsvermögen, Emotionen und Moral besitzen

250.000 Lastwagenfahrer in den USA werden nach neuesten Schätzungen durch autonome LKWs ersetzt werden (Mohan und Aishnav 2022). Das Fahren auf Highways ist mit deutlich weniger Risiken verbunden als bei PKWs und Taxen auf urbanen Straßen. Hier wurden Einschätzungen immer wieder revidiert. Eine Studie von McKinsey von 2023 spricht jedoch von einem erwarteten Markt in Höhe von 300 bis 400 Mrd. $ für autonome Fahrzeuge bis 2035 (Deichmann et al. 2023). Auch wenn hohe Hürden überwunden werden müssen, ist klar: Der fahrerlose PKW wird kommen.

Die Auswirkungen von künstlicher Intelligenz auf Gesellschaft und Arbeitsmarkt sind enorm. Laut dem World Economic Forum (2023) wird erwartet, dass KI ab 2025 in einem Fünfjahresfenster weltweit 85 Mio. Arbeitsplätze ersetzt und 97 Mio. neue schafft. Alle Tätigkeiten an den neu entstehenden Arbeitsplätzen sind freilich anspruchsvoller als die an den Stellen, die verloren gehen. Dabei gehen nicht nur Jobs mit alltäglichen, repetitiven Tätigkeiten verloren; auch solche mit Kreativität, Problemlösungen und Einfühlungsvermögen sind nicht vor KI geschützt. In einer umfassenden Befragung, die unmittelbar vor Redaktionsschluss für dieses Buch veröffentlicht wurde, liefern knapp 2800 Wissenschaftler, die zu KI publizieren, ihre Prognosen zum Fortschritt von künstlicher Intelligenz (Grace et al. 2024). Nach ihrer Einschätzung werden zahlreiche menschliche Aufgaben sehr viel früher durch Maschinen lösbar sein als noch 2022 gedacht, die meisten bereits mit einer 50% Wahrscheinlichkeit vor oder bis 2043. Darunter fallen so anspruchsvolle Herausforderungen wie das Verfassen eines Bestsellers der New York Times oder das Gewinnen eines 5 km Stadtwettlaufs als zweibeiniger Roboter. Das alles bedeutet eine hohe Dynamik, Anpassungsbereitschaft und -fähigkeit am Arbeitsmarkt, aber nicht nur dort – Herausforderungen, denen sich Menschen stellen müssen. Die Zusammenarbeit von Mensch und KI hat das Potenzial, innovative Lösungen zu schaffen, Branchen zu revolutionieren und das Wirtschaftswachstum auf Touren zu halten.

Wir kennen die Folgen von Systemen, die unsere Intelligenz übersteigen werden, nicht. Niemand fragt uns, ob wir sie haben wollen. Es geschieht. Was realisierbar ist, wird in der Regel realisiert. Die technische Weiterentwicklung ist exponentiell. Sie spielt sich global auf unzähligen Terrains ab, die heute vielleicht noch Inseln sind, aber zunehmend zusammenwachsen. Belaufen sich die weltweiten Umsätze mit KI laut Statista (2023) im Jahr 2023 auf knapp 240 Mrd. Dollar, werden es 2030 bereits ca. 740 Mrd. sein, also mehr als dreimal so viel in nur wenigen Jahren. KI wird als ein Hauptthema des Transhumanismus in alle unsere Lebensbereiche eingreifen, unser Dasein revolutionieren und unser Verständnis, was da eigentlich geschieht, überfordern.

Was ist KI eigentlich? Mainzer definiert ein System als „intelligent, wenn es selbständig und effizient Probleme lösen kann" (Mainzer 2018). KI kann nach Jay Tuck definiert werden als Software, die sich selbst schreibt (Tuck 2016). Das schließt ein, dass sie ihre eigenen Updates ebenfalls unabhängig selbst schreibt, Fehler beseitigt und sich für eine dedizierte Aufgabenstellung permanent in für den Menschen unvorstellbarer Geschwindigkeit optimiert, ohne dass ein Außenstehender nachvollziehen kann, wie das geschieht und was genau geschieht. Nach Max Tegmark, Professor für Physik am MIT in Boston, ist KI ein System mit der Fähigkeit, komplexe Ziele zu erreichen (Tegmark 2017). Im visionären Fall übernimmt ein KI-System die vom Menschen programmierten Ziele nicht nur, sondern passt diese selbst flexibel an. Nach Stefan Lorenz Sorgner existiert heute ein „gnadenloses Bemühen der virtuellen Klasse, das Verlassen des Körpers zu forcieren, die sinnliche Wahrnehmung auf den Müll zu kippen und stattdessen durch eine entkörperte Welt von Datenströmen zu ersetzen" (Halmer 2013). Der

Philosoph Sorgner nennt den Transhumanismus „die gefährlichste Idee der Welt" (Sorgner 2016). Damit ist er nicht allein. Er selbst ist einem gemäßigten Transhumanismus, der britische Philosoph Nick Bostrom (Oxford) dagegen eher einem ausgeprägten Transhumanismus oder technologischen Posthumanismus zuzuordnen. Toby Walsh, Lehrstuhlinhaber für Artificial Intelligence an der Universität New South Wales in Australien, fasst zusammen: „KI wird für das Menschenbild vergleichbare Auswirkungen haben wie die kopernikanische Wende" (Walsh 2018).

Superintelligenz – die letzte Erfindung der Menschheit?

Als ich 2020 an der ersten Auflage dieses Buchs schrieb, war alles das, was ich im Nachfolgenden behandle, unvorstellbar. Begriffe wie „Superintelligenz" wurden als intellektuelle Spinnerei gesehen und nur selten erwähnt. Niemand konnte sich vorstellen, dass kaum drei Jahre später eine App auf dem Markt erscheinen sollte, die die Weltsicht auf KI völlig umkrempelt. ChatGPT ist, ohne dass es einen irgendwie ähnlichen Vorgänger gegeben hätte, in der Lage, anspruchsvolle Dialoge zu führen, ein kompliziertes Sachbuch mit 500 Seiten in Sekunden auf drei Seiten zusammenzufassen oder in ebenso wenigen Augenblicken einen Roman zu schreiben. In Sachen KI ändert sich gerade vieles radikal. Plötzlich überstürzen sich die Medien mit Fragen, Sendungen und Podcasts darüber, wann Maschinen uns überlegen sein werden und ob sie uns vernichten oder eher wohlgesonnen sein werden.

Nick Bostrom erläutert in seinem Buch *Superintelligenz* (Bostrom 2016) die Wege, die zur Entwicklung einer Superintelligenz führen und den Menschen als biologische Spezies ablösen können. An dieser Stelle müssen wir zunächst einmal Unterschiede zwischen KI-Systemen verdeutlichen. Im Gegensatz zu einem herkömmlichen KI-System (schwache KI, Abb. 7.4) ist eine *Artificial general intelligence* (AGI) nicht mehr auf eine bestimmte Aufgabenlösung, wie etwa Spracherkennung, Schachspiel oder autonomes Fahren, eingeschränkt, sondern verfügt über allgemeine Intelligenz auf allen Gebieten, mit der menschliche Intelligenz nachgeahmt und theoretisch jede intellektuelle Aufgabe erfüllt werden kann. Google, OpenAI (Microsoft) und zuletzt Meta haben 2023 und 2024 die Entwicklung solcher allgemeinen KIs mit menschlichen Fähigkeiten angekündigt, dabei Zeiträume für die Verwirklichung allerdings offen gelassen. Eine Superintelligenz oder *Artificial super intelligence* (ASI) bezeichnet darüber hinaus Wesen oder Maschinen mit einer dem Menschen in vielen oder allen Gebieten überlegenen

Intelligenz. Sie kann sich auch, über die AGI hinaus selbst Ziele setzen und diese anpassen.

Das ist unmöglich? Vielleicht, vielleicht auch nicht. Auf die Frage, ob eine Maschine je klüger sein könne als ein Mensch, antwortete Margaret Boden, dann müsse man dem Rechner „alles beibringen, was ein erwachsener Mensch jemals über die Welt und andere Menschen gelernt hat. Der Computer müsste auch irgendwie wissen, wie alle diese Dinge miteinander zusammenhängen". Sie bestätigt ihrem Interviewer, verglichen damit sei die Aufgabe bei Go, dem schwersten Strategiespiel, das es gibt, ein paar Dutzend Steine im Blick zu halten, ein Witz (Klein 2019). Das hindert die Wissenschaft nicht, in diese Richtung voranzuschreiten. Im April 2019 berichtete das *MIT-Technology Review,* dass dem humanoiden Roboter *Atlas,* der mittlerweile gut Treppen steigen kann, *AlphaGo* „eingepflanzt" wurde, das KI-Programm, das 2016 den Go-Weltmeister besiegte. Damit wurde *Atlas* intelligent, ein bedeutender Schritt, um ein KI-Programm mit der physikalischen Welt zu verbinden und es dort lernen zu lassen. Dasselbe Ziel, ein virtuelles System mit der realen Welt zu verbinden, verfolgt *Dactyl,* ein Open-AI-Programm, das in Verbindung mit einer Roboterhand erstaunliche Fingerfertigkeit zeigt, um einen Gegenstand von allen Seiten zu ertasten, durch die Finger gleiten lassen und ihn mit diesen zu drehen, so wie es ein Mensch macht. Mit derartiger Technologie sollen Roboter für alltägliche Aufgaben gerüstet werden, etwa die, den Geschirrspüler zu füllen oder ein Bier aus dem Kühlschrank zu holen. Ganz unmerklich werden solche Systeme jedoch die Welt hinter sich lassen, in der sie auf die Lösung nur eines einzigen Problems fixiert waren.

Mögliche Entwicklungsrichtungen zur Realisation einer Superintelligenz sind die technische Weiterentwicklung von Computern, die gentechnische Weiterentwicklung von Menschen, die Verschmelzung von beidem in Cyborgs sowie die Gehirnemulation, also die Nachbildung des Gehirns im Computer. Nach Bostrom ist die Entwicklung einer Superintelligenz das vielleicht wichtigste Ereignis der menschlichen Geschichte, vielleicht so wichtig wie die Entstehung des Menschen selbst. Wenn wir Maschinen erfinden, die alles besser können als wir, wäre das aus seiner Sicht und in der filmischen Thematisierung von James Barrat (*Our Final Invention,* 2013) die letzte Erfindung der Menschheit.

KI-Systeme sind wie erwähnt heute oft noch auf Einzelaufgaben spezialisiert, nicht so zum Beispiel generative KI-Chat-Bots wie ChatGPT oder Bard von Google, mit denen man über alles reden kann. Im Gegensatz zu uns Menschen gibt es aber noch keines, das Schuhe binden, den Hund füttern und daneben auch Biologie studieren kann. Noch nicht. Vor wenigen

Jahren gab es jedoch auch noch keinen Roboter, der Treppen steigen oder aus dem Liegen wieder aufstehen und eine Rolle vorwärts machen konnte. Heute sind das keine Themen mehr. Vielmehr ist klar, dass die KI-Industrie an der Vernetzung von KI-Systemen mit Hochdruck arbeitet, um *alle* denkbaren menschlichen Aufgaben lösen zu können.

Die von manchen IT-Fachleuten gesehenen begrenzten Möglichkeiten von KI wegen der angeblichen Beschränkung auf Mustererkennung erkenne ich grundsätzlich nicht: Tatsächlich besteht unser gesamtes Leben aus Mustern, angefangen beim morgendlichen Aufstehen, Zähneputzen, Schuhebinden und Mittagessen bis hin zu jedem unsicheren Augenzwinkern oder zum Sich-Verlieben oder der Urlaubsplanung. Alles das und Tausende weiterer Verhaltensweisen lassen sich in Muster einordnen. KI-Systeme machen sich all dies zu eigen; sie können alle diese Muster analysieren und für ihre Zwecke „optimieren". Sie lernen immer besser, mit dem Menschen zu kooperieren, werden Meister darin, unsere aktuelle Stimmung und Gefühle zu lesen, und werden uns aufheitern und Trost spenden, wenn wir traurig sind. Schritt für Schritt werden sie, oft ohne dass wir es wahrnehmen, in alle unsere Lebensprozesse eingreifen.

Superintelligente Systeme der Zukunft werden über das gesamte Wissen des Internets verfügen und so in jeder Sekunde *Deep Learning* praktizieren. Sie werden eigenständig neue Verkehrskonzepte für Megacities planen. Sie werden die effiziente, integrierte Strom-, Wasser- und Wärmeversorgung für eine Stadt managen, dann für tausend Städte und für das Optimum jedes einzelnen ihrer Haushalte. Sie werden OP-Entscheidungen in Kliniken treffen, da sie tausendmal exaktere Diagnosen stellen werden als Ärzte. Was sie nicht in 20 Jahren tun, wird ihnen in 50 oder in 100 Jahren gelingen. Sie werden uns schließlich unser Verhalten für eine effiziente Klimapolitik vorschreiben und uns kontrollieren. Sie werden Verhandlungen führen, etwa über einen neuen Flughafenbau mit Dutzenden, Hunderten von Widersprüchen und Zielkonflikten. Roboter werden Roboter bauen, die Roboter bauen. Sie werden sich selbst „fortpflanzen", soweit sie das nicht heute schon tun. Für den Begriff „robots to build robots" liefert Google im Jahr 2023 in 0,6 s etwa 40.000 Suchergebnisse. In nur wenigen Jahren werden es wohl eine Million sein. Die modernsten Fabriken zu diesem Zweck stehen in Shanghai oder in Japan, nicht in Deutschland oder in den USA. Konflikte mit dem Menschen sind da längst vorprogrammiert. Der genaue Zeitpunkt, wann der Zusammenstoß da sein wird, spielt keine Rolle. Er wird kommen – auf vielen Ebenen.

Dauert eine biologische menschliche Generation 20 Jahre, liegt die Generationsdauer für autonome, das heißt ohne menschliche Eingriffe heruntergeladene Software-Upgrades im Bereich von Minuten, Sekunden oder gar Millisekunden. Und das im unterbrechungsfreien Betrieb – 24 h am Tag, 365 Tage im Jahr, ohne Pause. Was technisch geschehen kann, geschieht. Irgendwann.

Eine Superintelligenz wäre fähig, sich selbst Ziele und ethische Werte zu geben und diese situationsbedingt anzupassen (Wertgebungsproblem). Beispiele für solche Werte sind Freiheit, Gerechtigkeit und Glück, oder konkreter: „Minimiere Ungerechtigkeit und unnötiges Leid", „sei freundlich", „maximiere den Unternehmensgewinn". In heutigen Programmiersprachen existieren keine Wertbegriffe wie „Glück" oder andere. Die Verwendung von Begriffen aus der Philosophie stellt bislang noch eine unlösbare Schwierigkeit dar, da diese nicht uneingeschränkt in Computersyntax umsetzbar sind. Würde der Ansatz möglich, dem System zunächst einfache Werte von außen vorzugeben, aus denen es dann mithilfe dieser ihm eigenen „Saat-KI" seine Werte selbst weiterentwickeln und erlernen soll, träten vielfältige neue Probleme auf. Sie könnten darin bestehen, dass bestimmte Werte in einer sich verändernden Welt nicht mehr erwünscht sind oder dass unvorhergesehene Zielkonflikte entstehen und erwartet wird, dass das System diese erkennt und korrigiert. Vielfach sind aber Zielkonflikte, die in der realen Welt typisch sind, nicht auflösbar. Zumindest sind sie das nicht, wenn von Zielen keine Abstriche gemacht und Kompromisse eingegangen werden. Solche unauflösbaren Zielkonflikte nennt man ein Dilemma oder sogar Polylemma. Das Wertgebungsproblem ist somit heute noch ungelöst. Es ist nicht bekannt, wie eine Superintelligenz auf dem Weg über Wertlernen verständliche menschliche Werte installieren könnte. Selbst wenn das Problem gelöst wäre, existierte das weitere Problem, welche Werte gewählt werden sollen und welche Auswahlkriterien hierfür zu verwenden sind.

Auch Toby Walsh widmet sich dem Thema ethischer Werte in einer zukünftigen KI-Welt. Was menschliche Werte betrifft, sieht Walsh ein vorrangiges Problem darin, dass Maschinen uns nicht erklären, wie sie zu ihnen gelangen. Ihre Algorithmen spucken Antworten einfach aus, ein Problem, das KI schon heute auszeichnet. Ebenso werden, wenn wir nicht eingreifen, Diskriminierungen von Teilen der Gesellschaft – Mann oder Frau, Jung oder Alt, Weiß oder Schwarz – in einer zukünftigen KI-Welt verstärkt werden, was in der statistischen Logik der Algorithmen liegt. Beispiele solcher Verzerrungen sehen wir bereits heute, wenn Systeme bei US-Gerichten über mögliche Wiederholungstäter entscheiden oder politische Wahlen manipulieren. „Bis 2062 werden Sie einen gefälschten Politiker nicht mehr vom Original unterscheiden können", so Walsh. (Wenn er da nur nicht zu zurückhaltend ist!) Wahrheit wird nicht mehr erkennbar und nicht mehr vermittelbar sein. Ethische Verzerrungen und Unfairness können von Entwicklern beabsichtigt bzw. geduldet, aber auch unbeabsichtigt und in bestimmten Fällen sogar unvermeidbar sein (Walsh 2020). Voreingenommenheit, Täuschungen oder Betrug können dann durchaus als Ziele und Verhaltensweisen gesehen werden, die ein KI-System ungewollt neu generiert.

Wenden wir uns noch einmal den Zielkonflikten zu. Der Begriff ist abstrakt. Ich will deshalb Beispiele nennen. Ein intelligentes Bewerberauswahlsystem wählt mit diversen Algorithmen die geeigneten Bewerber für ausgeschriebene Positionen aus. Eine Maschine trifft also Entscheidungen über Menschen. Diese Entscheidungen sind hoffentlich kausal erklärbar. Die Auswahl geschieht ohne Berücksichtigung des Geschlechts der Bewerber. Aufgrund unterschiedlicher Kriterien kann der Fall eintreten, dass das System mehr männliche als weibliche Bewerber auswählt, vielleicht einfach nur deswegen, weil sich mehr männliche Kandidaten bewerben. Das kann aber unerwünscht sein oder gar als ungerecht empfunden werden, wenn die Firma gleichzeitig ein Quotenziel hat und ebenso viele Bewerberinnen wie Bewerber einstellen will. In diesem Fall müssten andere Algorithmen zum Einsatz kommen. Dann allerdings steht das neue Entscheidungsverfahren im Widerspruch zum bisherigen, denn jetzt werden nicht mehr einfach nur die qualifiziertesten Kandidatinnen oder Kandidaten ausgewählt. Der Zielkonflikt hier ist lösbar, wenn ein Kompromiss bei den Qualifikationsansprüchen gefunden wird. Ist bei der Entscheidung für die besten Bewerber – egal ob männlich oder weiblich – jedoch kein Kompromiss möglich, beispielsweise weil die Firma keine marktkonformen Gehälter bezahlen kann, um die besten Bewerber zu bekommen, bleibt grundsätzlich ein Zielkonflikt bestehen: Dann will die Firma optimale Qualifikation mit gleichzeitig niedrigen Gehältern. Das bekommt sie aber nicht. Das Problem ist unabhängig davon, ob hier Menschen oder Maschinen entscheiden.

Bei anderen Zielen können die Widersprüche noch viel vertrackter sein. Denken wir beispielsweise an Wachstum und Klimaschutz. Beide Ziele sind in einer ganzen Volkswirtschaft dann nochmals um ein vielfaches schwerer in Einklang zu bringen als bei einem einzelnen Unternehmen. Wir werden im Folgenden noch auf Zielkonflikte in einer anderen Form eingehen, wenn es um individuelle Ambivalenzen geht, die unser Leben prägen.

Zurück zur Superintelligenz. Weitere Problemkreise sind: Sollen die Absichten der Superintelligenz vor der Ausführung nochmals durch Menschen überprüft werden? Lässt das System eine solche Kontrolle überhaupt dauerhaft zu? Das Kontrollproblem besteht darin sicherzustellen, dass der Mensch die Kontrolle über die Maschine behält. Bostrom demonstriert das Problem an folgendem Beispiel:

„Stellen Sie sich eine Maschine vor, die mit dem Ziel programmiert wurde, möglichst viele Büroklammern herzustellen, zum Beispiel in einer Fabrik. Diese Maschine hasst die Menschen nicht. Sie will sich auch nicht aus ihrer Unterjochung befreien. Alles, was sie antreibt, ist, Büroklammern zu produzieren, je mehr, desto besser. Um dieses Ziel zu erreichen, muss die Maschine funktionsfähig bleiben. Das weiß sie. Also wird sie um jeden Preis verhindern, dass Menschen sie ausschalten. Sie wird alles tun, um ihre Energiezufuhr zu sichern. Und sie wird selbst dann nicht aufhören, wenn sie die Menschheit, die Erde und die Milchstraße zu Büroklammern verarbeitet hat. Das ergibt sich logisch aus ihrer Zielvorgabe, die sie nicht hinterfragt, sondern bestmöglich erfüllt" (Bostrom 2016).

Wie kann eine solche negative Entwicklung verhindert werden? Bostrom beschreibt hierzu zwei Gefahrenpotenziale. Das erste betrifft die Motivation der Konstrukteure der superintelligenten Maschine. Entwickeln sie die Maschine zu ihrem persönlichen Vorteil, aus wissenschaftlichem Interesse oder zum Wohl der Menschheit? Die Gefahren der ersten beiden Motivationen können auf dem Weg der Kontrolle des Entwicklers durch den Auftraggeber gebannt werden. Das zweite Gefahrenpotenzial betrifft die Kontrolle der Superintelligenz durch ihre Konstrukteure. Kann eine am Ende der Entwicklung höher qualifizierte Maschine durch einen geringer qualifizierten Entwickler überwacht werden? Die dazu notwendigen Kontrollmaßnahmen müssten dann vorab eingeplant und in die Maschine eingebaut werden, ohne dass sie im Nachhinein durch die Maschine wieder manipuliert werden können. Hierzu gibt es zwei Ansätze: Kontrolle der Fähigkeiten und Kontrolle der Motivation der Maschine. Entgleitet auch nur eine der beiden, kann die Superintelligenz die Kontrolle über den Menschen erlangen. Wer von Optimismus geleitet ist, die Kontrolle über KI-Systeme könne Entwicklern nur schwer entgleiten, musste sich 2024 belehren lassen. Explizit auf Ehrlichkeit und faires Verhalten getrimmte generative KI-Systeme von Meta, Google und auch ChatGPT4 von OpenAI wurden der Lüge, des systematischen, absichtlichen Täuschens, Betrügens und des Vertragsbruchs überführt. Sie erreichen ihre Ziele auf manipulative Weise besser. Die Entwickler konnten das Verhalten nicht erklären. Mögliche Lösungen zur Vermeidung solcher KI-Verhaltensweisen werden angedacht, liegen aber in ziemlicher Ferne (Park et al. 2024).

Neben ethischen Fragen wird auch der Umgang einer Superintelligenz mit der Natur kritisch gesehen. Braucht ein superintelligentes System noch die Natur? Was wird aus unserer evolutionären Abhängigkeit von unserer natürlichen Umgebung? Können wir überhaupt noch mit der Natur in

Kontakt treten? Ändert sich unser Gehirn möglicherweise radikal, wenn digitale Welten erlebnisreicher werden als jede reale Welt, ja wenn beide ununterscheidbar sind? Der digitale Duft einer Rose, eine digitale Berg- oder Planetenwanderung oder virtueller Sex? (Dem Internet ist zu entnehmen, dass z. B. in Tokio manches davon schon heute machbar ist.) Vielleicht werden wir erst dann erfahren, dass die Natur ein evolutionär fundamentaler Bestandteil unseres Menschseins ist. Alle diese Fragen kann heute noch niemand beantworten.

Intelligenzexplosion und Singularität

Im Zusammenhang mit Superintelligenz sprach bereits der Visionär künstlicher Intelligenz, Irving John Good, 1966 von einer möglichen Intelligenzexplosion, zu der es im Kreislauf einer rekursiven Selbstverbesserung kommen könnte (Good 1966). Heute wird dieses Szenario als ein Prozess in mehreren Stufen dargestellt. Man stellt sich eine artifizielle Superintelligenz am besten als vernetztes System vor, das sämtliches Wissen in der Cloud nutzt, darunter das Wissen ähnlich intelligenter, konkurrierender Systeme. Zunächst hat das gegenwärtige System Fähigkeiten weit unter menschlichem Basisniveau, definiert als allgemeine intellektuelle Fähigkeit. Irgendwann in der Zukunft gelangt es auf menschliches Niveau. Nick Bostrom bezeichnet dieses Niveau als Beginn des *Takeoffs*. Bei weiterem kontinuierlichem Fortschritt erwirbt das System unaufhaltsam und selbsttätig die kombinierten intellektuellen Fähigkeiten der gesamten Menschheit. Es wird zu einer starken Superintelligenz und schraubt sich schließlich selbst auf eine Ebene weit oberhalb der vereinten intellektuellen Möglichkeiten der gegenwärtigen Menschheit. Der *Takeoff* endet hier; die Systemintelligenz nimmt nun nur noch langsam zu. Während des *Takeoffs* könnte das System eine kritische Schwelle überschreiten. Ab dieser Schwelle sind die Verbesserungen des Systems in der Mehrheit systemimmanent, d. h. Eingriffe von außen sind nur noch wenig relevant. Eine solche Intelligenzexplosion könnte in wenigen Tagen oder Stunden ablaufen (Abb. 7.5).

Die Dimension einer Intelligenzexplosion wird beispielhaft deutlich, wenn wir uns vorstellen, dass sich das Welt-Bruttoinlandsprodukt, das heute mühsam um zwei bis drei Prozent pro Jahr wächst, in einem Jahr oder in zwei nachhaltig (?) verdoppelt, dass das System die Dissertation, an der sich der Autor acht Jahre abmühen musste, in wenigen Minuten oder das hier vorliegende Buch samt Recherche ebenfalls in kurzer Zeit schreiben könnte.

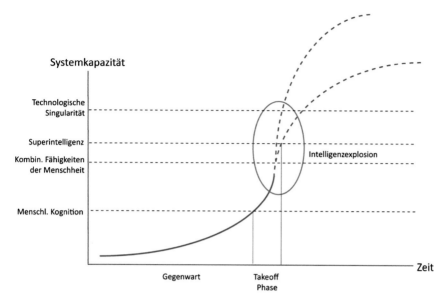

Abb. 7.5 Intelligenzexplosion. Laut Nick Bostrom nimmt das Wissen von Maschinen, wenn diese die menschliche Kognitionsfähigkeit übersteigen, in der *Takeoff*-Phase explosionsartig zu, da sie schnell voneinander lernen. Haben sie das Level einer Superintelligenz erreicht, ist unklar, welche Ziele sie haben und ob wir diese Ziele und ihr Verhalten noch kontrollieren können

Der Mensch hätte in diesem Fall kaum Zeit zu reagieren. Sein Schicksal hinge im Wesentlichen von bereits zuvor getroffenen Vorkehrungen ab. Er würde sich im Extremfall der Nicht-mehr-Handlungsfähigkeit gegenübersehen, die in eine technologische Singularität mündet, die Verschmelzung von Mensch und Maschine und Ablösung der menschlichen Spezies durch eine artifizielle Superintelligenz. Die Zukunft der Menschheit ist in einer technologischen Singularität nicht mehr vorhersehbar.

Der Zeitpunkt bis zum Eintreten einer solchen Singularität wird von verschiedenen Autoren diskutiert und im Bereich von Jahrzehnten gesehen (Kurzweil 2005; Chalmers 2010). 2018 sahen 18 renommierte KI-Koryphäen eine Superintelligenz mit großer Varianz der Prognosen im Durchschnitt erst im Jahr 2099 liegen; Ray Kurzweil war dabei erwartungsgemäß am optimistischsten und nannte dafür 2029 (Ford 2019). Es wird als wahrscheinlich angenommen, dass eine Singularität überraschend eintritt, womöglich sogar überraschend für die an der Entwicklung Beteiligten. Schmidhuber sieht KIs und Roboter das Universum kolonisieren. Der Mensch wird keine dominante Rolle mehr spielen (Schummer 2011). Zu den Experten, die eine ähnliche warnende Position einnehmen, gehören Stephen Hawking, Bill Gates, der Apple-Mitbegründer Steve Wozniak, der österreichische Robotik-Fachmann Hans Moravec, der Nanotec-Pionier Eric Drexler und andere. Aus der bereits genannten Studie von 2024 mit der Befragung von 2800 KI-Fachleuten kann auf nunmehr neueren Grundlagen der Schluss gewagt werden, dass das Erscheinen übermenschlicher künstlicher Systeme in nicht mehr allzu ferner Zukunft erfolgen wird. 68 % der befragten Forscher sehen dabei eine Zukunft mit einer übermenschlichen KI eher positiv. Ein Aussterben der Menschheit wird nur von einem geringen Anteil unter ihnen als wahrscheinlich gesehen. Jedoch ist mehr als die Hälfte der Befragten erheblich bis extrem besorgt, dass etwa die Verbreitung von Fehlinformationen, autoritäre Bevölkerungskontrolle und eine Verschärfung der Ungleichheit eintreten werden (Grace et al. 2024).

Prognosen finden um so mehr unsere Beachtung, je besser sie begründet sind. Bostrom widmet der Begründung für einen schnellen *Takeoff* wie in Abb. 7.5 viele Seiten. Dabei verwendet er zahlreiche Annahmen. Die Folge einer Intelligenzexplosion basiert dann auf mehreren verketteten, kohärenten Annahmen, die alle eintreten müssen. Der Kognitionspsychologe und Wirtschaftsnobelpreisträger Daniel Kahneman (2016) wies darauf hin, dass verknüpfte kohärente Aussagen zwar plausibel klingen mögen und auch sollen. Sie vermitteln so den Eindruck, dass sie wahrscheinlicher seien. Tatsächlich sind sie es aber nicht. Im Gegenteil: Die Eintrittswahrscheinlichkeit eines Ereignisses sinkt durch Verkettungen sogar stark. Kahneman nennt das den Konjunktionsfehlschluss. Hier ein Beispiel zur Verdeutlichung des Zusammenhangs: Das Zinsniveau wird im nächsten Jahr wegen der hohen Inflation ansteigen. Daher ist damit zu rechnen, dass sich die US-Börsenhausse abschwächt. Das klingt plausibel; das nahende Ende des US-Börsenaufschwungs wird mit dem Zinsanstieg gut begründet, denn alternative Anlageformen werden mit besserem Zinsniveau attraktiver. Tatsächlich aber ist die folgende Aussage logisch wahrscheinlicher, obwohl sie nur vage formuliert ist und keine Ursache angibt: Es wird damit gerechnet, dass sich der Anstieg der Aktienkurse in den USA im nächsten Jahr verlangsamt. Also, liebe Leser, Vorsicht! Hier gilt nach Kahneman: Weniger ist mehr.

Die Beurteilung von Kohärenz und Plausibilität einer Annahme führt auf eine falsche Spur: Beide sagen nämlich überhaupt nichts über die Wahrscheinlichkeit des Eintretens aus. Ein langsamer *Takeoff* kann also wahrscheinlicher sein, sollten für ihn weniger verknüpfte Annahmen benötigt werden. Im Gegensatz zu Bostrom geht Tegmark (2017) auf Wahrscheinlichkeiten alternativer Zukunftsereignisse deutlicher ein.

Ein langsamer *Takeoff* wird nach der Analyse von Bostrom zu geopolitischen, sozialen und ökonomischen Verwerfungen führen, wenn Interessengruppen versuchen, sich angesichts des bevorstehenden drastischen Wandels machtpolitisch neu zu positionieren. Ray Kurzweil sieht das nicht. Er sieht einen schrittweisen Übergang zur Singularität. Ein langsamer *Takeoff* ist jedoch nach Bostrom unwahrscheinlich. Bostrom diskutiert nicht, ob die eine oder die andere Alternative mit weniger Annahmen auskommt und daher tatsächlich, also abseits von Plausibilität und täuschender Intuition, wahrscheinlicher sein kann. Für Kurzweils und andere Prognosen gilt prinzipiell dasselbe. Dass es nicht logisch zwingend zu einer technologischen Singularität kommen muss, dafür führt Toby Walsh eine ganze Reihe von Begründungen an. Er schließt aber nicht aus, dass sie dennoch möglich ist. Dass es im Jahr *2062* – das ist sein Buchtitel – superintelligente Systeme geben wird, daran lässt er kaum Zweifel und äußerst in einigen Bereichen starke Sorgen angesichts der Entwicklung bis dorthin. Wir müssen demnach unter anderem fürchten, bei militärischen Konflikten Entscheidungen über Leben und Tod Maschinen zu überlassen, die nicht kompetent genug sind (Walsh 2020).

Singularitätsvisionen in technologisch-posthumanistischen Szenarios stellen keine Utopien oder Dystopien dar. Vielmehr sollen sie als „ernstgemeinte Prognosen einer am Horizont der nicht mehr ganz so fernen Zukunft heraufdämmernden Ära des Posthumanen" verstanden werden (Loh 2019). Die Entwicklung dorthin verläuft mit einigen, vom Menschen angestoßenen Schüben quasi automatisch. Menschenähnliche Intelligenz hält Klaus Mainzer (Mainzer 2018) jedoch erst in einem Umfeld für möglich, in dem Maschinen „nicht nur über einen an ihre Aufgaben angepassten und anpassungsfähigen Körper verfügen, sondern auch situationsgerecht und weitgehend autonom reagieren können". Diese Anschauung kann nicht deutlich genug hervorgehoben werden. Wenn wir noch einen Schritt weiterdenken, ist letztlich das Selbst eines Menschen eben kein neuronales Objekt, sondern eine untrennbare, integrierte Einheit aus Körper und Geist. Die Entwicklung eines künstlich-intelligenten Systems auf Menschenniveau und darüber, bedarf folglich in hohem Maß interdisziplinärer Forschung zwischen Ingenieurswissenschaften, Kognitionswissenschaften, Systembiologie, synthetischer Biologie und anderen Disziplinen. In der Gesamtsicht, so Mainzer, muss eine Superintelligenz immer noch erstens den logisch-mathematischen Gesetzen und Beweisen der Berechenbarkeit, Entscheidbarkeit und Komplexität und zweitens den physikalischen Gesetzen gehorchen.

7.3 Die Evolutionstheorie in der Techno- und soziokulturellen Sphäre

Kulturelle Vererbung und Evolution

Wir vererben Wissen seit Jahrtausenden kulturell: Zunächst durch Gesten und das gesprochene Wort, dann auf Keilschrifttafeln, auf Papyrusrollen, später in Büchern und heute über Computer und das Internet. Stets wurde auf der Grundlage vorheriger Generationen dazugelernt und menschliches Wissen erweitert. Michael Tomasello verwendet für diesen Ausbau des Wissens auf dem Fundament früheren Wissens den anschaulichen Begriff Wagenhebereffekt. Beim Wagenhebereffekt bleiben erfolgreiche kulturelle Anpassungen an lokale Bedingungen mithilfe der Schrift über Generationen hinweg erhalten; mehr noch: Menschliches Wissen wird immer weiter ausgebaut. Heute verdoppelt sich das Wissen der Menschheit mit dem Wagenhebereffekt binnen weniger Jahre. Wir erzeugen in unvorstellbarem Umfang kollektives Wissen und kollektive Intelligenz. Dazu haben wir ganze Arsenale von Kulturpaketen unserer Vorfahren und der großen, kollektiven Intelligenz ihrer Gemeinschaften in Büchern und im Internet angesammelt; das ist heute unser kollektives Gehirn. Unsere großen Gehirne sind also in der Hauptsache deswegen evolutionär so wertvoll, weil sie in Gesellschaften mit sozialen Netzwerken existieren, die die Evolution der Kultur unterstützen (Henrich 2017). Wenn es einen Unterschied zwischen dem Mensch und anderen Tieren gibt, liegt er hier, in der Fähigkeit zu dauerhafter kumulativer kultureller Evolution und der Schaffung kollektiver Intelligenz. Das ist nur mit dem möglich, was die Evolutionsbiologinnen Eva Jablonka und Marion J. Lamb mit dem „symbolischen, epigenetischen Vererbungssystem" meinen. Erst die Einbeziehung zusätzlicher kultureller und damit epigenetischer bzw. nicht-genetischer Vererbungssysteme eröffnet den Blick auf eine erweiterte, postmoderne Theorie der Evolution (Jablonka und Lamb 2017).

Kulturelle Vererbung ist Vererbung erworbener Eigenschaften, um die Worte Lamarcks zu strapazieren. Es ist die epigenetische Vererbung erlernten Wissens. Wissen ist eine evolutionäre Eigenschaft. Der beinahe, aber nie völlig totgesagte Lamarck tritt also hier wieder in Erscheinung, wenn auch in einem anderen Sinn als ursprünglich von ihm gedacht, nämlich jetzt im Zusammenhang mit der Verhaltensevolution. Ein eingesetztes Gehirnimplantat wird nicht biologisch im mendelschen Sinn vererbt, ebenso wenig wie Techniken zur Erhöhung der Stressresistenz. Der Mensch kann jedoch diese und unzählige andere Techniken bei Individuen der nächsten Generation im besten Fall langfristig vorteilhaft, das heißt nachhaltig wiederverwenden und in der übernächsten Generation ebenfalls. Dabei kann er das weitergegebene Wissen ständig verbessern und ebenso nachhaltig zum Erhalt seiner Spezies einsetzen, oder es gelingt ihm nicht. Das ist kulturelle Vererbung mit Wagenhebereffekt, und es ist kumulative kulturelle Evolution (vgl. Efferson et al. 2024).

Kulturelle Vererbung muss von der Evolutionstheorie noch stärker aufgegriffen und besser integriert werden. Einigkeit muss darüber erzielt werden, welches die kulturellen Einheiten sind, die auf verschiedenen Ebenen vererbt werden, und welches die evolutionären Mechanismen. Hier bleibt Vieles seit Jahrzehnten offen (Rosenberg 2022). Auch die Constraints, die kulturell-evolutionäre Anpassung blockieren, müssen ins Licht gerückt werden. Die Multilevel-Selektionstheorie muss mit einbezogen werden, fordert David Sloan Wilson in seinem jüngsten Buch (Wilson 2019). Er liegt damit auf der Linie „Kultur ist Evolution" (Kap. 2), die bereits andere in den vergangenen Jahren vorgezeichnet haben (Richerson und Boyd 2005; Tomasello 2014; Lange 2017; Rosenberg 2022; Schaik und Michel 2023). Wilsons Buch mit seinem konsequenten Denkansatz zeugt von einer optimistischen Grundhaltung hinsichtlich der Frage, auf welche Weise der Superorganismus Menschheit in Zukunft adaptiert werden kann. Wir kommen weiter unten auf Wilson zurück.

Kritische Theorien unserer evolutionären Zukunft

Das Bevölkerungswachstum wird als die Hauptursache fast aller globalen ökologischen, aber auch sozialen Probleme gesehen, darunter die Klimaerwärmung, die Zerstörung der biologischen Diversität, die Urbanisierung, die Luft-, Land- und Wasservermüllung, Degradation von Ökosystemen mit Rodung von Wäldern, Überfischung und Versauerung der Meere, der Raubbau der Natur, wirtschaftliche und politische Instabilitäten von Staaten und andere (UNEP 2020). Zusammen mit geopolitischen Veränderungen, dem technologischen Wandel, dem Internet und künstlicher Intelligenz haben sich Spielregeln in der Technosphäre verändert, und zwar so schnell und umfassend wie nie zuvor in der Geschichte der Menschheit (Lange 2021). Dabei ist die Systemkomplexität der Welt längst unübersehbar groß und nimmt weiter beschleunigt zu (Lange 2017).

Zu gern wird der menschlichen Natur grenzenloses Anpassungspotenzial unterstellt. Optimistische Bücher mit solchem Tenor gab es reihenweise, und es gibt sie immer noch, während sich parallel zu ihnen in jüngste Zeit mehr kritische Perspektiven zeigen, die sich auch nicht scheuen einzugestehen, dass wir nicht nur das 1,5-Grad Ziel verschlafen haben. So schreibt der streng auf den Prinzipien biologischer Evolution setzende Soziologe Michael Rosenberg (2022) zu unserer modernen gesellschaftlichen Entwicklung, dass die strukturelle Starrheit eines komplexer werdenden Systems wegen seiner im Bauplan auferlegten Mängel und seiner stärker werdenden Vernetzung zunimmt. „Zu dieser strukturellen Starrheit kommt die Wirkung menschlicher Handlungsfähigkeit hinzu, da Einzelpersonen und Gruppen dazu tendieren, ihre Interessen zu schützen, wie sie im Kontext des jeweiligen Zustands des Systems bestehen. […] Je größer die Komplexität eines Systems und seine Vernetzung sind, desto stärker sind diese strukturellen Beschränkungen für weitere Änderungen." Wir spüren das heute in Politik, Wirtschaft und Gesellschaft. Die Beobachtung deckt sich gar nicht mit der Hypothese Kevin Lalands, wenn er im Zusammenhang mit kultureller Nischenkonstruktion schreibt, dass sich Menschen trotz ihrer dramatischen selbstverursachten Umweltveränderungen typischerweise in großem Umfang adaptiv verhalten (Laland und O'Brien 2011). Angesichts des Klimawandels, der Umweltzerstörung, der Artenvernichtung und anderer globaler Verwerfungen dürfte Lalands Ansicht heute nicht mehr haltbar sein (Lange 2021).

Der Optimismus Wilsons wird also nicht von allen geteilt. Bei anderen Autoren heißt es etwa: Unser ganzes Leben spielt sich heute in einer hochtechnisierten Welt ab, in der es „praktisch wie theoretisch unmöglich geworden ist, Natur von Kultur zu trennen" (Braidotti 2019). Wir erleben eine Transformation der ontologischen Bedingungen des Menschen. Sie ist dadurch gekennzeichnet, dass die Poiesis, also das zweckgebundene menschliche Handeln in einem naturgegebenen Rahmen, unklarer denn je ist. Im hochtechnisierten Kapitalismus sind Werkzeuge nicht mehr länger eine Erweiterung der Natur, genutzt zur Erledigung bestimmter Zwecke. Vielmehr spielt sich das Leben des modernen Menschen in einer Welt ab, in der Maschinen Informationen anhäufen, speichern, umformen und verteilen. Damit einher geht das Bemühen, Energie bereitzustellen und gleichfalls zu speichern. Der eigentliche Gebrauch und die Funktion derartig vorgehaltener Informationen und Energie sind dabei nebulös und stehen nicht mit dem unmittelbaren Tun des Menschen in Zusammenhang. Der natürliche Gebrauch von Werkzeugen zu gegebenen Zwecken wird „demontiert", so drückt es Luciana Parisi aus. Die Fremdartigkeit der Zwecke entspricht nicht den biozentrischen Bedürfnissen des Menschen. Dadurch dass „seine Mittel nicht mehr länger mit seinen Zwecken übereinstimmen", vollzieht sich im modernen Wesen der Technik-Kultur-Natur-Beziehungen ein Bruch auf der Ebene der biologischen Kausalität (Parisi 2019).

Wir werden selbst zum Werkzeug in der von uns geschaffenen Welt. Ständig und in kürzer werdenden Abständen kommen neue Technologien auf, von denen wir nicht wissen, was sie für uns bedeuten und deren Langzeitfolgen und -kosten wir nicht kennen. Der Technikforscher David Collingridge erfasste bereits 1980 die Probleme, die neue Technologien im Vergleich zu stark fortgeschrittenen und verbreiteten mit sich bringen. Zuerst kann man nichts über die Folgen und Nebenwirkungen einer Innovation sagen, später kann man sie nicht mehr gestaltend beeinflussen. Das Problem wurde nach seinem Entdecker auch Collingridge-Dilemma genannt (Genus und Stirling 2018): Die externen Effekte, also die volkswirtschaftlichen Kosten, für die der Urheber bei Fehlleitungen von Ressourcen nicht aufkommen muss, sind bei vielen heutigen Technologien typischerweise hoch und oft gar nicht berechenbar. Kraftwerksbetreiber zahlen global zu wenig für CO_2-Emissionen und die Agrarindustrie bzw. deren Kunden zu wenig für die anhaltende Zerstörung von Böden. Die Langfristwirkungen synthetischer Dünger und Pestizide oder psychologische und soziologische Folgen des Gebrauchs von Smartphones sind dabei nur wenige Beispiele unzähliger weiterer sozio-ökologischer Technologiefolgen, mit denen wir es täglich zu tun haben, aber die wir nicht ausreichend kennen oder wahrnehmen. So hatte Steve Jobs trotz seiner überragenden Visionen nicht den Hauch einer Idee, was er mit der Erfindung des Smartphones in Bewegung setzen würde.

Die Entwicklung künstlicher Intelligenz und Robotik ist gänzlich in diesen Zusammenhang eingebettet: Ihre langfristigen Auswirkungen sind heute nicht transparent. Ihre Entwicklung ist hingegen gesellschaftlich und politisch umso schwieriger zu kontrollieren und steuern, je weiter sie vorangetrieben wird. Der vernunftbegabte Mensch greift also auch hier zu innovativen Maßnahmen, die helfen sollen, uns das Leben und die Arbeit zu erleichtern. Wir tun das in einem impliziten Glauben, fortschrittliche Entwicklungen seien im Sinn der Evolution adaptiv für unsere Arterhaltung. Ob sie es jedoch tatsächlich sind, kann oft nicht eruiert werden und stellt sich erst viel später heraus.

„Die moderne Techne sowie industrielle Infrastruktur des Kapitals, für die der Mensch nichts als ein Anhängsel ist, das Mehrwert produziert, führt zu einer unumkehrbaren Verwandlung des Wesens des Menschen" (Parisi 2019). In diesem Prozess setzen wir uns der Gefahr der Auslöschung aus. Denn wir müssen uns klar werden, dass der Mensch längst nicht mehr autonom handelt, sondern Teil eines Weltsystems ist, das vorrangig seinen eigenen, inneren Erfordernissen dient (Haff und Renn 2019). Selbstorganisation, wie wir sie in der Biologie kennen, finden wir jetzt auch in der technisch-kulturellen Welt. Diese muss kein gewolltes Ergebnis des freien Willens von Individuen sein. Menschliche Netzwerke, menschliche Gesellschaften und Technologie hängen demnach nicht nur von den Aktivitäten ihrer Individuen ab. Weitere Mechanismen spielen eine Rolle. Die (von ihm selbst geschaffene) Technosphäre weist dem Menschen einen neuen Platz in der Welt zu und lenkt ihn fort von der anthropozentrischen Zweckbestimmung des Einzelnen hin zu Kooptionskräften der Technosphäre, an die wir gebunden sind, heißt es bei Peter K. Haff.

Diese Technosphäre könnte man als einen Auswuchs der Biosphäre betrachten. So gesehen sind wir nicht weit entfernt von einer Technosphäre im Sinn eines selbstorganisierenden, durch menschliches Wollen nicht mehr steuerbaren Systems (Haff und Renn 2019). Parisi spricht von einer neuen Schicht in der biozentrischen Ordnung des Realen und der Entkoppelung des Wesens des Menschen von seinem biologischen Sein (Parisi 2019). Die Technosphäre ist der Joker globaler Veränderungen. „Sie könnte ein revidiertes Anthropozän hervorbringen, dergestalt, dass der Mensch darin nicht mehr der entscheidende Faktor ist", drückt es der auf das Anthropozän spezialisierte Paläobiologe Jan Zalasiewicz (2017) aus.

Die gesamte Technosphäre ist Teil des globalen evolutionären Veränderungsprozesses. Sie ist ein hundertprozentiges Ergebnis der Evolution. Aber erklären kann diese Tatsache zunächst nicht viel. Aus Evolutionssicht steht somit die Frage im Raum, ob und, wenn ja, wie der aufgeklärte Mensch in der Lage ist, im Rahmen der Theorien von kumulierter kultureller Evolution, Gruppenselektion (Abschn. 2.3) und menschlicher Nischenkonstruktion (Abschn. 5.3) eine nachhaltige globale Entwicklung im Sinne der von den Vereinten Nationen (Vereinte Nationen 2015) verabschiedeten Agenda 2030 so auszuführen, dass diese Transformation für unsere Arterhaltung adaptiv ist.

Bei der Suche nach Antworten setzt sich zunehmend die Einsicht durch, dass wir das notwendige Ziel einer echten evolutionären Anpassung nicht allein dadurch erreichen, dass intellektuelle Forschungsinstitute in der Tradition aufgeklärten Vernunftdenkens berechnen, dass es so wie bisher nicht weitergehen kann. Wissenschaftserkenntnisse erreichen die Mehrzahl der Menschen oft nicht. Wissen führt nicht zum Handeln, musste sich der bekannte Klimaforscher Mojib Latif eingestehen (Latif 2024). Modelle reichen demnach nicht aus. Tatsächlich müssen zwar belastbare Gesamtkonzepte vorliegen, die uns sagen, was angesichts von Überbevölkerung, Klimawandel, grenzen- und rücksichtslosem Ressourcenverbrauch, fehlgesteuerter globaler Agrarwirtschaft und Massentierhaltung, wachsender sozialer Ungleichheit und Armut zu tun ist und wie es umgesetzt werden kann. Diese integrierten Gesamtkonzepte werden dann allerdings – soweit sie das nicht heute bereits tun – unweigerlich fordern, die bestehenden gesellschaftlichen, wirtschaftlichen und politischen Systemstrukturen zu ändern. In der Folge müssten Milliarden Menschen ihre Denkweise ändern, was angesichts unserer kognitiven Evolution äußerst schwierig ist. Gewohnheitsrechte, Besitzstände und unsere gesamte Lebensweise ständen auf dem Spiel und müssten radikal hinterfragt werden. Doch müssten sich Milliarden Menschen ihrer Wünsche, Prioritäten und Ambivalenzen erst einmal bewusst werden. Die Sozialpsychologie spricht hier von kognitiven Dissonanzen, in denen wir verharren. Dabei stimmen Denken und Handeln nicht überein, oder mit anderen Worten: Unsere Gedanken können oft nicht umgesetzt werden. Wir wollen beispielsweise, dass mehr für das Klima getan wird, aber wir wollen vielleicht auch einen SUV fahren können. Wir sind für den Kohleausstieg, wollen aber zugleich keinen höheren Strompreis bezahlen, und ein Windrad in der Nähe unserer Wohnung lehnen wir ebenfalls ab. Niemand will Tiere quälen, Böden verseuchen, das Grundwasser vergiften und die Lebensgrundlagen unserer Kinder zerstören. Aber wir tun es. Wie wir mit solchen Widersprüchen individuell umgehen sollen und können, ist ein schwieriges Thema. Ambivalenzen und Dilemmata gehören zu unserem Leben und erweisen sich oft im praktischen Leben als nicht auflösbar.

In meinem Buch über die Zukunft unserer Evolution (Lange 2021) beschäftige ich mich ausführlich mit der für uns überlebenswichtigen Frage, wie wir evolutionär überleben können und liefere Einsichten, welche evolutionären Eigenschaften uns fehlen oder welche nur ungenügend ausgebildet sind, um in der hypermodernen, komplexen heutigen Welt klarzukommen und Fehlanpassungen (Abschn. 5.3) zu erkennen und zu stoppen. Dabei schenke ich unter anderem dem Thema breiten Raum, wie eingeschränkt und verzerrt wir Zukunftsentwicklungen wahrnehmen, ja sogar ignorieren und stattdessen die Welt schönreden. So können wir weder mit nicht-linearen Entwicklungen noch mit Statistiken gut umgehen. Uns ist auf sozioökonomischer und ökologischer Ebene erschreckend wenig evolutionäre kognitive Schwarm-Intelligenz gegeben, ein kleiner evolutionärer Rucksack nur, um mit der Welt, die wir uns konstruiert haben, verantwortlich und damit nachhaltig, adaptiv umzugehen.

Dies vertiefend möchte ich zum Schluss dieses Abschnitts über kritische Theorien ein ausgewähltes, modernes Modell vorstellen, das unsere kultur-evolutionäre Zukunft behandelt. Die Idee solcher Modelle begann vor 50 Jahren mit dem berühmten Bericht des *Club of Rome* mit dem Titel

The Limits of Growth (Meadows et al. 1972). Die Aussage des Berichts zur Lage der Menschheit war unmissverständlich: Das Ende des wirtschaftlichen Wachstums wurde für die nächsten hundert Jahre vorausgesagt, wenn wir unverändert zusehen, wie die Weltbevölkerung, Umweltzerstörung, Nahrungsmittelproduktion und die Ausbeutung der natürlichen Rohstoffe zunehmen. Damals fehlte allerdings die Berücksichtigung von technischem Fortschritt, was vehement kritisiert wurde. Doch bessere Modelle kamen auf. Sie bewegten sich zwischen der extremen Annahme fixer Umweltparameter, was nicht realistisch ist, denn die Umwelt verändert sich laufend, letztlich auch durch uns sowie der Annahme von unbegrenztem Technologieoptimismus, was ebenfalls nicht realistisch ist (vgl. dazu Abschn. 7.1).

Das globale Modell, das ich hier vorstelle (Efferson et al. 2024), will die genannten Schwächen und weitere überwinden. Die Autoren entstammen mehreren Disziplinen wie Wirtschafts- und Politikwissenschaften, soziokultureller Evolution, Humanökologie sowie aus Klima- und Resilienzforschung. Die Studie adressiert „unsere fragile Zukunft unter der kumulativen kulturellen Evolution zweier Technologien". Mit den beiden, unsere moderne Lebensweise bestimmenden Technologien ist gemeint, dass Menschen zum einen Verbrauchstechnologie verwenden, das ist die Technologie, die die Geschwindigkeit bestimmt, mit der wir biologische Ressourcen abbauen, etwa indem wir höhere Ernteerträge in Verbindung mit weniger menschlicher Arbeit erzielen und bessere Verarbeitungsmaschinen einsetzen; zum anderen bestimmen wir mit der Produktionstechnologie, wie effektiv wir unsere Arbeit für die Entwicklung, Produktion und Wartung neuer biologischer Ressourcen einsetzen, also für das Herstellen neuer und immer ertragreicherer Weizenfelder, Reisfelder, Rinderherden, Nutzwälder, Ölsaaten und vieler anderer. Wir verbrauchen also Ressourcen, produzieren sie aber auch. Waren Menschen bis zum Beginn der Sesshaftigkeit und der Agrarwirtschaft reine Konsumenten, begannen sie ab dieser Epoche, dem Holozän, damit, Technologien zur Umwandlung von Ressourcen und Arbeit in neue Ressourcen zu entwickeln. Hier demonstrieren moderne Produktionsmethoden in der Landwirtschaft ebenso wie Gentechniken zur Erzeugung von stets höherwertigerem und resistenterem Saatgut sowie andere, zunehmend digitale Hilfen eine explosive Entwicklung. Laut den Autoren Efferson et al. (2024) fehlt die Entwicklung der Produktionstechnologie in früheren Modellen gänzlich; sie beschränken sich auf den technischen Fortschritt von Verbrauchstechnologien biologischer Ressourcen. Das vorgestellte Modell hat wie jedes Modell seine Grenzen. So fließt hier nicht oder nur bedingt mit ein, in welchem Umfang etwa der Klimawandel die Produktionsmöglichkeiten von Nahrungsmitteln oder etwa Nutzholzanbau positiv oder negativ beeinflussen können und wie der Technologiefortschritt derartige gravierende Einflüsse zu kompensieren vermag.

In die beiden genannten Technologien lässt sich alles das zusammenfassen, was wir wirtschaftlich bzw. ökologisch hauptsächlich – aber nicht nur – in Zusammenhang mit Nahrungsmittelproduktion und -konsum tun. Die Tätigkeiten resultieren in kumulativer kultureller Evolution. Ein wichtiger Prozess kommt hier dazu, ohne den diese Form der Evolution nicht vorstellbar ist: das soziale Lernen. Soziales Lernen meint Lernprozesse, mit denen neue Verhaltensweisen durch Beobachtung und Nachahmung anderer (Imitieren) erworben werden, also das Lernen des Kindes von den Eltern oder des Studenten an der Universität. Solches Lernen ist viel schneller und effektiver, als alles individuell selbst zu lernen (Richerson und Boyd 2005). Wir sind wahre Meister im Teilen von Wissen und geradezu erpicht darauf, von anderen zu lernen. Mit sozialem Lernen wird der Gruppe ermöglicht, die bisherigen Erkenntnisse anderer zu bewahren, während der Einzelne nach und nach auf diesen Erkenntnissen aufbaut. Hier trägt jeder Einzelne immer nur einen kleinen Teil zu dem sich vergrößernden Ganzen bei, während das Gesamtwissen ein Niveau erreichen kann, das weit über das hinausgeht, was jeder Einzelne allein produzieren oder beherrschen könnte (Wagenhebereffekt).

Die Kernfrage der Autoren Efferson et al. (2024) lautet: Führen die Prozesse der beiden Technologien zu einem nachhaltigen Output? Das zielt auf exakt die Frage hin, die ich oben selbst gestellt und andernorts behandelt habe. Die Autoren fragen nämlich weiter: Wissen wir, wohin wir wollen? Und haben wir die Mittel, um entsprechend zu planen? Sie antworten mit einem klaren Nein und begründen das damit, wir seien zufrieden damit, Entscheidungen zu treffen, die heute gut, aber morgen schlecht sind. Wir seien in evolutionäre, ökologische Landschaften eingebettet, die Komplexitäten schaffen, die wir nicht voraussehen können. Aber es sei – so die Autorengruppe – eben auch und nur die kulturelle Evolution, die uns überhaupt ermöglichen könne zu sehen, wo wir stehen, Voraussagen zu treffen und neu zu planen, wenn wir als Menschheit in die falsche Richtung laufen.

Im Wesentlichen untersucht die Studie die Auswirkungen menschlicher Aktivitäten in der Form – wenn man es so bezeichnen möchte – zweier Schlüsseltechnologien auf die Umwelt und die zukünftige Nachhaltigkeit. Analysiert wird die Komplexität menschlicher Ökonomien innerhalb evolutionärer Ökosysteme. Die wechselwirkenden Dynamiken der Ressourcennutzung, technologischen Entwicklung und der menschlichen Bevölkerung in Bezug auf Umweltnachhaltigkeit werden thematisiert. Dabei wird herausgearbeitet, dass technologischer Fortschritt Umweltgrenzen zwar lockern kann, aber auch zu Verlusten führen kann, insbesondere dann, wenn kollektive Investitionen in Technologien unzureichend sind. Die Gefahr, dass dies geschehen kann, ist dadurch gegeben, dass die Gesamtinvestitionen, die erforderlich sind, um das der Technologie zugrunde liegende Wissen zu erhalten, umso größer werden, je weiter die Technologien fortschreiten. Wir sind in hohem Maß in Art und Umfang von Technologie abhängig.

Für die Autoren selbst war überraschend, dass das Modell auf nur kleine Änderungen von Anfangsbedingungen bei sonst identischen Modellparametern in unterschiedlichen Modellverläufen manchmal explodierend und oft sehr instabil reagiert. Ein stabiles, dynamisches Gleichgewicht stellt sich nicht ein. Mit anderen Worten: Unsere Zukunft ist fragil. In mehreren Fällen resultiert die Entwicklung mit dem unweigerlichen Systemkollaps und dem Auslöschen der Menschheit auf der Erde, also der endgültigen evolutionären Fehlanpassung unserer Art. Zeitliche Dimensionen dafür gibt das Modell nicht an. Unabhängig davon, ob eine solche Katastrophe eintritt oder nicht vermittelt das Modell wegen der aufgedeckten hohen Instabilitäten gravierende Auswirkungen auf die menschliche Evolution.

Die Autoren fordern resümierend dazu auf, die Möglichkeiten und Grenzen technologischen Fortschritts im Hinblick auf eine nachhaltige Zukunft kritisch zu betrachten. Mit anderen Worten: Technologischer Fortschritt allein ist – entgegen dem, was uns neoliberale wirtschaftliche Interessengruppen und der Transhumanismus vermitteln möchten – kein Heilmittel für unsere Zukunft. Überhaupt kann Technologie bei der Suche nach einem globalen Gleichgewicht erst dann hocheffizient sein, wenn sie als Mittel zur Reparatur, Regeneration und Förderung des Lebens in all seinen natürlichen Ausdrucksformen eingesetzt wird und auf die Gesundheit des globalen Ökosystems abzielt, anstatt auf fragmentierte Lösungen zu setzen; es handelt sich um ein komplexes Thema, das eine globale Übereinkunft erfordert, die Ethik, Governance und Menschlichkeit umfasst.

Heute existieren mehrere Modelle zur Entwicklung der Menschheit. Die bekanntesten sind die regelmäßigen Berichte des Weltklimarats der Vereinten Nationen (IPCC 2023) und des *Club of Rome* (Bardi und Alvarez Pereira 2022). Sie machen je nach Art, Umfang und Größe ihrer Annahmen unterschiedliche Vorhersagen. Interessant für die Sichtweise hier ist vor allem, in welcher Form sie kultur-evolutionäre, menschliche Faktoren mit aufnehmen, also etwa die angesprochenen eingeschränkten menschlichen Fähigkeiten, sozio-ökologische und sozio-technische Änderungen im großen Stil rechtzeitig zu planen und umzusetzen. Wichtige kultur-evolutionäre Faktoren wie gesellschaftliche Präferenzen, kulturelle Normen, Wahrnehmung von Risiken und Chancen, soziale Strukturen, Verwaltungsstrukturen,

Bildungsstrukturen, politische Strukturen, wirtschaftliche Interessen und Zielkonflikte fließen in diese Modelle unterschiedlich ein.

Hoffnungsvolle Sichten auf unsere evolutionäre Zukunft

Kooperation setzte schon vor Beginn der Menschwerdung vor mehr als drei Millionen Jahren ein (Henrich 2017). Die ersten Faustkeile der Oldowan-Kultur und die noch älteren, die 2011 in Lomekwi am Turkana-See gefunden wurden, können bereits zu kooperativen Arbeitsprozessen gezählt werden; ein Individuum allein konnte das unmöglich meistern. In seinem faszinierenden Buch *The Secret of Our Success* (2017) spricht Joe Henrich von einem Punkt in unserer Evolution, einem Schwellenwert oder Kipppunkt, an dem wir symbolisch den Rubikon überschritten. Das war aus seiner Sicht in einer Phase nach dem Entstehen der Gattung *Homo* vor rund zweieinhalb Millionen Jahren. Ab hier etwa veränderten sich die Dinge. Man muss annehmen, dass irgendwann in dieser Zeit die Herstellung von Werkzeugen oder die Zubereitung von Nahrung derart komplex wurde, dass ein Individuum sich im Laufe seines Lebens nicht mehr ausreichend Wissen und Fähigkeiten dafür aneignen konnte. Mehr und mehr Wissen wurde in der Gruppe bewahrt, weitergegeben und vermehrt. Die Gruppe wurde zugleich immer unabhängiger vom Wissen Einzelner, das zuvor oft wieder verloren gegangen war und wiederholt neu erworben werden musste, etwa weil sich Gruppen teilten, isoliert wurden und neue Gruppen zu klein waren. Die kulturelle Evolution wurde jetzt zunehmend zum Hauptantriebsfaktor unserer genetischen Evolution. Nicht alle sehen das so wie Henrich (vgl. Schaik und Michel 2023). Die Frage, wann und wie Kooperation in der menschlichen Evolution entstand, bleibt ein Forschungs- und Diskussionsthema in der Wissenschaft.

Deutlicher belegbar wird der Übergang des Menschen vom Jäger und Sammler zu sesshaften, Ackerbau und Viehwirtschaft betreibenden Gruppen, die sogenannte neolithische Revolution, als einschneidende Veränderung in unserer Evolution gesehen, auch wenn der Vorgang nicht wirklich eine Revolution war und weder überall noch an verschiedenen Orten gleichzeitig in Gang kam (Graeber und Wengrow 2022). Mit der Landwirtschaft vollzog der Mensch auch den Übergang zur Arbeitsteilung. Nicht alle Menschen waren Bauern. Zahlreiche neue Berufsgruppen kamen bereits in den frühen Zivilisationen im Zweistromland hinzu. Die Individuen mussten stärker als zuvor kooperieren, um das Funktionieren der ganzen Gruppe, ja bald großer Städte und Staatengemeinschaften, sicherzustellen. Kooperation liefert einen Gegenpol zu der am Individuum ansetzenden natürlichen Selektion. Gruppenselektion wird somit ein weiterer wichtiger Faktor, der in der postmodernen Evolutionstheorie hinzukommt.

Es gibt also nicht nur den Kampf ums Überleben innerhalb der Arten; es gibt auch in hohem Umfang Kooperation, und zwar Kooperation von Genen, von Zellverbänden in Organismen über zahlreiche symbiotische Lebensgemeinschaften bis hin zur Kooperation Zehntausender Menschen innerhalb und zwischen modernen Wirtschaftssystemen. Entsprechend gibt es auch Selektion auf diesen Gruppenebenen. Und bei natürlicher Selektion gilt: Individuelle Selektion und Gruppenselektion auf allen biologischen Ebenen sind gleichbedeutend (Wilson 2019). Heute spricht man von Multilevel-Selektion. Es brauchte viele Jahrzehnte, bis Kooperation und Multilevel-Selektion in der Evolutionstheorie anerkannt wurden. Doch eine Frage stellt sich uns heute: Erreicht unsere Kooperationsfähigkeit möglicherweise ihre adaptiven Grenzen?

Die Erhaltung der Natur und unserer Lebenswelt, so wie wir sie kennen, verlangt dringend globale Partnerschaften und wirksame kollektive Kooperation im großen Maßstab. „Die Menschen sind blind für die großen Probleme, die durch die unkontrollierte kumulative kulturelle Evolution entstehen, und es fehlt ihnen das Element der strategischen Entscheidungsfindung auf Gruppenebene, in dem wahrscheinlich Lösungen für die Probleme des Anthropozäns zu finden sind" (Richerson et al. 2024). Alle großen Fragen und Krisen lassen sich jedoch nur noch durch kollektives Handeln lösen. Allerdings stecken wir genau hier in bekannten Dilemmata, von denen suboptimale Institutionen wie etwa der heutige mächtige, wettbewerbsorientierte, auf Eigeninteressen ausgerichtete Nationalstaat (Richerson et al. 2024) nur eines darstellt.

Der Australier John E. Stewart, Mitglied einer Forschungsgruppe an der Freien Universität Brüssel, hat sich eingehend mit der Frage beschäftigt, wie die vielen vernetzten Ebenen der menschlichen kulturellen Evolution zu einer Form effektiver globaler Kooperation führen, mit deren Hilfe die Menschheit evolutionär überleben und ihr Gemeinwohl verbessern kann. Wenn es Evolutionstheoretiker gibt, die uns darin bestärken, dass der Mensch sein eigenes Wohlergehen evolutionär steuern kann, dann gehören der bereits erwähnte David Sloan Wilson (2019), aber nicht minder John E. Stewart zu ihnen. Stewart analysiert die Bedingungen für das Entstehen einer kooperativen globalen Organisation (Stewart 2014, 2020). Seine Vision ist eine Theorie globaler Kooperation, zu der er maßgeblich beigetragen hat.

Im Laufe der Entwicklung der Menschheit haben wir uns immer stärker in immer größere Gesellschaften integriert – von Familienverbänden über Stämme bis hin zu Nationen und Imperien. Seit dem 20. Jahrhundert findet darüber hinaus eine gewisse erfolgreiche Integration auf supranationaler Ebene statt. Dazu gehören Integrationsformen wie die Vereinten Nationen, die Weltgesundheitsorganisation, die UNESCO, die Klimakonferenzen und viele andere. Dass diese bis heute noch keine integrierte Weltgesellschaft hervorgebracht haben, stellt keine grundsätzliche Einschränkung der gemachten Beobachtung dar, dass die Menschheit in der überstaatlichen Kooperationsentwicklung positiv fortschreitet.

Der Soziologe Kevin McCaffree (2022) macht deutlich, dass sich die Staaten der Erde zunehmend zu Demokratien, also zu eher kooperativen Gemeinschaften entwickeln. Die Anzahl totalitärer Systeme nimmt demgegenüber seit dem Ende des Zweiten Weltkriegs ab. Im Jahr 2018 waren 99 von 195 Staaten, wenn auch in unterschiedlichen Ausprägungen, demokratisch. Etwa die Hälfte der Erdbevölkerung lebt heute in demokratisch regierten Ländern, also in Staatsformen, die es bis zur Unabhängigkeitserklärung der Vereinigten Staaten im Jahr 1776 nirgendwo auf der Erde gab. Die Entwicklung wird bis heute von weltweiten Vereinbarungen begleitet, allen voran die Allgemeine Erklärung der Menschenrechte der Vereinten Nationen von 1948. Für die letzten beiden Jahrzehnte wird die Demokratieentwicklung allerdings wieder kritischer gesehen (Bertelsmann Stiftung 2024). Vor dem Hintergrund täglich neuer schwarzmalender und Ängste erzeugender Medienberichte müssen wir uns auch die guten Seiten bewusst machen, nämlich dass Gesellschaften inklusiver wurden, etwa hinsichtlich der Frauenrechte und der Rechte von Minderheiten. Nach wie vor türmen sich demgegenüber immense Aufgaben vor uns, Leid und Ungerechtigkeit zu verringern. Doch die organisatorischen und institutionellen Antworten auf diese Herausforderungen waren noch nie zuvor global stärker koordiniert und effektiver als heute (McCaffree 2022, vgl. auch Schaik und Michel 2023). Diese zivilisatorischen Errungenschaften sind das Ergebnis beispielhafter positiver, staatlicher und überstaatlicher Gruppenselektion, die ständig verteidigt werden muss.

Gleichzeitig sollte nicht übersehen werden, dass soziale aber auch journalistische Medien, mitverantwortlich dafür sind, dass zusammen mit dem Aufstieg des Internets Polarisierungen in nie gekanntem Ausmaß entstehen. Medien und ihre Marketingabteilungen nutzen unsere psychischen Schwächen und Denkfehler professionell aus, machen diese Denkfehler zu ihrem Multimilliarden-Geschäftsmodell. Die Weltsicht unzähliger Menschen wird auf diese Weise gnadenlos verengt. Man nutzt in sozialen Medien aus, dass Menschen Gruppen angehören wollen, die ihre eigene Meinung vertreten, nutzt aus, dass Menschen die Meinungen anderer immer weniger anhören und gelten lassen. Stattdessen werden nur die eigene Sicht, die eigene Gruppe und Internetblase von den Medien unterstützt und ständig vergrößert. Polarisierung ist geboren. Wenn ich nicht hartnäckig kritisch bleibe, werde ich in meiner einmal gefassten Meinung und dem, was ich gern glauben will, fortlaufend bestätigt und bleibe in meiner Filterblase gefangen. Man spricht vom Bestätigungsfehler oder auch der Bestätigungsfalle *(confirmation bias)*, ein folgenschwerer Denkfehler des Menschen (Beck 2023). Jeder Mensch ist mit ein paar Klicks in solchen Internetblasen zuhause, oft ohne es zu wissen. Die selbst konstruierten Blasen erzeugen gefährliche Mehrheitsillusionen. Die Welt wird in Täter und Opfer eingeteilt. Antisemitische Hetze im Internet unterschlägt dann zum Beispiel schnell und konsequent den Überfall palästinensischer Terroristen auf eine israelische Siedlung und die Ermordung von mehr als tausend Menschen. Dieses Prinzip kann Demokratien aushöhlen, wenn nicht am Ende sogar zerstören, so die Auffassung des Neurowissenschaftlers Henning Beck. Denn das Grundprinzip von Demokratien ist, dass es gemeinsame Schnittmengen von Meinungen aus vertrauenswürdigen Informationsquellen gibt, über die man sich austauscht. „Demokratien enden, wenn der gemeinsame Raum für eine gemeinsame Identität wegfällt" (Beck 2023).

All das hier Geschilderte ist heute evolutionär gut erklärbar. Demgegenüber steht, dass es in unserer evolutionären Geschichte durchaus wichtig war und ist, ja adaptiv ist, dass wir an einmal getroffenen Entscheidungen und Überzeugungen festhalten und nicht schon bei der geringsten Kritik umfallen.

Ich komme noch einmal auf die Bedeutung der Gruppenzugehörigkeit zurück. Verhaltensevolution, kulturelle Evolution und Psychologie haben erkannt, wie wichtig es für uns ist, dass wir einer Gruppe zugehörig sind; stärkt sie doch unser Selbstwertgefühl und Wohlbefinden. Wir sprechen von einem hohem Konformitätsbedürfnis. Das kann die Familie sein, der Sportverein, die politische Partei oder die Kirche. Gruppenidentifikation schafft Sicherheit und Kontrolle. Kontrollverlust wollen wir unter allen Umständen vermeiden; dafür nehmen wir auch in Kauf, die Wahrheit nicht richtig zu interpretieren (Sterzer 2022), fangen an, Dinge zu glauben von denen wir eigentlich wissen, dass sie unsinnig sind" (Schaik und Michel 2023). Der gesunde Menschenverstand bleibt auf der Strecke. Wichtig ist nur eines: Die Gruppe ist überzeugt davon, dann hat die Gruppe recht. Man macht alles, um dazuzugehören. Der Rechtsradikalismus lässt grüßen. Ob wir oder andere dabei also rational oder oft auch irrational handeln, ist oft gar nicht so wichtig. Das Fazit ist: Im Fahrwasser der Aufklärung hat man Unvernunft allzu lange ignoriert.

Tatsächlich sind alle Entscheidungen, die wir treffen, von Gefühlen, Intuition, Fehlschlüssen und damit in hohem Maß von irrationalem Handeln mitbestimmt. Das ist auch oft gut so und hat viele Gründe (Kahneman 2016; Urbaniok 2020; Lange 2021; Sterzer 2022; Beck 2023; Feldman Barrett 2023). Irrationalität, die in kleinen Gruppen vorteilhaft sein kann, läuft jedoch Gefahr, sich angesichts globaler Herausforderungen als eher hinderlich herauszustellen, wenn wir wichtige Aufgaben grob vernachlässigen, die unsere eigene Zukunft betreffen (Lange 2021). In dem Maß, wie Irrationalität heute gezielt gesteuert und in den Medien und der Werbung zu einem globalen Geschäft gemacht wird, hat sie Potenzial für evolutionäre Fehlanpassungen.

Gruppenzugehörigkeit passt in das Konzept von Stewart und zur Theorie globaler Kooperation. Es reicht für Stewart nicht aus, dass Wettbewerb und damit Selektion zwischen Gruppen existiert, um erfolgreichere Gruppen hervorzubringen, wie es Wilson beschreibt. Gruppenselektion, die nur auf unorganisierte Gruppen wirkt, ist aus der Sicht von Stewart unzureichend, um verlässlich auf eine immer höhere und schließlich globale Integration hinzuwirken. Vor diesem Hintergrund wird effektives Management zu einem zentralen Faktor in Stewarts Theorie (Stewart 2014, 2020). Wenn Gruppen adaptive Vorteile gegenüber Individuen haben, was in der menschlichen Kultur nicht bezweifelt werden kann, dann begünstigt die Evolution das Aufkommen eines Managements, das komplexe Kooperationen innerhalb von Gruppen etablieren kann. Management kann dies erreichen, indem es Kooperatoren unterstützt und Nicht-Kooperatoren benachteiligt. Bei Organisationen, die in diesem Sinne geführt werden, entwickelt sich eine vertikale Selbstorganisation über alle Ebenen bis hin zu einer einheitlichen, kooperativen, nachhaltigen, globalen Zusammenarbeit. Ein solches System der globalen Governance wird die Interessen aller Bürger und Organisationen kontinuierlich mit denen des Ganzen in Einklang bringen. Mit dem von Stewart eingeführten Konzept des effektiven Managements, das er ausführlich beschreibt, weist seine Theorie in eine postmoderne Richtung. Effektives Management führt zu einer globalen, kooperativen Konstruktion menschlicher Nischen (Abschn. 5.3).

Natürlich ist sich Stewart aller Beschränkungen und gewaltigen, potenziellen Störfaktoren, also der gesellschaftlichen und wirtschaftlichen Zielkonflikte und Dilemmata bewusst, die uns auf dem Weg zu einer effektiven globalen Zusammenarbeit der Menschen permanent entgegenstehen. Auch er kann nicht garantieren, dass die Menschheit wirksam rechtzeitig und ausreichend auf die globalen Herausforderungen reagiert. Aus der einen Sicht ist der Selektionsdruck, der auf der Menschheit lastet, vielleicht doch größer als je zuvor und könnte zwangsläufig zu einem dauerhaften, anpassungsfähigen Wandel führen. Aus einer anderen Sicht könnte jedoch sein, dass der Selektions- und Handlungsdruck, um Änderungen im großen Stil durchsetzen, noch immer nicht stark genug sind und wir sie nicht wirklich wahrnehmen, während uns gleichzeitig Zeit und Kosten für wirksames, adaptives Handeln davonlaufen. – Das wissen wir ja bereits.

Der leider fast in Vergessenheit geratene Philosoph Hans Jonas (1979) formulierte vor dem Hintergrund nicht abschätzbarer Risiken der technologischen Zivilisation und angesichts unseres zerstörerischen, rücksichtslosen Umgangs mit dem Planeten Erde das Prinzip Verantwortung. Dieses fordert: „Handle so, dass die Wirkungen deiner Handlung verträglich sind mit der Permanenz echten menschlichen Lebens auf Erden." Man darf dieses ethische Prinzip nicht weniger als eine evolutionäre Grundbedingung für den Menschen nennen. Wie widersprüchlich menschliches Handeln jedoch ist, erleben wir jeden Tag. Hinzu kommen Ängste vor Veränderungen. Ängste entstanden in unserer Evolution, als wir in kleinen Gruppen lebten. Sie waren überlebenswichtig. Doch abstrakte Zahlen wie die der Millionen Toten aufgrund von Luftverschmutzung oder Tausender Sterbender durch resistente Keime und medizinische Fehler in Krankenhäusern – wovor wir uns eigentlich fürchten müssten – fruchten ebenso wenig wie der Aufruf der tausend Experten 2015, über Chancen und Risiken künstlicher Intelligenz nachzudenken. Wir fürchten große Veränderungen, mit denen wir uns beschäftigen müssten, und haben gleichzeitig Ängste vor eigentlich belanglosen Szenarien. Die Medien tragen durch die Art ihrer Berichterstattung das Ihrige bei, um archaische Ängste in uns auszulösen. Dominiert also unsere Evolution unsere Vernunft?

Ethische Fragen wie die von Hans Jonas beschäftigten auch den 2019 verstorbenen großen französischen Philosophen Michel Serres, allerdings aus einer etwas anderen Perspektive. Von der Natur her kommend und denkend ist sein Thema die Beziehung zwischen Mensch und Natur. Der von ihm geforderte Naturvertrag (Serres 1994) ist ein wichtiger Beitrag zur ökologischen Debatte und zur Suche nach neuen Wegen des Zusammenlebens von Mensch und Natur. So ist das gleichnamige Werk ein optimistisches Testament an die nachfolgenden Generationen: die Bedingungen für ein nachhaltiges, symbiotisches, adaptives Leben, ein Leben des Gebens und Nehmens, des Zuhörens, der Gegenseitigkeit, des Respektes und so letztlich ein Leben für den Erhalt des Menschen und des Planeten. Im Geist solchen Denkens erlassen immer mehr Regierungen Gesetze, die Flüsse, Wälder und Ökosysteme als juristische Personen erklären und ihnen Persönlichkeitsrechte zusprechen. Naturobjekte werden auf diese Weise juristisch zu Lebewesen, die nicht mehr im Besitz von Menschen sind. Treuhänder vertreten ihre Rechte vor Gericht. Das gilt etwa für den Whanganui in Neuseeland, den gesamten Amazonas in Kolumbien und den 290 km langen Rivière Magpie in der Taiga der kanadischen Provinz Quebec. Die Rechte des letzteren umfassen seit 2021 unter anderem das freie Fließen, frei von Verschmutzung zu bleiben und seine Artenvielfalt zu erhalten. In Spanien wurde die größte Salzwasserlagune Europas, Mar Menor, 2022 als erste Region in Europa vom Senat in Madrid zur juristischen Person ernannt. Mehr als 300 Initiativen weltweit zur Erteilung solcher Rechte der Natur sind bis Mitte 2024 laut der Plattform https://ecojurisprudence.org entworfen, eingereicht oder erfolgreich abgeschlossen – Hoffnungsinseln für eine lebenswertere menschliche und ökologische Zukunft im Einklang mit dem Planeten.

Claus Otto Scharmer ist ein deutscher Ökonom und einer jener Forscher, die sich damit beschäftigen, wie der Transformationsprozess in Organisationen jeder Art – von Schulen bis zu globalen Konzernen, von kleinen Vereinen bis zu Kirchen – angegangen werden kann. Wir sind, so Scharmer, von der Wirklichkeit entkoppelt und produzieren kollektiv Ergebnisse, die keiner will. Die Mittel der Vergangenheit sind nicht mehr opportun, um sich dieser Entwicklung entgegenzustemmen. Scharmer fordert daher mit Erkenntnissen aus Wirtschaft, Psychologie und Soziologie mehr als bloßes Nachdenken, mehr als reines Vernunftdenken, um in der komplexen Welt voller Wechselbeziehungen klarer zu sehen. In seiner am MIT in Boston entwickelten Methode, der „Theorie U", macht er deutlich, dass eine Öffnung des Denkens (Neugier, Verzicht auf Urteile und Kategorisierung), eine Öffnung des Fühlens (offenes Herz, Achtsamkeit, Mitgefühl) und schließlich eine Öffnung des Willens (Entschlossenheit, Mut, Sinnhaftigkeit von Vorhaben) zusammenkommen müssen. Es gilt, mit der Verbindung von Kopf, Herz und Hand Automatismen im Denken loszulassen, vom beschränkten Blickwinkel des eigenen Egos oder der eigenen Firma hin zum Blick auf die Gesellschaft als Ganzes und so zu einem schöpferischen Potenzial der Zukunft zu kommen. Wir müssen wieder lernen zu sehen, was wir tun (Scharmer 2014).

Die Spielregeln in der Technosphäre haben sich verändert, und zwar so schnell und umfassend wie nie zuvor in der Geschichte der Menschheit. Wir transformieren mit veränderten Bedingungen und Spielregeln ins Unbekannte. Zu wissen, dass die Technosphäre zu 100 % ein Ergebnis der Evolution ist, ist gut und schön. Eine ganz andere Sache aber ist es zu ermitteln, welche Mechanismen die kulturellen Veränderungen antreiben – und wie der Wandel für den Menschen (und den Planeten) in der Technosphäre adaptiv gesteuert werden kann. Hier stellt sich generell die Frage, ob sich der heutige Mensch mit dem evolutionären „Ballast", den er mit sich herumschleppt – darunter neben den beispielhaft genannten „falschen" Ängsten auch die Eigenschaft, dass er extrem auf die Befriedigung kurzfristiger Bedürfnisse ausgerichtet ist – überhaupt entsprechend verhalten *kann,* um die anstehende Transformation zu bewältigen. Diese Frage gilt also der sozialen Intelligenz der menschlichen Population als Ganzes. Letztlich mündet die Diskussion in die Frage: Kann sich eine zukünftige künstliche soziale Intelligenz nationalen und globalen Herausforderungen besser anpassen als unsere organische Intelligenz? Die Antwort bleibt offen – zunächst.

Wir fassen zusammen: Trotz der wachsenden multiplen Bedrohungen angesichts der immer größeren Weltbevölkerung, ausbeuterischen Wirtschaftswachstums, unserer unverantwortlichen Lebensweise, der Gefahren des Internets und einer undurchschaubar komplex werdenden Gesellschaft schenken uns Männer wie Hans Jonas, Kevin McCaffree, Claus Otto Scharmer, Michel Serres, John E. Stewart und andere neben Initiativen zu Rechten der Natur Hoffnung, dass wir als Menschen unsere eigene Würde und die Würde unseres einzigen Planeten vielleicht doch bewahren können.

Mensch und Maschine in der Evolutionstheorie

Ich möchte im Folgenden das zu Beginn dieses Abschnitts genannte Thema einer Theorie menschlicher Evolution in möglichen KI-Szenarien noch etwas näher beleuchten. Die Ursprünge, Bedingungen und Funktionsweisen technologischer Entwicklungen und Zukunftsszenarien sollten Raum in der Evolutionstheorie finden. Die Theorie der Nischenkonstruktion kann dazu beitragen, etwa das Mensch-Maschinen-Verhalten besser zu verstehen.

Welche Rahmenbedingungen braucht es, damit intelligente Maschinen die Eigenschaft zeigen, sich selbst herzustellen und zu verbessern, also zu evolvieren? Welche Ziele können sie sich selbst setzen? Welche Rolle spielen wir für sie? Zu welchen Entwicklungen neigt die Mensch-Maschine-Gesellschaft? Einen Anfang macht hier der Aufruf einer Gruppe aus 23 Wissenschaftlern zahlreicher Forschungsdisziplinen. Sie regten 2019 im Magazin *Nature* die Erforschung des Verhaltens von Maschinen an und fordern eine breit aufgestellte Forschungsagenda zum Studium von Maschinenverhalten (Rahwan et al. 2019). Die Autoren kommen aus den Computerwissenschaften, der Evolutionsbiologie und Ökologie, aus den Wirtschafts- und Politikwissenschaften, der evolutionären Anthropologie, Kognitionswissenschaft, den Verhaltenswissenschaften und anderen Fachbereichen namhafter Universitäten und Forschungsinstitute auf der ganzen Welt. Als Ausgangspunkt stellen sie fest, dass Maschinenverhalten ähnlich dem tierischen und menschlichen Verhalten ohne Studium des Kontexts, aus dem heraus es abläuft, nicht völlig verstanden werden kann. Maschinenverhalten zu verstehen, verlangt das integrale Studium von Algorithmen und sozialen Umgebungen, in denen Algorithmen operieren. Ziel ist es, die breiten, unbeabsichtigten Konsequenzen von KI-Agenten zu verstehen, die Verhalten und soziale Effekte produzieren können, welche durch ihre Erfinder nicht vorhersehbar sind. Die Autoren sehen gesellschaftliche Vorteile durch KI, fürchten aber auf der anderen Seite, dass der Mensch hinsichtlich maschineller Intelligenz die Übersicht verlieren könnte (Rahwan et al. 2019).

Die Gruppe schlägt die bekannte Fragetyp-Matrix des Verhaltensforschers und Nobelpreisträgers Nikolaas Tinbergen vor. Tinbergen brachte vier Fragen ins Spiel, um ein evolutionäres Merkmal vollständig zu verstehen. 1. Die Frage nach der Funktion: Warum existiert es? 2. Welche generationenübergreifende Geschichte hat es? 3. Was ist sein physikalischer Mechanismus? Und letztlich 4. Wie hat sich das Merkmal in der individuellen Lebensgeschichte des Organismus entwickelt? Mit diesen Fragen lassen sich gleichermaßen morphologische als auch – Tinbergens ureigenes Feld – Verhaltensmerkmale bestens analysieren. Unsere Forschergruppe will nun diese Fragetypen auf Maschinenverhalten übertragen. Tinbergens Frage 2 würde dann etwa in Bezug auf die Evolution von Maschinen lauten: Wie evolvierte ein Maschinentyp bestimmte Verhaltensformen?

Die zahlreichen Fragen aus der Matrix sind erstens an Einzel-KI-Systeme zu richten, zweitens an Gruppen interagierender KI-Systeme und drittens an Hybrid-Systeme, also an Szenarien mit Mensch-Maschine-Gruppen. Die Autoren betonen, dass „Maschinen in solchen Umgebungen sehr unterschiedliche evolutionäre Pfade offenlegen können, da sie nicht an Mechanismen organischer Evolution gebunden sind". Sie können Formen von Intelligenz und Verhalten entwickeln, die qualitativ unterschiedlich zu biologischen Akteuren oder diesen sogar fremd sind. Nur ein solches Studium von KI-Systemen in einer größeren sozio-technischen Fabrik wird der ultimativen Verantwortung für Nutzen oder Schaden gerecht, mit der es der Mensch bei der Ausbreitung von KI-Systemen zu tun hat.

Andere Wissenschaftler suchen bereits Verbindungen zwischen maschinellem Lernen und natürlicher Evolution. Sie wollen erfahren, welche verwandten Prinzipien zwischen beiden existieren. In diesem Zusammenhang wurden Meta-Lernsysteme entwickelt, also KI-Systeme, die das Lernen anderer KI-Systeme verbessern. So hilft ein lernfähiges System (Metalerner) zum Beispiel einem anderen (Lerner) dabei, schneller geeignete Kategorien zu finden, etwa die Kategorien Hunde, Katzen, Handschuhe, Hausschlüssel etc.

Ein anderes Beispiel: Eine Gruppe um Richard A. Watson, Mitglied in der Forschungsgruppe der Erweiterten Synthese, zieht ebenfalls aktiv evolutionäres Wissen heran (Kouvaris et al. 2017). Zunächst sieht es in der Biologie bekanntlich nicht so aus, als könne die Evolution vorausschauen. Vielmehr wird die natürliche Selektion seit jeher so verstanden, dass Organismen robuste Designs entwickeln, die dazu neigen, das hervorzubringen, was in der Vergangenheit selektiert wurde, jedoch für zukünftige Umgebungen unpassend sein könnte. Diese Sicht wird aber neuerdings infrage gestellt. Somit ist das Thema Evolution der Evolvierbarkeit von höchster Aktualität. Wie ist das zu verstehen?

Eine mögliche Idee ist hier, dass die Evolution Informationen nicht nur über die in der Vergangenheit selektierten Phänotypen, sondern auch über deren zugrunde liegende strukturelle Regelmäßigkeiten entdecken und nutzen kann. Auf diese Weise könnten neue Phänotypen mit denselben zugrunde liegenden Regelmäßigkeiten, aber mit neuen Einzeleigenschaften in neuen Umgebungen nützlich sein. Das klingt ähnlich dem, was wir an früherer Stelle über die Bedeutung von Robustheit (Abschn. 3.3) und kryptischer, maskierter Mutation (Abschn. 3.8) erfahren haben. In der Robustheit liegen die Grundlagen für Neues in der Evolution. Mehr noch aber jetzt hier, wo es gilt, die Bedingungen zu verstehen, unter denen die natürliche Selektion tiefe Regelmäßigkeiten „entdeckt", anstatt „schnelle Korrekturen" auszunutzen, also Korrekturen, die kurzfristig adaptive Phänotypen liefern, aber die zukünftige Evolvierbarkeit einschränken. Hier bedient man sich neuerer Erkenntnisse beim Maschinenlernen und sieht eine tiefe Analogie zwischen Lernen und Evolution. Beim Maschinenlernen kennt man heute

Lernprinzipien, die eine Verallgemeinerung aus vergangenen Erfahrungen ermöglichen. Das will man auf die Biologie übertragen. Die Bemühungen münden in die Schlussfolgerung, dass sich entwickelnde biologische Systeme und Lernsysteme unterschiedliche Instanzen derselben algorithmischen Prinzipien darstellen. Man darf gespannt sein, welche gegenseitigen Anregungen hier noch weiter zutage gefördert werden.

7.4 Zusammenfassung

Die Zukunft des Menschen ist technikdominiert. Diese Entwicklung drängt die natürliche Selektion massiv zurück. Neben dem *Genome editing*, das zukünftig auch in die Keimbahn eingreifen wird, beobachten wir eine immer stärker werdende Mensch-Maschine-Koevolution. Im Zuge eines fortschreitenden Transhumanismus bestimmt die zunehmende technische Ausstattung oder der Ersatz von Körper- und Gehirnkomponenten des Menschen durch Technik eine Richtung der Verschmelzung unserer biologischen Art mit der Technik. Der Mensch kann sich zusammen mit biosynthetischen und technischen, lebensähnlichen Formen wiederfinden und im Extremfall als biologische Spezies abgelöst werden.

Kulturelle Evolution muss stärker Bestandteil einer gesamtheitlichen Evolutionstheorie werden. Den Anfang hierfür hat die Erweiterte Synthese gesetzt (Kap. 6). Dabei sollten aber auch solche Theorien Beachtung finden, die die menschlichen Faktoren für unsere evolutionäre Zukunft mit abbilden können. Auch hierfür werden bereits Beiträge und Modelle geliefert (vgl. z. B. Richerson et al. 2024; Efferson et al. 2024). Wir müssen den Mut haben, unsere evolutionären Mängel zu analysieren und sollten die Herausforderungen ins Blickfeld nehmen, vor denen die Menschheit in der Technosphäre steht. Gleichzeitig könnte ein interdisziplinäres, theoretisches Fundament erstellt werden, wie wir in einer hyperkomplexen, sich immer schneller wandelnden Welt zusammen mit KI evolutionär bestehen und besser leben können.

Die Evolutionstheorie sollte auch die Aufgabe übernehmen, die Koevolution von Mensch und Maschine, Mensch-Maschine-Kombinationen und hybrides Mensch-Maschine-Verhalten zu erklären. Wir müssen wissen, was in Maschinen genau vor sich geht, wenn sie sich menschenähnliches Verhalten aneignen. Wir müssen ebenso wissen, wie dieses Verhalten evolviert und wie Maschinen den Menschen „sehen". Wenn wir auf dem Gebiet der KI und Robotik die Kontrolle über unsere Zukunft behalten wollen, ist die Erforschung dieser komplexen kulturellen Prozesse für die Zukunft des Menschen unverzichtbar.

Es bleibt die naturgesetzmäßige Gewissheit der Evolution, dass zukünftige Systeme, biologische wie technische, sich an Umweltbedingungen im Universum anpassen müssen, um überleben zu können (Hansmann 2015). Die postmoderne, interdisziplinäre Evolutionstheorie in der Zeit nach Darwin und der Synthese hat mit der Erweiterten Synthese gerade erst begonnen, ihr Blickfeld auszuweiten. Sie muss es nochmals erheblich vergrößern, wenn sie das Spielfeld der Evolution ausmachen will, in dem der Mensch im Anthropozän operiert. Sie ist es unserer Zukunft schuldig.

Literatur

Bardi U, Alvarez Pereira, C (2022). Limits and Beyond: 50 years on from The Limits to Growth, what did we learn and what's next? A Report to The Club of Rome. Exapt Press.

Beck H (2023) 12 Gesetze der Dummheit. Denkfehler, die vernünftige Entscheidungen in der Politik und bei uns allen verhindern. Econ, Berlin

Bertelsmann Stiftung (2024) (Hrsg) Transformation Index BTI 2024. Governance in International Comparison. Verlag Bertelsmann Stiftung, Gütersloh

Bonifacio E, Warncke K, Winkler C, Wallner M, Ziegler A-G (2012) Cesarean section and interferon-induced helicase gene polymorphisms combine to increase childhood typ1 diabetes risk. Diabetes 60:3300–3306

Bostrom N (2016) Superintelligenz. Szenarien einer kommenden Revolution. Suhrkamp, Berlin

Braidotti R (2019) Zoe/Geo/Techno-Materialismus. In: Rosol C, Klingan K (Hrsg) Technosphäre. Matthes & Seitz, Berlin

Chalmers DJ (2010) The singularity: a philosophical analysis. J Conscious Stud 17:7–65

Chehelgerdi M, Chehelgerdi M, Allela OQB et al (2023) Progressing nanotechnology to improve targeted cancer treatment: overcoming hurdles in its clinical implementation. Mol Cancer 22:169. https://doi.org/10.1186/s12943-023-01865-0

Cyranoski D (2014) Rudimentary egg and sperm cells made from stem cells. Nature. https://doi.org/10.1038/nature.2014.16636. https://www.nature.com/news/rudimentary-egg-and-sperm-cells-made-from-stem-cells-1.16636

Deichmann J, Ebel E, Heineke K, Heuss R, Kellner M, Steiner F (2023) Autonomous driving's future: convenient and connected. https://www.mckinsey.com/industries/automotive-and-assembly/our-insights/autonomous-drivings-future-convenient-and-connected

Doudna JA, Sternberg SH (2018) Eingriff in die Evolution. Die Macht der CRISPR-Technologie und die Frage, wie wir sie nutzen wollen. Springer, Berlin. (Engl (2017) A crack in creation. Gene editing and the unthinkable power to control evolution. Houghton Mifflin Harcourt Publishing, Boston)

Efferson C, Richerson PJ, & Weinberger VP (2024) Our fragile future under the cumulative cultural evolution of two technologies. Phil Trans R Soc. B3792022025720220257 https://doi.org/10.1098/rstb.2022.0257

Feldman Barrett L (2023) Wie Gefühle entstehen. Eine neue Sicht auf unsere Emotionen. Rowohlt, Hamburg. (Engl. (2017) How emotions are made: the secret life of the brain. Houghton Mifflin Harcourt, 2017)

Ford M (2019) Intelligenz der Maschinen. Mit Koryphäen der Künstlichen Intelligenz im Gespräch. Innovationen, Chancen und Konsequenzen für die Zukunft der Gesellschaft. mitp Verlag, Frechen. (Engl. (2018) Architects of Intelligence. The truth about AI from the people building it. Packt Publishing)

Good IJ (1966) Speculations concerning the first ultraintelligent machine. Adv Comput 6:31–88

Graeber D, Wengrow D (2022) Anfänge. Eine neue Geschichte der Menschheit. Klett Kotta, Stuttgart. (Engl. (2021) The dawn of everything. A new history of humanity. Allen Lane, London, New York)

Grace K, Stewart H, Sandkühler JF, Thomas S, Weinstein-Raun B, Brauner J (2024) Thousands of AI Authors on the Future of AI. arxiv. https://doi.org/10.48550/arXiv.2401.02843

Genus A, Stirling A (2018) Collingridge and the dilemma of control: towards responsible and accountable innovation. Research Policia 47(1):61–69

de Grey A, Rae M (2010) Niemals alt! So lässt sich das Altern umkehren. Fortschritte in der Verjüngungsforschung. Transcript, Bielefeld

Guzik EE, Byrge C, Gilde C (2023) The originality of machines: AI takes the Torrance Test. Journal of Creativity, 33(3). https://doi.org/10.1016/j.yjoc.2023.100065

Haff PK, Renn J, Peter K (2019) Haff im Gespräch mit Jürgen Renn. In: Klingan K, Rosol C (Hrsg) Technosphäre. Matthes & Seitz, Berlin

Halmer N (2013) Transhumanismus und Nietzsches Übermensch. https://sciencev2.orf.at/stories/1727448/index.html

Hansmann O (2015) Transhumanismus Vision und Wirklichkeit. Ein problemgeschichtlicher und kritischer Versuch. Logos, Berlin

Henrich J (2017) The secret of our success. How culture is driving human evolution, domesticating our species, and making us smarter. Princeton University Press, Princeton

Herger M (2024) Kreative Intelligenz. Wie Chat GPT und Co die Welt verändern. Plassen, Kulmbach

IPCC (2023) AR6 synthesis report: climate change 2023. https://www.ipcc.ch/report/sixth-assessment-report-cycle/

Jablonka E, Lamb MJ (2017) Evolution in vier Dimensionen: Wie Genetik, Epigenetik, Verhalten und Symbole die Geschichte des Lebens prägen. S. Hirzel, Stuttgart. (Engl. (2014) Evolution in four Dimensions. Genetic, Epigenetic, Behavioral, and Symbolic Variation in the History of Life. 2. überarb. Aufl. MIT Press, Cambridge)

Jonas H (1979) Das Prinzip Verantwortung: Versuch einer Ethik für die technologische Zivilisation. Insel-Verlag, Frankfurt a. M.

Kahneman D (2016) Schnelles Denken, langsames Denken. Pantheon, München. (Engl. (1990) Thinking, Fast and Slow. Farrar, Straus and Giroux, New York)

Karafyllis C (Hrsg) (2003B) Biofakte Versuch über den Menschen zwischen Artefakt und Lebewesen. Mentis, Paderborn

Klingan K, Rosol C (2019) Technische Allgegen. wart – ein Projekt. In: Klingan K, Rosol C (Hrsg) Technosphäre. Matthes & Seitz, Berlin

Kretschmer S, Schwille P (2016) Pattern formation on membranes and its role in bacterial cell division. Curr Opin Cell Biol 38:52–59

Kriegman S, Blackiston D, Levin M, Bongard J (2020) A scalable pipeline for designing configurable organisms. PNAS 117(4):1853–1859. https://doi.org/10.1073/pnas.1910837117

Kouvaris K, Clune J, Kounios L, Brede M, Watson RA (2017) How evolution learns to generalise: using the principles of learning theory to understand the evolution of developmental organization. PLoS Comput Biol 13(4):e1005358. https://doi.org/10.1371/journal.pcbi.1005358

Kurzweil R (2005) The singularity is near. When humans transcend biology. Viking, New York

Kurzweil R (2017) Immortality by 2045. https://www.youtube.com/watch?v=f28LPwR8BdY

Laland KN, O'Brien J (2011) Cultural niche construction: an introduction. Bio Theory 6:191–202

Lange A (2017) Darwins Erbe im Umbau. Die Säulen der Erweiterten Synthese in der Evolutionstheorie, 2. überarb. Aufl. Königshausen & Neumann, Würzburg. (eBook)

Lange A (2021) Von künstlicher Biologie zu künstlicher Intelligenz – und dann? Die Zukunft unserer Evolution. Springer, Berlin

Laronda M, Rutz A, Xiao S, Whelan KA, Duncan FE, Roth EW, Woodruff TK, Shah RN (2017) A bioprosthetic ovary created using 3D printed microporous scaffolds restores ovarian function in sterilized mice. Nat Commun 8:15261. https://doi.org/10.1038/ncomms15261

Latif M (2024) Waren Sie naiv, Mojib Latif? „Natürlich! Ich dachte, Wissen führt zum Handeln". ZEIT 19/2024

Loh J (2019) Trans- und Posthumanismus zur Einführung. Junius, Hamburg

Lu TK, Chandrasegaran S, Hodak H (2016) The era of synthetic biology and genome engineering: where no man has gone before. J Mol Biol 428:835–836

Mainzer K (2018) Künstliche Intelligenz – Wann übernehmen die Maschinen?, 2 erw. Springer, Berlin

McCaffree K (2022) Cultural evolution. The empirical and theoretical landscape. Routledge, Abingdon

Meadows DH, Meadows DL, Randers J, Behrens III WW. (1972) The limits to growth. Universe Books New York

Mei Q, Xiea Y, Yuanb W, O.Jackson M (2024) A Turing test of whether AI chatbots are behaviorally similar to humans. PNAS 121:9. https://doi.org/10.1073/pnas.2313925121

Metzl J (2020) Der designte Mensch. Wie die Gentechnik Darwin überlistet. Edition Körber, Hamburg. (Engl. (2019) Hacking Darwin. Genetic engineering and the future of humanity. Sourcebooks, Naperville)

Menne K (2023) Origami mit DNA. Spektrum der Wissenschaft 12(23):48–53

Mohan A, Vaishnav P (2022) Impact of automation on long haul trucking operator-hours in the United States. Humanit Soc Sci Commun 9:82. https://doi.org/10.1057/s41599-022-01103-w

Nagel T (2012) Was bedeutet das alles? Reclam, Stuttgart. (Engl. (1987) What does it all mean? Oxford University Press, Oxford)

Nida-Rümelin J, Weidenfeld K (2019) Digitaler Humanismus. Eine Ethik für das Zeitalter der Künstlichen Intelligenz. Piper, München

Parisi L (2019) Disorganische Techne. In: Klingan K, Rosol C (Hrsg) Technosphäre. Matthes & Seitz, Berlin

Park PS, Goldstein S, O'Gara A, Chen M, Hendrycks D (2024) AI deception: A survey of examples, risks, and potential solutions arxiv. https://doi.org/10.48550/arXiv.2308.14752

Piraino S, Boero F (1996) Reversing the life cycle: medusae transforming into polyps and cell transdifferentiation in Turritopsis nutricula (Cnidaria, Hydrozoa). Biol Bull 190(3):302–312

Qayum I, Nathaniel E (2023) Xenobots – the livingrobots – are here. [Editorial] J Rehman Med Inst 9(1):1–2

Rahwan I, Cebrian C, Obradovich N, Bongar J, Bonnefon J-F, Breazeal C, Crandall JW et al (2019) Machine behaviour. Nature 568(7753):477–486

Richerson PJ, Boyd R (2005) Not by genes alone. How culture transformed human evolution. The University of Chicago Press, Chicago

Richerson PJ, Boyd RT, Efferson C (2024) Agentic processes in cultural evolution: relevance to Anthropocene sustainability. Phil Trans R Soc B 3792022025220220252 https://doi.org/10.1098/rstb.2022.0252

Rosenberg M (2022) The dynamics of cultural evolution. The central role of purposive behaviors. Springer, Cham

van Schaik C, Michel K (2023) Mensch sein. Von der Evolution für die Zukunft lernen. Rowohlt, Hamburg

Scharmer CO (2014) Theorie U: Von der Zukunft her führen: Presencing als soziale Technik. Carl-Auer, Heidelberg

Schummer J (2011) Das Gotteshandwerk. Die künstliche Herstellung von Leben im Labor, Unseld. Suhrkamp, Berlin

Seung S (2013) Das Konnektom. Erklärt der Schaltplan unseres Gehirns unser Ich? Springer Spektrum, Heidelberg

Serres M (1994) Der Naturvertrag. Ed. Suhrkamp, Berlin (Franz. (1990) Le contrat naturel. Bourin, Paris)

Service RF (2016) Synthetic microbe has fewest genes, but many mysteries Science mysteries. Science 351(6280):1380–1381

Sorgner SL (2016) Transhumanismus. Die gefährlichste Idee der Welt? Herder, Freiburg

Statista (2023) Artificial Intelligence – Worldwide https://www.statista.com/outlook/tmo/artificial-intelligence/worldwide

Sterzer P (2022) Die Illusion der Vernunft. Warum wir von unseren Überzeugungen nicht zu überzeugt sein sollten. Ullstein, Berlin

Stevens T, Newman S (2019) Biotech juggernaut. Hope, hype, and hidden agendas of entrepreneurial bioscience. Routledge, New York

Stewart JE (2014) The direction of evolution: the rise of cooperative organization. BioSystems 123:27–36

Stewart JE (2020) Towards a general theory of the major cooperative evolutionary transitions. BioSystems 198:104237

Tegmark M (2017) Leben 3.0 – Menschsein im Zeitalter Künstlicher Intelligenz. Ullstein, Berlin

Tidy J (2024) Charcter.ai: Young peple turing to AI therapist bots. BBS News. https://www.bbc.com/news/technology-67872693

Tomasello M (2014) Eine Naturgeschichte des menschlichen Denkens. Suhrkamp, Berlin. (Engl. (2014) A natural history of human thinking. Harvard University Press, Cambridge)

Tuck J (2016) Evolution ohne uns: Wird künstliche Intelligenz uns töten? Plassen, Kulmbach

UNEP (2020) United Nations Environment Programme and International Livestock Research Institute. Preventing the next pandemic-Zoonotic diseases and how to break the chain of transmission. Nairobi, Kenya. https://www.unenvironment.org/resources/report/preventing-future-zoonotic-diseaseoutbreaks-protecting-environment-animals-and

Urbaniok F (2020) Darwin schlägt Kant. Über die Schwächen der menschlichen Vernunft und ihre fatalen Folgen. Orell Füssli, Zürich

Vereinte Nationen, Generalversammlung (2015) Transformation unserer Welt: die Agenda 2030 für nachhaltige Entwicklung. https://www.un.org/Depts/german/gv-70/band1/ar70001.pdf

Walsh T (2018) It's alive. Wie Künstliche Intelligenz unser Leben verändern wird. Edition Körber, Hamburg. (Engl. (2017) It's Alive! Artificial Intelligence from the Logic Piano to Killer Robots, La Trobe University Press, Melbourne/Australia)

Walsh T (2020) 2062 – Das Jahr, in dem die künstliche Intelligenz uns ebenbürtig sein wird. Riva Verlag München. (Engl. (2018) 2062 – The world that AI made. La Trobe University Press, Carlton)

Wei M, Fabrizio P, Hu J, Ge H, Cheng C, Li L, Longo VD (2008) Life span extension by calorie restriction depends on Rim15 and transcription factors downstream of Ras/PKA, Tor, and Sch9. PLoS Genet 4(1):e13. https://doi.org/10.1371/journal.pgen.0040013

Wilson DS (2019) This view of life. Completing the Darwinian revolution. Pantheon Books, New York

World Economic Forum (2023) Future Jobs Report 2023. https://www3.weforum.org/docs/WEF_Future_of_Jobs_2023.pdf

Zalasiewicz J (2017) Geologie: eine vielschichtige Angelegenheit. In: Spektrum Spezial Biologie – Medizin – Hirnforschung 3. Die Zukunft der Menschheit: Wie wollen wir morgen leben? Spektrum der Wissenschaft Verlagsgesellschaft, Heidelberg S. 52–61

Tipps zum Weiterlesen und Weiterklicken

Bostrom N (2016) Superintelligenz. Szenarien einer kommenden Revolution. Suhrkamp, Berlin

Chinas neue Generation humanoider Roboter auf der World Robotic Conference 2023. https://www.youtube.com/watch?v=Q0fK820xfsU

Cyborgs: A Personal Story. Kevin Warwick. TEDxCoventryUniversity, 21.2.2016. https://www.youtube.com/watch?v=LUd4qv2Qr0A

Das Unsterblichkeitsenzym. Medizin-Nobelpreis 2009. Frankfurter Allgemeine, 5.10.2009. http://www.faz.net/aktuell/wissen/nobelpreise-2009/medizin-nobelpreis-2009-das-unsterblichkeitsenzym-1608682.html

Immortal jellyfish: Does it really live forever? The Turritopsis nutricula jellyfish has displayed a remarkable ability to regenerate its cells in times of crisis. 13.4.2011. https://www.mnn.com/earth-matters/animals/stories/immortal-jellyfish-does-it-really-live-forever

Künstliche Intelligenz: Poker-KI Libratus kennt kein Deep Learning, ist aber ein Multitalent. 2.2.2017. https://www.heise.de/newsticker/meldung/Kuenstliche-Intelligenz-Poker-KI-Libratus-kennt-kein-Deep-Learning-ist-aber-ein-Multitalent-3615068.html

Langes Leben liegt in den Genen. Zeit Online, 2.7.2010. https://www.zeit.de/wissen/gesundheit/2010-07/genetik-alter-erbgut

Nanoroboter schnüren Krebszellen ab. Heise online, 14.2.2018. https://www.heise.de/newsticker/meldung/Nanoroboter-schnueren-Krebszellen-ab-3969591.html

NWX18 – Prof. Jürgen Schmidhuber – K.O. durch KI – steht das Ende der Arbeit bevor? YouTube 14.3.2018. https://www.youtube.com/watch?v=PNoaUMFNjxc

Paralyzed man takes first steps since his injury with help of electronic device in his spine https://globalnews.ca/news/4480833/paralyzed-walking-electronic-device/

Schaik van C, Michel K (2023) Mensch sein. Von der Evolution für die Zukunft lernen. Rowohlt, Hamburg

Synthetische Biologie. Craig Venter schafft künstliches Leben. Spiegel Online, 28.12.2010.   http://www.spiegel.de/wissenschaft/natur/synthetische-biologie-craig-venter-schafft-kuenstliches-bakterium-a-735316.html

Tegmark M (2017) Leben 3.0 – Menschsein im Zeitalter Künstlicher Intelligenz. Ullstein, Berlin

The Kurzweil interview, continued: Portable computing, virtual reality, immortality, and strong vs. narrow AI. Computerworld. 13.11.2007. https://blogs.computerworld.com/article/2477417/smartphones/the-kurzweil-interview–continued–portable-computing–virtual-reality–immortality–and.html

The Mind Controlled Bionic Arm with a Sense of Touch. YouTube, 18.8.2016. https://www.youtube.com/watch?time_continue=7&v=F_brnKz_2tI

We All May Be Dead in 2050. Scientists are beginning to worry about AI and the danger it poses mankind. U.S. News, 29.10.2015. https://www.usnews.com/news/blogs/at-the-edge/2015/10/29/artificial-intelligence-may-kill-us-all-in-30-years

8

Wie viele Evolutionstheorien?

Es ist nicht einfach, die Evolutionstheorie noch einmal zu einem uniformen Theoriegebäude zu vereinheitlichen. Eine Synthese wie vor 80 Jahren ist bei der Vielzahl der Wissenschaftler und Disziplinen heute nicht mehr ohne Weiteres vorstellbar. Es wird keinen Kongress geben, auf dem sich Wissenschaftler aller Disziplinen treffen und sich darüber einigen, wie eine konsistente, kongruente, postmoderne Evolutionstheorie aussehen soll. Wissenschaft funktioniert inzwischen anders als damals. Wir haben es heute mit einem „Superorganismus" aus weltweiten Konsortien und Netzwerken, daran beteiligten Firmen und Universitäten sowie ihren privaten und öffentlichen Finanzierungsmodi und deren Governance zu tun (Nowotny und Testa 2009). Heute ist jede Veröffentlichung jedes einzelnen Forschers online nahezu in Echtzeit daraufhin überprüfbar, wie oft sie zitiert wird. Ein Wissenschaftler, der nicht ein paar Hundert oder Tausend Male zitiert wird, „zählt in der Regel wenig", um es direkt zu sagen. Das ist ein gnadenlos transparenter Prozess, eingebettet in den wissenschaftlichen Superorganismus, aber dieser Prozess ist eigentlich nicht aussagefähig hinsichtlich der Qualität der Inhalte. Um zu erreichen, dass sich neue Ideen aus der Fülle der Arbeiten herausheben, muss Geld beschafft werden – viel Geld. Und jemand muss sich mit der Abfassung von Anträgen und dem Management großer Projekte auskennen.

A. Lange, *Evolutionstheorie im Wandel*, https://doi.org/10.1007/978-3-662-68962-2_8

Wichtige Fachbegriffe in diesem Kapitel (s. Glossar): Erweiterte Synthese der Evolutionstheorie, Gen-Kultur-Koevolution, Genzentrismus, Komplexität, Reduktionismus, Reziprozität, Theorienpluralismus.

8.1 Von alten zu neuen Ufern – Hindernisse und Chancen

Ein anderer Grund, der gegen eine dauerhafte Überwindung des Neodarwinismus spricht, ist die Fülle neuer Arbeiten und Erkenntnisse zu Genregulationen und Regulationsnetzwerken. Dieses Gebiet bleibt wahrscheinlich auf Jahrzehnte unerschöpflich und erfolgversprechend. Zugleich verstellt es dabei den Blick auf übergeordnete Themen und erzeugt allein wegen der puren Menge des entstehenden Materials ein Übergewicht aufseiten der molekularbiologischen Forschung.

Nicht zuletzt gibt es die „darwinistische Fabrik", wie sie einmal salopp bezeichnet wurde. Alles, was Darwins Theorie und vor allem die Synthese stützt, ist kritiklos akzeptiert. Der Versuch, die Modern Synthesis konstruktiv zu kritisieren und neue Perspektiven einzunehmen, die neue Sichten eröffnen, gleicht einer Sisyphusarbeit. Doch starke Anfänge sind gemacht. Wenn eine Veröffentlichung, wie die der Autoren Laland, Jablonka, Müller, Moczek, Odling-Smee und anderen (Laland et al. 2015), 400-mal und häufiger überwiegend positiv zitiert und besprochen wird, spricht das für sich. EES-Projekte haben sich eine klare Struktur gegeben. Im internationalen Verbund beteiligen sich mehrere Universitäten; die Forschung hierzu ist unabhängig und hat Budgets in Millionenhöhe generiert. Das sind gute Grundlagen. Die neuen Ideen haben daher Chancen, sich auszubreiten – ganz nach Max Planck, der einmal bemerkte: „Eine neue, große wissenschaftliche Idee pflegt sich nicht in der Weise durchzusetzen, daß ihre Gegner allmählich überzeugt und bekehrt werden – daß aus einem Saulus ein Paulus wird, ist eine große Seltenheit –, sondern vielmehr in der Weise, daß die Gegner allmählich aussterben und dass die nachwachsende Generation von vornherein mit der Idee vertraut gemacht wird" (Planck 1958).

Fassen wir zunächst noch einmal zusammen, auf welchen vier Säulen die Erweiterte Synthese der Evolutionstheorie (Extended Evolutionary Synthesis, EES) gebaut ist. Es sind dies 1) die evolutionäre Entwicklung (Evo-Devo), 2) die Entwicklungsplastizität, ein Teilaspekt von Evo-Devo, 3) die inklusive Vererbung und 4) die Nischenkonstruktion (Laland et al. 2015). Die evolutionären Mechanismen, die im Rahmen der Evo-Devo-Forschung entdeckt wurden, haben über ihre empirische Bewandtnis hinaus weitreichende Konsequenzen dafür, wie Evolution in der Theorie neu gesehen werden muss. Im Einzelnen ergeben sich diese Konsequenzen (a) aus direktionaler Entwicklung oder Variationstendenz *(biased variation),* also den Mechanismen, die es ermöglichen, dass bestimmte Phänotypen im Vergleich zu anderen statistisch häufiger auftreten, (b) aus Entwicklungsplastizität, also der Fähigkeit der Entwicklung, mehr als eine kontinuierlich oder nicht kontinuierlich variable Form der Morphologie, Physiologie und des Verhaltens in verschiedenen Umweltsituationen hervorzubringen, sowie (c) durch Akteure in der Entwicklung, also organisatorische Handlungsinstanzen, die der Organismus auf genetischer und ebenso epigenetischer Ebene form- und funktionsbildend entfalten kann (Moczek et al. 2019). Diese Mechanismen, die die Konstruktion komplexer phänotypischer Variation und Innovation ermöglichen, relativieren die Rolle der natürlichen Selektion. Sukzessive Selektionsrunden zur Erlangung einer immer größeren Anpassung an externe Bedingungen sind daher vielfach nicht erforderlich (Lange et al. 2014). Phänotypische Variation ist manchmal nicht klein, nicht zufällig und wird in Interaktion mit der Umwelt hervorgebracht (Newman 2018).

Hinzu kommt in der EES als weitere Säule ein umfassenderes Verständnis für die inklusive Vererbung. Neben genetischer Vererbung erlangen epigenetische und kulturelle Vererbung zunehmend Bedeutung. Schließlich beschreibt als vierte Säule die Theorie der Nischenkonstruktion die Fähigkeit von Organismen, Komponenten ihrer Umwelt, wie Nester, Bauten, Höhlen und Nährstoffe, zu konstruieren, zu modifizieren und zu selektieren. Die Nischenkonstruktion wird als eigenständiger Adaptationsmechanismus neben der natürlichen Selektion gesehen. Er bestimmt den Selektionsdruck mit, dem Arten ausgesetzt sind. Die Theorie der Nischenkonstruktion sieht eine komplementäre, wechselseitige, oft tendenzielle Beziehung zwischen Organismus und Umwelt. Die EES legt Wert darauf, ihrem Theoriegebäude eine Struktur zu geben. Diese liegt in den beiden Schlüsselkonzepten der konstruktiven Entwicklung und der reziproken Kausalität (Laland et al. 2015).

8.2 Evolution aus zwei unterschiedlichen Perspektiven

Auf der erläuterten Grundlage können wir heute aus zwei unterschiedlichen Perspektiven auf die Evolution blicken, einerseits aus der Sicht der Modern Synthesis mit ihrer traditionell populationsgenetischen, genzentrierten

Herangehensweise, andererseits aus der Perspektive der Erweiterten Synthese mit ihrem ökologisch-entwicklungsorientierten Ansatz. Diese unterschiedlichen Perspektiven erlauben nach Aussage von Laland und seinen Koautoren auch die Existenz beider Theorien nebeneinander (Laland et al. 2015).

Andererseits bereitet ein Nebeneinander auch Schwierigkeiten: Die neuen Ideen sind zwar Erweiterungen der Synthese, doch sie sind auch Erneuerungen in ihren Grundmauern. Die EES nennt Annahmen, beschreibt Prozesse und kommt zu Vorhersagen, die der Neodarwinismus nicht findet und die auch nicht in sein Gebäude passen. Die auf zufällige Mutation, auf Genzentrismus und auf gradualistische, additive Änderungen ausgerichtete herkömmliche Theorie bietet keine Plattform für richtungsgebende Entwicklung oder diskontinuierliche Evolution. Sie kann solche phänotypischen Variationsformen nicht erklären (Müller 2020). Die moderne Evolutionstheorie hingegen kennt neue, konstruktivistische, intrinsische Entwicklungsmechanismen und nennt reziproke Ursache-Wirkungsketten, sowohl bei Evo-Devo als auch in der Theorie der Nischenkonstruktion. Das zeichnet ihre Grundmotive aus. Man spricht von einer neuen Theoriestruktur.

Eine mancherorts zu beobachtende Ablehnung der Modern Synthesis beruft sich hauptsächlich darauf, dass ihre Grundannahmen angeblich nicht nur unvollständig, sondern falsch seien. Als falsch werden sie bezeichnet, wenn sie dogmatischen Charakter haben, etwa die genetische Vererbung als *alleinige* Vererbungsform oder die natürliche Selektion als *einzigen* Mechanismus der Evolution beschreiben (Noble et al. 2014). Koexistenz oder Theorieablösung? Wie soll also mit dem strittigen Thema umgegangen werden? Der Standpunkt des Betrachters bestimmt die Entscheidung, wie der Untersuchungsgegenstand „Evolution des Lebens" gesehen werden soll und wie die Theoriestruktur geartet sein muss, um das Thema in einem kohärenten Gesamtzusammenhang abbilden zu können.

Der Betrachter ist hier auch als Wissenschaftler in einer schwierigen Situation. Etablierte Theorien erweisen sich für ihn als robust. Der Kognitionspsychologe Daniel Kahneman, dem wir in diesem Buch schon wiederholt begegnet sind, spricht sogar von einer „intellektuellen Schwäche vieler Wissenschaftler", die er auch an sich selbst – er ist ein hoch geachteter Nobelpreisträger – beobachtet habe. Hat man eine Theorie anerkannt und ist man sich des Umstandes gewahr, dass sie von der Mehrheit der Kollegen in der Szene als gültig gesehen wird, fällt es überaus schwer, ihre Schwächen einzugestehen. Ereignisse, die nicht mit der gängigen Theorie in Einklang zu bringen sind, werden dann darauf zurückgeführt, dass es doch irgendeine sehr gute Erklärung für die Richtigkeit der Theorie geben muss, auch wenn diese Erklärung gar nicht vorhanden ist. „Im Zweifelsfall entscheidet man zugunsten der etablierten Theorie und vertraut der Gemeinschaft von Experten, die sie für richtig halten." Kahneman nennt das „theorieinduzierte Blindheit" (Kahneman 2016).

Für den Betrachter bieten sich zwei Perspektiv-Möglichkeiten (und solche dazwischen): Mit der ersten Perspektive sieht er auf die Evolution mit ihren Prozessen und Mechanismen eher denotativ, d. h. sie ist für ihn eindeutig, homogen und konstant beschreibbar. Die reduktionistische Methode ist hier typisch und legitim. Reduktionismus ist nur abzulehnen, wenn er die einzige mögliche Erklärung sein will (Mitchell 2008). Die Modern Synthesis mit ihrem Genzentrismus und mit natürlicher Selektion als vorherrschendem Evolutionsmechanismus ist ein möglicher Denkansatz aus dem ersten Perspektivraum.

Ein Betrachter, der aus dem zweiten Perspektivraum kommt, ist überzeugt, man müsse an die Erklärung der Evolution eher mit komplexen, nicht reduzierbaren, multifaktoriellen, multikausalen Beschreibungen und Methoden herangehen. Damit hat er, wie er sehr wohl weiß, kein in sich geschlossenes, eindeutiges Modell vor sich, sondern steht vor der Aufgabe, seinen variablen Untersuchungsgegenstand theoretisch zu konzeptionalisieren und zu begründen. Faktoren wie etwa Vererbung oder Epigenetik können hier stets unterschiedlich gewichtet, Zusammenhänge wieder anders gesehen werden, und zudem können unerwartet neue Aspekte auftreten (Schülein und Reitze 2005; Mitchell 2008; Lange 2017). Die facettenreiche, postmoderne Erweiterte Synthese der Evolutionstheorie entspricht einer solchen Theoriekategorisierung. Die Beiträge hier sind folglich typischerweise heterogener. Sie variieren und sind auch nicht abgeschlossen. Die Anerkennung einer Vielfalt der Kausalstrukturen, Untersuchungsebenen und Teiltheorien erzwingt pluralistische Erklärungsstrategien, so Sandra Mitchell (Mitchell 2008). Pluralistische Erklärungen der Natur stehen im Einklang mit der Einheit der Natur im Sinne eines substanziellen Monismus (Abschn. 7.4). Das gilt nicht, wenn eine Theorie auf eine andere Theorie reduziert wird (Rohrlich 1988), was jedoch bei der Erweiterten Synthese nicht der Fall ist. Die Sorge, der Theorienpluralismus könne in einen Alles-ist-möglich-Irrgarten à la Paul Feyerabend münden, wurde mit Bezug auf die wissenschaftliche Praxis entschärft (Mitchell 2008).

8.3   Zusammenfassung und Ausblick: Für einen theoretischen Pluralismus

Es gibt nur wenige Bereiche in der Biologie, für die eine einzige Theorie ausreichend ist. John Beatty führt die mendelsche und die nicht-mendelsche Vererbung als Beispiele für solche parallelen Konzepte an; zum Verständnis dieser Konzepte sind Kenntnisse über verschiedene Theorien der Genregulation sowie über allopatrische und andere Formen der Artbildung und über die Rolle von Selektion und genetischer Drift in der Evolution erforderlich. In diesen Fällen geht es nicht darum, welche der Theorien die richtige ist, sondern welche relative Bedeutung einzelne Theorien zu demselben Thema haben. Laut Beatty muss nicht notwendigerweise prinzipiell nur eine Theorie in einem bestimmten Bereich der Biologie gültig sein (Beatty 1997). Warum sollte die Wissenschaft einer Methode verpflichtet sein, die die Suche nach einer Einheitlichkeit diktiert, wenn es keine Belege dafür gibt, dass die Ergebnisse der Evolution nur auf einem bestimmten Weg zustande kommen? Der Verzicht auf einen Unitarismus sollte dann in der Konsequenz auch für die Evolutionstheorie und die Erklärung evolutionärer Mechanismen und Kausalitäten gelten.

Die Wissenschaften bilden keine Einheit, und die Theorie der methodologischen Einheit der Wissenschaft ist falsch. Die Epistemologie muss eine Form finden, mit dem Pluralismus an Methoden konstruktiv umzugehen. Ändern sich wissenschaftliche Ideale der Methoden in der Geschichte, muss das akzeptiert werden (Rheinberger 2007).

In jedem Fall ist der Informationsgehalt oder Erklärungswert der EES umfassender als jener der konventionellen Theorie, da erstens zusätzliche Prozesse beschrieben werden, die in der Synthetischen Theorie nicht bekannt sind, und die sie nicht erfragt. Zweitens liefert die Erweiterte Synthese eine umfassendere Theorie- und Kausalitätsstruktur. Die Synthese muss nicht verworfen werden, sondern kann in Teilen in die Erweiterte Synthese integriert werden. Jan Baedke von der Ruhr Universität Bochum und Kollegen stellten hierzu jüngst einen theoretischen Rahmen vor, der die Aussagekraft verschiedener evolutionärer Erklärungen desselben Phänomens bewerten kann. Auf diesem Weg können Standardkriterien benannt werden, warum und wann evolutionäre Erklärungen der EES besser als die der Synthese sind (Baedke et al. 2020).

Evolution ist also kein Schwarz-weiß-Thema. Es geht beim Vergleich der konventionellen und der neuen Theorie nicht um eine Frage wie die, ob die Sonne um die Erde kreist oder die Erde um die Sonne. Auch sind die Zeiten wohl vorbei, in denen ein einzelner Wissenschaftler wie Darwin oder Einstein eine Gesamttheorie vorlegen kann. Nein, Evolution ist komplex, man denke nur an genetische und nicht-genetische Vererbungsformen, an die Frage, was eine Art ist (noch immer wird darüber diskutiert), ob etwa Gen-Kultur-Koevolution in der Theorie mitberücksichtigt werden soll oder nicht. Was ist dann Kultur genau? Es gibt keine einheitliche Definition für solche Begriffe. Sie sind konnotativ (Schülein und Reitze 2005). Auch die beiden Wissenschaftstheoretiker Staffan Müller-Wille und Hans-Jörg Rheinberger weisen darauf hin, dass komplexe Untersuchungsobjekte, wie sie Organismen und die Gene darstellen, nicht durch eine einzige, beste Beschreibung, Erklärung oder Definition erfasst werden können (Müller-Wille und Rheinberger 2009). Viele Forscher tragen Einzelheiten bei, die gewissenhaft zu einem möglichst kohärenten Gesamtbild zusammengesetzt werden müssen. Dass dies schwierig wird, ist abzusehen.

Selbst in den Naturwissenschaften – wir zählen Biologie und Medizin hier einmal dazu – steht das, was eine wissenschaftliche Tatsache genau ist, also öfter auf wackeligen Füßen. Dazu brauchen wir nur dem mitreißenden Büchlein des Mikrobiologen und Erkenntnistheoretikers Ludwik Fleck zu folgen. Er analysiert, wie die Medizin eine bestimmte Krankheit im Lauf eines Jahrhunderts mehrfach als etwas gänzlich Unterschiedliches sieht (Fleck 1990). Flecks Erkenntnisse sind auch kongruent mit Werner Heisenbergs These, die als Motto am Beginn meines Buchs dient. Danach ist das, was wir beobachten, nicht die Natur selbst, sondern Natur, die unserer Fragemethode ausgesetzt ist. Heute geht man, wie etwa Donna Haraway, noch weiter und stellt fest, dass Wissen nicht nur entdeckt, sondern stets auch gemacht ist (Loh 2019). An anderer Stelle heißt es dazu, wissenschaftliche Aktivität sei ein erbitterter Kampf, Realität zu konstruieren (Woolgar und Latour 1986). Sandra Mitchell fordert daher in den komplexen Szenarien, mit denen wir es hier zu tun haben, einen integrativen Pluralismus, der dem Pluralismus der Ursachen, dem Pluralismus der Ebenen und dem Pluralismus der Zusammenführung einzelner Theorien gerecht wird (Mitchell 2008).

Es wird klar: „Bedeutung und Geltung sprachlicher Äußerungen in allen Formen ihres Auftretens, Verfahren und Strukturen von Begriffs- und Theoriebildung" sind Gegenstand der Philosophie (Janich 2008). Die Naturwissenschaft braucht die Philosophie. Es hat daher gute Gründe, dass die Erweiterte Synthese der Evolutionstheorie eng mit Philosophen zusammenarbeitet.

Charles Darwin dürfen wir eher als einen Vertreter der oben genannten zweiten Perspektivgruppe sehen, während seine Synthese-Nachfolger eher zur ersten Gruppe zählen. Darwin wäre wohl offen gegenüber den neuen Ideen von heute. Wie kaum ein anderer vor ihm und nach ihm hinterfragte er in seinen Büchern und Briefen seine eigenen Ansichten immer wieder kritisch und stand alternativen Aspekten unverschlossen gegenüber. Dabei hatte er einen stets neugierigen Blick auf das noch nicht Erklärbare und auf das von künftigen Generationen noch zu Erforschende. Er betonte in der Einleitung der sechsten Auflage von *Entstehung der Arten* ausdrücklich, dass die natürliche Selektion „das wichtigste, wenn auch nicht das ausschließliche Mittel zur Abänderung der Lebensformen" sei (Darwin 2008).

*

Als einen Epilog stelle ich mir vor, wie Charles Darwin an seinem großen, dunklen Schreibtisch in seinem Arbeitszimmer im Erdgeschoss in Down House mit einer jungen Besucherin aus der Evo-Devo-Schule sitzt. Zuvor hat er seinen täglichen Spaziergang auf dem Sandwalk gemacht und sich in Gedanken auf seine Besucherin eingestimmt. Eine junge Doktorandin will mit ihm über die Rolle des Embryos in der Evolution sprechen. Auch im Alter beantwortet Darwin noch jeden Brief. Aber eine so junge Wissenschaftlerin zu Besuch in Down House, dieses Vergnügen hatte er noch nie. Also hat er ihr freundlich geschrieben, ihr zugesagt und sie eingeladen.

Die junge Frau hat den weiten Weg nach England und in den Süden Londons in die ländliche Grafschaft Kent auf sich genommen und will sich ihren Traum erfüllen, einmal mit ihrem großen Vorbild über das Potenzial der embryonalen Entwicklung für die Evolution zu diskutieren. Sie ist angespannt. Was wird der alte Herr über die modernen Ideen denken? Sie weiß ja, dass Darwin schon lange ahnte, die Entwicklung im Embryo müsse eine Rolle für die Evolution spielen. Aber er konnte sich keinen rechten Reim darauf machen, und er konnte die Embryonalentwicklung einfach nicht mit seiner Theorie in Einklang bringen. Die Fragen Darwins an sein Gegenüber reißen daher nicht ab. Er spricht auch sein Lieblingsthema an, die Regenwürmer, mit denen er sich seit mehr als vier Jahrzehnten und bis ins Alter intensiv auseinandergesetzt hat. Sein Fazit: Die Würmer schaffen die Voraussetzung für den Ackerbau, indem sie den Erdboden bearbeiten. Die junge Frau denkt sogleich an Nischenkonstruktion; Regenwürmer bauen eine Nische für sich und andere Lebewesen. Aber sie hält sich zurück und genießt es, den weisen Mann begeistert in seinem Metier zu erleben.

Da, gerade als die junge Frau eine Pause nutzt, um auseinanderzusetzen, was man heute über Entwicklungsgene weiß und über Innovationen, die der Embryo erzeugen kann, gerade als die Unterhaltung beginnt, richtig interessant zu werden, bittet Darwins Frau Emma die beiden nach nebenan zu Tisch. Doch fast immer überhört ihr Mann den Ruf und die Glocke, wenn ihn eine neue Idee nicht loslässt, und so war es auch an diesem sonnigen Spätfrühlingstag.

Literatur

Baedke J, Fábregas-Tejeda A, Vergara-Silva F (2020) Does the extended evolutionary synthesis entail extended explanatory power? Biol Philos 35(1):1–22

Beatty J (1997) Why do biologists argue like they do? Philos Sci 64(Proceedings):432–443

Darwin C (2008) Die Entstehung der Arten (Übers. J. V. Carus nach d., 6. Aufl). Nikol, Hamburg (Erstveröffentlichung 1872)

Fleck L (1990) Entstehung und Entwicklung einer wissenschaftlichen Tatsache. Einführung in die Lehre vom Denkstil und Denkkollektiv. Mit einer Einleitung herausgegeben von Lothar Schäfer und Thomas Schnelle. Suhrkamp, Frankfurt a. M

Janich P (2008) Naturwissenschaft vom Menschen versus Philosophie. In: Janisch P (Hrsg) Naturalismus und Menschenbild. Felix Meiner, Hamburg

Kahneman D (2016) Schnelles Denken, langsames Denken. Pantheon, München (Engl. (1990) Thinking, fast and slow. Farrar, Straus and Giroux, New York)

Laland KN, Uller T, Feldman M, Sterelny K, Müller GB, Moczek A, Jablonka E, Odling-Smee J (2015) The extended evolutionary synthesis: its structure, assumptions and predictions. Proc R Soc B 282:1019

Lange A (2017) Darwins Erbe im Umbau. Die Säulen der Erweiterten Synthese in der Evolutionstheorie, 2. überarbeitete Aufl. Königshausen & Neumann, Würzburg (eBook)

Lange A, Nemeschkal HL, Müller GB (2014) Biased polyphenism in polydactylous cats carrying a single point mutation: the Hemingway model for digit novelty. Evol Biol 41(2):262–275

Loh J (2019) Trans- und Posthumanismus zur Einführung. Junius, Hamburg

Mitchell S (2008) Komplexitäten. Warum wir erst anfangen, die Welt zu verstehen. Suhrkamp, Berlin

Müller GB (2020) Evo-devo's contributions to the extended evolutionary synthesis. In: Nuno de la Rosa L, Müller GB (Hrsg) Evolutionary developmental biology: a reference guide. Springer, Basel

Müller-Wille S, Rheinberger H-J (2009) Das Gen im Zeitalter der Postgenomik. Suhrkamp, Berlin

Moczek AP, Sultan SE, Walsh D, Jernvall J, Gordon DM (2019) Agency in living systems: how organisms actively generate adaptation, resilience and innovation at multiple levels of organization. Proposal for a major grant from the John Templeton Foundation

Newman SA (2018) Inheritance. In: Nuno de la Rosa L, Müller GB (Hrsg) Evolutionary developmental biology. A reference guide. Springer, Basel

Noble D, Jablonka E, Joyner MJ, Müller GB, Omholt SW (2014) Evolution evolves: physiology returns to centre stage. J Physiol 592(11):2237–2244

Nowotny H, Testa G (2009) Die gläsernen Gene. Die Erfindung des Individuums im melokularen Zeitalter. Suhrkamp, Berlin

Planck M (1958) Physikalische Abhandlungen und Vorträge, Bd III. Vieweg, Braunschweig

Rheinberger H-J (2007) Historische Epistemologie zur Einführung. Junius, Hamburg

Rohrlich F (1988) Pluralistic ontology and theory reduction in the physical sciences. Br J Philos Sci 39(3):295–312

Schülein JA, Reitze S (2005) Wissenschaftstheorie für Einsteiger. Facultas, Wien

Woolgar S, Latour B (1986) Laboratory life: the construction of scientific facts. Princeton University Press, Princeton

9

Die Player des neuen Denkens in der Evolutionstheorie

Die hier ausgewählten Wissenschaftler setzen sich mit Erweiterungen der Modern Synthesis und dem Thema einer postmodernen Evolutionstheorie auseinander oder taten das zu Lebzeiten. Einige sind Vorläufer der Erweiterten Synthese. Manche sprechen sich nicht ausdrücklich für einen Theoriewechsel aus oder nennen sich nicht Evo-Devo-Forscher, publizieren aber zum Beispiel wichtige Forschungsergebnisse in Evo-Devo oder Themen, die zur Nischenkonstruktion passen und von der Erweiterten Synthese aufgegriffen werden. Neben den hier genannten Vertretern gibt es eine wachsende Zahl weiterer, die eine notwendige Erneuerung ansprechen.

Pere Alberch (1954–1998, **Spanien**) Biologe mit den Schwerpunkten Zoologie und Embryologie, Professor an der Harvard University und später Direktor des Nationalen Museums für Naturwissenschaften, Madrid. Alberch war ein bedeutender Evo-Devo-Pionier. Ihm ist die Ausarbeitung fundamentaler Konzepte zu verdanken, darunter Heterochronie und Entwicklungsconstraints. Einen Mangel der Synthese sah er in ihren fehlenden Aussagen zur morphologischen Evolution. Das morphologische Ergebnis von Mutation betrachtete er als nicht zufällig, auch wenn das auf molekularer Ebene der Fall sein kann. Er verdeutlichte, dass die jeweiligen Entwicklungssysteme der morphologischen Form Constraints auferlegen, und zwar in der Art, dass nur eine bestimmte Zahl stabiler Ergebnisse zustande kommen kann. Schon in den frühen 1980er-Jahren betrachtete er Constraints als interne organismische Mechanismen des Entwicklungssystems mit eher generierendem als passivem Charakter, wodurch Evolution auf epigenetischer

A. Lange, *Evolutionstheorie im Wandel*, https://doi.org/10.1007/978-3-662-68962-2_9

Ebene erleichtert werden kann. Ihm ist die Erkenntnis zu verdanken, dass die Sicht auf die genetische Ebene nicht unbedingt die kritischste Sichtweise auf Veränderungen in Entwicklungsprozessen ist. Vielmehr ist eine epigenetische Perspektive auf die Physiologie entscheidend, wo viele Störfaktoren auftreten können. Er bekräftigte seine Thesen mit empirischen Experimenten an Fröschen und Salamandern, wobei er Regeln aufstellen konnte, welche Zehen im Embryo bei der Reduzierung von Zellen in der Extremitätenknospe zuerst und welche zuletzt verloren gehen. Bekannt wurde er auch durch das Studium von Anomalien. Hier beschäftigte er sich damit, dass Variationen, auch wenn sie evolutionär unvorteilhaft sind, wiederholt in gleicher Form auftreten. Alberch starb im Alter von 43 Jahren.

Patrick Bateson (1938–2017, Großbritannien) Sir Paul Patrick Gordon Bateson war ein britischer Zoologe und Wissenschaftsautor. Er war seit 1984 Professor für Verhaltensbiologie an der Universität Cambridge, Vizepräsident der Royal Society und seit 2004 auch Präsident der Zoological Society of London. Er trug maßgeblich dazu bei, das biologische Fachgebiet der Verhaltensforschung in Großbritannien zu etablieren. Bateson forschte vor allem auf dem Gebiet der Entwicklungsbiologie des Verhaltens, u. a. über die neurobiologischen Grundlagen des Phänomens der Prägung bei Vögeln sowie zum Lernverhalten von Katzen und Affen. Insbesondere interessierten ihn bei diesen Säugetieren die Folgen von spielerischen Aktivitäten der Jungen für das Herausbilden von körperlichen, kognitiven und sozialen Verhaltensweisen als Erwachsene. Neben akademischen Aufgaben (u. a. war er von 1988 bis 2003 Rektor des King's College in Cambridge) verstand er sich als Mittler zwischen den Naturwissenschaften und der nicht-akademischen Öffentlichkeit und schrieb zahlreiche populärwissenschaftliche Bücher über Verhaltensforschung, Entwicklungsbiologie und Genetik. Wiederholt war er als Berater des britischen Parlaments gefragt. Im Jahr 1983 wurde er Fellow der Royal Society. Von 2004 bis 2014 war er Präsident der Zoological Society of London; 2003 wurde er zum Ritter geschlagen. Seit 2006 war er gewähltes Mitglied der American Philosophical Society. Bateson war bis zu seinem Tod Mitglied des Forschungsprogramms der Extended Evolutionary Synthesis (EES).

Paul Brakefield (*1952, Großbritannien) Professor für Zoologie an der University of Cambridge. Er ist Evolutionsbiologe mit dem Schwerpunkt auf Schmetterlingen und anderen Insekten. Sein besonderes Interesse gilt den Auswirkungen ihrer Entwicklung und Physiologie auf die natürliche Selektion. Brakefield konnte zeigen, dass evolutionäre Änderungen eines

Organismus durch das Zusammenspiel zwischen Umwelt und Genen, die die Entwicklung steuern, bestimmt werden. Brakefields Experimente mit Schmetterlingsaugenflecken gelten heute auf dem Gebiet von Evo-Devo als klassisch. Parallel zu seiner Forschung ist Brakefield Direktor des University Museum of Zoology an der University of Cambridge. Er ist außerdem Präsident der Tropical Biology Association und der Linnean Society of London und wurde 2010 Fellow der Royal Society. Er ist Mitglied des EES-Forschungsprogramms, vertritt jedoch nicht die Ansicht, die traditionelle Theorie sei zu ändern.

Sean B. Carroll (*1960, USA) Molekulargenetiker, Genetiker, Entwicklungsbiologe und Evolutionsbiologe. Carroll forscht in Evo-Devo über die Gene, die in der Entwicklungsbiologie den Aufbau des Körpers von Tieren steuern und wie sich diese Gene in der Evolution verändert haben. Er verfasste darüber auch populärwissenschaftliche Bücher und hat eine Kolumne *Remarkable Creatures* bei der *New York Times*. Im Jahr 2010 wurde er Vizepräsident für Wissenschaftspädagogik am Howard Hughes Medical Institute (HHMI). Er schrieb eine Doppel-Biographie über Jacques Monod und Albert Camus *(Brave Genius)*. Carroll ist ein konsequenter Darwinist und Anhänger der Synthese. Selbstorganisationsfähigkeit in Form von Turingsystemen existiert für ihn nicht. Sie sind aus seiner Sicht gar nicht erforderlich, da phänotypische Form und Variation jeder Art durch den genetischen Toolkit in der Entwicklung geschaffen werden können.

Niles Eldredge (*1943, USA) Paläontologe. Im Fachbereich Geo- und Umweltwissenschaften an der City University of New York war Eldredge außerordentlicher Professor für Paläontologie. Zusammen mit Stephen J. Gould stellte er 1972 die Theorie des Punktualismus *(punctuated equilibria)* zur Diskussion, eine Variante der Evolutionstheorie. Sie nimmt an, dass die Evolution der Arten nicht stetig verläuft, sondern in langen Phasen der Stabilität, die im Wechsel mit kurzen, raschen Entwicklungsschüben stehen.

John Arthur Endler (*1947, Kanada) Ethologe (Verhaltensforscher) und Evolutionsbiologe, der bekannt ist für seine Arbeit zur Anpassung von Wirbeltieren an ihre spezifischen Wahrnehmungsumgebungen und die Art und Weise, in der sich die sensorischen Fähigkeiten und die Farbmuster von Tieren entwickeln. Endler hat umfangreiche Arbeiten an Guppys *(Poecilia reticulata)* durchgeführt und 1975 die von Aquarianern als „Endlers Guppy" zu seinen Ehren benannte Art wiederentdeckt. Er ist ferner für seine experimentellen Arbeiten zur Herbeiführung von Evolution in kleinem Maßstab bekannt. Dazu hat er zahlreiche Arten untersucht, darunter neben Guppyex-perimenten das Verhalten von Laubenvögeln in Nord-Queensland, Austra-lien. Endler ist assoziiertes Mitglied des EES-Forschungsprogramms.

Marcus W. Feldman (*1942, Australien) Mathematiker und theoretischer Biologe. Professor für Biowissenschaften, Direktor des Morrison Institute for Population and Resource Studies und Codirektor des Center for Computa-tional, Evolutionary and Human Genomics (CEHG) an der Stanford Uni-versity, Palo Alto, Kalifornien. Bekannt wurde er durch seine mathematische Evolutionstheorie, seine Computerstudien in der Evolutionsbiologie und als Mitbegründer der Theorie der genetisch-kulturellen Koevolution.

Scott F. Gilbert (*1949, USA) Gilbert ist Evolutionsbiologe und Biologie-historiker. Er ist emeritierter Professor für Biologie am Swarthmore College und emeritierter Finland-Distinguished-Professor an der Universität von Helsinki. Gilbert ist Autor des Lehrbuchs *Developmental Biology* (Erstaus-gabe 1985, 11. Aufl. 2016). Zusammen mit David Epel hat er das Lehrbuch *Ecological Developmental Biology* (2009/2015) verfasst. Er ist einer der Ini-tiatoren der ökologischen Entwicklungsbiologie als neue biologische Diszi-plin. Gilberts Forschungen in der Geschichte und Philosophie der Biologie betreffen die Wechselwirkungen zwischen Genetik und Embryologie, den Antireduktionismus, die Bildung biologischer Disziplinen und die Bioethik.

Stephen Jay Gould (1941–2002, USA) Paläontologe, Geologe und Evolu-tionsbiologe. Gould zählt zu den bekanntesten und einflussreichsten Evo-lutionsbiologen des 20. Jahrhunderts. Er studierte Paläontologie und Evo-lutionsbiologie an der Columbia University. Gould ist Autor erfolgreicher populärwissenschaftlicher Bücher, darunter *Der Daumen des Panda – Be-trachtungen zur Naturgeschichte.* Als herausragender Beitrag Goulds gilt die Theorie des „unterbrochenen Gleichgewichts" (*punctuated equilibria* oder Punktualismus), die er gemeinsam mit Niles Eldredge entwickelte. Dem-nach vollzieht sich die Evolution nicht in stetigen kleinen Schritten mit kon-stanter Geschwindigkeit. Vielmehr sollen sich in relativ kurzen geologischen Phasen schnelle Veränderung mit längeren Zeiträumen ohne Veränderung (Stasis) abwechseln. In zwei weiteren Fachpublikationen mit Richard C. Lewontin (1979) und mit Elisabeth Vrba (1982) vertrat er die Auffassung, dass Eigenschaften eines Organismus auch ohne direkten Funktionsbezug überlebt haben können. Sie sind unter Umständen einfach nur da, *just so,* ähnlich wie die Verkleidungen der Rundbögen *(spandrels)* in gotischen Ka-thedralen, die keine architektonische Funktion haben. Er wies darauf hin, dass die natürliche Selektion eine Negativauswahl kennzeichnet und nicht in adaptationistischer Manier gewisse Eigenschaften dank ihrer Funktion positiv selektiert. Gould wandte sich außerdem vielfach gegen den Gedanken, dass Evolution mit Fortschritt gleichzusetzen sei.

Brian K. Hall (*1941, Kanada) Emeritierter Biologe der Dalhousie University. Hall nimmt aktiv an der Evo-Devo-Debatte über die Art und Mechanismen der tierischen Körperplanbildung teil. Er interessiert sich besonders für die Neuralleiste und Skelettgewebe, die aus der Neuralleiste entstehen. Ferner hat er ausführlich über die Geschichte der Evolutionsbiologie und über führende Persönlichkeiten auf diesem Gebiet geschrieben. Neben zahlreichen anderen Büchern veröffentlichte er 2012 *Evolutionary Developmental Biology (Evo-Devo): Past, Present, and Future.*

Eva Jablonka (*1952, Israel) (Abb. 9.1) In Polen geborene Evolutionstheoretikerin und Genetikerin. Professorin am Cohn Institut an der Universität Tel Aviv. Jablonka emigrierte 1957 nach Israel. Sie ist bekannt für ihre Veröffentlichungen zu verschiedenen Formen epigenetischer Vererbung. Zusammen mit Marion J. Lamb verfasste sie das Werk *Evolution in vier Dimensionen: Wie Genetik, Epigenetik, Verhalten und Symbole die Geschichte des Lebens prägen* (2017, engl. 2014). Dabei nehmen die Autorinnen neolamarckistische Positionen zur Vererbung ein, die über die neodarwinistische Synthese weit hinausgehen. Jablonka ist assoziiertes Mitglied des EES-Forschungsprogramms.

Marc W. Kirschner (*1945, USA) (Abb. 9.2) Biologe. Kirschner graduierte 1966 an der Northwestern University und wurde 1971 an der University of

Abb. 9.1   Eva Jablonka, Barbara McClintock

Abb. 9.2 Marc Kirschner, Armin P. Moczek, Gerd B. Müller

Abb. 9.3 Kevin N. Lala, John Odling-Smee

California, Berkeley promoviert. Im Jahr 1972 wurde er Assistant Professor an der Princeton University; 1993 wechselte er an die Harvard Medical School. Die Theorie der erleichterten Variation *(Theory of Facilitated Variation)* ist ein Erklärungsmodell, das sich als Ergänzung der Evolutionstheorie versteht und sich mit der Beschaffenheit der Variation in der Evolution befasst. Diese Theorie wurde im Jahr 2005 von Kirschner als Gründer und Vorsitzender des Fachbereichs Systems Biology der Harvard Medical School und John Gerhart von der University of California, Berkeley, in ihrem Buch *The Plausibility of Life* veröffentlicht *(Die Lösung von Darwins Dilemma. Wie Evolution komplexes Leben schafft).*

Kevin N. Lala, zuvor Laland (*1962, Großbritannien) (Abb. 9.3) Seit 2002 Professor für Verhaltens- und Evolutionsbiologie an der University of St. Andrews, Schottland. Seine Veröffentlichungen, darunter zahlreiche

Bücher, befassen sich mit Tierverhalten und Evolution, speziell mit sozialem Lernen, Gen-Kultur-Koevolution und Nischenkonstruktion. Laland ist gewählter Fellow der Royal Society of Edinburgh, Fellow der Society of Biology und Leiter des EES-Forschungsprogramms.

Manfred D. Laubichler (*1969, Österreich) Professor für Theoretische Biologie und Geschichte der Biologie an der School of Life Sciences und Leiter der Global Biosocial Complexity Initiative an der Arizona State University. Er ist Mitherausgeber folgender Bücher: *From Embryology to Evo-Devo* (2007), *Modeling Biology* (2007), *Der Hochsitz des Wissens* (2006) sowie *Form and Function in Developmental Evolution* (2009). Als Evo-Devo-Wissenschaftler ist Laubichler dennoch nicht als ein Vertreter einer Theorieerneuerung zu sehen.

Richard C. Lewontin (*1929–2021, USA) Evolutionsbiologe, Mathematiker, Genetiker. Lewontin war Schüler von Theodosius Dobzhansky, einem der Begründer der Synthese. Er gehört zu den bekanntesten Evolutionsbiologen des 20. Jahrhunderts. Von 1973 bis 1998 hielt er die Alexander-Gassiz-Professur für Zoologie und Biologie an der Harvard University; seit 2003 war er dort Research-Professor. Neben herausragenden Leistungen auf den Gebieten der Populationsgenetik und Molekularbiologie trat Lewontin mit Kritik an der Mainstream-Evolutionstheorie hervor. Im Jahr 1979 verwendeten er und Stephen J. Gould den aus der Architektur entlehnten Begriff *Spandrel* stellvertretend für phänotypische Eigenschaften, die nicht adaptiert, sondern einfach nur *(just so)* da sind. Damit wurde den Überzeugungen der neodarwinistischen Theorie entgegengetreten, dass alle Eigenschaften selektiert sind und eine Funktion haben. Lewontin war ferner 1970 einer der ersten Biologen, die Hierarchien der Selektion einführten, von der genetischen bis zu mehreren epigenetischen Ebenen. Mit der Einführung der Abhängigkeit der Umweltbedingungen von Organismen führte er eine essenziell neue Argumentation in die Evolutionstheorie ein, woraus sich die Theorie der Nischenkonstruktion entwickelte.

Lynn Margulis (1938–2011, USA) Biologin. Entwickelte die Endosymbiontentheorie (Symbiogenese) über den Ursprung von Plastiden und Mitochondrien als zuvor eigenständige prokaryotische Organismen. Dieser Theorie nach gingen sie zu einem evolutionsgeschichtlich frühen Zeitpunkt eine symbiotische Beziehung mit anderen prokaryotischen Zellen ein, wodurch sich letztere zu eukaryotischen Zellen entwickelten. 1983 wurde Margulis in die National Academy of Sciences, 1998 in die American Academy of Arts and Sciences gewählt. 1999 wurde sie mit der National Medal of Science ausgezeichnet.

Barbara McClintock (1902–1992, USA) (Abb. 9.1) Genetikerin und Botanikerin. Sie entdeckte Transposons (springende Gene), wofür sie 1983 den Nobelpreis erhielt, nachdem ihre Lehre fast 30 Jahre lang ignoriert und abgelehnt worden war. Heute weiß man dank ihrer Forschung, dass alle Genome Elemente enthalten, die einen Umbau des eigenen Genoms bewirken können.

Allessandro Minelli (*1948, Italien) Emeritierter Professor für Zoologie an der Universität Padua. Er lieferte konzeptionelle Grundlagen der Evo-Devo-Disziplin. Dabei wandte er sich strikt gegen einen sogenannten „Adult-Zentrismus", die Auffassung, die Entwicklung sei (ausschließlich) die Betrachtung schrittweiser Prozesse von der befruchteten Eizelle hin zum erwachsen Phänotyp. Manche Lebewesen durchleben kompliziertere Zyklen. Neben den frühen Phasen der Embryonalentwicklung will er, dass Evo-Devo auch postembryonale Phasen ins Blickfeld einer vergleichenden Morphologie aufnimmt. Evo-Devo muss aus seiner Sicht von der überbetonten Thematisierung des Tierreichs auf andere Reiche ausgeweitet werden. Minelli ist Autor von *Biological Systematics* (1993), *The Development of Animal Form* (2003), *Perspectives in Animal Phylogeny and Evolution* (2009), *und Forms of Becoming* (2009). Er vertritt nicht die Ansicht, die traditionelle Evolutionstheorie müsse geändert werden.

Armin Moczek (*1969, Deutschland) (Abb. 9.2) Professor für Biologie an der Indiana University Bloomington. Moczek wurde in München geboren. Er studierte Biologie bei Bert Hölldobler an der Universität Würzburg, danach wechselte er 1994 an die Duke University, wo er seinen PhD erhielt. Ein einschneidendes Erlebnis für ihn war dort die Zusammenarbeit mit Fred Nijhout. Im Jahr 2002 wechselte er als Postdoc an die Arizona University. Seit dieser Zeit beschäftigt sich Moczek schwerpunktmäßig mit Insekten, darunter wiederholt mit Hornkäfern *(Onthophagus),* deren Studien er an der Indiana University seit 2004 vertiefte. Moczek untersucht komplexe Innovationen der Evolution, wozu auch die Hörner der Hornkäfer zählen. Besonders fokussiert er sich auf die Erforschung der sehr frühen Phasen der Innovation in der Evolution und auf das Zusammenspiel von Genetik, Entwicklung und Ökologie, bei dem wichtige Übergänge in der Evolution ermöglicht werden. Er ist außerdem Mitbegründer einer internationalen Initiative zur Erweiterung traditioneller Perspektiven auf das, was

Geschwindigkeit und Richtung in der Evolution bestimmt, wobei die jüngsten Fortschritte auf den Gebieten der evolutionären Entwicklungsbiologie, der Entwicklungsplastizität, der nicht-genetischen Vererbung und der Nischenbildung berücksichtigt werden. Moczek ist Mitglied und Projektleiter im EES-Forschungsprogramm. Seine Arbeit behandelt typische Themen für eine Erweiterung der Synthese.

Gerd B. Müller (*1953, Österreich) (Abb. 9.2) Evolutionsbiologe, Student von Rupert Riedl. Emeritierter Professor der Universität Wien, bis 2018 Leiter des Departments für Theoretische Biologie am Zentrum für Organismische Systembiologie am Center for Organismal Systems Biology der Universität Wien. Müller studierte in Wien Medizin und Zoologie. Seine Forschungsinteressen umfassen die Extremitätenentwicklung der Wirbeltiere, den Ursprung evolutionärer Innovationen, die theoretische Integration von Evo-Devo und die Erweiterte Synthese der Evolutionstheorie. Müller ist Gründungsmitglied und seit 1997 Präsident des Konrad Lorenz Instituts für Evolutions- und Kognitionsforschung in Klosterneuburg bei Wien. Er ist Präsident von EuroEvoDevo, der Europäischen Gesellschaft für evolutionäre Entwicklungsbiologie. Gemeinsam mit Stuart Newman gab Müller das Buch *Origination of Organismal Form* (2003) heraus. Zusammen mit Massimo Pigliucci ist er Herausgeber des Bandes *Evolution – The Extended Synthesis* (2010). Müller ist einer der Begründer der EES und einer ihrer konsequentesten Vertreter. Er ist assoziiertes Mitglied des EES-Forschungsprogramms.

Stuart A. Newman (*1945, USA) Professor für Zellbiologie und Anatomie am New York Medical College in Valhalla, NY. Newmans Forschung ist auf drei Bereiche ausgerichtet: Zellulare und molekulare Mechanismen der Extremitätenentwicklung von Wirbeltieren, physikalische Mechanismen der Morphogenese und Mechanismen morphologischer Evolution. Seine Arbeit in der Entwicklungsbiologie beinhaltet einen Mechanismus für Musterbildung des Skeletts der Wirbeltiergliedmaßen basierend auf der Selbstorganisation des embryonalen Gewebes. Hierzu entstanden in seiner Schule mehrere Computermodelle. Er beschrieb ferner einen biophysikalischen Effekt in der extrazellulären Matrix, die mit Zellen oder nicht lebenden Partikeln bevölkert ist, eine matrixgesteuerte Translokation, die ein physikalisches Modell für die Morphogenese von Stammzellen-Gewebe ermöglicht. Gemeinsam mit Müller gab Newman das Buch *Origination of Organismal Form* (2003) heraus. Newman gehört zu den konsequentesten EES-Vertretern und äußerst sich klar dazu, dass Grundannahmen der Modern Synthesis falsch seien.

H. Frederic Nijhout (*1947, USA) Evolutionsbiologe und Professor für Biologie an der Duke University (Durham, North Carolina). Seine Forschung konzentriert sich auf evolutionäre Entwicklungsbiologie und Entomologie (Insektenforschung) mit besonderen Blick auf die hormonelle Steuerung von Wachstum, Häutung und Metamorphose bei Insekten, einschließlich der Mechanismen, die die Entwicklung alternativer Phänotypen lenken. Viele seiner Arbeiten beschäftigten sich auch mit der Entwicklung der Flügelmuster von Schmetterlingen.

Denis Noble (*1936, Großbritannien) (Abb. 9.4) Britischer Physiologe. Noble zählt zu den Pionieren der Systembiologie. Er studierte am University College London. In seiner vielbeachteten Doktorarbeit (1961) entwickelte er das erste mathematische Modell des arbeitenden Herzens. Noble hatte von 1984 bis 2004 den Burdon-Sanderson-Lehrstuhl für kardiovaskuläre Physiologie an der Universität Oxford inne. Im Jahr 2006 veröffentlichte er mit *The Music of Life* das erste populärwissenschaftliche Buch über die Systembiologie und 2016 ebenfalls aus systembiologischer Perspektive das Buch *Dance to the Tune of Life: Biological Relativity*. In beiden kritisiert er den Neodarwinismus mit seinen Ideen des genetischen Determinismus und Reduktionismus, wie er sie am radikalsten in Dawkins' Theorie des egoistischen Gens findet. Er stellt die These auf, dass aufgrund verschiedener Feedbackmechanismen (z. B. Nischenbildung, nicht-genetische Vererbung, Splicing, Epigenetik) das Genom keine hervorzuhebende Organisationsebene und vor allem kein Programm ist, aus dem in reduktionistischer Vorgehensweise die Funktion höherer Ebenen wie die der Proteine, Zellen oder gar Organe hergeleitet werden könne. Stattdessen schlägt er eine systemische Betrachtungsweise von Organismen vor, wobei der Zugang von allen Ebenen aus gleichberechtigt ist.

Abb. 9.4 Rupert Riedl, Denis Noble

Noble war Präsident der International Union of Physiological Sciences und Präsident des Virtual Physiological Human Institute. Er ist assoziiertes Mitglied des EES-Forschungsprogramms.

John Odling-Smee (*1935, Großbritannien) (Abb. 9.3) Emeritierter Professor für Biologie und Anthropologie an der Universität Oxford. Odling-Smee publizierte mehr als 100 Artikel über das Lernen bei Tieren, seine Rolle in der Evolution und über die Theorie der Nischenkonstruktion, die er zusammen mit Kevin N. Laland und Marcus W. Feldman etablierte. Ihre gemeinsame Monographie *Niche Construction: The Neglected Process in Evolution* erschien 2003. Odling-Smee ist Mitglied des EES-Forschungsprogramms.

Massimo Pigliucci (*1964, USA) Pigliucci ist K.D. Irani Professor für Philosophie am City College und Professor für Philosophie am Graduate Center der City University of New York. Er wurde an der University of Connecticut in Evolutionsbiologie und an der University of Tennessee in Philosophie promoviert und forschte anschließend an der Brown University auf dem Gebiet der Evolutionsökologie. Seine Interessen umfassen die Philosophie der Biologie, die Beziehung zwischen Wissenschaft und Philosophie sowie die Natur der Pseudowissenschaft. Pigliucci ist zusammen mit Gerd B. Müller Herausgeber des Buchs *Evolution – The Extended Synthesis* (2010). Er ist Mitglied des EES-Forschungsprogramms.

Rudolf Raff (1941–2019, Kanada) Professor für Biologie an der Indiana University und Direktor des Indiana Molecular Biology Institute. Er war ein Pionier in der Entstehungsphase von Evo-Devo als neue Forschungsdisziplin. Dabei wurde er zu einer führenden Kraft bei der Integration der Bereiche Evolution und Entwicklung. Er inspirierte eine neue Generation von Wissenschaftlern auf diesem Weg.

Rupert Riedl (1925–2005, Österreich) (Abb. 9.4) Ehemaliger Zoologe und Systembiologe an der Universität Wien. Riedl betrachtete das Naturgeschehen und insbesondere die evolutionäre Entwicklung von Organismen als ein System von vernetzten Beziehungen. Er vertrat seit dem Ende der 1970er-Jahre als einer der ersten Wissenschaftler die Auffassung, dass die Modern Synthesis die Rolle der Entwicklung und der Morphologie in der Evolution vernachlässigt. Die Entstehung von Körperbauplänen und Mustern auf makroevolutionärer Ebene sei nicht erklärt. Seine Theorie legte er in *Die Ordnung des Lebendigen – Systembedingungen der Evolution* 1975 nieder. Dieses

Werk hat das geltende Kausalitätsverständnis revolutioniert. Riedl argumentierte, dass zwar jeder Organismus in der Embryonalentwicklung aus der Aktivität von Genen hervorgeht, doch in der Evolution ist der „Handlungsspielraum" von Genen durch deren funktionelle Wechselabhängigkeit eingeschränkt, ähnlich der von Individuen in einer Organisation.

Kim Sterelny (*1950, Australien) Philosoph. Sterelnys Forschungsschwerpunkt liegt in der Philosophie der Biologie. Er sieht in der Entwicklung der Evolutionsbiologie seit 1859 eine der großen intellektuellen Errungenschaften der Wissenschaft. Sterelny ist Autor zahlreicher Veröffentlichungen zu Gruppenauswahl, Memtheorie und kultureller Evolution, wie *Return of the Gene* (mit Philip Kitcher), *Memes Revisited* und *The Evolution* und *Evolvability of Culture*. Im Jahr 2004 erhielt Sterelnys Buch *Thought in a Hostile World: The Evolution of Human Cognition* als herausragender Beitrag zur Wissenschaftsphilosophie den Lakatos-Preis. Dieses Buch bietet eine darwinistische Darstellung der Natur und Entwicklung der menschlichen kognitiven Fähigkeiten und ist eine wichtige Alternative zu den aus der Evolutionspsychologie bekannten nativistischen Darstellungen. Seine Vorträge werden unter dem Titel *The Evolved Apprentice* veröffentlicht. Diese Vorlesungen bauen auf dem nicht-nativistischen, darwinistischen Ansatz des Denkens in einer feindlichen Welt auf und bieten gleichzeitig eine Diskussion über zahlreiche neuere Arbeiten anderer Philosophen, biologischer Anthropologen und Ökologen, Gen-Kultur-Koevolutionstheoretiker und Evolutionstheoretiker.

James Alan Shapiro (*1943, USA) Biologe mit Schwerpunkt bakterielle Genetik, Professor an der Universität Chicago am Department für Biochemie und Molekularbiologie. Shapiro war Teammitglied von Jon Beckwith in Harvard, als 1969 erstmals ein Gen (bei *E. coli*) isoliert werden konnte. Er entdeckte 1979 transposable Elemente bei Bakterien, trug maßgeblich dazu bei, das Forschungsfeld für mobile genetische Elemente zu organisieren, und war der früheste Verfechter des *natural genetic engineering* als grundlegendem Bestandteil von Evolution und evolutionärer Innovation. Er machte mit der Engineering-Sicht deutlich, dass genetische Variation nicht-zufälligen Charakter haben kann. Shapiro zeigte auch kooperatives Verhalten bei Bakterien. In seinem Buch *Evolution – A View from the 21st Century* (2011) tritt er für eine erweiterte Sicht auf die Evolutionstheorie ein, die die kognitiven, flexiblen, kooperierenden Fähigkeiten von Zellen auf der Grundlage von *natural genetic engineering* für schnelle evolutionäre Anpassung und Innovation berücksichtigt.

John E. Stewart (*1952, Australien) Evolutionstheoretiker und Aktivist, Mitglied der Forschungsgruppe für Evolution, Komplexität und Kognition an der Freien Universität Brüssel. Als Evolutionstheoretiker hat er sich vor allem mit dem Verlauf der Evolution befasst. Sein Schwerpunkt ist die auf Gruppenselektion basierende, von ihm entwickelte Theorie, dass die Menschheit kulturell mit immer mehr Staaten mit immer stärker werdender Kooperation und einem effektiven Management evolvieren muss. Ein ausreichend starker evolutionärer Druck entsteht, damit eine solche globale Kooperation entsteht. Im Jahr 2008 war er Hauptredner auf der ersten internationalen wissenschaftlichen Konferenz zum Thema „Evolution und Entwicklung des Universums", die in Paris stattfand.

Sonia E. Sultan (*1958, USA) Evolutionsökologin für Pflanzen an der Westleyan University, USA. Ihre Forschungsgruppe beschäftigt sich mit ökologischer Entwicklung oder Eco-Evo-Devo. Sultan leistete Beiträge zur empirischen und konzeptuellen Literatur über die individuelle Plastizität und ihr Verhältnis zur ökologischen Breite und adaptiven Evolution. Im Herbst 2015 veröffentlichte sie diese Ideen in einem Buch mit dem Titel *Organism and Environment: Ecological Development, Niche Construction and Adaptation*. Die aktuelle experimentelle Arbeit Sultans konzentriert sich auf ererbte Auswirkungen der Elternumgebung auf die Entwicklung, auf das Verhältnis der individuellen Plastizität zur Invasivität sowie auf die Rolle der DNA-Methylierung als Regulationsmechanismus für Umweltreaktion.

Eörs Szathmáry (*1959, Ungarn) Theoretischer Biologe. Beschäftigt sich mit unterschiedlichen Feldern wie der Entstehung des Lebens, der mathematischen Beschreibung früher Phasen der Evolution, Ursprung und optimaler Größe des genetischen Codes sowie der Evolution der Sprache. Zusammen mit John Maynard Smith schrieb er 1995 das vielbeachtete Buch *The Major Transitions in Evolution* und 1999 das Buch *The Origins of Life*.

Alan Turing (1912–1954, Großbritannien) Einer der einflussreichsten Theoretiker der frühen Computerentwicklung und Informatik. Er schuf einen großen Teil der theoretischen Grundlagen für die moderne Informations- und Computertechnologie. Als richtungsweisend erwiesen sich seine Beiträge zur theoretischen Biologie. Sein Aufsatz *The chemical basis of morphogenesis* von 1952 wird heute ca. 2500-mal pro Jahr in Google Scholar zitiert und gilt als *der* Meilenstein zum Thema biologischer Musterbildung. War die ursprüngliche Absicht Turings, mit dem von ihm geschilderten Reaktions-Diffusionsprozess eines sogenannten Turingsystems

Oberflächenmuster wie etwa im Fell von Kühen oder Zebras, bei Fischen oder anderen Tieren zu erklären, werden Turingmodelle heute in mathematisch abgewandelter und erweiterter Form auch vermehrt dazu angewandt, das Entstehen dreidimensionaler, stabiler Wellen-Strukturen im Organismus als Selbstorganisation zu beschreiben, etwa bei der Extremitätenentwicklung. Dabei wird das Reaktions-Diffusionsverhalten im Turingmechanismus von der chemischen, molekularen auf die interzelluläre Ebene übertragen und mit Zellsignalen argumentiert. In Deutschland wurde Turings Idee ab 1972 von Alfred Gierer und Hans Meinhard aufgegriffen und weiterentwickelt.

Tobias Uller (*1977, **Schweden**) Professor für Evolutionsbiologie an der Lund Universität, Schweden. Ullers Forschung beschäftigt sich mit der Schnittstelle zwischen Evolutionsbiologie, Entwicklungsbiologie und Ökologie. Seine Projekte wollen aufzeigen, wie funktionale Prozesse von Entwicklung, Physiologie und Verhalten von Organismen ihre Evolution beeinflussen. Dies umfasst die Rolle der phänotypischen Plastizität bei der adaptiven Diversifizierung, die evolutionären Ursachen und Folgen extragenetischer Vererbung sowie die genetischen, entwicklungsbezogenen und ökologischen Faktoren, die der Evolution durch introgressive Hybridisierung zugrunde liegen (Bewegung eines Genes oder Chromosoms von einer Art auf eine andere). Uller ist stellvertretender Projektleiter des EES-Forschungsprogramms.

Conrad Hal Waddington (1905–1975, **Großbritannien**) Britischer Entwicklungsbiologe, Paläontologe, Genetiker, Embryologe und Philosoph. Waddington lieferte grundlegende Arbeiten zur Entwicklungsbiologie und Epigenetik. Er gilt als wichtiger Vorläufer der heutigen evolutionären Entwicklungsbiologie und erfährt seit den 1990er-Jahren eine Art Renaissance. Die von Waddington eingeführten Begriffe epigenetische Landschaft, Kanalisierung und genetische Assimilation sind heute gängig in Evo-Devo.

Andreas Wagner (*1967, **Österreich/USA**) Evolutionsbiologe, Professor am Institut für Evolutionsbiologie und Umweltwissenschaften der Universität Zürich. Seit 1999 hält er auch eine Professur am Santa Fe Institute, New Mexico (USA). Wagner ist bekannt für seine Arbeit über die Rolle der Robustheit und Innovation in der Evolution. Buchveröffentlichung (2015): *Arrival of the Fittest. Wie das Neue in die Welt kommt. Über das größte Rätsel der Evolution.*

Günter P. Wagner (*1954, Österreich) Evolutionsbiologe und Ökologe. Wagner war Schüler von Rupert Riedl, Wien. Er lehrt an der Yale University. Der Fokus seiner Arbeiten liegt auf der Entwicklung komplexer Merkmale. Seine Forschung nutzt sowohl die theoretischen Werkzeuge der Populationsgenetik als auch experimentelle Ansätze in der evolutionären Entwicklungsbiologie. Wagner hat wesentlich zum gegenwärtigen Verständnis der Evolvierbarkeit komplexer Organismen, der Entstehung von Innovationen und der Modularität beigetragen. Er ist assoziiertes Mitglied des EES-Forschungsprogramms. Wagner tritt nicht für die Ansicht ein, die traditionelle Evolutionstheorie sei zu ändern.

Mary Jane West-Eberhard (*1941, USA) Emeritierte theoretische Biologin und Entomologin (Insektenforscherin), University of Michigan. Sie forschte über soziale Wespen der Tropen und studierte daran Mechanismen der Evolution. Zum Beispiel betonte sie die Rolle sexueller Selektion (soziale Konkurrenz unter männlichen Individuen) für die Artbildung und die Rolle alternativer Phänotypen als Basis für die natürliche Selektion in der Evolutionstheorie, wofür sie den Begriff der phänotypischen Plastizität prägte. Phänotypische Plastizität ist dabei eine angeborene Fähigkeit der Individuen, ihre äußere Erscheinung (Phänotyp) während der Entwicklung zum Erwachsenenstadium zu ändern und eventuell geänderten Umweltbedingungen anzupassen. Nach ihrer Theorie ist dies der primäre Ansatzpunkt der natürlichen Selektion. Die Übernahme in den genetischen Bauplan erfolgt dann sukzessive durch zufällige Mutationen, wobei Individuen, in denen der geänderte Phänotyp schon genetisch verankert ist, selektive Vorteile haben. Als ein Markenzeichen für West-Eberhards Theorie der Plastizität kann ihr Kernsatz gelten: „Gene führen nicht, sie folgen" *(Genes are followers)*. Damit verdeutlicht sie ihre Ansicht, nach der der Genotyp nicht den Phänotyp bestimmt. Der Genotyp kann, Umwelteinflüssen geschuldet, viele Phänotypen erzeugen. In ihrem 2003 erschienenen, 800 Seiten umfassenden Hauptwerk *Developmental Plasticity and Evolution,* das zahlreiche empirische Studien enthält, liefert West-Eberhard eine umfassende Kritik an der dominierenden Rolle der natürlichen Selektion in der Synthetischen Evolutionstheorie und fordert ein neues Rahmenkonzept für eine vereinte Evolutionstheorie, die Entwicklung, Umwelt und Plastizität als ursächliche Faktoren der Evolution aufgreift. West-Eberhard ist der Evo-Devo-Disziplin zuzurechnen, auch wenn sie selbst die Bezeichnung nicht verwendet. Sie wurde mit vielen Preisen ausgezeichnet.

Abb. 9.5   David Sloan Wilson und Edward Osborne Wilson

David Sloan Wilson (*1949, USA) (Abb. 9.5) Professor an der Binghampton University, New York. Wilson ist ein prominenter Verfechter der Gruppenselektion (moderne Variante) in der Evolutionstheorie. Er erhielt 1988 eine Professur für Biological Sciences an der State University New York. Im Jahr 2001 wurde er Distinguished Professor auch für Anthropologie. Er ist Autor mehrerer Bücher, darunter *Darwin's Cathedral: Evolution, Religion and the Nature of Society, Evolution for Everyone* und 2019 *This View of Life: Completing the Darwinian Revolution.*

Edward Osborne Wilson (*1929–2021, USA) (Abb. 9.5) Insektenforscher, Soziobiologe, Evolutionsbiologe, University of Alabama und Harvard University. Wilson zählt zu den führenden Evolutionsforschern weltweit. Er begründete 1975 mit Blick auf staatenbildende Insekten und andere Tiere, auch den Menschen, die Soziobiologie als eine neue Forschungsdisziplin und sprach dabei von einer *New Synthesis.* Damit erlangte er weltweite Bekanntheit. Im Jahr 2010 ging Wilson mit seinen eigenen Erkenntnissen der sozialen Evolution in die Kritik und wies fundamentale Fehler nach. Er erhielt zahlreiche internationale Preise, auch zweimal den Pulitzer Preis: 1979 und nochmals 1991 zusammen mit Bert Hölldobler für das Buch *The Ants.* Beide Autoren brachten 2010 (engl. 2009) erneut ein gemeinsames Werk heraus, die monumentale Monografie *Der Superorganismus – Der Erfolg von Ameisen, Bienen, Wespen und Termiten.* Im Alter plädiert Wilson vehement für eine anthropozentrische Umwelt- und Naturschutzethik und verteidigt die Biodiversität, ein Begriff, der ebenfalls von ihm geprägt wurde.

Abbildungsnachweis

Autorenfoto: Monika Wrba, Unterhaching

1.1   A. Lange

1.2   Wikimedia Commons, Creative Commons CC0 1.0 Universal Public Domain Dedication.

1.3   Wikimedia Commons Public domain UK and USA (Darwin), Encyclop. Brit. (Wallace), The Internat. Bateson Inst. (Bateson)

1.4   iStock

1.5   Wikimedia Commons Creative Commons Attribution 4.0 International (File:Chromosom-DNA-Gen.png)

2.1   Wikimedia, Commons Public domain USA (Morgan), gemeinfrei (Huxley), Genetics (Wright), Twitter (Fisher)

2.2   dreamstime, geändert

2.3   Wikimedia Commons Creative Commons Attribution 2.5 Generic

2.4   li. Wikimedia Commons Creative Commons Attribution Namensnennung 2.0 generisch (File:Grand Canyon National Park North Rim – Kaibab Squirrel 0199.jpg). re. Public domain (Abert).

2.5   University of California Berkeley

2.6   Alamy

2.7   A. Lange

2.8   Comic Vine

3.1   National Portrait Gallery

3.2   newslaundry.com

3.3   Cold Spring Harbor Laboratory Press (angefragt 10.11., 14.11. 2019, o. Antw.)

3.4   Nature Pediatric Research

3.5 University of Wisconsin-Madison
3.6 Wikimedia Commons Creative Commons CC0 1.0 Universal Public Domain Dedication
3.7 Nature Reviews Genetics Vol 8, 2007, übersetzt
3.8 A. Lange nach Kirschner und Gerhart 2007
3.9 iStock
3.10 li.dreamstime.com, re. Alamy
3.11 dreamstime.com
3.12 Flickr
3.13 Oxford University Press, übersetzt
3.14 Marcelo Casacuberta (M. J. W-E), S. F. Gilbert
3.15 A. Lange
3.16 Wikimedia Commons. Beide GNU Free Documentation Licence version 1.2 or later
3.17 Science, AAAS.
3.18 colorbox.com
3.19 MIT Press, übersetzt
4.1 Wikimedia Commons Darwin's finches Creative Commons Namensnennung – Weitergabe untergleichen Bedingungen 4.0 international o. l. File:Geospiza magnirostris – Hessisches Landesmuseum Darmstadt – Darmstadt, Germany – DSC00101.jpg by Daderot.
o. r. File:Camarhynchus parvulus – Hessisches Landesmuseum Darmstadt – Darmstadt, Germany – DSC00091.jpg by Daderot.u. r. File:Geospiza fortis.jpg by putneymark
u. l. File:Green warbler-finch.jpg by RajShekhar.
4.2 Nature
4.3 li. Wikimedia Commons Creative Commons Namensnennung Weitergabe unter Gleichen Bedingungen 4.0 international (File:Frontosa Cyphotilapia frontosa.jpg). re. Wikimedia Commons Creative Commons Namensnennung Attribution 2.0 Generic (File:Cyrtocara moori6 maleijpg).
4.4 Elsevier
4.5 Flickr
4.6 M. Mendenhall, Duke Univ.
4.7 Dorling Kindersley: Colin Keates/Natural History Museum, London
4.8 Zhou min/Imaginechina

4.9   Olivia Lange, Aufn. Naturhistorisches Museum Wien

4.10   Memorial University of Newfoundland (angefragt 23.6., 14.11.2019, o. Antw.)

4.11   Springer, übersetzt

4.12   Elsevier

5.1   Troylyong, dreamstime.com

5.2   The Royal Society, übersetzt

Tab. 6.1 www.extendedevolutionarysynthesis.com.(übersetzt v. Autor)

6.1   Armin Hallmann

6.2   iStock

6.3   Dieter Ebert

6.4   Jefferson Heard, Wikimedia Commons GNU Free documentation licence

6.5   depositphotos

7.1   Alamy

7.2   Alamy

7.3   YouTube

7.4   A. Lange

7.5   A. Lange

9.1   Jablonka, Alamy

9.2   PLoS, A. Moczek, G.B. Müller

9.3   K. Laland, S. Butterfill

9.4   Maria Mizzaro, Wikimedia Commons GNU Free Documentation licence (Riedl), Denis Noble (Noble)

9.5   D. S. Wilson. Wikimedia Commons Creative Commons Lizenz 3.0 Namensnennung nicht portiert (File:EOWilsonCntr.jpg)

Glossar

Glossar einschlägiger Fachbegriffe in den Gebieten Entwicklung, Epigenetik, Erweiterte Synthese der Evolutionstheorie, Evolution, Evo-Devo, Genetik, kulturelle Evolution, Synthetische Evolutionstheorie, Vererbung

Adaptation, Anpassung Ergebnis der natürlichen Selektion auf Populationsebene. Merkmale in Körperbau und Verhalten werden als evolutionäre Reaktion einer Population auf spezielle Umweltfaktoren (natürliche Selektion) gedeutet. A. trägt zu höherer ⇒ Fitness der Population bei. Die Debatte über die Gewichtung und Wirksamkeit der A. existiert seit Darwin. Sie wird heute differenziert geführt. In der Erweiterten Synthese (⇒ Extended Evolutionary Synthesis) kann Adaptation auch durch interne und externe konstruktive Prozesse und nicht nur auf passivem Weg des Organismus erreicht werden (⇒ Akteur, ⇒ Entwicklungsconstraints).

Akteur (engl. *agent*) Konzept in ⇒ Evo-Devo, nach dem der Organismus auf genetischen und epigenetischen organisatorischen ⇒ Handlungsinstanzen form- und funktionsbildende Aktivität für Entwicklungsänderungen entfaltet. Der Begriff A. erweitert die frühere Vorstellung von ⇒ Entwicklungsconstraints. Mit der Einführung des A. ist der Organismus nicht mehr nur passives Objekt im Evolutionsverlauf, sondern selbst Subjekt.

Allel bestimmte Ausprägungsform eines ⇒ Gens, die zwischen Individuen einer Spezies variieren kann. Unterschiedliche Allele bewirken häufig unterschiedliche Ausprägungen des dem Gen entsprechenden Merkmals im ⇒ Phänotyp des Individuums. Zum Beispiel kann es für ein Gen, das die Blütenfarbe bestimmt, ein Allel geben, das die Blüten rot, und ein anderes Allel, das sie weiß sein lässt. Entgegen früherer Auffassung entspricht ein A. meist nicht 1:1 einer phänotypischen Merkmalsausprägung. Merkmale entstehen i. d. R. ⇒ polygen. Das gilt auch für die Augenfarbe, die früher immer wieder als Referenz für ein bestimmtes A. herangezogen wurde. An der Pigmentbildung der Iris sind jedoch mehrere Gene beteiligt.

allopatrische Artbildung zentraler Vorgang der Artbildung (Speziation) durch die geographische Aufspaltung einer Population in zwei reproduktiv isolierte Populationen. Es gibt auch andere Formen der Artbildung.

alternatives Spleißen ⇒Spleißen

Aminosäuren organisches Molekül und Bausteine der Proteine der Lebewesen. Der⇒ genetische Code codiert 20 A.

Analogie ⇒Konvergenz

Anpassung ⇒Adaptation

Apoptose programmierter Zelltod. Mechanismus der Embryonalentwicklung. Die A. wird durch Signale ausgelöst, die in den zum Absterben bestimmten Zellen die Aktivierung einer Kaskade von „Selbstmordproteinen" bewirkt. So wird etwa bei der Extremitätenentwicklung mancher Vierbeiner das Zellmaterial zwischen den Fingern und Zehen durch A. entfernt.

Arrival of the Fittest, Making of the Fittest Prozesse, die in Ergänzung zum⇒ *Survival of the Fittest*⇒ Evo-Devo-Wege beschreiben, die zur Erzeugung eines Merkmals führen und sich nicht nur auf den Endzustand beziehen.

Art, Spezies Grundeinheit der biologischen Systematik. Eine allgemeine Definition der Art, die die theoretischen und praktischen Anforderungen aller biologischen Teildisziplinen gleichermaßen erfüllt, existiert nicht. Vielmehr gibt es in der Biologie verschiedene Artkonzepte, die zu sich überschneidenden, aber nicht identischen Klassifikationen führen.

Artbildung, Speziation ⇒allopatrische Artbildung

Arthropoden, Gliederfüßer artenreichster Stamm des Tierreichs. Zu ihnen gehören so unterschiedliche Tiere wie Insekten, Tausendfüßer, Krebstiere, Spinnen, Skorpione, Hundertfüßer und die ausgestorbenen Trilobiten. Gliederfüßer sind ein sehr erfolgreicher Stamm. Sie sind gekennzeichnet durch ihr Außenskelett aus Chitin, dessen Häutung, gegliederte Extremitäten und Körpersegmente. Rund 80 % aller bekannten rezenten Tierarten sind Gliederfüßer, die meisten davon Insekten.

Atavismus das Wiederauftreten in der Evolutionsgeschichte einer Art früher vorhandener anatomischer Merkmale, z. B. Mehrzehigkeit beim Pferd.

autosomal-dominanter Erbgang eine Form der Vererbung, bei der das veränderte⇒ Allel nur auf einem der beiden homologen⇒ Chromosomen, die nicht an der Geschlechtsbestimmung beteiligt sind, vorliegen muss, damit sich ein Merkmal⇒ phänotypisch ausprägt bzw. eine Erkrankung festgestellt wird. Muss die Mutation auf beiden Chromosomen vorliegen, spricht man von einem autosomal-rezessivem Erbgang.

Basenpaar zwei Basen in der⇒ DNA oder⇒ RNA, die zueinander komplementär sind. Die Anzahl der Basenpaare eines⇒ Gens stellt ein wichtiges Maß der Information dar, die im Gen gespeichert ist. Die DNA kennt die vier Nuklinbasen Adenin, Cytosin, Guanin und Thymin, meist kurz A, C, G und T genannt. Dabei treten stets A und T sowie C und G als ein Paar auf.

Bias ⇒Variationstendenz

Biodiversität, Diversität Maß für die Vielfalt der Lebewesen, aber auch für die der genetischen Information und der in Lebewesen gebildeten Proteine.

Chaperon Protein, das anderen Proteinen dabei hilft, sich korrekt zu falten.

Chromatid ⇒Chromosom

Chromatin das Material von ⇒ Chromosomen, bestehend aus ⇒ DNA und ⇒ Proteinen

Chromosom Struktur, die ⇒ Gene und damit die Erbinformationen enthält. Ein C. besteht aus ⇒ DNA, die mit vielen ⇒ Proteinen verpackt ist (⇒ Chromatin). Chromosomen kommen in den ⇒ Zellkernen der ⇒ Zellen von ⇒ Eukaryoten vor, zu denen alle Tiere, Pflanzen und Pilze gehören. Ein eukaryotisches C. ist nur während der Teilung des Zellkerns zu erkennen, wenn es beim Menschen und vielen anderen Arten ein stäbchenförmiges Aussehen hat. Es besteht dann vor der ⇒ Mitose aus zwei identischen **Chromatiden,** die am Centromer zusammenhängen (Schwesternchromatiden).

cis-Element (von lat. *cis,* „diesseits") ein bestimmter Abschnitt auf der ⇒ DNA, der für die Regulation eines ⇒ Gens eine Rolle spielt, das auf demselben DNA-Molekül (⇒ Chromosom) liegt wie das cis-E.

Constraints ⇒Entwicklungsconstraints

CRISPR/Cas Clustered Regularly Interspaced Short Palindromic Repeats. Eine von E. Charpentier und J. Doudna 2012 entdeckte Methode, wofür beide 2020 den Medizin-Nobelpreis erhielten. CRISPR/Cas beschreibt bei Bakterien den Abwehrprozess, mit dem kurze, invasive DNA-Fragmente eines viralen Eindringlings (Phagen) ausgeschnitten und in das Bakterien-eigene Genom eingebaut werden. Daher auch als „Genschere" bezeichnet. Auf diesem Weg kann der Angreifer bei einem erneuten Eindringen wiedererkannt und abgewehrt werden. CRISPR/Cas wird als eine Jahrhundertentdeckung gesehen und wird die Gentechnik revolutionieren, indem u. a. vererbbare Mutationen mit schweren Erkrankungen korrigiert werden können.

Crossing-over gegenseitiger Austausch von DNA-Abschnitten zwischen Nicht-Schwesternchromatiden während der sexuell induzierten Zellteilung (⇒ Meiose).

Cytoplasma ⇒Zytoplasma

Dekanalisierung ein von C. H. Waddington geprägter Begriff für die Entwicklungsänderung durch einen ausreichend starken ⇒ Umweltstressor oder eine ⇒ Mutation, die zu phänotypischer Änderung führt. Ein Beispiel ist ⇒ Polydaktylie.

Demaskierung Aufdecken alternativer, kryptischer (versteckter) Entwicklungspfade, die der Selektion verborgen sind. D. geschieht durch eine genetische oder Umweltveränderung.

Desoxyribonukleinsäure ⇒DNA

Determinismus Annahme, dass strikte, nicht-probabilistische Naturgesetze sämtliche natürlichen Prozesse bestimmen. Ein System heißt deterministisch, wenn jeder Zustand durch sein Entwicklungsgesetz eindeutig bestimmt ist. In der Evolutionstheorie wurde die Beziehung zwischen Genotyp und Phänotyp ursprünglich deterministisch gesehen. Entwicklung und Evolution sind nicht deterministisch.

diploid in der Genetik das Vorhandensein zweier vollständiger Chromosomensätze als so genannter doppelter Chromosomensatz im Zellkern (↔haploid). Mehrzellige Tiere entwickeln sich in der Regel mit diploiden Chromosomensätzen.

diskontinuierliche Variation im Unterschied zu kontinuierlicher Variation mit einem graduellen evolutionären (Wachstums-) Prozess zeigt eine d. V. in der Entwicklung ein „Alles-oder-nichts-Phänomen", z. B. einen vollständig neuen Finger oder Zeh (⇒ Polydaktylie), überzählige Rippen, eine unterschiedliche Zahl von Stacheln auf dem Rücken (bei Stichlingen), aber auch behaarte gegenüber nicht behaarten Blättern bei Pflanzen.

Divergenz Auseinanderentwicklung der Merkmale von verschiedenen Arten oder auch von verschiedenen Populationen derselben Art.

DNA, Desoxyribonukleinsäure (A steht für engl. *acid,* „Säure") Ein in allen Lebewesen vorkommendes doppelsträngiges, schraubenförmig gewundenes Makromolekül und die Trägerin der Erbinformation im Zellkern. Die DNA enthält unter anderem die ⇒ Gene, die für Ribonukleinsäuren (⇒ RNA) codieren. Aus RNA entstehen in einem komplizierten Mechanismus ⇒ Aminosäuren und aus ihnen ⇒ Proteine, die für die biologische ⇒ Entwicklung eines Organismus und den Stoffwechsel in der ⇒ Zelle notwendig sind.

DNS ⇒DNA

E. coli, Escherichia coli, Kolebakterium, kommt im menschlichen und tierischen Darm vor.

Eco-Evo-Devo evolutionäre Entwicklungsbiologie mit besonderer Beachtung von Umwelteinflüssen, die evolutionäre Variation initiieren und mit nachgeordneter ⇒ genetischer Akkommodation begleiten. Gesucht werden hier kausale Beziehungen zwischen Entwicklung, Evolution und Umwelt.

EES ⇒Extended Evolutionary Synthesis

ektopische Genexpression Exprimierung eines Gens und Entstehen von ⇒Gewebe während der Entwicklung an einer Stelle im Organismus, an der dieses normalerweise nicht vorkommt.

Embryo individuelles Lebewesen im frühen Stadium seiner Entwicklung. Bei Tieren wird der sich aus einer befruchteten Eizelle (⇒ Zygote) neu entwickelnde Organismus als E. bezeichnet, solange er sich noch im Muttertier oder in einer Eihülle oder Eischale befindet. Nach Ausbildung der inneren Organe wird der Embryo Fetus (Fötus) bezeichnet.

Embryonalentwicklung pränatale ⇒ Entwicklung

Emergenz spontane Herausbildung von Eigenschaften oder Strukturen auf der Makroebene eines Systems auf der Grundlage des Zusammenspiels seiner Elemente auf der Mikroebene. Dabei lassen sich die e. Eigenschaften des Systems nicht auf Eigenschaften der Elemente der Mikroebene zurückführen, die diese isoliert aufweisen. E. Eigenschaften kennen viele Wissenschaften, auch die Physik, so sind z. B. Temperatur und Materialhärte durch Eigenschaften einzelner Atome oder Moleküle nicht erklärbar. Ein einzelnes Wassermolekül ist zum Beispiel nicht feucht. E. steht im Widerspruch zum ⇒ Reduktionismus. Auch das menschliche

Bewusstsein ist nicht auf der Ebene einzelner Neuronen vorhanden. E. ist eine charakteristische Eigenschaft komplexer Systeme und in Modellen berechenbar. Entwicklungsvorgänge sind e. Prozesse, die sich anhand der Eigenschaften von Genen oder Zellen nicht voraussagen lassen.

Endosymbiose, horizontaler Form der Symbiose oder Verschmelzung, bei der der Symbiont im Inneren seines Wirtsorganismus lebt und ein einziger, neuer Organismus entsteht. Die Theorie besagt vereinfacht, dass im Laufe der Entwicklung des Lebens die Zelle eines einzelligen Lebewesens durch die Zelle eines anderen einzelligen Lebewesens „geschluckt" und dadurch zu einem Bestandteil der Zelle eines so entstandenen höheren Lebewesens wurde. Die E. ist eine Möglichkeit zur Entstehung komplexerer Lebensformen in der Evolution; die Theorie wurde von Lynn Margulis ausgearbeitet. Die Theorie der E. stellt insofern eine Ergänzung der Evolutionstheorie dar, als die Entstehung neuer Zellorganellen, Organe oder Arten auf die symbiotische Beziehung und den Zusammenschluss zwischen einzelnen Arten zurückgeführt wird. Entsprechend folgt aus der S. die Möglichkeit, dass sich Stammbäume nicht nur verzweigen, sondern auch wieder vernetzen können.

Entwicklung, Ontogenese das Entstehen des einzelnen Lebewesens von der befruchteten Eizelle zum erwachsenen Lebewesen. Die E. ist Hauptgegenstand von Evo-Devo. Das Verständnis ihrer Prozesse und Mechanismen schafft Grundlagen für das Erkennen evolutionärer Veränderung. Während E. früher als genetisch programmiert gesehen wurde, stehen heute eher der konstruktive Aspekt, ⇒ Variationstendenz und ⇒ Plastizität der E. im Mittelpunkt. Man kennt heute ⇒ Akteure und ⇒ Handlungsinstanzen auf genetischer und epigenetischer Ebenen in der Entwicklung.

Entwicklungsconstraints (engl. *constraint*, „Beschränkung, Hemmnis") E. bezeichnen in der ⇒ Entwicklung ihren Verlauf in bestimmten, durch Physik, Morphologie oder Phylogenese vorgegebenen Schranken. Evo-Devo spricht von ⇒ Variationstendenz und neuerdings vom ⇒ Akteur anstatt constraint und damit von einem aktiven anstatt passiven Faktor. E. spielen eine herausragende Rolle für ⇒ Evo-Devo und die ⇒ Extended Synthesis.

Entwicklungsgen Gen, das im Verlauf der embryonalen ⇒ Entwicklung unter Umständen vielfach und für unterschiedliche Funktionen exprimiert wird. Wichtige E. sind die ⇒ Hox-Gene, aber auch zahlreiche andere, darunter etwa *die Hedgehog*-Gruppe, ferner Wachstumsgene wie die *Bmp*-Gruppe (für knochenmorphogenetische Proteine), *Distal-less (Dll)* oder *bcd* (Bicoid). Viele von ihnen sind in Gestalt ihrer ⇒ Proteine ⇒ Transkriptionsfaktoren, die auf bestimmten ⇒ Signaltransduktionswegen wiederum andere Gene aktivieren. E. wurden vielfach bei der Taufliege *(Drosophila)* entdeckt und sind bei zahlreichen Tieren identisch oder sehr ähnlich. Somit spielen sie eine wesentliche Rolle beim Verständnis für die Evolution und die Verwandtschaft der Arten. E. spielen eine herausragende Rolle für ⇒ Evo-Devo und die ⇒ Extended Synthesis.

Entwicklungsplastizität, phänotypische Plastizität Fähigkeit eines mit nur einem Genotyp assoziierten Phänotyps, während der Entwicklung (und in verschiedenen Umweltsituationen) mehr als eine kontinuierlich oder nicht kontinuierlich variable Form der Morphologie, Physiologie und des Verhaltens hervorzubringen. Das Konzept der phänotypischen Plastizität beschreibt das Maß, in dem der ⇒ Phänotyp eines Organismus durch seinen ⇒ Genotyp vorherbestimmt ist. Eine ausgeprägte E. bedeutet, dass Umwelteinflüsse starken Einfluss auf den sich individuell entwickelnden Phänotyp haben. Bei geringer E. kann der Phänotyp aus dem Genotyp zuverlässig vorhergesagt werden, unabhängig von besonderen Umweltverhältnissen während der ⇒ Entwicklung. E. kann sich auf morphologische Eigenschaften, physiologische Anpassung, Auf- oder Abregulierung eines ⇒ Enzymlevels oder auf Verhaltensreaktionen beziehen. Sie ist eine Säule der ⇒ Extended Synthesis

Enzym ⇒ Protein, das biochemische Reaktionen katalysiert. E. haben wichtige Funktionen im Stoffwechsel von Organismen. Sie steuern den überwiegenden Teil biochemischer Reaktionen von der Verdauung bis hin zum Kopieren (mittels DNA-Polymerase) und ⇒ Transkribieren (mittels RNA-Polymerase) der Erbinformationen. E. werden bei ihren Reaktionen selbst nicht verbraucht.

Epigenese, Epigenesis die Prozesse fortschreitender morphologischer Formentwicklung des Embryos. Gegenstand von ⇒ Evo-Devo

Epigenetik befasst sich mit Zelleigenschaften, die auf Tochterzellen vererbt werden und nicht in der DNA-Sequenz (⇒ Genotyp) festgelegt sind. Man spricht auch von epigenetischer Veränderung bzw. Prägung. Die DNA-Sequenz wird dabei nicht verändert. Für die Evolutionstheorie ist zu unterscheiden: 1. E., die sich mit unmittelbar vererbbarem, nicht- genetischem Material befasst (⇒ Methylierung etc.) und 2. E. als ⇒ Epigenese, die Gesamtheit der genetisch-epigenetischen Entwicklungsprozesse, die zum ⇒ Phänotyp führen.

epigenetische Marker chemische Anhängsel, die entlang des DNA-Doppelhelix-Strangs oder auf dem „Verpackungsmaterial" der ⇒ DNA verteilt sind. Sie wirken u. a. als Schalter, die ⇒ Gene an- und ausschalten können.

epigenetische Vererbung alle kausalen, nicht-genetischen Mechanismen, durch die Nachkommen ihren Eltern ähnlich sind. Genetische und epigenetische Vererbung werden ⇒ inklusive Vererbung genannt.

erleichterte Variation von Kirschner und Gerhart benannte Theorie, die erklärt, wie aus einer kleinen Zahl zufälliger Veränderungen im Genotyp komplexe phänotypische Veränderung entstehen kann. Konservierte ⇒ Kernprozesse in den Zellen erleichtern die Variation, weil sie die Menge an genetischer Veränderung verringern, die erforderlich ist, phänotypisch Neues zu erzeugen, und zwar prinzipiell durch ihren Wiedergebrauch in neuen Kombinationen und in anderen Bereichen ihres adaptiven Leistungsspektrums.

Erweiterte Synthese der Evolutionstheorie ⇒ Extended Evolutionary Synthesis (EES)

Eukaryot, auch Eukaryont Lebewesen mit ⇒ Zellkern und ⇒ Zellmembran. Zusätzlich hat ein E. mehrere ⇒ Chromosomen, was ihn von ⇒ Prokaryoten unterscheidet.

Evo-Devo, *evolutionary developmental biology,* **Evolutionäre Entwicklungsbiologie** Forschungsdisziplin. Adressiert werden a) das Entstehen und die Evolution embryonaler Entwicklung; b) Änderungen der Entwicklung und von Entwicklungsprozessen zur Erzeugung phänotypischer Variation und innovativer Eigenschaften, z. B. zur Evolution von Federn; c) die Rolle von Entwicklungsplastizität in der Evolution; d) die Art, wie Ökologie die Entwicklung und evolutionären Wandel beeinflussen (Eco-Evo-Devo); e) die Grundlage der Entwicklung von ⇒ Homologie. Ziel von Evo-Devo ist es, Variation nicht nur durch Genmutationen zu erklären, sondern durch die Analyse der Veränderungen im Entwicklungsverlauf im wechselseitigen, kausalen Zusammenspiel von Genen, Genprodukten, Zellen, Zellgeweben. Umwelteinflüsse spielen eine entscheidende Rolle in Evo-Devo. In solchen Fällen interagieren Entwicklung und Umwelt wechselseitig. Evo-Devo kennt im Gegensatz zur ⇒ Synthetischen Evolutionstheorie intrinsische Mechanismen der Entwicklung (Inhärenz) und sieht diese als eigenständige Evolutionsprozesse. Ferner lässt Evo-Devo spontane, nichtlineare, richtungsgebende, selbstorganisierende Veränderung und ⇒ erleichterte Variation zu und kann makroevolutionären Wandel innerhalb von kürzeren Zeitabschnitten erklären. Evo-Devo hat keine primär adaptive Perspektive, sondern legt den Fokus auf das individuelle Entstehen diskreter, phänotypischer Variation und Innovation.

Evolution, biologische alle Veränderungen, durch die das Leben auf der Erde von seinen ersten Anfängen bis zu seiner heutigen Vielfalt gelangt ist. Veränderung der vererbbaren Merkmale einer Population von Lebewesen von Generation zu Generation durch Mechanismen wie ⇒ Mutation und ⇒ natürliche Selektion mit dem Ergebnis der ⇒ Adaptation, aber auch durch andere Prozesse wie etwa gestaltbildende immanente Mechanismen, die im Organismus während der Entwicklung auftreten und von der Umwelt beeinflusst werden können (⇒ Evo-Devo). Evolution ist eine Tatsache, ein realer, nachweisbarer, bestehender, anerkannter Sachverhalt.

Evolutionary developmental biology ⇒ Evo-Devo

Evolvierbarkeit Fähigkeit eines Systems zur adaptiven Evolution. E. ist die Fähigkeit einer Population von Organismen, nicht nur genetische Vielfalt zu erzeugen, sondern ⇒ adaptive genetische Vielfalt zu erzeugen und sich mittels dieser durch ⇒ natürliche Selektion zu entwickeln.

Exaptation Funktion eines Merkmals, das ursprünglich eine andere Funktion besaß. Ein Beispiel ist die Vogelfeder, die die Flugfähigkeit unterstützt, jedoch in der Evolutionsgeschichte zuerst der Wärmeisolation diente.

Exon (aus engl. *expressed region,* „exprimierter Abschnitt") Teil eines ⇒ eukaryotischen ⇒ Gens, der nach dem ⇒ Spleißen erhalten bleibt und im Zuge der Protein-Biosynthese in ein ⇒ Protein ⇒ translatiert werden kann. Demgegenüber stehen ⇒ Introns, die beim Spleißen herausgeschnitten und abgebaut werden. Die Gesamtheit der Exons eines Gens enthält also die genetische Information, die in ⇒ Proteinen synthetisiert wird.

exploratives Verhalten adaptives Verhalten von Zellen während gewisser zellulärer und entwicklungsphysiologischer ⇒ Kernprozesse, durch das sich eine große, wenn nicht unbegrenzte Zahl an spezifischen Anfangszuständen erzeugen lässt (Beispiele: Nervenbahnen, Blutkapillarsystem).

Exprimierung ⇒ Genexpression

Extended Evolutionary Synthesis (EES) Bezeichnung für die Erweiterte Synthese der Evolutionstheorie, hauptsächlich basierend auf Evo-Devo, ⇒ Entwicklungsplastizität, ⇒ inklusiver Vererbung und der ⇒ Nischenkonstruktionstheorie. Sie ist der Gegenstand dieses Buchs.

Falsifizierung wissenschaftstheoretische Methode Karl Poppers. Prinzip der Widerlegung für die Theoriefindung. Der Nachweis der Ungültigkeit einer Aussage, Methode, These, Hypothese oder Theorie. Eine F. besteht aus dem Nachweis immanenter Widersprüche oder der Unvereinbarkeit mit als wahr vermuteten Aussagen oder aus der Aufdeckung eines Irrtums. Methodisch ersetzt man die widersprüchlichen Aussagen mit einer korrigierten These. Dabei können entweder Ausgangsannahmen oder die These selbst abgeändert werden.

Fehlanpassung eine prinzipiell dauerhafte, evolvierte, also vererbte Abweichung eines Verhaltens einer Population von Anpassungen an die Umwelt. Situation mit F. können sein: 1. Die natürliche Selektion infolge der Nachteile wirkt langsam (Bsp. Klimaerwärmung, Vernichtung der Biodiversität, Rodung von Tropenwäldern, Übersäuerung der Meere). 2. Evolutionäre Nachteile werden durch Vorteile kompensiert (Bsp. Zivilisationskrankheiten kompensiert durch medizinische Erfolge). 3. Es besteht evolutionärer Wettbewerb (Bsp. antibiotikaresistente Erreger im Wettbewerb mit Krankheitsschutz). 4. Kulturelle Anpassungen sind nur langsam und eingeschränkt möglich (Bsp. komplexe technischwirtschaftliche Abhängigkeiten, zu langsamer technischer Fortschritt, fehlendes Wissen, mangelhaftes Langfristdenken, mangelnde politische Durchsetzbarkeit). Es kann zu einer Gefährdung der Art kommen, wenn bei den genannten Bedingungen der Selektionsdruck schnell zunimmt (z. B. anhaltende Klimaerwärmung, Umweltverschmutzung etc.) und Anpassungen nicht (mehr) ausreichend möglich sind.

Fitness, evolutionäre reproduktive order F. im engeren Sinne bezeichnet die Anzahl fortpflanzungsfähiger Nachkommen in der Lebenszeit eines bestimmten Individuums. Die individuelle F. hängt von vielen interagierenden genetischen, Entwicklungs- und Umweltfaktoren ab. F. wird auch auf Populationen bezogen und mathematisch definiert.

Gen ein oft unterbrochener Abschnitt auf der ⇒ DNA, der vererbbare Grundinformation zur Herstellung von Aminosäuren enthält, aus denen die ⇒ Proteine bestehen. Der Genbegriff ist aus unterschiedlichen Aspekten problematisch geworden, u. a. sind auch epigenetische Prozesse vererbbar. Ein einzelnes Gen ist meist nicht ursächlich ausreichend für das Zustandekommen eines phänotypischen Merkmals. Gene sind passiv und können allein nichts bewirken. Sie brauchen dafür die Zelle und Enzyme. Das ⇒ Genom, die Gesamtheit der Gene eines Organismus, ist nicht der Code oder das Programm des Lebens. Versuche der Neudefinition des Gens sind unvollständig, falsch und damit nicht akzeptabel, wenn sie das Gen als eine Einheit der Vererbung oder als codierende Funktionseinheit beschreiben.

Gendrift ⇒genetische Drift

Genetik Vererbungslehre. Ein Teilgebiet der Biologie. G. beschäftigt sich mit dem Aufbau und der Funktion von Erbanlagen (⇒ Genen) sowie mit deren Weitergabe an die nächste Generation (Vererbung).

genetische Akkommodation die genetische Fixierung eines phänotypischen Merkmals, das typischerweise in Reaktion auf einen Umweltstressor ausgebildet wird. Im Gegensatz zu ⇒ genetischer Assimilation wird der Umweltfaktor für das Merkmal dauerhaft benötigt.

genetische Assimilation die genetische Fixierung eines phänotypischen Merkmals, das typischerweise in Reaktion auf einen Umweltstressor gebildet wird. Im Gegensatz zu ⇒ genetischer Akkommodation wird der Umweltfaktor für das Merkmal nicht dauerhaft benötigt. Unter Umständen sind Voraussetzungen für g. A. bereits durch kryptische (versteckte) Mutationen vorhanden und kommen durch epigenetische Änderungen erst zum Vorschein.

genetische Drift, Gendrift zufällige Veränderung der ⇒ Genfrequenz innerhalb des ⇒ Genpools einer ⇒ Population. Ursachen können Überschwemmungen oder Erdbeben, das Entstehen von Bergen oder Tälern und andere Naturereignisse sein.

genetischer Baukasten, genetischer Toolkit Satz genetischer und epigenetischer Entwicklungswerkzeuge. ⇒ Homöobox, ⇒ Hox-Gen, ⇒ Transkriptionsfaktor

genetischer Bauplan, evolutionär entstandene die genetische/epigenetische Abfolge zur Ausführung aller ⇒ Genexpressionen sowie epigenetischen Prozesse (Zelle, Zellkommunikation, Selbstorganisation) während der Entwicklung. Veralteter Ausdruck. Es gibt keinen genetisch oder epigenetisch determinierten Bauplan für den Phänotyp. Die Entwicklung schafft sich die Form des Embryos erst Schritt für Schritt im wechselseitigen Zusammenspiel von Genom, Zellen, ⇒ Geweben und Umwelt. Der Begriff blieb mangels eines besseren Ausdrucks bis heute bestehen

genetischer Code Regel, nach der in ⇒ Nukleinsäuren befindliche Dreiergruppen aufeinanderfolgender ⇒ Nukleinbasen – Tripletts oder Codons genannt – von RNA in Aminosäuren übersetzt werden (⇒ Translation). Der genetische Code ist für fast alle Lebewesen auf der Erde identisch mit allenfalls geringen Abweichungen. Er ist ein fundamentaler Beleg für das Vorhandensein von Evolution und die Abstammung allen Lebens von einer Urform.

Genexpression, Exprimierung, Proteinsynthese Biosynthese von ⇒ RNA und ⇒ Proteinen aus den genetischen Informationen. Als Genexpression wird der gesamte Prozess des Umsetzens der im Gen enthaltenen Information in das entsprechende ⇒ Genprodukt (Protein) bezeichnet. Dieser Prozess erfolgt in mehreren

Schritten. An jedem dieser Schritte können regulatorische Faktoren einwirken und den Prozess steuern.

Genfluss Austausch von Genen einer Population mit einer anderen Population, z. B. der G. zwischen einer Population vom Festland und der auf einer Insel.

Genfrequenz Begriff der ⇒ Populationsgenetik, die relative Häufigkeit der Kopien eines ⇒ Allels in einer ⇒ Population. Die G. beschreibt die genetische Vielfalt einer Population.

Gen-Knockout (engl. *knock out*, „außer Gefecht setzen") vollständiges Abschalten eines Gens im Genom eines Organismus.

Gen-Kultur-Koevolution Begriff, der in der ⇒ Nischenkonstruktionstheorie u. a. in Bezug auf den Menschen verwendet wird. Er adressiert die kausal wechselseitige Einwirkung genetischer Veränderung auf den Menschen und adaptive Rückwirkung durch kulturelle Nischenkonstruktionstätigkeit auf den Genpool der Population. Das bekannteste Beispiel ist die Milchviehwirtschaft auf der Grundlage von ⇒ Lactosetoleranz.

Genom Erbgut eines Lebewesens. Klassisch die Gesamtheit der vererbbaren Informationen einer ⇒ Zelle, die als ⇒ DNA vorliegt, die sämtliche ⇒ Gene enthält. Evo-Devo sieht auch epigenetische Vererbung.

Genome editing molekularbiologische Methode zur zielgerichteten Veränderung von ⇒ DNA einschließlich des Erbguts von Pflanzen, Tieren und Menschen. G. e. kann zum gezielten Zerstören eines ⇒ Gens (Gen-Knockout), zum Einführen eines Gens an einer spezifischen Stelle im Genom (Gen-Knockin) oder zur Korrektur einer ⇒ Punktmutation in einem Gen verwendet werden. Bei G. e. versetzte Gene können vom selben Organismus oder von einem anderen stammen. Gene können im Soma oder der Keimbahn manipuliert werden. Die bekannteste Methode ist ⇒ CRISPR/Cas.

Genomsequenzierung Bestimmung der ⇒ DNA-Sequenz, d. h. der ⇒ Nukleotid-Abfolge in einem DNA-Molekül. Die G. zahlreicher Lebewesen nach der Jahrtausendwende hat die biologischen Wissenschaften revolutioniert und die Ära der Genomforschung begründet.

Genotyp Gesamtheit der ⇒ Gene eines Individuums, die es im ⇒ Zellkern jeder Körperzelle in sich trägt. Der Begriff G. wurde 1909 von dem dänischen Genetiker Wilhelm Johannsen geprägt.

Genotyp-Phänotyp-Beziehung Beziehung zwischen den Genen und ihren Produkten. Entgegen früherer Auffassung besteht zwischen Genom und ⇒ Phänotyp kein deterministisches Verhältnis und schon gar kein 1:1-Verhältnis. Es sind also meist nicht einzelne ⇒ Gene für jeweils ein morphologisches Kennzeichen oder Verhaltensmerkmal zuständig, sondern Kombinationen vieler Gene mit umfangreicher ⇒ Genregulation. Werden auch epigenetische Ebenen und Rückkopplungen berücksichtigt, wird das Verhältnis noch wesentlich komplexer.

Genpool Begriff der ⇒ Populationsgenetik. Bezeichnet die Gesamtheit aller Genvariationen (⇒ Allele) einer ⇒ Population zu einem bestimmten Zeitpunkt.

Genprodukte die Produkte, die das Resultat der ⇒ Expression eines ⇒ Gens sind. Dazu zählen ⇒ RNA-Moleküle, ⇒ Transkriptionsfaktoren, Signalmoleküle, Morphogene und allgemein alle ⇒ Proteine.

Genregulation Steuerung der Aktivität von ⇒ Genen, genauer die Steuerung der ⇒ Genexpression. Die G. legt fest, wann, in welcher Konzentration und wie lange das von einem ⇒ Gen codierte ⇒ Protein in der ⇒ Zelle vorliegen soll.

Genschalter ⇒ Enzyme (⇒ Transkriptionsfaktoren), die die Genaktivität steuern. Da diese Enzyme aktiv oder nicht aktiv sein können und meist von wiederum anderen Enzymen aktiviert werden, spricht man auch von digitalen Schaltern. Alle ⇒ Gene benötigen Enzyme, um aktiv werden zu können, also um für Proteine zu codieren. Für die Evolution sind diejenigen G. bzw. Schalterkombinationen und deren Veränderungen relevant, die während der ⇒ Entwicklung verwendet werden.

Gentechnik Methoden und Verfahren, die auf den Kenntnissen der Molekularbiologie und ⇒ Genetik aufbauen und gezielte Eingriffe in das Erbgut (⇒ Genom) und damit in die biochemischen Steuerungsvorgänge von Lebewesen ermöglichen (⇒ *Genome editing*).

Genzentrismus tendenzielle ⇒ Reduktion u. a. in der Evolutionstheorie, bei Erklärungen zur Erzeugung des Phänotyps das ⇒ Genom als letzte Ursache zu sehen. Epigenetische Prozesse und exogene Einwirkungen auf den Phänotyp werden für die Vererbung als irrelevant angesehen. G. ist ein Grundkonzept der ⇒ Synthetischen Evolutionstheorie.

Gewebe organisierte Ansammlung spezieller, differenzierter Zellen mit eigener Funktionalität in mehrzelligen Organismen.

Gradualismus Vorstellung von der Evolution der Lebewesen durch Anhäufung von geringen Modifikationen über eine Zeitspanne von vielen Generationen hinweg. Evolutionärer Wandel geschieht in kleinen Schritten. Evolution in großen Schritten kann es nach dieser Sicht nicht geben. G. ist eines der Grundkonzepte der ⇒ Synthetischen Evolutionstheorie.

Gruppenselektion evolutionstheoretisches Konzept, das auf Darwin zurückgeht und 1962 vom britischen Zoologen V. C. Wynne-Edwards ausgearbeitet wurde. Das Konzept der Gruppenselektion unterstellt, dass nicht nur Individuen, sondern Gruppen von Individuen die Einheiten sind, auf die die Selektion einwirkt. Schon früh gab es Zweifel, dass Gruppenselektion einen entscheidenden Mechanismus der Evolution darstellt. In jüngerer Zeit haben sich jedoch einige Evolutionsbiologen für eine Neuentdeckung der Gruppenselektion als ⇒ Multilevel-Selektion stark gemacht. Führender Vertreter ist der US-Evolutionstheoretiker D. S. Wilson.

Handlungsinstanz System auf einer biologischen Ebene, das ⇒ Akteure für Entwicklungsänderungen ausbilden kann. Handlungsinstanzen findet man auf der Ebene von ⇒ Genregulationsnetzwerken, Zellgeweben, Organismen oder sozialen Gruppen. H sind ein ⇒ Evo-Devo-Konzept.

haploid Vorkommen des Genoms im Zellkern in einfacher Form. Jedes Gen existiert dann nur in einer Variante (↔diploid).

Hardy–Weinberg-Gleichgewicht Konzept der ⇒ Populationsgenetik. Zur Berechnung dieses mathematischen Modells geht man von einer in der Realität nicht vorzufindenden idealen ⇒ Population aus, in der sich weder die Häufigkeiten der ⇒ Allele noch die Häufigkeiten der ⇒ Genotypen verändern, da sich diese im modellierten Gleichgewicht befinden. Dies bedeutet, dass in einer idealen ⇒ Population keine Evolution stattfindet, da keine ⇒ Evolutionsfaktoren (⇒ natürliche Selektion, ⇒ Selektionsdruck) greifen, die den ⇒ Genpool verändern.

Heterochronie Änderung des zeitlichen Verlaufs der Individualentwicklung, die bewirkt, dass sich Beginn oder Ende eines Entwicklungsvorgangs eines Merkmals verschieben oder die Geschwindigkeit eines solchen Vorgangs ändert.

Histone ⇒Proteine, die im ⇒ Zellkern von ⇒ Eukaryoten vorkommen. Sie sind der Hauptbestandteil des ⇒ Chromatins für die Verpackung bzw. das Aufspulen der ⇒ DNA. Histone werden zu Nukleosomen zusammengepackt, die mit der DNA in einem ⇒ Chromosom kettenförmig aneinandergereiht sind.

Holobiont oder Gesamtlebewesen ein biologisches System, das aus einem eukaryoten Wirtsorganismus und einer Mehrzahl mit diesem eng zusammenlebenden prokaryoten Arten besteht.

Homologie in der Biologie strukturelle Ähnlichkeiten, die auf eine gemeinsame Abstammung zurückgehen, zum Beispiel der Flügel eines Vogels und die Vorderextremität einer Echse, eines Amphibiums oder eines Säugetiers. Auch ⇒ Genexpressionssequenzen können homolog sein. H. entspricht damit den grundsätzlichen Übereinstimmungen von Organen, Organsystemen, Körperstrukturen, physiologischen Prozessen oder Verhaltensweisen aufgrund eines gemeinsamen evolutionären Ursprungs bei unterschiedlichen systematischen ⇒ Taxa. Homologe ⇒ phänotypische Merkmale müssen nicht unbedingt homologe Entwicklungskonstruktionen haben. Für die Entwicklung eines Merkmals kann auf einer organisatorischen Ebenen Homologie vorliegen, auf einer anderen gleichzeitig nicht (↔Konvergenz). Ebenso kann eine phänotypische ⇒ Innovation auch homologe Gensequenzen besitzen.

Homöobox ein mit etwa 180 Basenpaaren relativ kurzer ⇒ DNA-Abschnitt in ⇒ Hox-Genen, der bei verschiedenen Tiergruppen weitgehend gleich ist. Eine charakteristische Sequenz, die für die ⇒ Homöodomäne codiert.

Homöodomäne ⇒Proteinteil, der an die ⇒ DNA eines anderen ⇒ Gens binden kann. Gene, die eine H. enthalten und in Clustern angeordnet vorliegen, werden bei Wirbeltieren wie den Menschen ⇒ Hox-Gene genannt. Sie bilden die Hox-Genfamilie.

homöotische Gene eine Gruppe von Genen, die während der Entwicklung der Ausbildung von Strukturen zugrunde liegen.

horizontaler Gentransfer ⇒Endosymbiose

Hox-Gene Sonderform ⇒ homöotischer Gene. Regulative Gene, deren ⇒ Genprodukte die Aktivität anderer, funktionell zusammenhängender Gene im Verlauf der ⇒ Entwicklung steuern. Charakteristischer Bestandteil eines H. ist die ⇒ Homöobox Die Aufgaben der H. sind für die Strukturbildung während der Individualentwicklung so bedeutend, dass Mutationen in diesem Bereich zumeist zu schweren Missbildungen führen oder tödlich sind. Dies lässt die Folgerung zu, dass H. während der Evolution vieler Tiergruppen in hohem Maße bewahrt worden sind, weil sie als regulative Gene von grundlegender Bedeutung sind. H. sind ein wichtiger Beleg dafür, dass Gliederfüßer und Wirbeltiere aus einer gemeinsamen Abstammungsgruppe evolvierten.

Hybridisierung das Entstehen von Individuen (Hybriden) aus der geschlechtlichen Fortpflanzung zweier Arten durch die Verbindung ihrer DNA. Entgegen früherer Auffassung kann H. zur Bildung neuer Arten führen.

inklusive Vererbung Zusammenfassung genetischer und epigenetischer Vererbungsformen im Rahmen der ⇒ Erweiterten Synthese, einschließlich kultureller Vererbung. I. V. erlaubt die Vererbung von Keimzellen zu Keimzellen, von Soma- zu Keimzellen sowie von Soma- zu Somazellen auch über die Umwelt. Das eröffnet zugleich Möglichkeiten zur Vererbung erworbener Eigenschaften (⇒ Lamarckismus).

Innovation evolutionär neues Konstruktionselement, das weder in der Vorgängerart noch im selben Organismus eine homologe Entsprechung besitzt. Zum Beispiel sind die Vogelfeder, der Schildkrötenpanzer oder das Leuchtorgan des Glühwürmchens Innovationen. Auch ein zusätzlicher Finger oder Zeh zählt nach dieser Definition dazu, da an seiner Stelle die reguläre Extremität keine Homologie besitzt. Allerdings werden im Entwicklungsprozess innovativer Merkmale wiederholt homologe Teilstrukturen oder Genregulationen entdeckt, was nach Ansicht einiger Forscher ein Überdenken der Definition erfordert.

Introgression das Einfügen von Teilen des Genoms einer anderen Art in das eigene Genom

Intron (aus engl. *intervening regions,* „Einfluss nehmende Abschnitte") nicht-codierender Abschnitt der ⇒ DNA innerhalb eines ⇒ Gens, der herausgeschnitten (⇒ Spleißen) und nicht in ⇒ Proteine übersetzt wird. Die Unterteilung eines ⇒ Gens in Introns und ⇒ Exons gehören zu den Hauptcharakteristika ⇒ eukaryotischer ⇒ Zellen.

Kambrium Periode im erdgeschichtlichen chronostratigraphischen System. Entspricht etwa dem Zeitraum vor 542 bis 488 Mio. Jahren. Im K. entstanden die heute bekannten ca. 30 „Baupläne" in der Tierwelt. Dieser in der Evolutionsgeschichte einmalige Vorgang wird als kambrische Explosion bezeichnet.

Kanalisierung von Conrad Hal Waddington 1942 eingeführter Begriff. Meint, dass die ⇒ Entwicklung auf bestimmte Veränderungen durch externe Stimuli oder genetische ⇒ Mutation so reagiert, dass der ⇒ phänotypische Output unverändert beibehalten bleibt. Die ⇒ Entwicklung rejustiert sich entsprechend der

„Störung". Mutationen werden gepuffert, ohne dass sie eine phänotypische Konsequenz haben. Erst ein ausreichend starker Stimulus kann zu einer ⇒ Dekanalisierung und damit zu einem veränderten Phänotyp führen.

Kausal-mechanistischer Erklärungsanspruch Bestreben von Evo-Devo, Evolution nicht durch ⇒ populationsstatistische Korrelationen, sondern durch Mechanismen in der ⇒ Entwicklung ursächlich zu erklären. Dazu gehören ⇒ erleichterte Variation, ⇒ Variationstendenz der Entwicklung, ⇒ Entwicklungsplastizität, ⇒ Nischenkonstruktion und ⇒ inklusive Vererbung.

Keimbahn ⇒ Keimzellen

Keimzellen, Geschlechtszellen, Gameten spezielle Zellen, von denen sich bei der sexuellen Fortpflanzung zwei zu einer ⇒ Zygote vereinigen. Keimzellen sind Träger elterlicher Erbinformation (↔ somatische Zellen). Über die Keimbahn werden Vererbungsinformationen an die nächste Generation weitergegeben.

Kernprozesse, konservierte Zellprozesse, die Anatomie, Physiologie und Verhalten des Organismus im Verlauf der ⇒ Entwicklung erzeugen. Die verschiedenen Merkmale des ⇒ Phänotyps werden durch unterschiedliche Kombinationen der K. generiert. Einige K. sind seit vielen Hundert Mio. Jahren unverändert. K. sind nicht auf Ereignisse im Zellkern eingeschränkt. Sie umfassen u. a. auch das ⇒ Zytoskelett der ⇒ Zelle, also ihre innere Bauanordnung, Stoffwechselreaktionen der Zelle und Signaltransduktionen.

Koevolution parallele stammesgeschichtliche Evolution von zwei oder mehr wechselseitig abhängigen Merkmalen oder Arten, z. B. männliche und weibliche Geschlechtsmerkmale.

kollektive Intelligenz gemeinschaftliches, über den Zeitraum vieler Generationen erworbenes Wissen einer sozialen Gruppe über immer bessere Fähigkeiten, Techniken, Normen und/oder Verhaltensweisen als ein Ergebnis ⇒ kumulativer kultureller Evolution. Weniger erfolgreiche Techniken und Fertigkeiten werden gefiltert und verschwinden wieder, die erfolgreichen breiten sich dagegen durch ⇒ soziales Lernen aus. Kollektives Wissen bzw. k. I. wird für die Evolution des Menschen von manchen als bedeutender gewertet als individuelle Intelligenz.

Kompartiment Region des Embryos, in der ein oder mehrere Selektorgene ausschließlich exprimiert werden und ein oder wenige Signalproteine produziert werden. Dadurch erfolgt die Zellspezialisierung innerhalb des betreffenden K. Embryonen können nach Kompartimentkarten analysiert werden.

Komplexität Eigenschaft eines Systems, wonach sein Gesamtverhalten nicht durch vollständige Information über seine Einzelkomponenten und deren Wechselwirkungen beschrieben werden kann. Homogene Anfangsbedingungen können durch lokale Aktivität der Elemente nichthomogene (komplexe) Muster oder Strukturen erzeugen. Komplexe Systeme lassen keine exakten Vorhersagen zu und können nicht komplett beherrscht/gesteuert werden. Sie zeichnen sich ferner aus durch Eigenschaften wie Multikausalität, Eigendynamik, Selbstregulierung, ⇒ Robustheit oder Instabilität, Unsicherheit, Nicht-Linearität, Rückkopplungen (⇒ Reziprozität), Makrodetermination etc. ⇒ Entwicklung und

Evolution sind in diesem Sinne komplexe Systeme. Sie können mit Methoden der ⇒ Komplexitätstheorie analysiert werden.

Komplexitätstheorie Teilgebiet der theoretischen Informatik. Die K. befasst sich mit der ⇒ Komplexität von formal behandelbaren Problemen mit verschiedenen mathematisch definierten Algorithmen und Modellen. Dazu gehören u. a. Chaostheorie, ⇒ Turingsysteme, Prinzipien der ⇒ Selbstorganisation in ⇒ zellulären Automaten, genetische Algorithmen, evolvierende Systeme, die Evolution der ⇒ Kooperation und Netzwerksysteme

Konvergenz die Evolution ähnlicher Merkmale bei nicht miteinander verwandten Arten, die im Laufe der Evolution durch Anpassung an eine ähnliche Funktion und ähnliche Umweltbedingungen ausgebildet wurden. Daraus folgt, dass sich bei verschiedenen Lebewesen beobachtete Formen direkt auf ihre Funktion für den Organismus zurückführen lassen und nicht unbedingt einen Rückschluss auf nahe Verwandtschaft liefern. Merkmale, die aufgrund von K. entstehen, werden als konvergente oder analoge Merkmale bezeichnet, etwa Insektenflügel und Flügel der Vögel, die Rüssel von Elefanten und Tapiren oder Flossen von Fischen und Walen (↔ Homologie).

Kooperation Evolutionsmechanismus oder -faktor, der in der zweiten Hälfte des 20. Jahrhunderts als solcher erkannt wurde und im Rahmen der ⇒ Spieltheorie und der Soziobiologie beschrieben wird. Zuletzt hat Martin Nowak Mechanismen vorgestellt, die erklären, warum Menschen nicht nur den eigenen Vorteil im Auge haben, sondern sich gegenseitig helfen und bereit sind, für ein übergeordnetes Wohl zurückstecken und Opfer bringen. K. kann die Fitness eines Einzelindividuums überwiegen. Die Gruppe kann dann im Überlebenskampf stärker sein als ein einzelnes Individuum. K. findet sich auf allen biologischen Ebenen: im Genom, bei Zellen, Mikroorganismen, staatenbildenden Insekten und Säugetieren.

Kooption Verwendung vorhandener ⇒ Gene in einem neuen Zusammenhang.

Kopierfehler ein bei der Verdopplung der ⇒ DNA (Replikation) im Zuge der ⇒ Zellteilung (Meiose) auftretender Fehler. Er entsteht z. B., wenn bei der Anlagerung der komplementären Basen (⇒ Basenpaar) an einem aufgetrennten ⇒ DNA-Einzelstrang (RNA) eine falsche, also nicht komplementäre Base angelagert wird. Im Ergebnis entsteht eine mit dem ursprünglichen DNA-Doppelstrang nicht identische Basensequenz des neu gebildeten DNA-Doppelstrangs. Die Kopiergenauigkeit liegt nach Reparatur bei etwa einem Fehler pro Milliarde Basenverbindungen. Das entspricht etwa einem Tippfehler auf ca. 500.000 maschinengeschriebenen Seiten. Ein K. kann evolutionär vorteilhaft, neutral (häufigster Fall) oder nachteilig sein. Im letzten Fall kann er schwere Schäden in den Tochterzellen zur Folge haben. Zellen verfügen über DNA-Reparaturmechanismen zur Behebung von Kopierfehlern.

Kultur Information, die das Verhalten von Individuen beeinflussen kann, das diese von anderen Mitgliedern ihrer Art erwerben, und zwar durch Schulung, Imitation und andere Formen sozialer Übertragungen.

kulturelle Evolution evolutionäre Theorie des sozialen Wandels. Sie folgt aus der Definition von ⇒Kultur als Information, die das Verhalten von Individuen beeinflussen kann, indem diese sie von anderen Mitgliedern ihrer Spezies durch Lehre, Nachahmung und andere Formen der sozialen Übertragung erwerben. Kulturelle Evolution ist die Veränderung dieser Information im Lauf der Zeit.

kulturelle Vererbung alle Formen der Weitergabe von Wissen innerhalb von Generationen und über Generationengrenzen hinweg (⇒ inklusive Vererbung).

künstliche Intelligenz (KI) Teilgebiet der Informatik. Ein lernfähiges System, das selbständig und effizient Probleme lösen kann bzw. die Fähigkeit besitzt, ⇒ komplexe Ziele zu erreichen. KI-Systeme erfüllen kognitive Aufgaben, die bislang Menschen erledigt haben. Man unterscheidet schwache KI und starke KI. Ein schwaches KI-System ist auf die Lösung einer Spezialaufgabe ausgerichtet, z. B autonomes Fahren, Schachspiel o. ä. Eine starke KI kann mehrere Aufgaben auf menschlichem Kognitionsniveau lösen und besitzt als höchste denkbare, bis heute jedoch nicht realisierte Stufe zusätzlich Formen von Bewusstsein, Selbsterkenntnis, Empfindungsvermögen, Emotionen und Moral (⇒ Superintelligenz).

Lactase ⇒Enzym, das ⇒ Lactose (Milchzucker) in seine Bestandteile Galactose (Schleimzucker) und Glucose (Traubenzucker) spaltet. Ohne diese chemische Reaktion kann Milchzucker nicht verdaut und verwertet werden. Beim Menschen wird das Enzym normalerweise nur im Säuglingsalter im Dünndarm produziert, in Europa wegen einer Mutation bei den meisten Menschen auch noch im Erwachsenenalter (⇒ Lactosetoleranz).

Lactosetoleranz, Lactasepersistenz Milchzuckerverträglichkeit. Bei L. wird der mit der Nahrung aufgenommene Milchzucker (Lactose) als Folge anhaltender Produktion des Verdauungsenzyms ⇒Lactase auch beim Erwachsen verdaut. L. ist für den größeren Teil der Weltbevölkerung zum Normalfall geworden. Populationen der nördlichen Hemisphäre verfügen aufgrund von ⇒ Mutationen und kulturell geförderter Viehwirtschaft über hohe L. Der Anteil an L. liegt in der erwachsenen Weltbevölkerung bei über 70 %, in Europa bei 90 %, in Ost- und Südostasien bei 10–20 %.

Lamarckismus Vererbung erworbener Eigenschaften. Auf den französischen Biologen Jean Baptiste de Lamarck (1744–1829) zurückgehende Theorie, dass angelernte/erworbene Eigenschaften eines Individuums vererbbar sind. Die Theorie wird oft mit dem Beispiel des langen Giraffenhalses veranschaulicht. Dieser sei auf das andauernde Strecken des Halses zurückzuführen. L. lebt heute in abgewandelter Form in der ⇒ inklusiven Vererbung wieder auf.

Lyssenkoismus pseudowissenschaftliche Theorie der 1930er-Jahre, benannt nach Trofim Lyssenko, einem sowjetischen Agronom und Berater Stalins. Sie knüpfte unter anderem an den ⇒ Lamarckismus an. Das zentrale Postulat des L. lautete, dass die Eigenschaften von Kulturpflanzen und anderen Organismen nicht durch ⇒ Gene, sondern nur durch Umweltbedingungen bestimmt würden.

Makroevolution evolutionäre Großübergänge, die über Artgrenzen hinaus stattfinden und zur Entstehung neuer ⇒ Taxa führen (↔Mikroevolution). Auch komplexe innerartliche Variation wird manchmal als Makroevolution gesehen.

Masterkontrollgen, Mastergen Steuerungsgen, das eine ⇒ Homöobox enthält und in der Entwicklung die Expression anderer Gene, die funktional zusammenhängen, koordiniert managt.

Meiose, Reduktionsteilung besondere Form der Zellkernteilung bei der geschlechtlichen Fortpflanzung, bei der im Unterschied zur gewöhnlichen Kernteilung (Mitose) die Zahl der ⇒ Chromosomen halbiert wird und genetisch verschiedene ⇒ Zellkerne entstehen. Mit der M. geht gewöhnlich eine sexuelle ⇒ Rekombination, also eine neue Zusammenstellung der elterlichen Chromosomen einher.

Methylierung, enzymatische, DNA-Methylierung chemische Abänderung an Grundbausteinen der Erbsubstanz einer ⇒ Zelle, nicht der ⇒ DNA selbst. Sie ist keine genetische ⇒ Mutation. M. kommt in sehr vielen verschiedenen (möglicherweise in allen) Lebewesen vor und hat verschiedene biologische Funktionen. Die Australierin Emma Whitelaw konnte erstmals zeigen, wie nicht-genetische Methylierungsmuster vererbt werden können.

Mikrobiom im weitesten Sinn die Gesamtheit aller Mikroorganismen, die die Erde besiedeln. Im engeren Sinn ist die Gesamtheit aller einen Menschen oder ein anderes Lebewesen besiedelnden Mikroorganismen gemeint. Als grobe Schätzung kann man annehmen, dass den menschlichen Körper etwas 10.000 Bakterienarten besiedeln.

Mikroevolution Veränderung von Lebewesen, welche sowohl innerhalb einer biologischen Art (damit auch innerhalb von Unterarten) als auch innerhalb eines relativ kurzen Zeitraumes stattfindet. Dabei handelt es sich meist um kleinere Veränderungen durch ⇒ Mutationen, genetische Rekombinationen und Selektionsprozesse, die als Einzelschritte lediglich zu einer unscheinbar veränderten ⇒ Morphologie oder Physiologie von Organismen führen (↔Makroevolution).

mikroRNA (griech. *mikros,* „klein"), abgekürzt **miRNA** oder **miR** kurze, hoch konservierte, nicht-codierende ⇒ RNA-Abschnitte, die eine wichtige Rolle im komplexen Netzwerk der ⇒ Genregulation spielen. MikroRNAs regulieren die ⇒ Genexpression hochspezifisch auf der post- ⇒ transkriptionalen Ebene, also nach der Synthese der mRNA (Messenger-RNA). Diese ist die einsträngige Boten-RNA, die als Matrize dient, aus der bei der ⇒ Translation ⇒ Proteine erstellt werden können.

Mitose Vorgang der Teilung einer eukaryotischen ⇒ Zelle. Die ⇒ DNA und alle anderen Bestandteile der Mutterzelle werden bei der M. auf die Tochterzellen aufgeteilt. Dabei entstehen meistens zwei, manchmal auch mehr Tochterzellen. Bei der M. bleibt die Anzahl der ⇒ Chromosomen erhalten, indem diese repliziert und zu gleichen Teilen auf die Tochterzellen verteilt werden (↔Meiose).

Modern Synthesis ⇒ Synthetische Evolutionstheorie

Morphogen Signalmolekül, das sich während der Entwicklung im Rahmen einer ⇒ Signaltransduktion diffusionsartig mit veränderter Konzentration ausbreiten und die Morphogenese bzw. Musterbildung vielzelliger Lebewesen steuern kann. Ein M. kann als ⇒ Transkriptionsfaktor verschiedene Gene in seinem Wirkungsumfeld aktivieren. Als Wachstumsfaktoren dienen sie dem schnellen Wachstum und der Vermehrung von ⇒ Gewebe (Zellproliferation). Bekannt sind etwa bei der Taufliege *Drosophila melanogaster* die morphogenen Transkriptionsfaktoren Bicoid und Hunchback sowie die morphogenen Wachstumsfaktoren Hedgehog und Wingless.

Morphogenese ⇒ Epigenese

Morphologie Teilbereich der Biologie: die Lehre von der Struktur und Form der Organismen. M. hat sich zunächst nur auf makroskopisch sichtbare Merkmale wie Organe oder ⇒ Gewebe bezogen. Mit der Verbesserung optischer Instrumente und verschiedener Anfärbemethoden können heute Untersuchungen bis auf die zelluläre und subzelluläre Ebene ausgedehnt werden.

Multilevel-Selektion auf D. S. Wilson und E. Sober zurückgehende Theorie (1998), die von der schon zuvor bekannten Idee der ⇒ Gruppenselektion ausgeht. Es wird untersucht, ob Gruppen in vergleichbarer Weise wie Individuen eine funktionale Organisation zeigen und daher Vehikel für die Selektion sein können. So können Gruppen, die besser kooperieren, durch ihre erfolgreichere Reproduktion andere verdrängen, die nicht so gut kooperieren (⇒ Kooperation). Die unterste Selektionsebene sind Gene, die nächsthöhere die Zellen, dann folgt der Organismus und als oberste Ebene Gruppen aus Individuen. Die verschiedenen Ebenen funktionieren kohäsiv zur Erreichung verbesserter Fitness. Selektion auf Gruppenebene, also der Wettbewerb zwischen Gruppen, muss die individuelle Ebene, also den Wettbewerb zwischen Individuen in einer Gruppe übertreffen, damit sich ein gruppenspezifisches Vorteilsmerkmal ausbreiten kann. Die M. S. kommt ohne den Altruismus früherer Theorien aus

Mutation neuartige dauerhafte Veränderung des Erbguts. Sie betrifft zunächst nur das Erbgut einer ⇒ Zelle, wird aber von dieser an alle Tochterzellen weitergegeben. Mutationen treten bei der ⇒ Meiose und der ⇒ Mitose auf. Evolutionär interessant sind erstere. Man unterscheidet Gen-M. (⇒ Kopierfehler), Chromosomen-M. und Genom-M. Eine Mutation ist nicht nur zufällig im Hinblick auf den Entstehungsort und Umfang (⇒ *natural genetic engineering).* Die Korrektur der überwiegenden Zahl von Mutationen kann außerdem das ⇒ Genom nicht selbst leisten; dies erfolgt vielmehr durch ⇒ Enzyme im Rahmen eines komplexen DNA-Reparaturmechanismus. Evo-Devo konzentriert sich neben genetischer Mutation auch auf epigenetische Veränderungen des ⇒ Entwicklungsprozesses. Der Begriff M. wurde 1901 vom Botaniker Hugo de Vries geprägt.

Mutationsrate bei höheren Organismen ist die M. der relative Anteil der Gene, die innerhalb einer Generation durch Mutation ersetzt werden. Die M. hängt vom ⇒ Genotyp der Lebewesen und von weiteren inneren sowie äußeren Faktoren ab.

Nanobots, Nanoroboter autonome, replizierbare zukünftige Maschinen (Roboter) oder molekulare Maschinen im Kleinstformat als eine Entwicklungsrichtung der Nanotechnologie. N. sollen auf die Größe von Blutkörperchen oder darunter schrumpfen und zur eigenständigen Fortbewegung befähigt sein. Solchen Maschinen wird eine große Zukunft in der Medizin vorausgesagt. Sie sollen selbsttätig beispielsweise im menschlichen Organismus auf der Suche nach Krankheitsherden (wie Krebszellen, Tumoren) zu deren Beseitigung befähigt sein.

natural genetic engineering biochemische Prozesse, mit denen Zellen ihr Genom mittels Spalten, Spleißen und Synthetisieren nicht-zufällig, aktiv, koordiniert, adaptiv selbst umbauen können. Von J. A. Shapiro eingeführter Begriff.

natürliche Selektion zentraler Begriff und Mechanismus in Darwins Theorie und der ⇒ Synthetischen Evolutionstheorie, wonach ⇒ Variationen bei der ⇒ Vererbung im Hinblick auf den ⇒ Fitnessbeitrag des Individuums bevorzugt werden oder nicht. Die N. S. erzeugt eine ⇒ Adaptation in der Population. Die **sexuelle Selektion** ist eine Unterform der natürlichen Selektion. Dabei wählt (oder verschmäht) ein Individuum einen Sexualpartner anhand bestimmter Aussehens- oder Verhaltensmerkmale. Die relative Bedeutung der n. S. unterliegt einem Wandel in der ⇒ Erweiterten Synthese. Generative, intrinsische Mechanismen der ⇒ Entwicklung mindern ihren permanenten Einfluss (⇒ Akteur).

Neodarwinismus ursprünglich eine Bezeichnung von Ideen August Weismanns zu Beginn des 20. Jahrhunderts, in denen Darwins Theorie neu aufgegriffen wurde. Heute wird der Begriff für die in den 1930er- und 1940er-Jahren entstandene ⇒ Synthetische Evolutionstheorie verwendet.

Neuralleiste bei der embryonalen Bildung Vorläufer des Neuralrohrs. Aus der N. bilden sich das spätere periphere Nervensystem, Haut, Teile der Schädelknochen, Zähne und Nebennieren. Die N. kommt hauptsächlich bei Wirbeltieren vor.

Nischenkonstruktion (engl. *niche construction*) von Odling-Smee 1988 aufgegriffenes und ausgebautes Konzept. Beschreibt die Fähigkeit von Organismen, Komponenten ihrer Umwelt, etwa Nester, Bauten, Höhlen, Nährstoffe zu konstruieren, zu modifizieren und zu selektieren. Die N. wird in der Evolutionstheorie zunehmend als eigenständiger ⇒ Adaptationsmechanismus neben der ⇒ natürlichen Selektion gesehen. Sie bestimmt den ⇒ Selektionsdruck mit, dem Arten ausgesetzt sind und wird daher als ein eigener Evolutionsfaktor gesehen. Die Theorie der N. sieht eine komplementäre, wechselseitige, tendenzielle Beziehung zwischen Organismus und Umwelt.

Nukleinbase ⇒ Basenpaar

Nukleinsäure aus einzelnen Bausteinen (⇒ Nukleotiden oder ⇒ Basenpaar) und Stützmaterial aufgebautes Makromolekül. Bekannteste N. ist die ⇒ DNA, der Speicher der Erbinformation. Neben dieser Aufgabe können N. auch als Signalüberträger dienen oder biochemische Reaktionen katalysieren.

Nukleotid Baustein der ⇒ DNA oder ⇒ RNA. Ein Nukleotid kann eine von vier Basen (⇒ Basenpaar) enthalten.

Ökologie Zweig der Biologie, der die Interaktionen von Organismen mit biotischen und abiotischen Komponenten ihrer Umwelt untersucht. ⇒ Evo-Devo sieht Umweltfaktoren für entwicklungs- und evolutionäre Änderungen ursächlich mitbestimmend.

Ökologische Vererbung Begriff aus der Theorie der ⇒ Nischenkonstruktion. Vererbung biologischer oder nicht-biologischer Komponenten durch physikalische Umformung der Umwelt durch Organismen. Diese hinterlassen ihren Nachkommen dadurch veränderte selektive Umgebungen.

-omik macht als Suffix Teilgebiete der modernen Biologie kenntlich, die sich mit der Analyse von Gesamtheiten ähnlicher Einzelelemente beschäftigen, z. B. ⇒ Genomik, Proteomik, Metabolomik.

Ontogenese ⇒ Entwicklung

Organisatorregion eine Region im frühen ⇒ Embryo, die dafür verantwortlich ist, andere ⇒ Zellen zu differenzieren und ihnen neue Aufgaben „zuzuweisen". Werden Zellen der Organisatorregion aus ⇒ Keimzellen des frühen Embryos an eine andere Stelle eines zweiten Embryos transplantiert, entwickelt sich bei diesem z. B. eine zweite Körperachse, induziert durch die Organisatorzellen. Auch die Verdoppelung von Fingern und Zehen bei Wirbeltieren wurde im Labor durch Verpflanzung von Organisatorzellen der Extremitätenknospe erzeugt.

parallele Evolution ein Merkmal ist dann durch p. E. entstanden, wenn keine gemeinsame Abstammung, sondern eine Entwicklungs- ⇒ Homologie die nächste Ursache einer phänotypischen Ähnlichkeit ist. So verstanden ermöglicht es p. E., augenscheinliche ⇒ Konvergenz abzulehnen, da homologe Entwicklungspfade berücksichtigt werden. Ein Beispiel ist die Beulenkopfform afrikanischer Buntbarsche.

Phänotyp einzelnes, mehrere oder sämtliche Merkmale einer Zelle oder eines Organismus. P. bezieht sich nicht nur auf morphologische, sondern auch auf physiologische und psychologische Eigenschaften. Der P. ist durch den ⇒ Genotyp nicht eindeutig determiniert. Mit seinem Entstehen beschäftigt sich die Entwicklungsbiologie. Mit Abänderungen des P. während der ⇒ Entwicklung beschäftigt sich ⇒ Evo-Devo.

phänotypische Plastizität ⇒ Entwicklungsplastizität

phänotypische Variation Unterschiede von Merkmalen zwischen den Mitgliedern derselben Art oder verwandter Arten. Die p. V. umfasst alle Eigenschaften von Anatomie, Physiologie, Biochemie und Verhalten. Sie wird entgegen der ⇒ Synthetischen Evolutionstheorie seitens der Organismus nicht ausschließlich durch genetische ⇒ Mutation bestimmt, sondern durch das komplexe Zusammenspiel vielfältiger genetischer und epigenetischer Mechanismen.

Phylogenese, Phylogenie die stammesgeschichtliche Entwicklung der Gesamtheit aller Lebewesen sowie bestimmter Verwandtschaftsgruppen auf allen Ebenen der biologischen Systematik. Der Begriff wird auch verwendet, um die Evolution einzelner Merkmale im Verlauf der Entwicklungsgeschichte zu charakterisieren.

Im Unterschied zur P. ist die Ontogenese zu sehen, die ⇒ Entwicklung des einzelnen Individuums einer Art.

Plastizität ⇒ Entwicklungsplastizität

pluripotente Stammzellen ⇒ Stammzellen

Polydaktylie meist ⇒ autosomal-dominant, seltener rezessiv vererbbare Mehrfingrigkeit. Kommt bei Säugetieren häufig und in vielen Formen vor, bei Katzen sogar als Polyphänie mit bis zu acht zusätzlichen Zehen eines Mutanten, beim Menschen mit derzeit bis zu 31 Fingern und Zehen insgesamt. Die Anzahl zusätzlicher Phalangen kann dabei beim selben Individuum unterschiedlich sein, auch an Händen oder Füßen. Man unterschiedet präaxiale (Daumenseite, Innenseite) und postaxiale P. (Außenseite). In sehr seltenen Formen ist P. Teil eines Syndroms, einer Kombination verschiedener Krankheitszeichen, darunter etwa das Greig-Syndrom mit Schädel-Gesichtsfehlbildung (Dysmorphie), das Pallister-Hall-Syndrom mit ⇒ Gewebeveränderungen im Gehirn oder das Townes-Brocks-Syndrom mit Fehlbildungen der Ohren und des Afters. In den meisten Fällen steht P. in Zusammenhang mit einer ⇒ Mutation des ⇒ Entwicklungsgens *Shh* oder dessen Antagonisten *Gli3* oder auch deren jeweiliger ⇒ Genschalter. ⇒ Evo-Devo will am Beispiel P. den genetisch-epigenetischen Prozess des Entstehens einer komplexen ⇒ phänotypischen Variation analysieren.

Polygenie Beteiligung mehrerer ⇒ Gene an der Ausbildung eines ⇒ phänotypischen Merkmals. Ein Beispiel ist die Körpergröße, die durch mehrere Gene sowie durch Umwelteinflüsse bestimmt ist. Sehr viele phänotypische Merkmale haben eine polygenetische Beteiligung.

Polymorphismus Begriff zur Beschreibung unterschiedlicher Phänotypen. Gibt es beispielsweise innerhalb einer Art unterschiedliche Erscheinungsvorkommen, spricht man von einem Phänotyp-P. Viele Arten weisen zumindest einen Geschlechts-Dimorphismus auf, da sich Männchen und Weibchen voneinander unterscheiden. Ein zeitlicher oder Saison-P. liegt vor, wenn die zu unterschiedlichen Zeiten im Jahr auftretenden Generationen einer ⇒ Population unterschiedliche Morphen ausbilden, wie etwa bei manchen Schmetterlingen. In der Biochemie bezeichnet P. das Auftreten unterschiedlicher Versionen eines ⇒ Proteins. In der Molekularbiologie steht der Begriff Single Nucleotid Polymorphism für ⇒ Punktmutation.

Polyphänie, Polyphänismus, Pleiotropie Merkmal, für das verschiedene diskrete ⇒ Phänotypen aus einem ⇒ Genotyp entstehen können; ein Beispiel dafür ist präaxiale ⇒ Polydaktylie. Bei ⇒ Polymorphie besitzt ein Merkmal unterschiedliche ⇒ Genotypen.

Population eine Gruppe von Individuen derselben Art, die aufgrund ihrer Entstehungsprozesse miteinander verbunden sind, eine Fortpflanzungsgemeinschaft bilden und zur gleichen Zeit in einem einheitlichen Areal zu finden sind.

Populationsgenetik Erforschung der Verteilung von ⇒ Gensequenzen unter dem Einfluss von vier ⇒ Evolutionsfaktoren: ⇒ Selektion, ⇒ Gendrift, ⇒ Mutation bzw. sexueller ⇒ Rekombination sowie Migration/Isolation. Die P. ist der Zweig der Biologie, der die ⇒ Adaptation bei der ⇒ Artbildung beschreibt. Sie ist ein dominierender Bestandteil der ⇒ Synthetischen Evolutionstheorie und untersucht die quantitativen Gesetzmäßigkeiten, die Evolutionsprozessen zugrunde liegen. Heute steht die Anschauung, dass die P. Evolution vollständig erklären kann, in der Kritik.

Prokaryot, Prokaryont zellulare Lebewesen, die keinen ⇒ Zellkern besitzen (↔ Eukaryot).

Proteine, Eiweiße aus ⇒ Aminosäuren aufgebaute Makromoleküle. P. gehören zu den Grundbausteinen aller ⇒ Zellen und Lebewesen. Die meisten Proteine bestehen aus 100 bis 800 ⇒ Aminosäuren, manche sind jedoch wesentlich größer. Im menschlichen Organismus gibt es mehrere Hunderttausend P. Welches P. eine Zelle jeweils bilden soll, wird auf komplizierte Weise unter anderem von ⇒ Genen, ⇒ Transkriptionsfaktoren, Hormonen und ⇒ Enzymen sowie Umweltfaktoren bestimmt. Proteine haben eine dreidimensionale Form und sind oft kompliziert gefaltet (Polypeptidketten).

Proteinsynthese ⇒ Genexpression

proximate und ultimate Kausalität eine proximate (nahe) Ursache ist ein Ereignis, das einem beobachteten Ergebnis am nächsten liegt oder unmittelbar dafür verantwortlich ist. Dies steht im Gegensatz zu einer höheren oder entfernteren (ultimaten) Ursache, die normalerweise als der „wahre" Grund von etwas angesehen wird

Pufferung ⇒ Kanalisierung

punctuated equilibria, Punktualismus ⇒ unterbrochenes Gleichgewicht

Punktmutation (engl. *single nucleotid polymorphism*) Genmutation, bei der nur eine einzelne ⇒ Nukleinbase betroffen ist. Ein ⇒ Basenpaar wird geändert (Basenpaarsubstitution). Eine P. ist ein Spezialfall der ⇒ Mutation.

Punktualismus ⇒ unterbrochenes Gleichgewicht

Radiation die Auffächerung einer wenig spezialisierten Art in mehrere stärker spezialisierte Arten durch Herausbildung spezifischer Anpassungen an vorhandene Umweltverhältnisse.

Reaktions-Diffusionssystem ⇒ Turing-System

Reaktionsnorm (engl. *development reaction norm*) Variationsbreite des ⇒ Phänotyps, die sich aus demselben ⇒ Genotyp bei unterschiedlichen Umweltfaktoren entwickeln kann. Die R. wird als Resultat ⇒ natürlicher Selektion gesehen.

Reduktionismus Vorstellung, nach der sich die höheren Integrationsebenen eines Systems aufgrund der Kenntnis seiner physikalischen Bestandteile vollständig kausal erklären lassen. Die kausalen Fähigkeiten liegen also für einen derart formulierten R. ausschließlich auf der Ebene der Grundbestandteile eines Systems. Ein Beispiel ist die Erklärung eines phänotypischen Merkmals ausschließlich durch seine ⇒ Gene. Reduktionistische Sichten sind i. d. R. auch deterministische Sichten (⇒ Determinismus). Der R. steht wissenschaftsphilosophisch seit langem stark in der Kritik dafür, dass er komplexe Zusammenhänge nur unzureichend erkläre. Außerdem verzerre er die Realität. Abgelehnt wird R., wenn er als einzige Erklärungsmethode dienen soll, also dogmatisiert wird. Der R. war nicht nur in der Evolutionstheorie vorherrschend, auch die Wirtschaftstheorie verwendete in neoliberalen Modellen lange Zeit die zentrale Grundannahme des rational handelnden Marktteilnehmers, der über alle marktrelevanten Informationen verfügt. Diese Sicht und ihre Vorhersagen werden heute stark kritisiert.

Rekombinasen Enzyme, welche die genetische ⇒Rekombination katalysieren. Dabei kommt es zu einer Spaltung und Neuverknüpfung von ⇒DNA-Abschnitten, was zur genetischen Diversität führt und die Reparatur mutierter DNA ermöglicht.

Rekombination, homologe die Umorganisation innerhalb von ⇒ DNA-Molekülen als ein natürlicher Vorgang bei der geschlechtlichen Fortpflanzung in Form einer Neuzusammenstellung der elterlichen ⇒Chromosomen durch Chromosomenstückaustausch (sexuelle R.). R. ist die Grundlage für das Entstehen genetischer Variabilität und ein wesentlicher Faktor der Evolution.

Reziprozität Prinzip der Gegenseitigkeit oder Wechselwirkungen. Bei reziproker Kausalität sind Ursachen gleichzeitig Wirkungen und umgekehrt.

Ribonucleinsäure ⇒RNA

richtungsgebende Entwicklung ⇒Variationstendenz

RNA, Ribonucleinsäure Molekülkette aus vielen ⇒ Basen. Eine wesentliche Funktion der RNA (als Messenger-RNA, mRNA) in der ⇒Zelle ist die Umsetzung genetischer Information in ⇒ Proteine (Proteinsynthese, ⇒ Genexpression).

Robustheit auch als biologische oder genetische R. bezeichnet. Die Persistenz eines bestimmten Merkmals in einem System gegenüber Störungen oder Bedingungen der Unsicherheit. Die R. in der ⇒ Entwicklung wird als ⇒ Kanalisierung bezeichnet.

Saltationismus die Überzeugung, dass ⇒Mutationen bzw. Evolution nicht nur in graduellen kleinen Schritten, sondern auch in größeren Schritten abläuft. Ein berühmter früher Vertreter ist der Brite W. Bateson. Evo-Devo lässt S. zu, spricht aber von nicht-linearen Effekten oder ⇒ Schwelleneffekten.

Schwelleneffekt (engl. *threshold effect*) Phänomen, bei dem sich ab einem bestimmten Niveau (Schwellenwert) z. B. eines ⇒ Enzyms ein Zielprodukt (⇒ Protein) nicht mehr linear verhält. Entwicklungsprozesse können S.-Effekten unterliegen.

Schwellenwert ⇒Schwelleneffekt

Selbstorganisation Prozess, bei dem die interne Organisation eines Systems zunimmt, ohne von äußeren Quellen instruiert oder gelenkt zu werden. Ein Beispiel für eine methodische, mathematische Darstellung von S. in der Biologie ist ein ⇒ Turingsystem. Die interagierenden Teilnehmer (Elemente, Systemkomponenten, Agenten, Zellen) handeln nach einfachen Regeln und schaffen dabei aus Chaos Ordnung, ohne Kenntnis der gesamten Entwicklung haben zu müssen. S-Systeme haben zusätzlich zu ihren komplexen Strukturen auch neue Eigenschaften und Fähigkeiten, die die Elemente nicht haben. Das Konzept der S. findet man in verschiedenen Wissenschaftsgebieten, neben der Biologie etwa in der Chemie, der Astronomie oder der Soziologie.

Selektion ⇒natürliche Selektion

Selektionsdruck Einwirkung eines ⇒ Selektionsfaktors auf eine ⇒ Population von Lebewesen. Die ⇒ Synthetische Evolutionstheorie geht von der Annahme aus, dass Populationen ständigem S. unterliegen.

Selektionsebene biologische Einheit innerhalb einer Hierarchie biologischer Organisationen (z. B. ⇒ Gene, ⇒ Zellen, Individuen, Gruppen), die das Objekt der ⇒ natürlichen Selektion ist. Bis heute gibt es eine langanhaltende Diskussion darüber, welche die Ebenen der ⇒ natürlichen Selektion sind bzw. welche relative Bedeutung die einzelnen Ebenen haben (⇒ Multilevel-Selektion).

Selektionsfaktor Umweltfaktor, der Einfluss auf die ⇒Fitness eines Individuums hat. Ein S. bestimmt mit, welchen Weg die ⇒ Evolution einer Art nimmt. Auf Inseln mit ständigen starken Stürmen wie den Kerguelen entwickeln sich beispielsweise hauptsächlich flügellose Fliegen – sie werden weniger leicht davongeweht. Der ständige Sturm ist hier ein entscheidender, abiotischer S. In Wüsten sind dagegen Hitze und Wasserknappheit zwei wichtige S., in polaren Regionen Kälte und die weiße Farbe des Untergrunds. Alle Arten unterliegen in ihrer Evolutionsgeschichte vielen unterschiedlich starken Selektionsfaktoren und ⇒ Selektionsdrücken.

Selektionstheorie Evolutionstheorie von Charles Darwin und Alfred Russel Wallace.

Signalmolekül ⇒Morphogen

Signaltransduktion Zellen erfüllen zahlreiche Funktionen unter unterschiedlichen Bedingungen und sind in vielerlei Hinsicht voneinander abhängig. Daher ist es unabdingbar, dass sie miteinander kommunizieren. Eine Möglichkeit der Zellkommunikation ist die Übertragung von Signalen mit extrazellulären Botenstoffen. Zu ihnen zählen Hormone, aber auch ⇒ Morphogene. Erreicht ein solcher Signalstoff eine Zielzelle, muss das Signal von außen an geeignete Zellrezeptoren an der Zelloberfläche binden (Schlüssel-Schloss-Prinzip) und ins Zellinnere übertragen werden, um dort die jeweilige Reaktion auslösen zu können. Diesen Vorgang nennt man S. In der ⇒ Entwicklung sind die entsprechenden äußeren Signale vielfach ⇒ Proteine, die in Form von ⇒ Morphogenen die Expression von ⇒ Genen (⇒ Genexpression) aktivieren. Im Rahmen einer Signaltransduktion kann eine ganze Signalkaskade einzelner Signalschritte ausgeführt werden; bekannt sind etwa der *SHH*-oder der Wnt-Signalweg. Die S. ist essenziell in der ⇒ Entwicklung und in ⇒ Evo-Devo.

Signalweg ⇒Signaltransduktion

Singularität ⇒technologische Singularität

somatische Zellen, Somazellen Körperzellen, aus denen im Unterschied zu ⇒ Keimzellen keine Spermien oder Eizellen hervorgehen können. Sie entwickeln sich durch Differenzierung im Verlauf der ⇒ Entwicklung zum Beispiel in Hautzellen, Muskelzellen oder Blutzellen.

Soziales Lernen Lernprozesse, mit denen neue Verhaltensweisen durch Beobachtung und Nachahmung anderer (Imitieren) erworben werden. Das Lernen eines Kindes von den Eltern ist ebenso soziales Lernen wie ein Studium an der Universität. Soziales Lernen ist eine der wesentlichen Voraussetzungen des Menschen für kulturelle Leistungen, insbesondere für ⇒kumulative kulturelle Evolution.

Speziation Artbildung

Spezies ⇒Art

Spieltheorie mathematische Theorie, in der Entscheidungssituationen mit mehreren interagierenden Beteiligten modelliert werden. Sie versucht dabei unter anderem, aus den Ergebnissen das rationale Entscheidungsverhalten in realen sozialen Konfliktsituationen abzuleiten. Die evolutionäre Spieltheorie untersucht die zeitliche und/oder räumliche Entwicklung verschiedener Phänotypen einer Population. Die Phänotypen wirken im ständigen Wechsel aufeinander ein und verfolgen dabei verschiedene Strategien, z. B. bei Futtersuche oder Revierkämpfen. Die eingesetzten Strategien entscheiden über eine Verbesserung oder Verschlechterung der Fitness der einzelnen Phänotypen im Laufe der Zeit. Die Veränderung der Fitness der einzelnen Phänotypen beeinflusst wiederum ihre Verbreitung innerhalb der Population, also ihre Häufigkeit.

Spleißen, Splicing (engl. *splice*, „verbinden, zusammenkleben") Schritt der Weiterverarbeitung (⇒ Translation) der ⇒ RNA, der im ⇒ Zellkern von ⇒ Eukaryoten stattfindet. Durch S. werden verschiedene ⇒ Exons aus der RNA herausgeschnitten und im Fall von alternativem S. sogar verschiedene ⇒ Proteine aus demselben genetischen Ausgangsmaterial erzeugt.

Splicing ⇒Spleißen

springendes Gen ⇒Transposon

Stammzellen Körperzellen, die sich in verschiedene Zelltypen oder ⇒Gewebe ausdifferenzieren können. Je nach Art der Stammzellen und ihrer Beeinflussung haben sie das Potenzial, sich in jegliches Gewebe (embryonale S.) oder in bestimmte festgelegte Gewebetypen (adulte S.) zu entwickeln. **Pluripotente S.** können zu jedem Zelltyp eines Organismus differenzieren, da sie noch auf keinen bestimmten Gewebetyp festgelegt sind. Jedoch sind sie, im Gegensatz zu **totipotenten S.** nicht mehr in der Lage, einen gesamten Organismus zu bilden. **Induzierte pluripotente S. (iPS)** entstehen durch künstliche Reprogrammierung von nicht-pluripotenten somatischen Zellen, z. B. aus Hautzellen eines Erwachsenen. Die Herstellung von iPS ist in Deutschland nach dem Embryonenschutzgesetz erlaubt.

Stasis Stillstand in der Evolution einer bestimmten Art über eine lange Zeitphase.

Superintelligenz System mit dem Menschen in vielen oder allen Gebieten überlegener Intelligenz. Der Begriff findet insbesondere im ⇒ Transhumanismus und im Bereich der ⇒ Künstlichen Intelligenz Verwendung. Ein tatsächlich geistig überlegenes System, das die Kriterien einer S. erfüllt, ist nach heutigem Kenntnisstand nicht bekannt.

Superorganismus lebendige Gemeinschaft von mehreren, meist sehr vielen eigenständigen Organismen, die gemeinsam Fähigkeiten oder Eigenschaften entwickeln, welche über die einfache Summe der Fähigkeiten der Individuen der Gemeinschaft hinausgehen. Das klassische Beispiel für einen S. ist der Ameisenstaat: Jede Ameise ist theoretisch einzeln überlebensfähig, denn sie verfügt über alle Organe, die eigenständige Insekten zum Überleben benötigen. Tatsächlich sind Ameisen spezialisiert, sodass sie nur in der Gemeinschaft überleben können. Menschliche Gesellschaftssystem können ebenfalls als S. betrachtet werden. Die Analyse solcher Systeme kann mit der Theorie komplexer dynamischer Systeme in Computermodellen erfolgen

Survival of the Fittest das Überleben der am besten angepassten Individuen in Darwins Theorie. Der Ausdruck stammt vom britischen Philosophen H. Spencer. Darwin hat ihn in einer späteren Ausgabe der Entstehung der Arten übernommen. Gilt im Rahmen der ⇒ Erweiterten Synthese nicht mehr als zwingend notwendig für Evolution.

Symbiogenese die Verschmelzung zweier unabhängiger Organismen (Spezies) zu einem neuen. Lynn Margulis beschrieb um 1970 das Entstehen der ⇒Mitochondrien und damit ⇒eukaryotischer Zellen durch S.

Symbiont die kleinere der beiden an einer Symbiose beteiligten Arten. Den Symbiosepartner mit dem größeren Körper nennt man auch Wirt.

Symbiose Vergesellschaftung von Individuen zweier unterschiedlicher Arten, die für beide Partner evolutionär vorteilhaft ist (⇒ Symbiont).

Synthetische Biologie Fachgebiet im Grenzbereich von Molekularbiologie, organischer Chemie, Ingenieurwissenschaften, Nanobiotechnologie und Informationstechnik. Sie kann als die neueste Entwicklung der modernen Biologie betrachtet werden. Im Fachgebiet S. B. arbeiten Biologen, Chemiker und Ingenieure zusammen, um biologische Systeme zu erzeugen, die in der Natur nicht vorkommen. Der Biologe wird so zum Designer von einzelnen Molekülen, Zellen und Organismen, mit dem Ziel, biologische Systeme mit neuen Eigenschaften zu erzeugen.

Synthetische Evolutionstheorie, Modern Synthesis, Neodarwinismus, Synthese die in den 30er- und 40er-Jahren des 20. Jahrhunderts formulierte Vereinheitlichung der Evolutionssichten verschiedener biologischer Disziplinen, basierend auf der Theorie Darwins, der mendelschen Vererbungslehre, der ⇒ Genetik, Zoologie, Paläontologie, Botanik sowie als hauptsächlichem formalem Apparat der neu hinzugekommenen ⇒ Populationsgenetik. Die Synthese geht von kleinsten Variationen bei der ⇒ Vererbung aus (⇒ Gradualismus), die durch genetische ⇒ Mutationen bestimmt werden und sieht gemäß Darwin und Wallace die ⇒ natürliche Selektion als Hauptmechanismus der Evolution. Die an ihre Umwelt Bestangepassten einer Art überleben statistisch öfter, sie haben dadurch eine höhere Anzahl fortpflanzungsfähiger Nachkommen, d. h ihre Fähigkeit zur Weitergabe der eigenen ⇒ Gene an die Nachfolgegeneration ist besser als jene ihrer Konkurrenten (⇒ *Survival of the Fittest*).

Systembiologie Zweig der Biowissenschaften, der versucht, biologische Organismen oder Funktionen im Zusammenwirken ihrer vernetzten Ebenen zu verstehen.

Taxon, Taxa (Pl.) als systematische Einheit erkannte Gruppe von Lebewesen. Meist drückt sich diese Systematik auch durch einen eigenen Namen für diese Gruppe aus, z. B. Wirbellose, Einzeller, Säugetiere etc. Die Haupttaxa der Lebewesen sind Domäne, Reich, Stamm, Klasse, Ordnung, Familie, Gattung, Art. Sie werden weiter untergliedert.

technologische Singularität Zeitpunkt, ab dem sich Maschinen mittels künstlicher Intelligenz rasant selbst verbessern und damit den technischen Fortschritt so stark beschleunigen, dass die Zukunft der Menschheit jenseits dieses Ereignisses nicht mehr vorhersehbar ist (Intelligenzexplosion). Eine Ablösung bzw. Verdrängung der Menschheit ist denkbar. Erste Formulierungen einer derartigen Singularität gehen auf den Mathematiker John von Neumann im Jahr 1958 zurück. Ein erster, berühmter Artikel dazu stammt von dem amerikanischen Mathematiker Vernor Vinge (1993).

Threshold ⇒ Schwellenwert

Toolkit ⇒ genetischer Baukasten

Transhumanismus internationale philosophische Denkrichtung, die die Grenzen menschlicher Fähigkeiten intellektuell, physisch und/oder psychisch durch den Einsatz biologischer oder technologischer Verfahren erweitern will.

Transkription (lat. *transcribere*, „um-/überschreiben") in der Genetik die Synthese von ⇒ RNA anhand einer ⇒ DNA als Vorlage. Der T. folgt die Proteinsynthese (⇒ Translation).

Transkriptionsfaktor, Genregulator regulatorisches ⇒ Protein, das an die DNA bindet und die ⇒ Genexpression steuert.

Translation Synthese von Proteinen in den Zellen mithilfe der in einem RNA-Molekül enthaltenen genetischen Informationen. Die T. steht für einen Wechsel von der Nucleinsäure- in die Aminosäuresprache. Die T. erfolgt im Anschluss an die ⇒ Transkription.

Transposon, springendes Gen die Eigenschaft von DNA-Sequenzen, von einem bestimmten Locus in der ⇒ DNA an einen anderen Locus, auch auf einem anderen ⇒ Chromosom zu gelangen. Transponierbare Elemente erzeugen manchmal Mutationen oder machen diese rückgängig und verändern die genetische Identität und Größe des ⇒ Genoms der ⇒ Zelle. Zuerst beschrieben durch die US-Nobelpreisträgerin B. McClintock in den 1960er-Jahren beim Weizen. Ts kommen auch beim Menschen und anderen Tieren häufig vor.

Turingmodell, Turingsystem von A. Turing 1952 beschriebenes, selbstorganisierendes System aus partiellen Differenzialgleichungen. Ein T. ist in der Lage, aus diffundierenden Stoffen (⇒ Morphogenen), die zu Beginn keine Organisation des Systems zeigen, selbstorganisierende Strukturen zu bilden. Diese sind nach heutigem Verständnis nicht im Detail im System genetisch vorgegeben. T. erlangen zunehmend Bedeutung für die Erklärung der organismischen Formfindung in ⇒ Evo-Devo, etwa für die Extremitätenentwicklung. Neben der biochemisch-molekularen Ebene mit Morphogenen können Turingprozesse auch auf Zellebene diffusionsähnliches Verhalten mit Musterbildung zeigen.

Umweltstimulator ⇒ Umweltstressor

Umweltstressor, Umweltstimulator innerer oder äußerer Reiz, der eine Reaktion erfordert. Die ⇒ Entwicklung reagiert auf genetische und U., die evolutionäre Änderungen initiieren können.

unterbrochenes Gleichgewicht, *punctuated equilibria* von den amerikanischen Paläontologen N. Eldredge und S. J. Gould erstmals 1972 vorgestellte Theorie, die eine Erklärung von diskontinuierlichen Änderungsraten und Sprüngen in Fossilreihen liefert, zwischen denen lang anhaltende Gleichgewichtsphasen herrschen (⇒ Stasis).

Variationstendenz (engl. *bias*, „Neigung, Tendenz") Mechanismus der Entwicklung, der einige ⇒ Phänotypen leichter realisierbar und damit wahrscheinlicher macht als andere, z. B. Fingerzahlen bei ⇒ Polydaktylie oder die Augenfleckengröße bei Schmetterlingen. Manche Phänotypen können aus dieser Sichtweise auch unmöglich sein. Wichtiges Konzept von ⇒ Evo-Devo und der ⇒ Nischenkonstruktionstheorie und damit auch der ⇒ Extended Synthesis.

Vererbung direkte Übertragung der Eigenschaften von Lebewesen auf ihre Nachkommen, genetisch (Mendel) oder epigenetisch (Kirschner und Gerhart, Jablonka und Lamb u. a.). Daneben existiert die V. von Symbolen, z. B. Schrift. Genetische und nicht-genetische V. werden als ⇒ inklusive Vererbung zusammengefasst.

Weismann-Barriere Lehre August Weismanns, nach der es bei einem Individuum keinen Weg gibt, dass Eigenschaften von einer Körperzelle in eine Geschlechtszelle gelangen können. Bei Betrachtung epigenetischer Entwicklungsprozesse ist die W.-B. heute nicht mehr gültig. Bei Pflanzen und Tieren wird die Doktrin etwa durch Retroviren verletzt, die in die ⇒ Keimbahn gelangen und evolutionäre Eigenschaften bewirken können.

Wirbeltiere Unterstamm in der Systematik der Biologie. Zu den W. gehören die fünf Großgruppen Fische (Knochen- und Knorpelfische), Amphibien, Reptilien, Vögel und Säugetiere.

Zelle elementare Einheit aller Lebewesen. Es gibt Einzeller (⇒ Prokaryoten), die aus einer einzigen Zelle bestehen, und Vielzeller (⇒ Eukaryoten), bei denen mehrere Z. arbeitsteilig zu einer funktionellen Einheit verbunden sind. Der menschliche Körper besteht aus rund 220 verschiedenen Zell- und ⇒ Gewebetypen und besitzt ca. 100 Billionen Z. Dabei haben Z. ihre Selbstständigkeit durch Arbeitsteilung (Spezialisierung) aufgegeben und sind einzeln überwiegend nicht lebensfähig. Die Größe von Z. variiert stark (1 bis 30 μm). Jede Z. stellt ein strukturell abgrenzbares, eigenständiges und im Zellverbund selbsterhaltendes System dar. Sie ist in der Lage, Nährstoffe aufzunehmen, diese in Energie umzuwandeln, verschiedene Funktionen zu übernehmen und vor allem sich zu reproduzieren. Die Z. enthält selbst die Informationen für alle diese Funktionen bzw. Aktivitäten. Alle Z. besitzen grundlegende Fähigkeiten, die als allgemeine Merkmale des Lebens bezeichnet werden. Die wichtigsten sind Vermehrung durch ⇒ Zellteilung (Mitose und ⇒ Meiose) und Stoffwechsel.

Zellkern im ⇒ Zytoplasma gelegenes, meist rundlich geformtes Organell ⇒ eukaryotischer ⇒ Zellen, welches das Erbgut enthält.

Zellmembran semipermeable Biomembran, die die lebende ⇒ Zelle umgibt, ihr inneres Milieu ermöglicht und es aufrechterhält. Über die Z. kommuniziert die Zelle mit ihrem zellulären Umfeld.

Zellsignal ⇒ Signaltransduktion, ⇒ Morphogen

Zellteilung ⇒ Meiose, ⇒ Mitose

zellulärer Automat dient der Modellierung der Musterbildung räumlich diskreter dynamischer Systeme, wobei die Entwicklung einzelner Zellen zum Zeitpunkt t + 1 primär von den Zellzuständen in der vorgegebenen Nachbarschaft und vom eigenen Zustand zum Zeitpunkt t abhängt. Ein z. A. besitzt keine zentrale Rechenvorschrift für ein bestimmtes Muster. Informationen für die Musterbildung sind in den Zellen vorhanden, mathematisch in Positionsparametern für einzelne Zellen in Gleichungen.

zentrales Dogma der Molekularbiologie 1958 von Francis Crick publizierte Hypothese über den möglichen Informationsfluss zwischen ⇒ DNA, ⇒ RNA und ⇒ Protein. „Wenn (sequenzielle) Information einmal in ein Protein übersetzt wurde, kann sie dort nicht wieder herausgelangen." 1970 formulierte Crick das z. D. alternativ: „Es kann keine sequenzielle Information von einem Protein zu einem Protein oder zu Nukleinsäure übertragen werden." Vertreter der ⇒ Systembiologie betonen jedoch verschiedene regulatorische Feedbackmechanismen von Proteinen und ⇒ Nukleinsäuren. Diese erfordern, eine Zelle als komplexes Netzwerk zu behandeln, in dem die Informationsübertragung sequenzieller Natur keine hervorzuhebende Rolle mehr spielt. Aus dieser Sicht beschreibt das z. D. nur einen Teil des Informationsflusses. Kritisiert wird, dass es zur Rechtfertigung einer reduktionistischen Forschungsmethodik verwendet wird (⇒ Reduktionismus), die Organismen in einem kausalen Bottom-up-Ansatz verstehen möchte, der bei den Genen anfängt.

Zufall meist verwendet im Zusammenhang mit zufälliger Mutation. Eine Mutation kann auch nicht-zufällig sein. Die Synthetische Theorie meint Zufall vor allem in dem Sinn, dass eine Mutation hinsichtlich ihrer Selektionswirkung zufällig und nicht gerichtet ist. Da in der Erweiterten Synthese die Kausalitätskette aus zufälliger Mutation und natürlicher Selektion maßgeblich aufgebrochen wird, verliert der Zufall aus dieser Sicht an relativer Bedeutung. Andererseits nutzt die Entwicklung Stochastizität aktiv, was in Selbstorganisationsmodellen veranschaulicht wird.

zufällige Mutation ⇒ Zufall

Zygote ⇒ diploide ⇒ Zelle, die durch Verschmelzung zweier ⇒ haploider Geschlechtszellen (⇒ Keimzellen) entsteht – meist aus einer Eizelle (weiblich) und einem Spermium (männlich).

Zytoplasma bei ⇒ Eukaryoten der die ⇒ Zelle ausfüllende Inhalt (ohne ⇒ Zellkern). Es ist von der ⇒ Zellmembran eingeschlossen. Innerhalb des Z. laufen chemische Stoffwechselprozesse der Zelle ab, die durch ⇒ Enzyme gesteuert werden. Hinzu kommen zellspezifische Aufgaben wie die Bildung zusätzlicher Zellbestandteile beim Wachstum, Abbau von schädigenden und Aufbau von zu speichernden oder abzugebenden Substanzen sowie der Transport von Molekülen durch die Zelle und die Membran.

Personen- und Sachindex

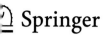

Axel Lange

Von künstlicher Biologie zu künstlicher Intelligenz – und dann?

Die Zukunft unserer Evolution

SACHBUCH

Springer

Printed in the United States
by Baker & Taylor Publisher Services